EUL VERLAG

Reihe: Wirtschaftsinformatik · Band 72

Herausgegeben von Prof. Dr. Dietrich Seibt, Köln, Prof. Dr. Hans-Georg Kemper, Stuttgart, Prof. Dr. Georg Herzwurm, Stuttgart, Prof. Dr. Dirk Stelzer, Ilmenau, und Prof. Dr. Detlef Schoder, Köln

Dr. Stephan Wildner

Problemorientiertes Wissensmanagement

Eine Neukonzeption des Wissensmanagements aus konstruktivistischer Sicht

EUL VERLAG

Bibliografische Information der Deutschen Nationalbibliothek

Die Deutsche Nationalbibliothek verzeichnet diese Publikation in der Deutschen Nationalbibliografie; detaillierte bibliografische Daten sind im Internet über <http://dnb.d-nb.de> abrufbar.

Dissertation, Universität Passau, 2011

Tag der Disputation: 8. Februar 2011

Erstgutachter: Prof. Dr. Franz Lehner
Zweitgutachter: Prof. Dr. Peter Kleinschmidt

ISBN 978-3-8441-0043-3
1. Auflage Juni 2011

JOSEF EUL VERLAG GmbH
Brandsberg 6
53797 Lohmar
Tel.: 0 22 05 / 90 10 6-6
Fax: 0 22 05 / 90 10 6-88
E-Mail: info@eul-verlag.de
http://www.eul-verlag.de

Bei der Herstellung unserer Bücher möchten wir die Umwelt schonen. Dieses Buch ist daher auf säurefreiem, 100% chlorfrei gebleichtem, alterungsbeständigem Papier nach DIN 6738 gedruckt.

Vorwort

Wissensmanagement hat – als es in der Mitte der neunziger Jahre den Mittelpunkt der Aufmerksamkeit von Forschung und Wirtschaft erreichte – große Hoffnungen auf Veränderungen in Unternehmen gemacht. In den folgenden Jahren zeigte sich, dass diese großen Hoffnungen nicht erfüllt werden konnten. Dies lag jedoch nicht unbedingt an der eigentlichen Idee des Wissensmanagements, sondern in der durchaus verständlichen Unerfahrenheit von Akademikern wie Praktikern mit Themen, die sich schwer definieren, abgrenzen und einem Management zugänglich machen lassen.

Diese Spannung zwischen einem Nutzen versprechenden Konzept und den Schwierigkeiten, diesen Nutzen realiter herbeiführen zu können, motiviert, eigene Überlegungen und Nachforschungen anzustellen und praktische Erfahrungen zu sammeln, die diese Spannung aufheben oder zumindest mildern können, d. h. motiviert, in eigener Person einen Weg aus dieser Spannung heraus zu finden und anzubieten. Die Ergebnisse dieser Überlegungen, Nachforschungen und praktischen Erfahrungen zu diesem Weg sind in der vorliegenden Arbeit zusammengefasst.

Eine solche Arbeit entsteht nicht als das Werk eines Einzelnen. Vielmehr fließt ein großer, kaum zu messender Anteil an Ideen und Anregungen, Hinweisen und Kritik, Motivation und Unterstützung von einer Vielzahl von Personen wissentlich oder unwissentlich in den Text ein. Selbstverständlich kann der Beitrag einer oder eines Einzelnen mit den folgenden Worten nicht genügend gewürdigt werden. Trotzdem sei der Dank des Autors insbesondere an die folgenden Personen gerichtet, die wesentlich zum Entstehen der Arbeit beigetragen haben: Prof. Dr. Franz Lehner, Prof. Dr. Peter Kleinschmidt, Prof. Dr. Michael Scholz und das ganze Team der Special Interest Group Wissensmanagement am Lehrstuhl für

Wirtschaftsinformatik II der Universität Passau, namentlich Nadine Amende und Dr. Nicolas Haas. Es sei weiterhin den vier Unternehmen gedankt, die für die empirische Untersuchung ihre Zeit und Expertise zur Verfügung gestellt haben; außerdem Matthias Schulz, Maximilian Einöder und Johannes Wintermeier, die halfen, die umfangreichen Daten der Untersuchung in eine auswertbare Form zu bringen. Der Dank geht auch an Markus Krause, Philipp Haac und Moritz Fanti, die mit ihren Abschlussarbeiten einen Teil des Aufwands für die Dokumentation der Fallstudien übernommen haben. Schließlich geht der Dank an all jene, die – ohne Absicht – in dieser Aufstellung vergessen wurden.

Es versteht sich, dass eine solche Arbeit nie auf volle Zustimmung seiner Leser stoßen wird. Es versteht sich auch, dass eine solche Arbeit den Leser nie ganz ohne inhaltliche oder formale Fehler erreicht. In beiden Fällen – seien es divergierende Meinungen oder Fehler – würde sich der Autor über eine Diskussion oder zumindest eine kurze Rückmeldung (auch auf elektronischem Wege an `stephan@stephanwildner.de`) freuen.

Passau, im Mai 2011 *Stephan Wildner*

Inhaltsverzeichnis

Abbildungsverzeichnis

Tabellenverzeichnis

Kapitel 1

Einführung

Erwerben, Entwickeln, Verteilen, Nutzen und Bewahren von Wissen sind grundlegende menschliche Aktivitäten, die jegliche andere Aktivität durchdringen (Alavi & Leidner 2001, S. 123, Grover & Davenport 2001, S. 12, Davenport & Prusak 1998, S. 12). Im organisatorischen Kontext dienen sie Menschen zur Bewältigung der ihnen übertragenen Aufgaben. Damit nehmen sie Einfluss auf die Gestaltung von Organisationen im positiven wie im negativen Sinne. Diese Aktivitäten sind für Organisationen also nichts Neuartiges (Dick & Wehner 2002, S. 10f.). Neu dagegen ist das systematische Bestreben, diese wissensbezogenen Aktivitäten – anders ausgedrückt: den Umgang mit Wissen – im Sinne einer Organisation und ihrer Mitglieder zu planen, zu gestalten und zu steuern. Dieses Bestreben lässt sich mit dem Begriff Wissensmanagement umschreiben.

Allerdings ist dieses Bestreben nur eingeschränkt erfüllbar: Wissen ist an Personen gebunden und kann nie vollständig von einer Person an eine andere weitergegeben werden (Polanyi 1966). In Organisationen interagiert stets eine Vielzahl von Personen und Gruppen, so dass verschiedene Ziele, Einstellungen etc. und jeweils individuell entstandenes Wissen aufeinander treffen. Es bildet sich spezifisches Wissen über Vorgehensweisen und den Umgang der Personen untereinander heraus, was die Weitergabe von Wissen behindern oder verhindern kann. Zuletzt kann es sein, dass die technischen Möglichkeiten für einen Wissensaustausch nicht gegeben bzw. unzureichend oder ungeeignet sind. Somit entsteht eine Reihe von Problemstellungen, die durch das Management einer Organisation adressiert werden müssen, um einen reibungslosen Umgang mit Wissen und damit die Erfüllung organisatorischer Ziele sicherzustellen.

Die vorliegende Arbeit beschäftigt sich mit der Identifikation und Beschreibung dieser Probleme, die beim Umgang mit Wissen in Organisationen entstehen. Damit soll die Basis für eine zielgerichtete Forschung bezüglich der theoretischen Grundlagen des Wissensmanagements gelegt werden. Zugleich wird der gezielte(re) Einsatz von Maßnahmen und Instrumenten des Wissensmanagements in der Praxis möglich gemacht. Die Arbeit schafft damit ein grundlegendes, neues Verständnis für die Rolle des Wissensmanagements in Organisationen.

Im Folgenden wird begründet, wieso Probleme im Umgang mit Wissen derart wichtig sind, dass sie eine eigenständige wissenschaftliche Arbeit rechtfertigen. Diese Gründe leiten dann auf die Zielstellung und den Aufbau der Arbeit über.

1.1 Motivation

Seit sich Menschen zu organisatorischen Einheiten zusammenschließen, um gemeinsamen Zielen nachzugehen, stellt sich das Problem, wie und auf welche Weise diese Einheiten gestaltet werden sollen, um eine zeitnahe und bestmögliche Erreichung der gesetzten Ziele zu gewährleisten und um die Behauptung der organisatorischen Einheit im wirtschaftlichen und gesellschaftlichen Geschehen sicherzustellen.

Seit längerem schon beschäftigt man sich mit Wissen in Organisationen als dem entscheidenden Faktor für die Lösung dieses Problems. Wissen wird als Potential bzw. als eine Art Produktionsfaktor angesehen, mit dessen Hilfe es möglich sein soll, aus Organisationen so genannte „lernende Organisationen“ (Senge 2006, S. 3–16) zu machen, die selbsttätig und vorausschauend den notwendigen organisatorischen Wandel herbeizuführen vermögen, indem organisatorische Gegebenheiten verändert, Organisationseinheiten und Stellen geschaffen oder gestrichen, Abläufe angepasst oder erweitert und neue Produkte und Dienstleistungen hervorgebracht werden.

Wissensmanagement wird deshalb im Allgemeinen als der systematische Umgang mit Wissen und seine Nutzbarmachung in einer Organisation verstanden (Reinmann-Rothmeier et al. 2001, S. 18, Probst et al. 2003, S. 23, North 2005, S. 3, Bullinger et al. 1997, S. 6, 11 und Davenport & Prusak 1998, S. 6–18). Dazu gehört u. a., dass Projektverläufe dokumentiert und damit von nicht Beteiligten nachvollzogen werden können, dass in einer Abteilung erarbeitete Lösungen auch anderen Abteilungen zur Verfügung stehen oder dass der Zugriff auf Personen (Experten in der Organisation, Kunden etc.) und ihr Wissen erleichtert wird. Diese Aktivitäten sollen dem Ziel dienen, Produkte und Dienstleistungen schneller und in besserer Qualität an die Kunden zu bringen, also langfristige Wettbewerbsvorteile aufzubauen.

Beim Wissen von Organisationen geht es um das Wissen der Mitarbeiter und Manager, d. h. um ihre Kenntnisse an Fakten, Vorgängen und Situationen und um die Fähigkeit, diese Kenntnisse zur Lösung verschiedenster Probleme zu kombinieren und anzuwenden (Probst et al. 2003, S. 22, Nonaka & Takeuchi 1997, S. 70). Dieses Wissen ist an Personen gebunden und lässt sich daher nur begrenzt einem systematischen Umgang zuführen. Es ist anderen Personen als dem Eigner häufig nicht (umfänglich) bekannt und kann von diesen daher auch nicht genutzt werden. Daher wurde und wird oft Aufmerksamkeit auf jenes Wissen gelegt, das von Mitarbeitern und Managern in Form von Dokumenten o. Ä. niedergelegt wird, d. h. von der wissenden Person unabhängig gemacht wurde (siehe z. B. Zack 1999b, S. 46). Wissensmanagement hat nicht zuletzt durch die Möglichkeiten der Bewahrung und Verteilung solchen expliziten Wissens mit Hilfe von Informationstechnik (IT) an Verbreitung gewonnen (Schneider 2001, S. 22, Tsui 2003, S. 13).

An dieser Stelle wird bereits eine Unklarheit hinsichtlich des Wissensbegriffs deutlich: Denn wird Wissen – wie man es in den meisten Fällen tut – als an eine Person gebunden definiert, dann kann die Explikation dieses Wissens nur einen Bruchteil davon erfassen, was eine Person tatsächlich an Kenntnissen und Fähigkeiten in sich trägt, und ein Wissensmanagement nur dessen mehr oder minder kommunizierbare Reste verwalten. Es wird folglich ein „Management expliziten Wissens“ angestrebt, das die Potentiale eines (eigentlich anzustrebenden) „Managements von Wissensträgern“ nicht ausschöpfen kann (siehe auch Malik 2002, S. 110–112).

Dessen ungeachtet ist die Vorstellung, das Wissen von Mitarbeitern und Managern – das einer Organisation potentiell zur Verfügung steht, aber meist ungenutzt bleibt – für die Entwicklung von Produkten und Dienstleistungen zu verwenden und damit Vorteile im Wettbewerb zu schaffen oder zu erhalten, auf großes Interesse gestoßen.

Dieses Interesse wurde durch eine Reihe prominenter Beispiele befördert. Neben Beispielen aus Deutschland, der Schweiz und den Vereinigten Staaten (siehe Probst et al. 2003, Davenport & Prusak 1998, North 2005, Lehner 2009b, S. 293–304), sind insbesondere die Ausführungen von Nonaka & Takeuchi (1997) zu erwähnen, die beschreiben, wie es japanischen Unternehmen (u. a. Canon, Matsushita, Sharp) trotz eines schwierigen Wettbewerbsumfeldes gelungen ist, ihre Position stetig zu verbessern, indem sie sich an folgender „Formel" orientiert haben (siehe Abbildung 1.1): Man nimmt bewusst und auf systematische Art und Weise Wissen von außerhalb der eigenen Organisation auf, verbindet dieses Wissen mit dem vorhandenen, eigenen Wissen zu neuen Produkten, Dienstleistungen oder Technologien und gibt dieses neue Wissen nach außen ab. Das abgegebene Wissen ruft Reaktionen bei Kunden, der Konkurrenz usw. hervor und stellt damit wieder Input für die Schaffung neuen Wissens in der Organisation dar. Durch diese Wissensschaffung wurde eine ständige Innovation ermöglicht, die Wettbewerbsvorteile hervorbrachte.

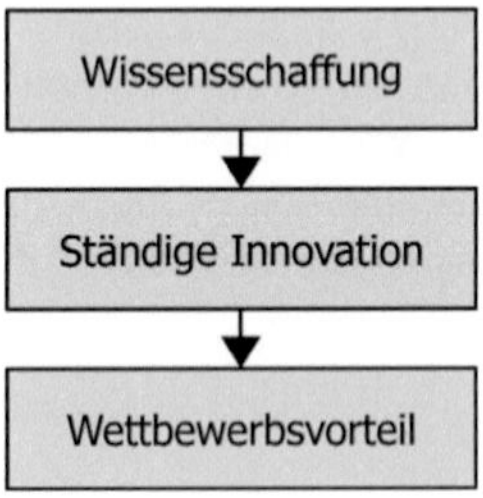

Abbildung 1.1: Wissensschaffung als Wettbewerbsfaktor (Nonaka & Takeuchi 1997, S. 16)

Die Beispiele erfolgreichen Umgangs mit Wissen werden begleitet durch eine Debatte um die so genannte „Wissensgesellschaft", in welcher Determinanten einer sich verändernden Gesellschaft aufgezeigt werden und in der die Rolle des Wissens als zentraler Produktions- und Wettbewerbsfaktor nachdrücklich betont wird (siehe z. B. Drucker 1993, S. 45, 68–74): Wissen werde gegenüber den klassischen Produktionsfaktoren Boden, Kapital und Arbeit an Bedeutung gewinnen oder diese sogar ersetzen. Dies zeige sich u. a. in einer Verschiebung der Schwerpunkte in den Wirtschaftssektoren zu Gunsten des Dienstleistungssektors (Bell 1976, S. 32f.). Aus dieser gesellschaftlichen Transformation heraus werden Anforderungen an Organisationen abgeleitet, die erfüllt werden müssen, um in dieser neuen Gesellschaft Bestand zu haben. Hier werden ein neues Verständnis für die Organisation entwickelt und neue Wege des Managements der Organisation vorgeschlagen (siehe die allgemeinen Ausführungen zur Organisation bei Drucker 1993, S. 48–67, die „lernende Organisation“ bei Senge 2006, das „Wissen schaffende Unternehmen“ bei Nonaka & Takeuchi 1997 oder die „Wissensorganisation“ bei Sveiby 1997).

Die Vorstellung von der Nutzung von Wissen und die sie stützenden Beispiele führten in der Folge zu einer Vielzahl an Publikationen von Seiten der Wirtschaft und der Wissenschaft. Hier ging es, neben der Schaffung von Konzepten für die Beschreibung und Erklärung von Aspekten des Wissensmanagements, vor allem um Konzepte bzw. Hilfestellungen (in Form von Lessons Learned und Best Practices)[1] für die Implementierung von Wissensmanagement in Organisationen. Mit diesen so genannten Wissensmanagement-Ansätzen sollte letztlich eine Übertragung der bekannten erfolgreichen Beispiele auf andere Organisationen ermöglicht werden. Wissensmanagement-Ansätze stellen klar, worüber man bei Wissensmanagement spricht, welche Handlungsfelder es umfasst, welche Ansatzpunkte zum Managementhandeln existieren und was die Bestandteile eines strukturierten Vorgehens dafür sind. Sie stellen den zentralen Bereich der Forschung im Wissensmanagement dar und existieren mittlerweile in großer Anzahl (Heisig 2009 zählt 160 von ihnen).

Allerdings hat die Vielfalt von Ansätzen nicht zu der zu erwartenden Durchdringung mit Wissensmanagement in der breiten Masse der Organisationen geführt (Howaldt et al. 2004, S. 16, Bullinger et al. 1997, S. 17, Grover & Davenport 2001, S. 12). Viele Organisationen versuchen sich an einer Umsetzung von Wissensmanagement, stoßen dabei aber auf eine Reihe von Problemen. Ein Einblick in die Literatur zum Wissensmanagement in kleinen und mittelständischen Unternehmen (KMU) als größte volkswirtschaftliche Gruppe von Unternehmen illustriert diese Probleme beispielhaft (siehe Wildner 2007, S. 4f.):

- Organisationen fehlt es an Verständnis für das Wissensmanagement und seine Konzepte (Nunes et al. 2006, S. 111–113, Wong & Aspinwall 2004, S. 48).
- Es fehlen Strategien für das Wissensmanagement (Beijerse 2000, S. 170, Edvardsson 2009, S. 95). Im Falle, dass sie doch existieren, mangelt es an einem systematischen Vorgehen für ihre Umsetzung (Edvardsson 2006, S. 279).

[1] Mit Lessons Learned sind aus dem Arbeitsalltag dokumentierte (positive wie negative) Erfahrungen gemeint, aus welchen für die Zukunft gelernt werden soll; Best Practices verstehen sich als besonders gute und damit nachahmenswerte Lösungen für ein Problem (siehe Lehner 2009b, S. 189f.).

- Im Allgemeinen werden systematische Wissensmanagement-Aktivitäten nur sehr langsam übernommen (Wong & Aspinwall 2005, S. 69, 2004, S. 48).
- Viele Organisationen sind nicht oder nur schwer in der Lage, Wissensmanagement-Aktivitäten überhaupt systematisch zu vollziehen (Chen et al. 2006, S. 14–16, Nunes et al. 2006, S. 113–115, McAdam & Reid 2001, S. 234–238), z. B. für den Austausch von Wissen ein strukturiertes Vorgehen zu entwickeln, Wissen zu nutzen oder aus gewonnenem Wissen zu lernen.
- Keogh (1999, S. 122) konstatiert einen Mangel an Managementfähigkeiten, die für eine Umsetzung von Wissensmanagement nötig wären.
- Für das Wissensmanagement eingesetzte IT entspricht nicht den Anforderungen der Organisationen (Nunes et al. 2006, S. 116f., Tsui 2003, S. 16).

Selbst jene Organisationen, die Wissensmanagement erfolgreich umgesetzt haben, sehen sich negativen Effekten ihres systematischen Umgangs mit Wissen gegenüber, wie z. B. einer nachlassenden Fähigkeit zur Problemlösung, weil man sich zu sehr auf die Ideen aus der organisatorischen Datenbank verlässt und auf neue Lösungswege verzichtet (siehe Chua 2009).

Diese Punkte lassen auf grundsätzliche Probleme beim Verständnis und der Konzeption eines Managements von Wissen in Organisationen schließen. Die Probleme sind vielfältig und stammen einerseits aus dem Forschungsbereich und andererseits aus den Wissensmanagement-Ansätzen selbst.

Die Kritik am Forschungsbereich bezieht sich vor allem auf die unklaren Begrifflichkeiten des Wissensmanagements (siehe u. a. Schreyögg & Geiger 2003, Howaldt et al. 2004, Schneider 2001, Wilson 2002, Heisig 2009, S. 7f., 15f.):

- Der Wissensbegriff, der letztlich den Gegenstand des Wissensmanagements beschreibt, ist nicht genau definiert und wird gegenüber anderen Konzepten wie Daten oder Informationen nur ungenügend abgegrenzt. Auch werden keine Versuche unternommen, einen allgemeinen Begriff (zumindest für Maßnahmen innerhalb einer Organisation) zu schaffen. Mit einer unklaren Definition aber ist Wissensmanagement nicht sinnvoll umzusetzen.
- Auf Grund der Unklarheiten mit dem Wissensbegriff haben sich beim Wissensmanagement verschiedene Missverständnisse ergeben. Davon abgesehen, dass auch hier eine allgemein (für eine Organisation) akzeptierte Definition fehlt, wird Wissensmanagement oft als etwas Neues verstanden und daher

auch separat in Organisationen eingegliedert. Dabei wird ausgeblendet, dass der Umgang mit Wissen eine starke Einbindung in die operativen Prozesse besitzt und die Schaffung von Abteilungen und Stellen für das Wissensmanagement nur künstliche Grenzen aufbaut. Inhaltlich wird oft eine weitgehende Überführung von Wissen von Personen in (elektronische) Datensammlungen angestrebt. Damit geht eine Überbewertung der Rolle der IT in Bezug auf das Wissensmanagement einher und zugleich eine Vernachlässigung der einzelnen Person als Träger und Schaffer von Wissen.

Die Kritik an den Wissensmanagement-Ansätzen bezieht sich im Allgemeinen auf ihre Eigenschaften und im Speziellen auf die einzelnen inhaltlichen Dimensionen, die sie abdecken sollen (siehe u. a. Heisig 2009, Rubenstein-Montano et al. 2001, Holsapple & Joshi 1999, Roehl 2000, S. 143–153, North 2005, S. 188f., Pawlowsky & Reinhardt 2002, S. 1f.):

- Zuerst wird kritisiert, dass die Basis der Ansätze, also so genannte Meta-Konzepte, die inhaltliche Dimensionen der Ansätze beschreiben sollen, noch nicht geklärt ist. Sehr häufig werden neben dem Wissen aber Dimensionen wie Aktivitäten, Instrumente (d. h. Methoden und Software) und Faktoren angesprochen.
- Es wird kaum kumulativ geforscht, so dass eine Vielzahl an Ansätzen entsteht, die sich aber nicht integrieren bzw. ergänzen lassen.
- Unabhängig davon, ob Ansätze konzeptioneller Natur sind oder praktischen Erfahrungen entstammen, findet kaum eine empirische Untersuchung und Validierung (z. B. auch der Wirksamkeit) der Ansätze statt.
- Weiterhin wird der fehlende Anwendungsbezug kritisiert. Ansätze werden meist universell verstanden, blenden dabei aber die Spezifika von Organisationen aus und können somit auch nur wenig Hilfestellung für die konkrete Gestaltung eines Wissensmanagements geben.
- Bezüglich der genannten Dimensionen Aktivitäten, Instrumente und Faktoren lässt sich jeweils dieselbe Situation feststellen: Es existiert umfangreiche Literatur, aber genaue Definitionen und Abgrenzungen, Konsolidierungen von Quellen und empirische Untersuchungen existieren nur selten bzw. in einem Umfang, der weitere Forschung notwendig macht.

Will man Wissensmanagement als Idee einer Nutzbarmachung von Wissen bzw. einer Aktivierung des Wissenspotentials der Mitarbeiter einer Organisation nicht verwerfen (schließlich sind erfolgreiche Beispiele aufgezeigt worden), so sind konzeptionelle Änderungen notwendig, die zugleich auf eine solide empirische Basis gestellt werden müssen.

1.2 Zielstellung

Den genannten Defiziten soll mit der vorliegenden Arbeit begegnet werden. Auch wenn deren Gänze nicht erarbeitet werden kann, sollen doch erste konzeptionelle Überlegungen und empirische Belege dafür geschaffen werden, so dass hier eine weiterführende Forschung ansetzen kann. Es wird folgende dreigeteilte Fragestellung formuliert:

- Entwicklung einer neuen, eigenständigen Orientierung bezüglich des Wissensmanagements, die sich auf Probleme im Umgang mit Wissen richtet und es erlaubt, die genannten Schwachpunkte in der aktuellen Forschung zu umgehen und die Basis für die weitere Forschung zu legen.
- Empirische Untersuchung der organisatorischen Praxis durch die Erhebung von Problemen im Umgang mit Wissen, um Aussagen über Stand und Anforderungen des organisatorischen Wissensmanagements zu erhalten.
- Systematisierung von Aussagen zum organisatorischen Wissensmanagement entsprechend der Problemorientierung im Rahmen eines Wissensmanagement-Konzepts als Basis für weitere Forschung und für die praktische Anwendung.

Mit einer Orientierung an Problemen sollen belastbare Aussagen zum Umgang mit Wissen in Organisationen erhoben und systematisiert werden. Das heißt im Einzelnen:

Neuorientierung bezüglich des Wissensmanagements

Obwohl Wissensmanagement allgemein als systematische Gestaltung des Umgangs mit Wissen in Organisationen definiert werden kann, wird der Begriff sehr vielschichtig ausgelegt. Als erste Zielstellung gilt es daher, eine eigene Orientierung, d. h. ein eigenes Verständnis, hinsichtlich dieses Begriffes zu schaffen.

Diese Zielstellung dient dazu, bekannte fehlgehende Konzeptionen des Begriffs für die vorliegende Arbeit und insbesondere für die empirische Untersuchung nicht zu wiederholen. Mit diesem ersten Ziel soll zugleich aber auch ein Beitrag zur Diskussion um die Grundlagen des Wissensmanagements geleistet werden (so z. B. King et al. 2002, S. 94f., die eine praktisch verständliche Definition einfordern; siehe die ausführliche Kritik in Kapitel 2.2.1).

Für die Erfüllung dieses Ziels müssen eigene Definitionen für Wissen und Wissensmanagement entwickelt und an einem bestimmten Objekt der Intervention festgemacht werden: Wissen wird in der vorliegenden Arbeit umfassend als verwendbare Repräsentation definiert. Die Absicht dieser als zunächst zu weitgehend erscheinenden Definition ist es, Wissen nicht an einer allgemeinen Gültigkeit festzumachen, sondern zu berücksichtigen, dass Organisationen und ihre Mitglieder Wissen im Arbeitskontext ohnehin spezifisch deuten. Wissensmanagement wird daran anknüpfend nicht als zusätzliche betriebliche Funktion, sondern dem eigentlichen Management inhärent verstanden – d. h. eigentlich erfolgt nur eine Änderung bzw. genauer eine Erweiterung des Managements um die Perspektive des Wissens. Wissensmanagement wird in den Problemen der einzelnen Mitarbeiter einer Organisation im Umgang mit Wissen verortet. Damit setzt Wissensmanagement direkt bei den eigentlichen Wissensträgern an. Eine solche Definition kommt der Lebenswirklichkeit in den Organisationen am nächsten.

Untersuchung der organisatorischen Praxis des Wissensmanagements

Vor allem das Fehlen des Praxisbezugs und die Lücken in der Forschung bezüglich der verschiedenen Dimensionen des Wissensmanagements (Wissen, Aktivitäten, Instrumente, Faktoren) machen als zweite Zielstellung eine eigene empirische Untersuchung notwendig.

Mit der Untersuchung soll Wissensmanagement nicht von einer konzeptionellen Ebene, sondern von einer praktischen Ebene aus (d. h. orientiert an praktischen Notwendigkeiten) hergeleitet werden. Die dabei intendierte Orientierung an den Problemen im Umgang mit Wissen ist zwar nicht neu, aber empirisch noch nicht befriedigend untersucht worden (siehe Kapitel 3.2.2) und wird immer wieder eingefordert: Untersuchungen sollten an den „Dysfunktionalitäten und Paradoxien im realen Umgang mit Wissen“ ansetzen (Howaldt et al. 2004, S. 32); siehe auch die Forderung von Ortner (2002, S. 100), „Wissens-Umwelten“ zu definieren und zu untersuchen. Die Problemorientierung erlaubt zudem die Beantwortung von

Fragen hinsichtlich des Zusammenspiels der einzelnen Dimensionen des Wissensmanagements (siehe Grover & Davenport 2001, S. 12–14, und King et al. 2002, S. 94f.). Mit der zweiten Zielstellung soll ein Beitrag zur Definition der einzelnen Dimensionen des Wissensmanagements geleistet werden.

Für die Erfüllung dieses Ziels ist eine Untersuchung zu konzipieren und durchzuführen. Hier wird auf ein qualitativ orientiertes Forschungsdesign mit mehrfachen Fallstudien (Erhebung mit Leitfaden gestützten Interviews und inhaltlich qualitative Auswertung) gesetzt, um Probleme im Umgang mit Wissen möglichst in ihrem eigentlichen Kontext zu untersuchen und der Vielfältigkeit des Untersuchungsgegenstands zu begegnen, aber auch verschiedene Kontexte betrachten zu können.

Systematisierung zu einem Wissensmanagement-Konzept

Aus den Ergebnissen der empirischen Untersuchung sollen Schlussfolgerungen für das Wissensmanagement und für seine praktische Gestaltung gezogen werden. Dies ist Inhalt der dritten Zielstellung.

Die aus den einzelnen Fallstudien herrührenden Aussagen sollen in einem Konzept zusammengefasst und auf Ähnlichkeiten und Unterschiede hin untersucht werden. Damit ergibt sich eine genauere Beschreibung von Problemen im Umgang mit Wissen, ihrer Einflussfaktoren und Beziehungen als zuvor. Erst diese erlaubt es, „Möglichkeiten und Grenzen der Beeinflussbarkeit“ (Probst & Knaese 1998, S. 34) der Probleme zu identifizieren, Maßnahmen und Instrumente sinnvoll auszuwählen und damit zielgerichtet(er) auf die Probleme reagieren zu können (wie es Riege 2005, S. 31, und 2007, S. 49, fordert).

Für die Erfüllung dieses Ziels sind zunächst die identifizierten Probleme einzeln, pro Fallstudie und fallübergreifend zu beschreiben. Dazu wird auf ein Schema aus der deskriptiven Entscheidungstheorie zurückgegriffen. Danach sind die Aussagen aus den Problemen, die sich auf bestimmte Dimensionen des Wissensmanagements beziehen, zusammenzufassen. Dies soll mit Hilfe eines Meta-Konzepts (siehe Kapitel 2.2.2) geschehen. Es werden integrierte Aussagen zu folgenden Aspekten gemacht: welches Verständnis für Wissen existiert in den Fällen, welche Aktivitäten werden dort überhaupt als Bestandteile eines Wissensmanagements wahrgenommen, welche Faktoren beeinflussen diese und welche Instrumente werden eingesetzt.

Die vorliegende Arbeit liefert zum Ersten einen Betrag zur Entwicklung einer theoretischen Basis des Wissensmanagements, indem die Dimensionen des Wissensmanagements auf Basis einer empirischen Untersuchung sowohl einzeln als auch in ihrem Zusammenspiel genauer erklärt werden. Zum Zweiten besteht der Beitrag in einem veränderten Verständnis für das Management, indem auf wichtige Elemente des Managements (siehe Probst & Knaese 1998, S. 37) nicht nur hingewiesen wird, sondern auch Maßnahmen, Instrumente und Einflussfaktoren genannt und in Verbindung gesetzt werden, um eine Intervention (oder besser: Gestaltung) zu steuern.

1.3 Aufbau der Arbeit

Für die Umsetzung der im vorangegangenen Kapitel formulierten Ziele ist der aus Abbildung 1.2 ersichtliche Aufbau für die vorliegende Arbeit entworfen worden. Die folgenden Kapitel bauen jeweils direkt aufeinander auf und führen von der Beschreibung der Grundlagen über die empirische Untersuchung zur Analyse und Interpretation der erhobenen Daten.

Kapitel 2 legt die Grundlagen der Arbeit indem es die in Kapitel 1.1 skizzierte Motivation ausführlich aus der Entwicklung des Wissensmanagements herleitet. Es zeigt danach den Stand des Wissensmanagements allgemein und anhand der dafür geschaffenen Konzepte und Strategien auf. Mit diesen Ausführungen wird eine kritische Würdigung ermöglicht, die die derzeitigen Lücken in der wissenschaftlichen Auseinandersetzung mit dem Umgang mit Wissen in Organisationen aufdeckt. Für diese Auseinandersetzung mit dem Wissensmanagement wurde die bereits bestehende zusammenfassende und systematisierende Literatur herangezogen. Wo diese nicht vorhanden war, sind eigene Literaturrecherchen angestellt worden.

Der erste Schritt hin zur Schließung der Lücken mündet in Kapitel 3 in die Formulierung einer problembezogenen Orientierung bezüglich des Wissensmanagements, die ebenfalls begründet und beschrieben wird. Auch hier wurde bestehende Literatur für die Darstellung verwendet bzw. selbst recherchiert.

Der aktuelle Stand der Forschung im Wissensmanagement macht eine eigene empirische Untersuchung auf Basis der in Kapitel 3 formulierten Orientierung notwendig. Kapitel 4 dient der ausführlichen Herleitung und Beschreibung dieser Untersuchung. Das Kapitel beschreibt das methodische Vorgehen für die Erhe-

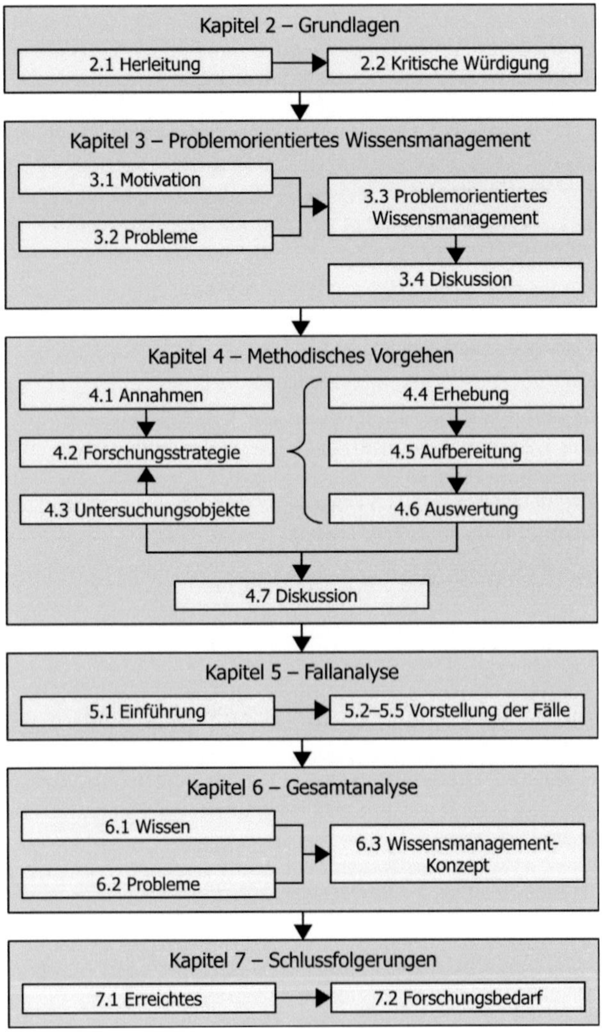

Abbildung 1.2: Aufbau der Arbeit

bung von Problemen im Umgang mit Wissen in der organisatorischen Praxis. Es begründet anhand der Zielstellung die Verwendung eines qualitativen, auf dem sozialen Konstruktivismus aufbauenden Verständnisses für die Untersuchung und stellt die Fallstudie als adäquates Forschungsdesign vor. Das Forschungsdesign wird für die drei Schritte der Untersuchung – Erhebung, Aufbereitung und Auswertung – durch entsprechende Forschungsmethoden konkretisiert: Die Daten werden mit Leitfaden gestützten Interviews erhoben, transkribiert und mit Hilfe der qualitativen Inhaltsanalyse ausgewertet. Sämtliche Arbeitsschritte der Untersuchung werden abschließend einer kritischen Betrachtung anhand einer Reihe von Gütekriterien unterzogen.

Die zwei folgenden Kapitel dienen der Darstellung der Ergebnisse. Da es sich bei der Untersuchung in Kapitel 4 um eine Untersuchung mit mehreren Fallstudien (d. h. Unternehmen) handelt, bietet es sich an, nicht nur eine Gesamtanalyse zu präsentieren, sondern zunächst die spezifische Situation im Umgang mit Wissen in den einzelnen Fällen darzustellen. Dieser Aufgabe ist Kapitel 5 gewidmet. In diesem Kapitel werden zuerst Kriterien entworfen, anhand derer die Darstellung der einzelnen Fälle erfolgt. Dann beschreibt es die Unternehmen und geht auf die Situation der einzelnen Interviewpartner, ihr Verständnis für Wissen und die damit verbundenen Probleme ein. Aus der Zusammenführung der einzelnen Probleme werden auch Aussagen zum Umgang mit Wissen für jedes Unternehmen insgesamt gemacht. Methodisch wird in diesem Kapitel auf die Methoden der qualitativen Inhaltsanalyse zurückgegriffen, die in Kapitel 4 für die Auswertung ausgewählt wurden.

Schließlich erfolgt die Gesamtanalyse in Kapitel 6. Sie greift die Situation der einzelnen Interviewpartner, ihr Verständnis für Wissen und die damit verbundenen Probleme als inhaltliche Kriterien auf und führt sie über alle Unternehmen hinweg zusammen. Ergebnis dieser Zusammenführung sind Aussagen im Sinne eines Wissensmanagement-Konzepts über den Umgang mit Wissen in Organisationen. Wie auch in Kapitel 5 wird hier die Methode der qualitativen Inhaltsanalyse und außerdem die Korrespondenzanalyse angewendet.

Das abschließende Kapitel 7 zieht ein Resümee aus allen vorangegangenen Kapiteln, indem es die wichtigsten Ergebnisse aus inhaltlicher und methodischer Sicht zusammenfasst. Da die vorgestellte Herangehensweise an das Wissensmanagement in dieser Arbeit nicht abgeschlossen werden kann, sondern eher den Startpunkt für eine ganze Reihe von Forschungsvorhaben darstellt, gibt das Kapitel schließlich Hinweise für die weitere Forschung und macht dafür konkrete Vorschläge.

Jedes Kapitel beginnt mit einer kurzen Inhaltsübersicht und schließt mit einer Zusammenfassung der wichtigsten Ergebnisse. Für den eher praktisch interessierten Leser dürften vor allem die Fälle in Kapitel 5 und die anschließende Analyse in Kapitel 6 von Interesse sein. Leser aus dem Bereich der Wissenschaft sollten die Kapitel zu den theoretischen Grundlagen (Kapitel 2 und 3) und zum Forschungsdesign (Kapitel 4) hinzuziehen. Der geneigte Leser kann also frei entscheiden, wo er in die Lektüre einsteigen bzw. welche Teile er überspringen möchte.

Kapitel 2

Grundlagen

Die Idee einer gezielten Nutzbarmachung von Wissen im Sinne eines Managements von Wissen wurde erstmalig Mitte der siebziger Jahre, intensiv jedoch ab Mitte der neunziger Jahre diskutiert (Gu 2004, S. 171, 174; siehe auch Schüppel 1996, S. 186f.). Seitdem hat dieses Thema viel Aufmerksamkeit erfahren und eine Vielzahl an Publikationen aus verschiedenen Disziplinen hervorgebracht.

Doch trotz einer intensiven Auseinandersetzung von Wirtschaft und Wissenschaft mit dem Wissensmanagement bleiben grundlegende Fragen unbeantwortet. So besteht noch immer Unklarheit bezüglich des Wissensbegriffes (Schreyögg & Geiger 2003, Schreyögg 1998, Liessmann 2006, S. 53f.). Infolgedessen können nur schwer Aussagen zur Rolle des Wissensmanagements in einer Organisation, seinen Aufgaben, dafür geeigneten Instrumenten und letztlich zu seiner Wirkung auf das Arbeitsumfeld bzw. den unternehmerischen Erfolg gemacht werden. Das Wissensmanagement sieht sich daher regelmäßig dem Vorwurf ausgesetzt, eine Modeerscheinung und damit weder ein ernst zu nehmender Managementansatz noch eine wissenschaftliche Disziplin zu sein (siehe z. B. Wilson 2002).

In diesem Kapitel werden die Entwicklung des Wissensmanagements und der aktuelle Stand der Forschung skizziert, um einen Einblick in die Motive und Inhalte des Forschungsbereichs zu erhalten. Dieser soll der Entwicklung einer eigenen Orientierung bezüglich des Wissensmanagements in Kapitel 3 dienen.

Das Kapitel leitet zuerst die Motive für das Wissensmanagement her, gefolgt von einer kritischen Würdigung des Stands der Forschung im Wissensmanagement, die sowohl den Forschungsbereich an sich als auch Konzepte und Strategien zur Beschreibung und Gestaltung des Wissensmanagements umfasst.

2.1 Herleitung des Wissensmanagements

Wissen als Reflexion über Gedachtes, Getanes und Erlebtes und als grundlegende Voraussetzung wie auch Inputfaktor für zu Denkendes, zu Tuendes und zu Erlebendes kann aus menschlichem und sozialem Handeln nicht weggedacht werden. Der Umgang mit Wissen ist menschlichem Denken und Handeln immanent und stellt weder etwas Neues noch etwas Außergewöhnliches dar. Es kann auch kein Zweifel daran bestehen, dass es vor und neben der gegenwärtigen Debatte um das Wissensmanagement bereits Bestrebungen gegeben hat bzw. gibt, den Umgang mit Wissen über Gesetzmäßigkeiten, Methoden, Techniken, Rituale etc. expliziter zu gestalten, auch wenn diese Bestrebungen nicht unter dem Begriff Wissensmanagement oder einem ähnlichen Begriff firmieren. Wie sonst hätten Organisationen wie die Kirche über Jahrhunderte hinweg ihr Wissen und ihre Identität tradieren können, wie sonst hätten Bauwerke wie die Pyramiden Ägyptens, deren Bauzeit mehrere Generationen umfasste, entstehen können. Wie hätte überhaupt ein Erkenntnisfortschritt in Sinne einer Ergänzung, Verwerfung oder Verbesserung bestehenden Wissens stattfinden können (siehe auch Stewart 1997, S. 5).

Vor diesem Hintergrund kann Wissensmanagement in einem instrumentellen Sinne verstanden werden, das Personen – aber vor allem Organisationen – dabei hilft, Wissen zu bewahren, zu verteilen und es (weiter) zu entwickeln. Wissensmanagement kann daher als systematischer Umgang mit Wissen in Organisationen definiert werden. Zu seinen Aufgaben gehört es dabei, sichtbar zu machen, welches Wissen in einer Organisation tatsächlich vorhanden ist, Lücken in diesem Wissen zu schließen und für die Verteilung, die Anwendung und die Bewahrung des Wissens in einer Organisation Sorge zu tragen. Zweck dieses systematischen Umgangs ist die Unterstützung der Organisation bei der Erreichung ihrer Ziele (siehe die Definitionen bei Reinmann-Rothmeier et al. 2001, S. 18, Probst et al. 2003, S. 23, North 2005, S. 3, Bullinger et al. 1997, S. 6, 11 und Davenport & Prusak 1998, S. 6–18).

Neu ist also das, was seit etwas mehr als 30 Jahren unter dem Begriff Wissensmanagement diskutiert wird, nicht. Neu ist dagegen die explizite Einordnung des Wissensmanagements in die lange Reihe von Reengineering-Ansätzen (Total Quality Management, Lean Management etc.), die zu einer effektiven und effizienten Gestaltung von Organisationen beitragen sollen (siehe auch Davenport & Prusak 1998, S. 12). Ebenso neu ist der Versuch einer wissenschaftlichen Auseinandersetzung, die diesen Ansatz erstmals als eigenständigen Forschungsbereich betrachtet.

Wissensmanagement wird meist durch eine Transformation auf gesellschaftlicher Ebene – dem Übergang der modernen Gesellschaft in eine so genannte „Wissensgesellschaft“ – motiviert. Diese Transformation verändere das Umfeld und die Voraussetzungen für die Lebensfähigkeit von Organisationen, führe damit auch zu veränderten Anforderungen an die Mitglieder der Organisationen und verändere zugleich die Wahrnehmung und das Management von Organisationen (siehe Sveiby 1997, S. 24–26, Stewart 1997, S. 1–51). Wissensmanagement wird als Managementansatz verstanden, der diesen veränderten Rahmenbedingungen Rechnung trägt. Dieser Argumentation soll im Folgenden etwas genauer nachgegangen werden.

2.1.1 Wissensgesellschaft

Erste Überlegungen zur Wissensgesellschaft finden sich bei Etzioni (1975) und Bell (1976), obwohl es vorher schon Arbeiten in diese Richtung gegeben hat (z. B. hat Machlup bereits 1962 den Versuch unternommen, den Beitrag von Wissen zum Bruttosozialprodukt der Vereinigten Staaten zu bestimmen). Die am häufigsten zitierte Publikation zur Wissensgesellschaft stammt von Drucker (1993). Führt man die Aussagen der einschlägigen Autoren zusammen, so lässt sich die Wissensgesellschaft anhand folgender Aspekte beschreiben:

- Rolle des Wissens: Nach Drucker (1993, S. 19–45) lassen sich Gesellschaften anhand ihres Verständnisses für Wissen und den Umgang damit unterscheiden. Im 18. Jahrhundert sei durch die Dokumentation und damit die breite Verfügbarkeit bis dahin ausschließlich individuellen Wissens die industrielle Revolution angestoßen worden. Im 19. Jahrhundert folgte durch das Anwenden von Wissen auf menschliche Arbeit (siehe das Scientific Management bei Taylor 1917) die „Produktivitätsrevolution“. Mit der „Managementrevolution“ vollziehe sich im 20. Jahrhundert der Übergang in die „post-capitalist society“. Hier wird Wissen auf Wissen angewendet, d. h. Wissen wird genutzt, um herauszufinden, wie bestehendes Wissen für die Erreichung bestimmter Ziele eingesetzt werden kann, und um zu bestimmen, welches neue Wissen dafür vonnöten ist. Wissen dient folglich systematischer Innovation.

- Zentraler Produktionsfaktor: Diese veränderte Rolle des Wissens schlägt sich ökonomisch nieder. Die Herstellung von Produkten und die Erbringung von Dienstleistungen stützt sich stärker auf Wissen als Ressource als auf die klassischen Produktionsfaktoren Boden, Kapital und Arbeit (Drucker 1993, S. 45, 68–74, Willke 1998, S. 163; siehe auch North 2005, S. 12–15). Bell (1976, S. 32f., 130–170) hebt als Zeichen dafür den größer werdenden Anteil von Arbeitskräften im Dienstleistungssektor hervor, in welchem sich zudem eine Verschiebung von industriellen Dienstleistungen wie Transport hin zu den Bereichen Gesundheit, Bildung, Forschung und Verwaltung vollziehe.

  Hier wird deutlich, dass Wissen zur Ressource wird und all das ist, was Menschen und Organisationen die Fähigkeit verleiht etwas zu tun. Damit verliert es seine allgemeine (universale) Gültigkeit. Stattdessen bilden sich viele verschiedene Fähigkeiten („knowledges“) heraus (Drucker 1993, S. 26f., 45–47; siehe auch Bell 1976, S. 182–193, Probst et al. 2003, S. 6).

  Hierzu gehört auch, dass Arbeitsteilung nicht mehr nur lokal, sondern international stattfindet und physische Arbeit aus Gründen geringerer Transaktionskosten ausgelagert wird, so dass die Wissensarbeit in den entwickelten Nationen verbleibt (Drucker 1993, S. 15). Zudem werden durch die IT die Kommunikation und Kollaboration, und damit das Erwerben, Entwickeln und (Ver-)Teilen von Wissen, beschleunigt (North 2005, S. 12, 17–20).

- Rolle von Personen und Organisationen: Eine derartige Veränderung hat Auswirkungen auf Organisationen und die in ihnen beschäftigten Personen. Nach Drucker (1993, S. 48–67, 83–109) sind Personen, die Wissensarbeit leisten („knowledge worker“), von zentraler Bedeutung für Wirtschaft und Gesellschaft, da sie allein im Besitz des notwendigen Produktionsfaktors (d. h. des Wissens) sind. Aufgabe der Organisationen sei es wiederum, dieses Wissen für den Zweck der Organisation in der Gesellschaft produktiv zu machen. Das könne aber nur gelingen, wenn die Knowledge Worker an Entscheidungen mitwirken und selbst für ihre Produktivität verantwortlich zeichnen. Wissensarbeit wird nach Willke (1998, S. 161) zum „Kernelement“ der Wissensgesellschaft.

Eng verbunden mit der Diskussion um die Wissensgesellschaft sind Erwartungen, dass sich Organisationen durch die gerade beschriebenen Rahmenbedingungen andere und neuartige Möglichkeiten eröffnen, um im globalen Wettbewerb zu bestehen (mehr dazu siehe weiter unten). Es werden aber auch nichtökonomische Potentiale wie die Demokratisierung von Wissen oder die Partizipation von Bürgern in einer aufkommenden Wissensgesellschaft gesehen (siehe Laszlo & Laszlo 2002).

Daran schließen sich Überlegungen für ein gesellschaftliches Wissensmanagement an, das die Voraussetzungen für das Bestehen im Wettbewerb schaffen soll (u. a. durch den Aufbau einer entsprechenden IT-Infrastruktur und einer entsprechenden Ausbildung; siehe Willke 1996, S. 268–280). Daher findet seit einigen Jahren eine Diskussion um ein Management des Wissens auf der Ebene von Städten, Regionen und Ländern statt. Diese kommt nicht von ungefähr, schließlich ist das Erwerben, Entwickeln und (Ver-)Teilen von Wissen für die Schaffung neuer Produkte und Dienstleistungen auf die räumliche Nähe der daran Beteiligten angewiesen (Thierstein 2009, Florida 2005). Es wird folglich von „knowledge cities", „knowledge regions" oder „knowledge countries" gesprochen. Diese zeichneten sich durch einen bewusst gesteuerten Wandel hin zur Unterstützung und vermehrten Ansiedlung und Vernetzung wissensintensiver Branchen inklusive des dafür notwendigen Aufbaus finanzieller, rechtlicher, infrastruktureller etc. Rahmenbedingungen aus. Diesem Wandel sind oft einschneidende wirtschaftliche Entwicklungen (Niedergang etablierter Industriezweige) vorausgegangen. Die Forschung in diesem so genannten „knowledge-based development" zielt auf die Beschreibung solcher Städte (z. B. Barcelona, München), Regionen und Länder (z. B. Malaysia, Singapur), die Identifikation von Erfolgsfaktoren und die Untersuchung von Instrumenten sowie Vorgehensweisen zu deren Gestaltung (Ergazakis, et al. 2009, 2006, 2004, Edvinsson 2006, siehe auch González Ovalle, et al. 2004).

Eine detaillierte Erforschung der Wissensgesellschaft und ihrer Aspekte findet im Forschungsbereich Wissensmanagement nicht statt. Eine Beschreibung ist wegen ihrer Komplexität allerdings auch nur schwer möglich (Bell 1976, S. 21–26). Sie wird trotzdem häufig (unreflektiert) als Motivation übernommen.

Es ist unbestritten, dass gesellschaftliche und ökonomische Veränderungen stattfinden und sich daraus andere bzw. neue Anforderungen an Organisationen und ihre Mitglieder ergeben. Am Konzept einer Wissensgesellschaft müssen jedoch Zweifel angemeldet werden, wenn sie als ein neues gesellschaftliches Paradigma auftritt. Im Übrigen erscheint es widersinnig, dass erst in einer Wissensgesellschaft Wissen effektiv eingesetzt wird (siehe Drucker 1993, S. 42), als hätte es das zuvor noch nicht gegeben. Von einer Wissensgesellschaft zu sprechen erscheint auch verfrüht, solange keine belastbaren Untersuchungen in dieser Hinsicht folgen (siehe auch Kübler 2005, S. 17). Sie als Motivation für ein Management des Wissens heranzuziehen ist daher ebenfalls unzureichend, denn die aus dieser Motivation folgenden Begründungen oder Problemfelder bleiben genauso vage wie das Konzept selbst. Das Thema bleibt aber aktuell und wird von der (Wissens-)Soziologie untersucht (siehe z. B. Breidbach 2008, Liessmann 2006, Kübler 2005).

2.1.2 Wissensorganisation

Für Organisationen stellt sich die Frage, wie sie gestaltet werden sollen, um die eigenen Ziele bestmöglich zu erreichen, und um als organisatorische Einheit in Wirtschaft und Gesellschaft zu bestehen. Dieser Frage nachgehend wurde Wissensmanagement zuerst im unternehmerischen Kontext praktiziert und untersucht. Allerdings kann dieser Kontext auf sämtliche am Wirtschaftsgeschehen beteiligte Einheiten – d. h. sowohl Haushalte als auch Unternehmen (Bea et al. 2004, S. 27–38) – verallgemeinert werden. Die Forschung bezieht sich in den meisten Fällen zwar auf Unternehmen, es werden aber auch Behörden (z. B. Wiig 2002), Bildungseinrichtungen (z. B. Tippins 2003) und Non-Profit-Organisationen (z. B. Lettieri et al. 2004) betrachtet. Drucker und Bell fassen in ihren Konzepten einer neuen Gesellschaft all diese Einheiten unter dem Begriff der Organisation zusammen (Drucker 1993, S. 48–67, Bell 1976, S. 167).

Mit der Veränderung zur Wissensgesellschaft geht eine Veränderung im Verständnis von Organisationen und deren Management einher. Es ergeben sich mehrere neue Sichtweisen auf Organisationen. Sie laufen auf Fragen des organisatorischen Lernens (für eine Übersicht siehe Huber 1991) und damit die Nutzbarmachung organisatorischer Ressourcen hinaus, setzen aber verschiedene Schwerpunkte (siehe auch Probst & Raub 1998, S. 132f., Blackler 1995, S. 1026–1030):

- Die lernende Organisation: Dies ist die in diesem Zusammenhang umfassendste Sichtweise. Sie kann als Basis für die beiden folgenden Sichtweisen angesehen werden. Organisationen werden hier als lernende Systeme verstanden, die gezielt die Fähigkeit zum Lernen aufbauen und erhalten, um sich damit rasch an eine sich stetig verändernde Umwelt anpassen zu können (Wahren 1996, S. 1–4).

Das Management einer lernenden Organisation soll für den Erhalt und den Ausbau von Lernfähigkeit und Lernen Sorge tragen. Es handelt sich insofern auch um Wissensmanagement, da dadurch organisatorisches Wissen verändert wird. Hinter der Idee der lernenden Organisation verbirgt sich zudem die Absicht, das Verständnis für Management im Allgemeinen zu verändern, da es die Komplexität sozialer Systeme in seinem Verständnis bislang nicht berücksichtige (Senge 2006, S. xii, 11f., Wahren 1996, S. 10–13).

- Das Wissen schaffende Unternehmen: Hinter dieser Sichtweise steht die Frage, wie es Unternehmen gelingt, sich am Markt besser zu behaupten als andere bzw. auf bestehende Märkte vorzudringen und dort schnell Anteile zu gewinnen, wie es z. B. den japanischen Unternehmen im Laufe der 70er und 80er Jahre gelungen ist. Die Antwort bietet ein Verständnis der Organisation als eine Einheit, die insbesondere in der Lage ist, neues Wissen zu schaffen und damit wettbewerbsfähige Produkte und Dienstleistungen hervorzubringen. Dafür sind die Arbeiten von Nonaka & Takeuchi von Bedeutung (Nonaka & Takeuchi 1997; siehe auch die Vorarbeiten in Nonaka 1992 und 1994).

  Nonaka & Takeuchi beschreiben die Wissensschaffung anhand einer Transformation von an Personen gebundenem Wissen in elektronisch oder in Dokumenten erfasstes Wissen und umgekehrt auf verschiedenen Ebenen in einer Organisation. Dem Modell gemäß ist es Aufgabe eines Wissensmanagements, bestimmte Rahmenbedingungen für die Wissensschaffung herzustellen und damit die Transformation zu stimulieren und am Leben zu erhalten (Nonaka & Takeuchi 1997, S. 88–99).

- Die Wissensorganisation: Hinter der Betrachtung einer Organisation als „knowledge organization“ oder „knowledge company“ steht die Beobachtung, dass es allein Wissen ist, was eine Organisation wertvoll und fähig zur Schaffung von Wettbewerbsvorteilen macht. Allerdings wird Wissen in vielen Organisationen nicht als ein solcher Vermögenswert angesehen (es ist nicht Bestandteil der Bilanz) und bleibt vom Management unbeachtet. Zu diesem immateriellen Vermögen (auch „intangible assets“ oder „intellectual capital“ genannt) zählen z. B. das Know-how der Mitarbeiter, Patente, Prozesse, Informationssysteme, Organisationskultur, Handelsmarken, Verträge oder die Reputation eines Produkts (Sveiby 1997, S. 8–11, Hall 1992, S. 136–139).

> Das immaterielle Vermögen muss daher einem Management zugeführt werden (Sveiby 1997, S. x, 3–13, Stewart 1997, S. ix–xiv, 18–36; siehe auch Sveiby & Lloyd 1990). Wissensmanagement wird verstanden als die Bewertung und das Management eben dieses Vermögens mit dem Ziel, die Leistung von Organisationen zu steigern (Stewart 1997, S. xvf., 12).

Während die Ideen einer lernenden bzw. einer Wissen schaffenden Organisation prinzipiell für alle Organisationen gelten, wird mit der letzten Sichtweise bewusst eine Abgrenzung von Organisationen vorgenommen, die sich von „traditionellen" Organisationen dadurch unterscheiden, dass in ihnen nicht Kapital oder Arbeit, sondern Wissen den hauptsächlichen Produktionsfaktor darstellt (Sveiby 1997, S. 3–8; siehe auch die Diskussion der „knowledge-intensive firms" bei Starbuck 1992). Allerdings ist diese Unterscheidung keineswegs eindeutig möglich, sondern graduell zu sehen.

Wissensmanagement bezieht sich damit auf ein an den skizzierten Problemstellungen orientiertes Management in einer Organisation. Damit verbunden ist eine Vielzahl von Erwartungen (Bullinger et al. 1997, S. 17f., Deutsche Bank & Fraunhofer-IAO 1999, S. 10; siehe auch Lehner 2009b, S. 34, Jarrar 2002, S. 323):

- Verbesserung der Produktqualität
- Steigerung der Innovationsfähigkeit
- Verbesserung der Kundennähe
- Senkung von Kosten
- Steigerung der Produktivität
- Förderung der Kreativität der Mitarbeiter
- Minimierung von Durchlaufzeiten
- Steigerung des Unternehmenswachstums

Aus dieser Liste lässt sich ersehen, dass Wissensmanagement sowohl eine externe Wirkung auf den Wettbewerb als auch eine interne Wirkung auf die organisatorischen Leistungsprozesse zugesprochen wird (North 2005, S. 9, Armistead & Meakins 2002, S. 55f.). Was die externe Wirkung anbetrifft, so wird erwartet, dass durch das Wissen Ressourcen geschaffen werden können, die im Wettbewerb mit anderen Organisationen einzigartig sind und daher besondere strategische Optionen bieten (siehe hierzu die Ideen des Resource-based View bei Barney 1991, Grant 1991, Wernerfelt 1984). Die Verbesserung der Effizienz organisatorischer Prozesse als interne Wirkung kann – genauer betrachtet – folgende Aspekte umfassen (siehe z. B. Beckmann & Adrion 2004, S. 25f.):

- Vermeidung doppelter Arbeit
- Nutzbarmachung von Wissen über Abteilungsgrenzen hinweg
- Lernen aus Erfahrungen von Mitarbeitern (z. B. durch die Dokumentation gescheiterter Geschäftsabschlüsse oder Projekte)
- Lernen vom Wissen der Kunden (z. B. durch die Dokumentation von Reklamationen)
- Vorbeugen des Wissensverlusts beim Ausscheiden von Mitarbeitern
- Vermeidung aufwändigen Suchens nach Expertenwissen

Ein Großteil der Forschung im Wissensmanagement bezieht sich auf die Wissensorganisation, d. h. auf das organisatorische Wissensmanagement. Fragestellungen zielen auf verschiedene Aktivitäten des Wissensmanagements (z. B. Erwerben, [Ver-]Teilen, Bewerten von Wissen), darauf wie Wissen geschaffen und in der Organisation gespeichert wird und auf die Rolle der IT beim Umgang mit Wissen (Probst & Raub 1998, S. 133, von Krogh & Venzin 1995, S. 422–425). Im Bereich des organisatorischen Wissensmanagements finden sich auch die bisher am weitesten gediehenen Bemühungen um eine theoretische Grundlage des Wissensmanagements. Hier sind zwei wissenschaftliche Diskurse zu nennen (siehe auch Nonaka & Takeuchi 1997, S. 57–63): der Resource-based View (Penrose 1972, Barney 1991, Grant 1991, Wernerfelt 1984; aber auch Prahalad & Hamel 1990, Teece et al. 1997) bzw. Knowledge-based View (Grant 1996, Spender 1996) und das Organisatorische Lernen (Huber 1991, Wahren 1996, Duncan & Weiss 1979). Zahlreich sind auch die Ansätze, die für eine Gestaltung von Wissensmanagement vorgeschlagen werden. Sie werden in Kapitel 2.2.2 ausführlich kritisch gewürdigt.

Erfolgreiche Beispiele zeigen, dass mit Wissensmanagement tatsächlich die oben beschriebenen Erwartungen – extern wie intern – erfüllt werden können: siehe z. B. die Erfolgsgeschichte des Heimbackautomaten bei Matsushita (Nonaka & Takeuchi 1997, S. 109–140) oder die erfolgreiche Einführung des Eureka-Systems bei Xerox (Bobrow & Whalen 2002). Diese Beispiele täuschen leicht darüber hinweg, dass das Bild wesentlich differenzierter ist, was die Gestaltung von Wissensmanagement in Organisationen anbetrifft. Wie sich zeigt, haben bisherige Initiativen des Wissensmanagements selten die gesteckten Erwartungen erfüllen können, z. T. hat sich der Umgang mit Wissen dadurch sogar verschlechtert (Howaldt, et al. 2004, S. 16–22, 75). Es zeigt sich außerdem, dass die Praxis mit erheblichen Problemen beim Verständnis und der Umsetzungsfähigkeit von Wissensmanagement zu kämpfen hat (siehe Wildner 2007, S. 4f.).

Die Forschung hat im Bereich des Managements immer wieder neue Einsichten in das Verständnis für Organisationen und den Umgang mit deren Mitgliedern hervorgebracht: erst das Scientific Management von Taylor 1917, später im Kontrast dazu der Human-Relations-Ansatz (siehe Roethlisberger & Dickson 1975, McGregor 1960). Insofern ist die Diskussion einer Wissensorganisation sinnvoll, zeigt sie doch Aspekte der Organisation auf, die im bisherigen Verständnis für Management nicht oder nur am Rande vorgekommen sind. Auch das Bestreben, diesen Aspekten mit Konzepten eines Wissensmanagements Rechnung zu tragen, ist zu begrüßen.

2.1.3 Wissensarbeit und Wissensarbeiter

Mit dem Übergang in die Wissensgesellschaft verändert sich nach Meinung ihrer Protagonisten für einen immer größeren Anteil an Personen, die so genannten „Wissensarbeiter“, die Art ihrer Arbeit hin zu einer „knowledge work“. Diese Wissensarbeiter bilden die bedeutendste Personengruppe in der Wissensgesellschaft. Sie allein sind es, die neues Wissen hervorbringen, bewahren und anwenden können (Drucker 1993, S. 210, Nonaka & Takeuchi 1997, S. 71; siehe auch Bell 1976, S. 227, Reich 1991, S. 8). Damit sind sie zugleich Adressaten eines organisatorischen Wissensmanagements (Reinmann-Rothmeier & Mandl 2000, S. 13–23), schließlich bilden Personen mit einem Bewusstsein für den Umgang mit Wissen und Kenntnissen über entsprechende Instrumente eine geeignete Grundlage für ein organisatorisches Wissensmanagement.

Das Konzept der Wissensarbeit ist umstritten und bisher nicht eindeutig definiert. Annäherungen an das Konzept fassen Merkmale in den drei folgenden, miteinander verbundenen Perspektiven zusammen (Schultze 2003, S. 44–51, Kelloway & Barling 2000, S. 289–291; siehe auch Bell 1976, S. 35, 134–147, 227, Drucker 1993, Reich 1991, S. 173–184, Davenport et al. 1996, S. 54):

- Charakteristik der Wissensarbeit: Vielfalt und Ausnahmen (nicht Routine) bestimmen den Arbeitsalltag. Die notwendigen Schritte für die Wissensarbeit und auch ihre Ergebnisse sind a priori nicht vorgegeben. Sie benötigt daher eine Vielzahl von Entscheidungen und Kreativität. Drucker hebt hierbei hervor, dass nicht Maschinen vorgeben, was und wie etwas zu tun ist, sondern dass dies allein von den Wissensarbeitern ausgeht. Wissensarbeiter brauchen für diese Art von Arbeit Wissen, das sie in einer umfassenden Ausbildung erwerben.
- Zentrale Aktivitäten der Wissensarbeit: Zentrale Aktivitäten sind Erwerben, Entwickeln, Aufbereiten, (Ver-)Teilen, Anwenden etc. von Wissen. Ziel ist es, mit Hilfe von Wissen Resultate im Sinne der Ziele einer Organisation hervorzubringen. Dafür wird bestehendes Wissen angewandt oder neues Wissen identifiziert und entwickelt. Für diese Aktivitäten reicht die einmal erworbene Ausbildung nicht aus, vielmehr muss Wissen immer wieder revidiert werden (Willke 1998, S. 161).[1] Wissensarbeiter benötigen also Kapazitäten, um fortwährend zu lernen (Drucker 1993, S. 73, 92).
- Beschreibung der Klasse von Wissensarbeitern: Wissensarbeiter bilden eine neue Klasse von Arbeitern in der Wissensgesellschaft. Sie vollziehen Tätigkeiten, für die eine akademische Ausbildung notwendig ist. Drucker thematisiert in diesem Zusammenhang mögliche soziale Probleme im Aufeinandertreffen dieser Klasse mit den anderen Klassen (Drucker 1993, S. 83–96).

Diese Merkmale leisten keine strenge Abgrenzung von Wissensarbeit und Nicht-Wissensarbeit (z. B. „service work“; siehe Drucker 1993, S. 8), sondern versuchen, Hinweise auf Veränderungen in der Arbeit herauszuarbeiten. Eine strenge Abgrenzung würde zudem implizieren, dass es auch Arbeit gibt, die ohne Wissen auskommt (Schultze 2003, S. 51). Vielmehr ist vom Gegenteil auszugehen (Blackler 1995, S. 1022–1026, Duncan & Weiss 1979, S. 81–87; siehe auch Kusterer 1978, S. 179, der aufzeigt, dass auch ungelernte Arbeiter ein Arbeitswissen besitzen, das zur Herstellung von Produkten bzw. zur Erbringung von Dienstleistungen unerlässlich ist).

Daher ist die Frage zu stellen, welche Art von Wissen für eine bestimmte Tätigkeit notwendig ist und ob dessen Anwendung bzw. Entwicklung routinisiert abläuft oder umfangreiche Aktivitäten von Erwerben, Aufbereiten, Entwickeln etc. benötigt werden. Je nach Ziel bzw. Problemstellung kann sich ein Management

[1] Willke sieht die Abgrenzung der Wissensarbeit von anderer Arbeit allein in dieser kontinuierlichen Revision des Gelernten.

dann auf die Gestaltung bestimmter Arten von Tätigkeiten konzentrieren, um die – hier auch gültigen – Erwartungen an eine Wissensorganisation (als Organisation von Wissensarbeitern) zu erfüllen (siehe auch Kelloway & Barling 2000, S. 291f.). Hier besteht Forschungsbedarf (Howaldt et al. 2004, S. 32, Ortner 2002, S. 100) und auch erhebliches Potential für das Management in Organisationen, wenn mit der bewussten Gestaltung von (Rahmenbedingungen von) Wissensflüssen die Effizienz von Mitarbeitern und vielmehr noch ihre Kreativität und Problemlösefähigkeit gesteigert werden kann.

In der Forschung wird daher an Fragen der Definition von Wissensarbeit und an Konzepten zu ihrer Gestaltung gearbeitet (Timonen & Paloheimo 2008, S. 187). Bei Letzteren geht es um Strategien und Instrumente (auch Software) für Probleme, die Personen beim Umgang mit Wissen haben (siehe insbesondere das „individuelle Wissensmanagement" bei Reinmann-Rothmeier & Mandl 2000 oder Wright 2005).

Trotz der Ambiguität der Konzepte Wissensarbeit und Wissensarbeiter ist auch hier mit diesen neuen Begriffen Aufmerksamkeit auf bislang nicht beachtete Dinge gelenkt worden: auf die Person – nicht im Allgemeinen (denn das ist bereits geschehen), sondern in der spezifischen Rolle als Wissen tragendes Element einer Organisation, das allein zur Schaffung neuen Wissens fähig ist (Nonaka & Takeuchi 1997, S. 71).

2.2 Kritische Würdigung

Das vorangehende Kapitel hat die Grundlagen aufgezeigt, auf denen der Forschungsbereich Wissensmanagement steht. Nun soll auf die Resultate der Forschung eingegangen werden. Ihre Betrachtung soll bei Ausarbeitung der theoretischen und empirischen Ausrichtung der vorliegenden Arbeit helfen.

Die in Kapitel 2.1 beschriebenen Bereiche Wissensgesellschaft, Wissensorganisation und Wissenarbeiter stellen verschiedene Kontexte für das Wissensmanagement dar (siehe Reinmann-Rothmeier & Mandl 1997). Den Anmerkungen aus diesem Kapitel folgend, soll im Folgenden allein das organisatorische Wissensmanagement betrachtet werden, das die Kontexte Wissensorganisation und Wissenarbeiter umfasst. Wie anfangs bereits erwähnt, ist durch das große Interesse an einem Management des Wissens eine Vielzahl an Publikationen entstanden

(Gu 2004, S. 173f.), die sich der Beschreibung, Erklärung und insbesondere der Gestaltung des Wissensmanagements in Organisationen widmet.

Der Anspruch des Wissensmanagements besteht darin, theoretische Grundlagen zu schaffen und basierend darauf praktische Hilfsmittel bereitzustellen, um den Aufgaben der Beschreibung, Erklärung und Gestaltung des Umgangs mit Wissen in einer Organisation nachzukommen. Ob dieser Anspruch erfüllt wird, wird im Folgenden zuerst allgemein und dann an den Konzepten und Strategien des Wissensmanagements geklärt.

2.2.1 Allgemeine Kritik am Forschungsbereich

Betrachtet man Wissensmanagement insgesamt als Forschungsbereich, so lassen sich aus der (umfangreichen) Literatur mehrere kritische Punkte zusammenfassen. Diese können durchaus als Fundamentalkritik (oder so genannte exogene Kritik; übernommen aus Kieser 2006, S. 231) verstanden werden.

Nichtsdestotrotz soll vor der Präsentation der Kritikpunkte noch einmal darauf verwiesen werden, dass – wie in Kapitel 2.1 aufgezeigt – das Wissensmanagement durchaus Potential besitzt, Aspekte des Managements zu ändern bzw. zu ergänzen und mit deren Hilfe die bisher wenig beachteten Herausforderungen im Umgang mit Wissen zu adressieren. Die erwähnten prominenten Beispiele legen Zeugnis davon ab, dass ein derart ergänztes Management nicht nur möglich, sondern auch sinnvoll ist. Das zentrale Problem liegt eher darin begründet, dass – trotz einer Reihe theoretischer Vorarbeiten, die auch verwendet und ausgebaut werden können – die Umsetzung in Begriffe und Konzepte noch nicht zufriedenstellend erfolgt ist. Folgende Kritikpunkte sind zu nennen:

Unklarheit des Wissensbegriffs

Die folgenschwerste Kritik wendet sich gegen den Untersuchungsgegenstand des Wissensmanagements. Hier existiert zwar eine Vielfalt an Definitionen, aber keine einheitliche bzw. keine ausreichend genaue Definition, um auch ein Management daran anknüpfen zu können. Damit wären sämtliche Anstrengungen im Forschungsbereich umsonst, da unklar bliebe, worauf genau sich diese richteten.

Im Verlauf von Kapitel 2 ist bereits deutlich geworden, dass trotz einer vielfachen Nennung des Begriffs Wissen verschiedene Vorstellungen davon existieren.

Hier soll anhand der Ausführungen von Holsapple (2003) ein Überblick gegeben werden.[2] Sie beginnen mit der Definition von Wissen aus verschiedenen Perspektiven (für eine andere Aufstellung siehe Alavi & Leidner 2001, S. 109–111):

- System-Perspektive: In dieser Perspektive wird unter Wissen alles das verstanden, worüber ein System eine verwendbare Repräsentation besitzt. Eine Repräsentation ist dabei eine zeitliche und räumliche Anordnung, die sehr viele Formen annehmen kann: z. B. eine Druckseite dieser Arbeit, Abbildungen, Fotografien, physische Bewegungen, mentale Muster, individuelles oder kollektives Verhalten etc. Die Repräsentation kann also sowohl Statisches (Objekte) als auch Dynamisches (Prozesse) umfassen. Sie ist aber nicht das Wissen selbst, sondern vermittelt es nur. Die Repräsentation muss verwendbar sein, d. h. es kann erst von Wissen gesprochen werden, wenn die durch die Repräsentation vermittelten Inhalte einen Prozessor (eine verarbeitende Einheit, d. h. ein oder mehrere Menschen oder Computer) in die Lage versetzen zu handeln. Wie weit die Verwendbarkeit einer Repräsentation geht, hängt vom Zusammenspiel von Prozessor und Repräsentation (kann er diese überhaupt korrekt interpretieren), der Aufgabe und dem Kontext ab.
- Zustands-Perspektive: Diese Perspektive setzt bei Unterschieden in der Verwendbarkeit von Repräsentationen an und definiert verschiedene Zustände von Wissen, die für den Prozessor einen verschiedenen Wert haben. Diese Zustände umfassen Daten, Information, strukturierte Information, Erkenntnis, Beurteilung und Entscheidung. Vermittels bestimmter Aktivitäten kann Wissen nun von einem Zustand in einen höheren überführt werden, z. B. indem Informationen analysiert werden und damit zu strukturierten Informationen werden. Hier wird also davon ausgegangen, dass Wissen in verschiedenen Zuständen existiert, dass mit einem Übergang in einen höheren Zustand die Verwendbarkeit des Wissens steigt, und dass diese Zustandsänderung durch verschiedene Arten der Verarbeitung von Wissen möglich ist.
- Produktions-Perspektive: In dieser Perspektive existiert Wissen in Lagern und Flüssen, wobei unter einem Lager ein Vorrat an Wissen verstanden wird, der einem oder mehreren Prozessoren zur Verfügung steht. Flüsse finden sowohl von einem Lager in ein anderes Lager als auch von einem Lager in sich selbst statt (was dann der Fall ist, wenn Wissen aus diesem Lager verwendet

[2] Sie erscheinen hier als die geeignetste Darstellung. Weitere Auseinandersetzungen mit Wissen finden sich bei Andriessen & Van Den Boom (2009), Andriessen et al. (2009), Assudani (2005), Blackler (1995), Jakubik (2007), Tsoukas (1994), Williams (2008).

wird, um neues Wissen zu entwickeln, d. h. zu lernen). Aus der Fertigung bekannte Sachverhalte wie das Auffüllen von Lagern, die Vergänglichkeit von Produkten oder Kapitalbindungskosten können in dieser Perspektive auf das Wissen übertragen werden.

- Wissen-versus-Information-Perspektive: Im Unterschied zur Zustands-Perspektive, wo alles als Wissen angesehen wird, nimmt man hier eine klare Trennung vor und definiert Wissen als etwas, das über Information hinausgeht. Wissen wird also in Abgrenzung zu Daten und Informationen definiert: während Daten einzelne Fakten darstellen und Information eine Bedeutung voraussetzt, die eine Person in Daten legt, wird Wissen als vernetzte Information mit Relevanz für eine bestimmte Aufgabe definiert (Rehäuser & Krcmar 1996, S. 3–6; siehe z. B. auch North 2005, S. 31–39). Mit der Zuschreibung von Bedeutung und Relevanz wird hier im Gegensatz zu den vorherigen Perspektiven ein Relativismus (z. B. Bedeutung für wen? Relevanz für welche Aufgabe?) bezüglich des Wissensbegriffs eingeführt. Aus dieser Perspektive resultiert auch eine Debatte, die sich im Streit über eine Technologieorientierung versus Humanorientierung im Wissensmanagement äußert. Die Unterscheidung in Wissen und Nicht-Wissen rührt von einer Zuschreibung der Prozessoren her: Daten können sowohl von Computern als auch Menschen (für die es dann Information wird) verarbeitet werden, Wissen aber allein von Menschen.

Holsapple (2003, S. 177–185) führt darüber hinaus eine ganze Reihe von Eigenschaften an, die dem Wissen zugeschrieben werden, und die für ein wirksames Management des Wissens zu berücksichtigen sind. Dazu gehören u. a. Modalität, Typ, Domäne, Zugänglichkeit, Nutzen, Validität, Quelle, Alter, Volatilität oder der Ort des Wissens. Eine derartig detaillierte Auflistung von Eigenschaften findet sich sonst kaum in der Literatur (siehe noch de Jong & Ferguson-Hessler 1996). Meist fasst man die Eigenschaften durch die Definition von Wissensarten zusammen. Dabei werden oft Zwei- oder Dreiteilungen gebildet (siehe Reinmann-Rothmeier et al. 2001, S. 17f., Rehäuser & Krcmar 1996, 6–9; siehe auch die Übersicht bei Maier 2004, 63–66). Die wichtigsten Wissensarten sind:

- individuelles Wissen versus organisatorisches Wissen: Die Unterscheidung stellt darauf ab, wer (Einzelperson oder Gruppe) in Besitz eines bestimmten Wissens ist. Auf Gruppenebene kann mit der Einführung einer weiteren Art – dem kollektiven Wissen – sogar unterschieden werden, ob das Wissen tatsächlich von allen Mitgliedern einer Gruppe besessen wird (kollektives

Wissen) oder ob es diesen nur potentiell zum Zugriff bereitsteht (organisatorisches Wissen; siehe Lehner 2009b, S. 56f.). Mit dieser Unterscheidung kann eine Aussage zur Verbreitung des Wissens getroffen werden.

- Sachwissen versus Handlungswissen: Diese Unterscheidung stellt heraus, was durch das Wissen repräsentiert wird – sind es Fakten und Tatsachen (Sachwissen; auch deklaratives oder deskriptives Wissen genannt), oder sind es Handlungen und Vorgänge (Handlungswissen; auch prozedurales Wissen genannt). Holsapple (2003, S. 180f.) fügt hier noch „reasoning knowledge“ an, das u. a. Logik oder Analogien nutzt, um in einer Situation zu entscheiden, was getan werden soll (ähnlich sind die Wissensarten bei de Jong & Ferguson-Hessler 1996, S. 106f., definiert).
- implizites versus explizites Wissen: Eine oft in diese Liste aufgenommene Dichotomie ist die von implizitem (tacit) und explizitem Wissen. Sie sagt etwas über die Modalität und auch über die Zugänglichkeit des Wissens aus: Implizites Wissen ist nicht oder nur schwer artikulierbar in Personen gebunden. Explizites Wissen (besser: explizierbares Wissen) ist artikulierbar und kann vom eigentlichen menschlichen Wissensträger getrennt und dann in (elektronischen) Dokumenten abgelegt werden.

  Diese Unterscheidung stammt aus der Theorie der Wissensschaffung von Nonaka & Takeuchi (1997, S. 68–108) und dominiert faktisch das Verständnis für Wissen in der gesamten Wissensmanagement-Literatur. Nonaka & Takeuchi haben sich dabei wiederum auf die Arbeit von Polanyi (1966) gestützt. Hierzu ist jedoch eine Klarstellung notwendig, denn die Auffassungen von Nonaka & Takeuchi und Polanyi unterscheiden sich, werden – bis auf wenige Ausnahmen (siehe Wilson 2002, Schreyögg & Geiger 2003, S. 14, Schreyögg & Geiger 2004) – aber nicht wahrgenommen, sondern als gleich übernommen: Während für Nonaka & Takeuchi implizit und explizit zwei Kategorien darstellen, zwischen welchen eine Transformation von Wissen stattfinden kann, hat Polanyi diese als zwei Dimensionen eines einzigen Ganzen definiert. In diesem Ganzen verweist der explizite Teil auf den impliziten Teil des Wissens. Wissen besteht stets unauflösbar aus diesen beiden Anteilen, so dass eine Überführung des einen in den anderen konzeptionell ausscheidet (siehe Polanyi 1966, S. 3–25).

Zu den Ausführungen von Holsapple (2003) bleibt festzuhalten, dass die Frage, welche Definition (Perspektive) von Wissen verwendet wurde, eigentlich unerheblich ist, sofern die Definition klar ist und ein Wissensmanagement dort wirksam anschließen kann, d. h. die Definition konkrete Konsequenzen für das Management hat.

Soweit die theoretischen Ausführungen. In der Praxis ist eine klare Definition aber oft nicht gegeben (siehe auch Alvesson & Kärreman 2001, S. 997–1000):

- Wissen wird nicht explizit definiert (Heisig 2009, S. 7f.).
- Wissen wird nur ungenau definiert und nicht gegen die oben genannten Begriffe wie Daten und Information abgegrenzt (Schreyögg & Geiger 2003, S. 8, Holsapple & Joshi 1999, S. 6f., Ilgen 2001, S. 15, Wilson 2002).
- Außerdem wird das Fehlen eines allgemeinen Wissensbegriffs beklagt (Roehl 2000, S. 144–146, Heisig 2009, S. 15f., Handzic 2003, S. 246).
- Es fehlt an einer Auseinandersetzung mit dem Begriff Wissen: Nach Schneider (2001, S. 42–60) erarbeitet man sich in Organisationen kaum ein gemeinsames Verständnis von Wissen, sondern geht sofort zur Durchführung von Maßnahmen und Einführung von Instrumenten über, die selbst ein – meist verkürztes – Verständnis für Wissen beinhalten.

Die Auseinandersetzung um den Wissensbegriff soll anhand zweier exemplarischer Fälle aufgezeigt werden. Sie wurden ausgewählt, weil sie nicht nur Kritik üben, sondern auch konkrete Gegenvorschläge unterbreiten:

- Schreyögg & Geiger haben 2003 in einem Artikel Wissen für den Wettbewerb als unerlässlich anerkannt. Sie sehen die gegenwärtige Definition von Wissen dafür aber als ungeeignet an (S. 8–10): Sie kritisieren, dass der Begriff nicht präzise definiert ist. Zum einen könne jede beliebige Informationen durch Verknüpfung zu Wissen werden (siehe die Wissen-versus-Information-Perspektive), ohne dass weitergehende Selektionsmechanismen nötig wären. Zum anderen würden durch die Verankerung von Wissen im Handeln auch Fähigkeiten, Emotionen etc. dazu gezählt, und es könne quasi alles als Wissen verstanden werden. Eine Abgrenzung gegenüber Nicht-Wissen würde unmöglich.

  Sie schlagen zur Lösung folgende, an der wissenschaftlichen Entwicklung von Wissen orientierte Kriterien vor (man vergleiche die Ähnlichkeit zu den Ausführungen über organisatorisches Wissen und seine Eigenschaften bei Duncan & Weiss 1979, S. 81–87):

- Wissen muss Aussagencharakter haben, also kommunizierbar sein.
- Wissen muss begründet sein.
- Wissen muss (entsprechend des vorliegenden Kontexts) geprüft werden.

Diese Definition hat Folgen für das Wissen und das Wissensmanagement. So schließen Schreyögg & Geiger implizites Wissen und narratives Wissen (z. B. Erzählungen über eigene Arbeitserfahrungen) vom Wissen aus, weil sie obigen Anforderungen nicht entsprechen. Wissensmanagement übernimmt zuallererst die Aufgabe der Selektion, d. h. die Institutionalisierung von Prüfverfahren.

Ihr Vorschlag hat zu einer Reihe von Repliken geführt (Reihlen 2003, Güldenberg & Helting 2004, Schneider 2007), die sich vor allem einem Wissenbegriff widersetzen, der zu stark eingeschränkt ist und die menschliche Perspektive vernachlässigt. Außerdem wird kritisiert, dass über die einzurichtenden Prüfverfahren auch erst Konsens bestehen muss, bevor sie tatsächlich genutzt werden können. Trotzdem wird die Notwendigkeit solcher Verfahren anerkannt. Schreyögg & Geiger aber halten an ihrer Kritik fest (siehe Schreyögg & Geiger 2007).

- Im zweiten Fall sind in einer von Howaldt et al. (2004) durchgeführten Untersuchung von organisationsübergreifenden Kooperationsnetzwerken Schwächen in der Konzeption des Wissens offenbar geworden. Die Autoren kritisieren, dass Wissen zu abstrakt und unspezifisch sei, als dass ein Management desselben möglich wäre. Denn (im Sinne des sozialen Konstruktivismus; siehe Berger & Luckmann 1984) wird das, was als Wissen gilt, in der und durch die Gesellschaft aktiv festgelegt und nicht durch eine abstrakte Definition. Durch solch eine Definition wird Wissen nur „trivial“ (als explizit) beschrieben und führt zu einem Management, das am tatsächlichen Umgang mit Wissen vorbeigeht (Howaldt et al. 2004, S. 13–15, 22, 24, 47).

  In ihrem Gegenvorschlag definieren Howaldt et al. Wissen als Fähigkeit zum Handeln, die kontextabhängig ist und sich nicht auf wissenschaftliches oder explizites Wissen beschränkt. Es wird davon ausgegangen, dass dieses Wissen nicht knapp ist und somit eine Selektion vorgenommen werden muss. Für das Wissensmanagement bedeutet das, auf das Explizieren und Sammeln von Wissen weitestgehend zu verzichten und vielmehr menschliche Wissensträger zu identifizieren und für eine unmittelbare Kommunikation zwischen diesen zu sorgen.

Unklarheit des Wissensmanagement-Begriffs

In enger Verbindung mit dem Wissensbegriff steht das Verständnis für das Management des Wissens. Allgemein lässt sich sagen, dass auch hier kein einheitlicher Begriff gegeben ist (Wilson 2002, Quintas et al. 1997, S. 386, Holsapple & Joshi 1999, S. 1, Handzic 2003, S. 245, Hilse 2000, S. 66–71). Zwei Beispiele sollen dies verdeutlichen:

- Ilgen (2001, S. 36–39) identifiziert in den Definitionen drei Ausrichtungen des Wissensmanagements: Zum Ersten wird Wissensmanagement als Konzept verstanden, das Wissen wie jeden anderen Produktionsfaktor optimiert und für die Erreichung der organisatorischen Ziele einsetzt. Zum Zweiten versteht man Wissensmanagement als ganzheitliches Konzept zum Umgang mit Wissen, indem sämtliche Abläufe in einer Organisation um die Sicht des Wissens erweitert werden. Zum Dritten wird Wissensmanagement unter dem Aspekt der Kultur definiert, bei dem es Rahmenbedingungen für den Umgang mit Wissen liefern soll.
- Hlupic et al. (2002, S. 92–95) untersuchen Wissensmanagement-Definitionen auf Unterschiede und Gemeinsamkeiten und stellen fest, dass die Unterschiede in der Betonung bestimmter Aspekte (einige sehen IT als zentral an, andere nicht) und in der Zielsetzung liegen (als Ziele werden die Erreichung organisatorischer Ziele, Wertschöpfung, Entwicklung der Fähigkeiten der Wissensarbeiter genannt). Gemeinsamkeiten finden sich im Verständnis von Wissensmanagement als Mittel zur Schaffung organisatorischer Effizienz und Wettbewerbsfähigkeit. Wie nicht anders zu erwarten, stehen Wissen bzw. Information oder auch Erfahrung im Mittelpunkt der Betrachtung, sie werden aber nicht klar getrennt und verschieden definiert.

Nicht nur, aber vor allem von einem unklaren Wissensbegriff ausgehend, haben sich auch für den Wissensmanagement-Begriff verschiedene Missverständnisse ergeben. Dies hat nicht zuletzt damit zu tun, dass der Begriff des Managements unklar bleibt (Alvesson & Kärreman 2001, S. 1000–1004, Ilgen 2001, S. 29f.) und so Aussagen unterbleiben, was das Wissensmanagement mit dem Wissen konkret tun soll, d. h. welche Aufgaben es überhaupt zu übernehmen hat:

- Wissensmanagement wird als etwas Neues verstanden. Tatsächlich wird das Management von Wissen – unabhängig davon wie man es definiert – schon immer praktiziert (und unbewusst dem eigentlichen Management zugeschlagen): Wissen wird in Form von Dokumenten erworben oder durch die Einstellung von Personen aufgenommen, Dokumente werden geordnet und sicher verwahrt, Personen entwickeln gemeinsam neue Produkte, Personen werden weitergebildet etc.[3] Die Annahme der Neuartigkeit führt zu Verwirrung auf organisatorischer Ebene, da sich so Vermischungen bzw. Überschneidungen mit anderen betrieblichen Funktionen ergeben (Howaldt et al. 2004, S. 19).

- Wissensmanagement wird auch deshalb oft als eine zusätzliche betriebliche Aufgabe verstanden und dementsprechend behandelt. Dies hat zwei, für den Umgang mit Wissen nachteilige Implikationen: Zum einen kann man mit der Einführung von Maßnahmen und Instrumenten in einer Organisation bereits vorhandene Wissensprozesse zerstören oder sie von einer Einflussnahme ausgrenzen (Howaldt et al. 2004, S. 21). Zum anderen kritisiert Schneider (2001, S. 61–74) die Schaffung von Abteilungen und Stellen für die neue betriebliche Aufgabe, statt sie in die eigentlichen (operativen) Prozesse einzubetten. Da sich Abteilungen aber durch eigene Regeln und eine eigene Sprache von anderen Abteilungen zu differenzieren pflegen, baut diese Abgrenzung Barrieren auf, die ein Wissensmanagement eigentlich verhindern sollte. Nicht dass spezifische Verantwortlichkeiten für Wissensmanagement unnötig wären (das Gegenteil ist der Fall; siehe Davenport & Prusak 1998, S. 175), aber diese dürfen nicht jenen überlassen werden, die nicht selbst Umgang mit dem Wissen haben (siehe hier auch Howaldt et al. 2004, S. 67f.).

  In dieses Missverständnis spielt auch hinein, dass Wissensmanagement nicht als ureigene Aufgabe angesehen wird, sondern (an externe Dienstleister) delegiert wird. Stattdessen ist es notwendig, eigene, individuelle Lösungen im Umgang mit Wissen auf allen Ebenen einer Organisation zu erarbeiten (Schneider 2001, S. 75–84).

- Ein zentrales Missverständnis liegt in dem Anliegen, einen möglichst großen Teil des Wissens von Mitarbeitern zu explizieren und einer Organisation in zentralen Speichern allgemein zugänglich zu machen (Schneider 2001, S. 85–96, betitelt das abwertend als „Management by Eichhörnchen"; siehe auch Howaldt et al. 2004, S. 24). Dieses Anliegen ist in dreierlei Hinsicht irreführend (siehe auch Swan et al. 2000): Zum Ersten ignoriert es das Potential, das man im Wissensmanagement allgemein der Person als Wissensträger und

[3] Hier ist eine Anmerkung von Salojärvi et al. (2005, S. 116) bemerkenswert: Sie untersuchen die Wirkung von Wissensmanagement auf den Unternehmenserfolg, stellen auch eine positive Wirkung fest, können aber nicht ausschließen, das der Erfolg eigentlich nur durch „‚good' management" zustande kam.

kreativem Problemlöser einräumt. Zum Zweiten verliert das Wissen durch die Explikation seine Rolle als Wettbewerbsfaktor, weil es expliziert umso einfacher kopiert und nachgeahmt werden kann (siehe die Überlegungen zum Resource-based View bei Barney 1991, Grant 1991, Wernerfelt 1984). Zum Dritten bleibt fraglich, ob explizites Wissen den tatsächlichen Sachverhalt noch vollständig wiedergibt, und ob es ein anderer als der ursprüngliche Nutzer überhaupt verstehen und anwenden kann (siehe auch Klimkeit 2008, S. 56f.).

Dem Ziel einer Explikation von Wissen kann die Annahme zu Grunde gelegt werden, dass Wissen rar ist (Howaldt et al. 2004, S. 23). Betrachtet man allerdings obige Definitionen, dann kann Wissen potentiell sehr viel umfassen, und es drängt sich die Frage nach der Selektion des wichtigen Wissens auf (siehe bei der Diskussion des Wissensbegriffes).

- In engem Zusammenhang mit dem Explizieren von Wissen steht eine Fehleinschätzung hinsichtlich des Beitrags der IT zum Wissensmanagement. Trotz einer Hervorhebung der Personen als Mittelpunkt des Wissensmanagements, werden häufig technisch orientierte Lösungen umgesetzt (Roehl 2000, S. 150f.; siehe auch Wilson 2002) bzw. wissenschaftlich untersucht (Guo & Sheffield 2006). Für viele Organisationen ist dies das Naheliegende, weil die Sammlung und Verwaltung von Dokumenten sich wesentlich einfacher gestaltet als die Führung und Entwicklung von Personen und Gruppen und zumindest kurzfristig zu Erfolgen führt. Damit wird aber eine eingeschränkte Sicht auf Wissen eingenommen, die es nicht erlaubt, Wettbewerbsvorteile im Sinne außergewöhnlicher Fähigkeiten, die durch Mitarbeiter aufgebaut werden (siehe Prahalad & Hamel 1990), zu entwickeln. In der Wissensmanagement-Literatur wird das technikorientierte Herangehen heute als eine Art erster Versuch gewertet („first generation KM“; McElroy 2000, S. 199f.). Mittlerweile geht man mehr und mehr dazu über, auch andere Faktoren wie die Organisation und vor allem die Mitarbeiter zu berücksichtigen.

Vor diesem Hintergrund kann der Begriff Wissensmanagement als Paradox bezeichnet werden (Aidemark 2008, S. 5, Alvesson & Kärreman 2001, S. 996), weil Wissen meist als an Personen gebunden verstanden wird, es aber umso schlechter zu „managen“ ist, je mehr es in der Person gebunden ist. Hier argumentiert Malik (2002, S. 110f.), das Management nicht auf das Wissen, sondern „den Kopfarbeiter und die Wissenarbeit“ zu beziehen. Gleiches fordern Devane & Wilson (2008) mit einem „non-managed knowledge“: Wenn Mitarbeiter für ihre

Arbeit vollständig verantwortlich gemacht werden, setzen sie ihr Wissen quasi automatisch auf die für die Organisation richtige Art und Weise ein.

Daher sind auch Versuche verständlich, dem Forschungsbereich einen anderen Namen zu geben: North (2005) spricht von „wissensorientierter Unternehmensführung", Roehl (2000, S. 153) schlägt den Begriff der „Wissensorganisation" vor. Wie im Weiteren zu sehen sein wird (siehe Kapitel 3.3), sollte in der vorliegenden Arbeit eigentlich nur von Management gesprochen werden, dem eine weitere Perspektive – die des Wissens – zugefügt bzw. bewusst gemacht wird. Für die restlichen Ausführungen soll der bisherige Begriff aber trotz der bestehenden Schwierigkeiten beibehalten werden.

2.2.2 Konzepte und Strategien

Nun werden die im Forschungsbereich des Wissensmanagements entstandenen Konzepte und Strategien einer kritischen Würdigung unterzogen. Mittlerweile existiert eine überaus große Zahl davon, so dass es sich einige Publikationen zur Aufgabe gemacht haben, diese Vielfalt zusammenzufassen bzw. sich zumindest um einen kritischen Vergleich zu bemühen. Es ist aber sehr schwer, eine allgemeine Ordnung herzustellen, weil es nicht allein die Anzahl ist, sondern die inhaltliche und konzeptionelle Vielfalt. Einige Beispiele sollen dies verdeutlichen:

- So ordnen z. B. Rubenstein-Montano et al. (2001, S. 7) Konzepte nach ihrem Zweck als Beschreibung von Strategien für das Wissensmanagement („prescriptive"), Beschreibung von Wissensmanagement („descriptive") oder beides („hybrid").
- McAdam & McCreedy (1999a, S. 95–98) dagegen nehmen eine Einordnung nach verschiedenen Sichten auf das Wissen vor und sprechen von Modellen, die Wissen in verschiedene Elemente kategorisieren („knowledge category models"), Modelle, die immaterielles Vermögen beschreiben („intellectual capital models") und Modelle, die von einer sozialen Konstruktion von Wissen ausgehen („socially constructed models").
- Ilgen (2001, S. 47–64) nimmt in seiner Kritik des Wissensmanagements eine sehr oft verwendete Einteilung von Konzepten in humanorientiert, technikorientiert und ganzheitlich vor – wobei die ersten beiden Kategorien den Schwerpunkt immer nur auf eine Art von Wissensträger legen und der ganzheitliche Ansatz beide berücksichtigt.

- Al-Laham (2003, S. 78–98) unterscheidet Ansätze, die Organisationen ein ganzheitliches Management des Wissens anbieten („holistisch"), von Ansätzen, die nur Teilaspekte des Wissensmanagements, wie das (Ver-)Teilen von Wissen, untersuchen („partiell").

Trotz der verschiedenen Benennungen und Einordnungen geht es allen Autoren letztlich darum, einen Einblick in den aktuellen Stand der Forschung zu erlangen, um Konzepte zu einem einheitlichen Konzept zusammenzuführen oder Forschungsbedarfe zu identifizieren.

Für die vorliegende Arbeit ist eine eigene Unterteilung gewählt worden, die sich sowohl am Inhalt als auch am Abstraktionsgrad orientiert (siehe Abbildung 2.1). Sie ist geeignet, die in der Forschung zum Wissensmanagement noch offenen Punkte zu verdeutlichen.

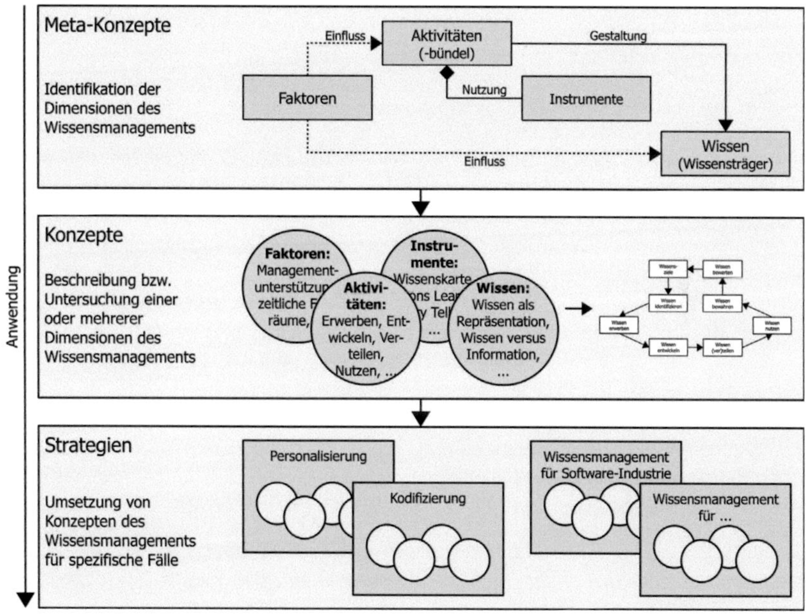

Abbildung 2.1: Konzepte und Strategien des Wissensmanagements

Unter einem Konzept wird eine Beschreibung bzw. Untersuchung einer oder mehrerer Dimensionen des Wissensmanagements verstanden. Auf der Ebene von Meta-Konzepten geht es um die Identifikation dieser Dimensionen, d. h. welche Elemente soll ein Wissensmanagement-Konzept überhaupt enthalten. Als solche Dimensionen werden u. a. Aktivitäten des Wissensmanagements, Bestandteile individuellen oder organisatorischen Wissens, Einflussfaktoren, Instrumente etc. genannt. Verlässt man die Meta-Ebene, dann können Konzepte vielerlei Formen annehmen: Die meisten Konzepte enthalten hier Extensionen der zuvor identifizierten Dimensionen und setzen diese zueinander in Beziehung (wie es z. B. im Modell der Bausteine des Wissensmanagements von Probst et al. 2003 geschieht). Solche Konzepte werden am ehesten als Wissensmanagement-Ansätze bezeichnet. Genauso kann ein Konzept aber nur eine Dimension (z. B. Wissensmanagement-Aktivitäten) oder auch nur eine Ausprägung davon (z. B. das (Ver-)Teilen von Wissen) herausgreifen und diese untersuchen (so untersuchen Zander & Kogut 1995 die Faktoren, die Einfluss auf den gewollten und ungewollten Wissenstransfer zwischen Organisationen haben). Konzepte können eine erste intuitive oder theoriegeleitete Formulierung, aber auch bereits empirisch geprüft sein. Zweck eines Konzepts kann die Beschreibung, Erklärung bzw. Gestaltung des Wissensmanagements sein.

Von den Konzepten sollen Strategien für die Einführung bzw. die Gestaltung von Wissensmanagement unterschieden werden. Strategien können als Umsetzung von Konzepten des Wissensmanagements für spezifische Fälle oder Situationen verstanden werden. Entsprechend der klassischen Definition einer Strategie als langfristiges Verhaltensmuster zur Umsetzung eines Ziels (Hofer & Schendel 1978, S. 25), setzen Wissensmanagement-Strategien in bestimmten Bereichen Schwerpunkte (für Beispiele siehe Reinmann-Rothmeier et al. 2001, S. 41, und Deutsche Bank & Fraunhofer-IAO 1999, S. 74; siehe auch Tabelle 2.1) bzw. treffen bestimmte langfristig bindende Entscheidungen bei mehreren gegebenen Möglichkeiten (Bierly & Chakrabarti 1996, S. 124). Strategien sind einer praktischen Anwendung am nächsten (siehe zu ihrer Rolle in Organisationen auch Kasten 2009), während Konzepte bereits allgemeiner formuliert sind und Meta-Konzepte komplett auf der abstrakten Ebene verbleiben.

Die drei Ebenen der Meta-Konzepte, Konzepte und Strategien sollen im Folgenden kurz charakterisiert und kritisiert werden. Die Kritik hat dabei eher endogenen Charakter (siehe wieder Kieser 2006, S. 231).

Meta-Konzepte

Arbeiten zu den Grundlagen des Wissensmanagements finden sich vor allem in der vergleichenden Betrachtung von Konzepten des Wissensmanagements (Heisig 2009, Handzic 2003, Rubenstein-Montano et al. 2001, Lai & Chu 2000, Holsapple & Joshi 1999). Sie werden ergänzt durch einzelne Arbeiten, wie der Versuch, ganzheitliche Wissensmanagement-Konzepte zu beschreiben (Wildner et al. 2007, S. 1107–1111) oder die Beschreibung einer Ontologie des Wissensmanagements (siehe die „knowledge management episode" bei Holsapple & Joshi 2002, S. 477f., Holsapple & Joshi 2003, S. 91f.); siehe außerdem die Beschreibung bei Quintas et al. (1997, S. 386–388).

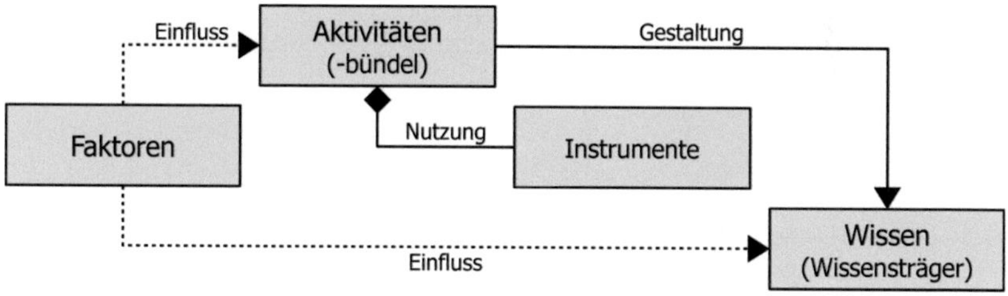

Abbildung 2.2: Dimensionen des Wissensmanagements

Die in der Literatur vorgestellten Meta-Konzepte unterscheiden sich kaum voneinander. Trägt man die Aussagen aus der Literatur zusammen, so ergeben sich die in Abbildung 2.2 dargestellten Dimensionen:

- Die Dimension Wissen beschreibt den Gegenstand des Wissensmanagements, also das was ein Management gezielt zu verändern sucht. Neben Wissen sind hier auch Wissensträger aufgeführt, um der Tatsache Rechnung zu tragen, dass die Träger des Wissens (eigentlich nur Personen, aber oft auch physische Datenträger) spezifische Eigenschaften besitzen.
- Die Dimension Aktivitäten umfasst Aktivitäten wie Erwerben, Entwickeln, Verteilen, Nutzen und Bewahren von Wissen, die den Gegenstand im Sinne der Ziele eines Managements direkt (z. B. die Dokumentation nach Projektende) oder indirekt (z. B. eine Erhebung zum Stand des Umgangs mit Wissen) manipulieren – d. h. seine Qualität, Quantität, seine Verteilung und Nutzung etc. verändern. Die Aktivitäten sind bezüglich ihrer Dauer oder ihrer Herkunft (von welcher Hierarchieebene) nicht festgelegt.

- Die Dimension Instrumente steht der Dimension der Aktivitäten sehr nahe, umfasst sie doch all jene Hilfsmittel für die Beeinflussung des Wissens bzw. des Wissensträgers. Bei den Instrumenten kann zwischen Methoden (systematische und zielgerichtete Vorgehen zur Lösung einer Klasse von Problemen) und Software, die eine oder mehrere Methoden informationstechnisch umsetzt, unterschieden werden (Wildner & Scholz 2006, S. 405).
- Letztlich existiert mit der Dimension Faktoren eine Reihe von individuellen, sozialen, organisatorischen, technischen etc. Gegebenheiten, die Einfluss auf die Auswahl, Ausführung und Wirkung von Aktivitäten sowie die Eigenschaften des Wissens haben.

In Bezug auf Meta-Konzepte wird kritisch vor allem angemerkt, dass die konzeptionelle Basis noch nicht klar definiert ist (Heisig 2009, S. 13), und es noch kein generell akzeptiertes Rahmenwerk gibt (Rubenstein-Montano et al. 2001, S. 5, 11, Roehl 2000, S. 144, Handzic 2003, S. 245). Eine Konsolidierung der bisherigen Arbeiten hat noch nicht stattgefunden. Es können die Dimensionen zwar mehr oder minder als gegeben angesehen werden, aber ihre genaue Beschreibung und auch die Beziehungen zwischen den Dimensionen sind noch nicht eindeutig geklärt. Die existierenden Meta-Konzepte geben damit auch keine Hilfestellung für die Formulierung eines empirischen Forschungsprogramms für das Wissensmanagement (Holsapple & Joshi 1999, S. 1, Lai & Chu 2000, S. 1, McAdam & McCreedy 1999a, S. 91f.).

Konzepte

Wie bereits angedeutet, ist dieser Bereich sehr vielfältig. Auch hier müsste zunächst eine umfassende Ordnung der verschiedenen Themen und Forschungsrichtungen hergestellt werden. In der Literatur existieren hinsichtlich einer solchen Systematisierung nur sehr wenige Publikationen. Einen Eindruck des Bereichs vermitteln die – mittlerweile vermutlich nicht mehr in allen Teilen aktuellen – Arbeiten von von Krogh & Venzin (1995, S. 422–425) und Probst & Raub (1998, S. 133). Sie sind in Abbildung 2.3 zusammengefasst.

Die Themenbereiche lassen sich grob drei Gruppen zuordnen: An erster Stelle stehen Untersuchungen zum organisatorischen Lernen (Wissen, Konversationen und Zusammenarbeit) und zum organisatorischen Gedächtnis (Wissensstrukturen; siehe den mittleren Bereich der Abbildung). Dann folgen Bereiche, die sich mit der Rolle von Wissen unter verschiedenen Gesichtspunkten beschäftigen (linke Seite der Abbildung), d. h. verschiedene Annahmen zum Wissensbegriff und seinen Auswirkungen (Epistemologie), die Legitimation von Wissen (Wissen und Macht), die Rolle der IT in Bezug auf den Umgang mit Wissen (Wissen und IT) und die Schaffung von Wissen in Netzwerken (Wissen, Netzwerke und Innovation). Die dritte Gruppe der Teilbereiche bezieht sich auf die Untersuchung von einzelnen Aktivitäten des Wissensmanagements (rechte Seite der Abbildung; siehe auch Remus 2002, Anhang A.2, und ausführlich Probst et al. 2003).

Die Ergebnisse dieser Teilbereiche fließen entweder einzeln oder mehrheitlich in Konzepte für die Beschreibung, Erklärung und vor allem Gestaltung des Wissensmanagements ein, die anwendungsbezogen für eine Implementierung eines systematischen Wissensmanagements sorgen sollen. Diese Konzepte sollen wie oben angesprochen als Wissensmanagement-Ansätze bezeichnet werden.

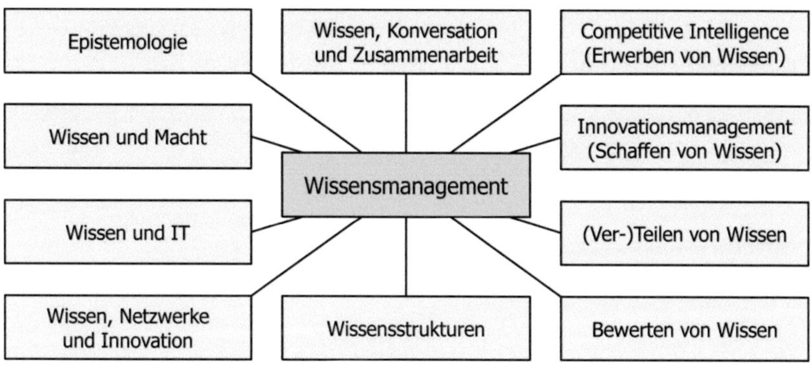

Abbildung 2.3: Themenbereiche des Wissensmanagements (nach von Krogh & Venzin 1995, S. 424, Probst & Raub 1998, S. 133)

Die Wissensmanagement-Ansätze sind ähnlich umfangreich und vielfältig. Es existieren bereits mehrere Publikationen, die sich um eine Systematisierung bemühen (Heisig 2009, Lloria 2008, Holsapple & Joshi 1999, Rubenstein-Montano et al. 2001, Lai & Chu 2000, McAdam & McCreedy 1999a). Jedoch ist auch mit einer Einschränkung der Betrachtung auf die Wissensmanagement-Ansätze noch kein umfassender Einblick in die Vielfalt dieser Konzepte oder gar ein Vergleich möglich. Hier existiert aber einige Forschungsarbeit, auf die zurückgegriffen werden soll, insbesondere die Arbeit von Heisig (2009), der 160 verschiedene Ansätze verglichen hat.

Auch hier soll ein Beispiel unter vielen für einen Einblick in die Vielfalt der Wissensmanagement-Ansätze dienen. Die Aufstellung von Lloria (2008, S. 86f.; siehe Abbildung 2.4) ist von den gerade genannten Quellen jene, die die Ansätze weitestmöglich einordnet: Orientiert an der Einteilung in deskriptiv und normativ von Rubenstein-Montano et al. (2001) werden Ansätze anhand ihrer Schwerpunkte aufgezählt. Schon eher Theorie bildend sind die Ansätze, die sich mit Wissen als Ressource der Organisation beschäftigen.[4] Dann folgen Ansätze mit Fokus auf dem Management immateriellen Vermögens und Ansätze, die sich insbesondere der Wertschöpfung durch Wissensschaffung widmen. Hier werden Denkschulen sichtbar, die sich auch geographisch (bzw. philosophisch; siehe Nonaka & Takeuchi 1997, S. 32–45) abgrenzen lassen. Den stärksten Bezug zum Management in einem ganzheitlichen Sinne haben Ansätze aus den Vereinigten Staaten. Hier wird – wie bei den Ansätzen für immaterielles Vermögen auch – der wichtige und explizite Verweis auf pragmatische Ansätze vorgenommen. Diese stammen aus Beratungsunternehmen bzw. im Allgemeinen jenen Unternehmen, die bereits frühzeitig eigene Lösungen für Wissensmanagement erarbeiteten.

Die folgende Kritik wird sich allein auf die Wissensmanagement-Ansätze beziehen. Die ausführliche Behandlung der einzelnen Themenbereiche würde den Rahmen der vorliegenden Arbeit sprengen. Außerdem sind die Wissensmanagement-Ansätze aus Sicht der Zielstellung der Arbeit die wichtigere Gruppe von Konzepten. Allgemein werden zu Wissensmanagement-Ansätzen die folgenden Kritikpunkte geäußert:

- Wie die Fülle der Konzepte bereits indiziert, wird wenig kumulativ geforscht (Rubenstein-Montano et al. 2001, S. 7, Roehl 2000, S. 147, Guo & Sheffield 2006, S. 1). Keines der Konzepte kann in ein anderes integriert werden (Holsapple & Joshi 1999, S. 7). Daher fällt es auch schwer, eine Ordnung innerhalb der Konzepte vorzunehmen (Lloria 2008, S. 77, 87).

[4] Hier wird aufbauend auf der Arbeit von Penrose (1972) der Resource-based View beschrieben, der Organisationen als eine charakteristische und damit einzigartige Ansammlung verschiedener Ressourcen ansieht, die von zentraler Bedeutung für die strategische Ausrichtung einer Organisation sind (Barney 1991, Grant 1991, Wernerfelt 1984). Dieselben Autoren führen diesen Ansatz zum Knowledge-based View fort, in welchem Wissen als die bedeutendste Ressource von Organisationen angesehen wird (Spender 1996, Spender 1994, Grant 1996). Im Rahmen des Knowledge-base View werden Anstrengungen unternommen, eine auf dem Wissen basierte Theorie von Organisationen zu entwickeln. Diese sind aber noch nicht weit gediegen (Grant 1996, S. 110; siehe auch Barney et al. 2001).

Descriptive Perspective ⟷ Normative Perspective

Knowledge management models	*Intellectual capital models*	*Knowledge creation models*	*Knowledge management models*	
Knowledge-based theory of the firm	*European models*	*Japanese models*	*U.S. models*	
			Academic perspective	*Consultancy perspective*
Grant (1991, 1996, 1997, 1998, 2001), Spender (1992, 1993, 1994, 1996), Spender & Grant (1996), Demsetz (1991), Kogut & Zander (1992), Teece et al. (1997), Conner & Prahalad (1996), McEvily & Chakravarthy (2002)	Skandia AFS Celemi WM-data PLS-Consult INTELECT (Euroforum, 1998) (NOVA, 1999)	Model of Hedlund & Nonaka (Hedlund & Nonaka 1993; Hedlund 1994) Model of Nonaka & Takeuchi (Nonaka, 1991, 1994; Nonaka & Takeuchi, 1995, Nonaka & Konno, 1998, Nonaka et al., 2001) Model of Boisot (1995) Model of Choo (1998) Model of Balbastre et al. (2003)	Wikström & Normann (1994), Leonard-Barton (1995), Quinn et al. (1996), Quintas et al. (1997), Brown & Duguid (1998), Fahey & Prusak (1998), Leonard & Sensiper (1998), O'Dell & Grayson (1998), von Krogh (1998), Davenport & Prusak (1998), Andreu & Sieber (1999), Alavi & Leidner (2001), Tanriverdi (2005)	General Electric Hewlett Packard Andersen Consulting Price Waterhouse Ernst & Young Xerox Shorko Film McKinsey & Co.

Abbildung 2.4: Wissensmanagement-Ansätze (Lloria 2008, S. 87)

- Die Analyseebenen der Konzepte (organisatorische Ebene oder individuelle Ebene) und ihr Zusammenspiel im Umgang mit Wissen sind unklar (Roehl 2000, S. 146).
- Vielen Konzepten fehlt eine empirische Validierung (Lloria 2008, S. 87, North 2005, S. 189, Helm et al. 2007, S. 214). Sie ist nur in Einzelfällen gegeben (Roehl 2000, S. 152) oder wird nicht angegeben bzw. beruht allein auf praktischer Erfahrung (so dass ein Mangel an rigoroser Forschung festzustellen ist; Holsapple & Joshi 1999, S. 12). Pawlowsky & Reinhardt (2002, S. 1f.) identifizieren sowohl theoretische Konzepte ohne praktische Anwendbarkeit als auch praktische Konzepte, denen die theoretische Begründung fehlt. Sie fordern, dass Empfehlungen für Praktiker stets theoretisch begründet sein sollen. Eine solche Begründung sollte zumindest theoretisch-konzeptionell erfolgen, bestenfalls durch eine empirische Überprüfung gegeben sein.

  In diesem Zusammenhang wird auch kritisiert, dass in der Menge nur erfolgreiche Umsetzungen des Wissensmanagements besprochen werden, nicht aber Misserfolge oder Dysfunktionalitäten (siehe Handzic 2003, S. 249), die wichtige Hinweise auf die Wirksamkeit von Wissensmanagement-Aktivitäten oder -Instrumenten geben könnten.[5]
- Die Ansätze lassen den Anwendungsbezug vermissen. Trotz der an Organisationen ausgesprochenen Aufforderung, Wissensmanagement zu betreiben, „almost no research has been done regarding *how* to do it“ (Zack 1999b, S. 45, Hervorhebung im Original; siehe auch Earl 2001, S. 216, Al-Laham 2003, S. 99). So kritisiert Schneider (2001, S. 27), dass kaum konkrete Vorgehensweisen beschrieben werden, und wenn, dann allein an den Spezifika bestimmter Fälle ausgerichtet. Eine nicht ganz so kritische Einschätzung findet sich in der Gegenüberstellung von Ansätzen bei North (2005, S. 189), wo sich bei vielen praktisch verwendbare Hilfsmittel finden.

  Der fehlende Anwendungsbezug weist darauf hin, dass den Ansätzen, die meist als Rahmenwerk konzipiert sind, die Annahme zu Grunde liegt, sie seien universell einsetzbar (Franken & Braganza 2006, S. 20f., Cruywagen et al. 2008), missachten so aber die (spezifischen) praktischen Anforderungen einzelner Organisationen. Franken & Braganza machen das an der Organisationsform (Strategien, Strukturen und Prozesse einer Organisation) fest.

[5] Ausnahmen bilden Chua & Lam (2005) mit der Untersuchung von Gründen für das Scheitern von Wissensmanagement-Projekten und Chua (2009), der negative Effekte erfolgreichen Wissensmanagements studiert. Auch Dawson & Balafas (2008) untersuchen eine gescheiterte Wissensmanagement-Initiative.

Auch Rubenstein-Montano et al. (2001, S. 5, 10) weisen auf das fehlende Eingehen auf organisatorische Anforderungen hin: Die Ansätze würden sich auf die Wissensmanagement-Aktivitäten beschränken und ignorierten Dinge wie die Verbindung mit den strategischen Zielen, die am Wissensmanagement beteiligten Personen, den kulturellen Kontext oder auch Einflüsse auf Wissensmanagement-Aktivitäten.

Stellt man den Bezug zu den oben identifizierten Dimensionen des Wissensmanagements her, so kann die Kritik noch etwas fokussiert werden:[6]

- Bezüglich der Aktivitäten des Wissensmanagements sind viele sehr ähnliche Auflistungen zu finden (siehe die Gegenüberstellung von Konzepten bei Lai & Chu 2000 und die Zusammenfassungen bei Remus 2002, Anhang A.2, und Heisig 2009, S. 8–10), da auch die meisten Ansätze die Aktivitäten in den Mittelpunkt ihrer Betrachtungen stellen.[7] Allerdings ist damit noch keine Übereinstimmung hinsichtlich der Aufgaben des Wissensmanagements gegeben (Roehl 2000, S. 146f.). Heisig (2009, S. 8–10) hat zwar aus der Menge an Aktivitäten fünf Kategorien – namentlich: use, identify, create, share, store (sie finden sich bei den „Kernprozessen" des Ansatzes von Probst et al. 2003, S. 25–33, wieder) – gebildet, aber nicht en détail beschrieben: Das bezieht sich zuerst auf die Aktivitäten selbst, d. h. was man genau darunter versteht. Hier ist z. T. offen, was alles als Aktivität verstanden wird: z. B. ob man die Zielsetzung für das Wissensmanagement als Aktivität oder als Faktor versteht (Heisig 2009, S. 12). Die Beziehungen der Aktivitäten untereinander sind ebenfalls noch nicht geklärt (dazu existiert bisher ein Vorschlag von Holsapple & Joshi 2002). Außerdem wird selten geklärt, wer die verschiedenen Aktivitäten übernehmen soll (Roehl 2000, S. 147). Für Reinmann-Rothmeier (2001, S. 23f.) ist die konkrete Umsetzung der Aktivitäten noch unklar, ebenso die Beziehung zwischen Faktoren und Aktivitäten (siehe auch Alavi & Leidner 2001, S. 126–131, die außerdem den Bezug zum Instrument der IT thematisieren).
- Es existiert eine große Menge von Instrumenten für das Wissensmanagement (siehe Beispiele bei Lehner 2009b, S. 185–291). Hier stellt sich vornehmlich

[6] Die Dimension Wissen wird hier ausgelassen. Sie wurde schon in Kapitel 2.2.1 besprochen.

[7] Insbesondere hierzu merkt Vogel (1999, S. 124) an, dass eine Ausrichtung von Wissensmanagement-Maßnahmen an Wissensmanagement-Aktivitäten zu Intransparenzen führt, weil die Aktivitäten untereinander abhängig sind. Sie empfiehlt, sich stattdessen an den Faktoren zu orientieren.

die Frage nach der Auswahl des richtigen Instruments für einen bestimmten Zweck (Howaldt et al. 2004, S. 92f.). Roehl (2000, S. 149f.) übt hier umfassend Kritik: Die Selektion von Instrumenten ist nicht begründet und erscheint daher beliebig. Ebenso verhält es sich mit der Anbindung bestimmter Instrumente an Aktivitäten des Wissensmanagements. Hier existieren keine Aussagen, wie die Instrumente wirken. Stattdessen setzt man ein bestimmtes Funktionieren voraus und ordnet unter dieser Voraussetzung ein Instrument einfach einer passenden Aufgabe zu. Außerdem werden Instrumente meist nur an einer einzigen Dimension festgemacht – der Art des Wissens (z. B. von Felbert 1998) oder den Wissensmanagement-Aktivitäten (z. B. Wildner & Scholz 2006). Andere Dimensionen bleiben unberücksichtigt (siehe auch Magnier-Watanabe & Senoo 2008, S. 26; für ein Gegenbeispiel siehe Pawlowsky & Reinhardt 2002).

- Auch im Bereich der Faktoren, die Einfluss auf das Wissensmanagement nehmen, gibt es mittlerweile umfängliche Literatur (siehe die Meta-Studie von Helm et al. 2007).[8] Hier können analog zu den Wissensmanagement-Aktivitäten die bestehenden Ansätze (sofern diese überhaupt Faktoren erwähnen; Holsapple & Joshi 1999, S. 6) ausgewertet werden, um eine Kategorisierung vorzunehmen. Aber auch da bleibt die genaue Beschreibung – inhaltlich und bezüglich der Wirkung – ungenau, zumal die benannten Faktoren sehr heterogen sind (Heisig 2009, S. 10–12; siehe auch Holsapple & Joshi 1999, S. 6). Die Meta-Studie von Helm et al. zeigt, dass eine allgemein gültige Beschreibung der Faktoren auf Grund fehlender methodischer Genauigkeit in den Untersuchungen (noch) nicht möglich ist. Heisig erwähnt weiterhin, dass in den neueren Ansätzen (ab 2002 bzw. 2003) der Faktor Mensch stärker betont wird als zuvor. Zudem herrsche Einigkeit darüber, dass nicht einzelne Faktoren einseitig betont werden dürften.

  Letztlich ist hier auch Vorsicht angebracht, wenn man die Faktoren nicht allein als potentielle Einflussfaktoren versteht, sondern schon an ihrem Vorhandensein bzw. ihrer Abwesenheit den Erfolg von Wissensmanagement festmacht, sie also als Erfolgsfaktoren versteht. Hier ist mit erheblichen inhaltlichen und methodischen Problemen zu kämpfen (siehe die Kritik bei Nicolai & Kieser 2002).

[8] Siehe zu den Einflussfaktoren auch die aktuelle Forschung von Lehner et al. (2008, 2009).

Strategien

Der bei den Wissensmanagement-Ansätzen kritisierte Universalitätsanspruch bzw. die Praxisferne sind nicht zwangsläufig als Nachteil zu werten. Schließlich zeigen die Ansätze auf, was Wissensmanagement an sich ausmacht und notwendigerweise zu beachten ist, bevor eine praktische Umsetzung (oder auch weitere Forschung) beginnen kann. Kritisch wird die Verwendung eines Ansatzes dann, wenn die Umsetzung von Wissensmanagement in einer konkreten Organisation gefordert ist. Hier können die meisten Ansätze nur wenig Hilfestellung geben, da sie Faktoren wie die Branche einer Organisation, ihre Größe, Strategie, Historie etc. nicht berücksichtigen. Ansätze können hier nur von den typischen Aufgaben oder wiederkehrenden Problemen im Umgang mit Wissen sprechen, aber keine Aussagen machen, wie eine solche Aufgabe konkret gestaltet oder ein solches Problem in der konkreten Situation gelöst wird. Strategien des Wissensmanagements stellen diesen Bezug her. Sie sind dafür da, Wissensmanagement „kleinteiliger" und damit anwendungsnäher zu erforschen und zu beschreiben.

Während es für Meta-Konzepte und Konzepte (insbesondere für Wissensmanagement-Ansätze) bereits systematisierende Arbeiten gibt, fehlen diese für die Strategien des Wissensmanagements noch vollkommen. Dies rührt nicht nur daher, dass eine Einteilung der Forschungslandschaft, wie sie in diesem Kapitel vorgenommen wird, noch nirgends besprochen wurde, sondern auch daher, dass eine kleinteiligere Forschung durch eine Vielzahl möglicher Merkmale bestimmt werden kann. Hier soll im Folgenden die Forschung zu einigen dieser Merkmale aufgezeigt werden (siehe auch Lehner & Wildner 2009, S. 212f.):[9]

- Die größte Gruppe von Arbeiten stellt die Frage nach dem „Fit" zwischen der Strategie einer Organisation und dem Wissensmanagement. Sie gehen davon aus, dass Wissensmanagement eine positive Wirkung auf die Wettbewerbssituation haben kann, die Auswahl der passendsten Strategie für den Umgang mit Wissen also essentiell ist. Die einschlägigen Arbeiten dazu sind in Tabelle 2.1 aufgeführt (siehe auch Choi & Lee 2003).[10]

[9] Es versteht sich von selbst, dass die Aufstellung nicht vollständig ist, sondern – wie in den vorangehenden Abschnitten auch – typische Arbeiten vorstellt.

[10] Weitere Strategien finden sich bei Armistead & Meakins (2002), Franken & Braganza (2006), Greiner et al. (2007), Hamzah & Ismail (2009), Kankanhalli et al. (2003), Massa & Testa (2009), Pawlowsky et al. (2006), Russ et al. (2006), Russ & Jones (2006), Scarso & Bolisani (2010).

Tabelle 2.1: Strategien des Wissensmanagements

Beschreibung	**Strategien**
Bierly & Chakrabarti (1996): Untersuchung von Organisationen bezüglich der Art des Lernens und des Umfangs der Wissensbasis	■ innovators ■ loners ■ exploiters ■ explorers
Earl (2001): auf empirischer Arbeit basierende Gegenüberstellung von Organisationen nach ihrem Verständnis für den Umgang mit Wissen	■ technocratic school (systems, cartographic und engineering school) ■ economic (commercial) school ■ behavioral school (organizational, spatial und strategic school)
Hansen et al. (1999): Gegenüberstellung von Beratungsunternehmen anhand ihrer Strategien	■ Personalisierung ■ Kodifizierung
Nevis et al. (1995): Identifikation von Lerntypen von Organisationen anhand verschiedener Merkmale	■ knowledge source (internal, external) ■ product-process focus (what? how?) ■ documentation mode (personal, public) ■ dissemination mode (formal, informal) ■ learning focus (incremental, transformative) ■ value-chain focus (design, deliver) ■ skill development focus (individual, group)
Reinmann-Rothmeier et al. (2001), Deutsche Bank & Fraunhofer-IAO (1999): Bestimmung von Strategien anhand von Adressaten, Themenbereichen und Umfang des Wissensmanagements	■ Wissensmanagement als Unternehmensstrategie ■ Wissensmanagement als Management des intellektuellen Kapitals ■ Kundenorientiertes Wissensmanagement ■ Wissensmanagement als Wissenskommunikation und Best-Practice-Sharing ■ Wissensmanagement als gezielte Wissensgenerierung und Innovation ■ Personalisiertes Wissensmanagement mit individuellen Verantwortlichkeiten
Swan et al. (2000): Gegenüberstellung zweier Fälle anhand des Verständnisses für Wissen	■ cognitive model ■ community model
Zack (1999a): Bestimmung von Strategien anhand von Quelle und Umgang mit Wissen	aggressive bzw. konservative Strategien je nach: ■ Quelle des Wissens (intern, extern, beides) ■ Umgang mit Wissen (Exploitation, Exploration, beides)

Auf der einen Seite werden Ziele, Strategien und viele weitere Merkmale von Organisationen, z. T. auch Typen von Organisationen (siehe z. B. die Typologie von Miles et al. 1978), beschrieben. Diesen werden auf der anderen Seite verschiedene Umgangsformen mit verschiedenen Arten von Wissen oder auch Schwerpunkte von Wissensmanagement-Initiativen gegenübergestellt. Einige Arbeiten stellen auch den Bezug zum Unternehmenserfolg her (Choi & Lee 2003, Greiner et al. 2007; siehe auch Choi & Jong 2010).

Die Wissensmanagement-Strategien zeigen – entweder an praktischen Beispielen oder konzeptionell – die vielfältigen Formen, die Wissensmanagement in Organisationen annehmen kann. Gerade die praktischen Beispiele können anderen Organisationen Hilfestellung für ein eigenes Wissensmanagement geben (Hansen et al. 1999, S. 106, Earl 2001, S. 229–231). Hier zeigt sich bereits, dass Wissensmanagement sehr verschieden ausgeprägt sein kann und allgemein gehaltene Konzepte folglich kaum als praktische Hilfestellung von Nutzen sind.

- Andere Arbeiten setzen im Gegensatz zur strategischen Ausrichtung eher operativ an. Sie beschreiben Typen von Organisationen, um den Einsatz von Maßnahmen und Instrumenten bzw. die Einführung von Wissensmanagement genauer zu steuern:

  – So beschreiben z. B. Lamieri & North (2001) Typen von KMU und ordnen diesen Probleme im Umgang mit Wissen und mögliche Instrumente zur Lösung zu. Zu den Merkmalen für die Beschreibung der Typen gehören die Branche, die Bildung der Mitarbeiter, der Innovationsgrad bzw. das Wachstum der Unternehmen, die Art der Kundenbeziehung, die Marktsituation, das Fertigungsprinzip, die Rolle der IT im Unternehmen und die Art des geschäftskritischen Wissens (siehe auch Heck 2002, S. 43–48). Allerdings sind die Bildung der Typen und das methodische Vorgehen nicht nachvollziehbar.

  – Eine ähnliche Typisierung nehmen Willfort & Tuppinger (2006) vor, um die Einführung von Wissensmanagement in KMU besser an die Gegebenheiten der Organisation anpassen zu können. Sie verwenden als Merkmale u. a. das Wachstum der Unternehmen und den Grad der Strukturierung der Organisation und der Abläufe. Auch hier bleibt die Bildung der Typen unklar.

  – Corso et al. (2003) haben in einer empirischen Untersuchung eine Einteilung von KMU bezüglich der für den Austausch und die Bewahrung von Wissen verwendeten informationstechnischen und organisatorischen Mittel vorgenommen und anhand verschiedener Merkmale (Größe, geographische Verteilung und Wettbewerbsumfeld, Produktionssystem, Produkte, Prozess der Produktentwicklung, Einsatz von IT) die drei Herangehensweisen des „technical", „relational" und „advanced approach" identifiziert.

- Während die bisherigen Arbeiten stets einen Mix von Merkmalen betrachten, werden häufig auch bestimmte Einzelmerkmale genauer untersucht.

  Ein Merkmal, das in der Diskussion immer wieder auftaucht, ist die Größe einer Organisation: Serenko et al. (2007, S. 611) weisen darauf hin, dass Organisationen sich grundsätzlich unterscheiden und ihre Größe (Anzahl der Mitarbeiter) dabei für Merkmale wie organisatorische Struktur, Umfang von Beziehungen, Vertrauen und Kommunikation zwischen Personen und Wirksamkeit von beigetragenem Wissen bestimmend ist. Nissen (2008) identifiziert Unterschiede in der Strategie des Wissensmanagements in Abhängigkeit von der Größe: Organisationen folgen umso mehr einer Kodifizierungsstrategie (siehe Hansen et al. 1999), je größer sie sind. Hier setzt auch Forschung an, die Wissensmanagement in Abhängigkeit von verschiedenen Größenklassen – in der Regel KMU und große Unternehmen unterscheidend – untersucht. Man unterstellt dabei, dass sich je nach Größenklasse qualitative Unterschiede im Umgang mit Wissen ergeben, die durch das Management berücksichtigt werden müssen (siehe die Übersicht bei Wildner 2007, S. 5–16; siehe insbesondere auch Wong & Aspinwall 2004, Desouza & Awazu 2006).

  Weitere Arbeiten umfassen die Untersuchung der Auswirkungen der organisatorischen Struktur einer Organisation auf das Wissensmanagement (siehe Magnier-Watanabe & Senoo 2008) und die Untersuchung von Unterschieden in der Herangehensweise an das Wissensmanagement in KMU, die auch eine unterschiedliche Unterstützung des Managements nötig machen (siehe Sparrow 2005).

Eine umfassende Kritik kann hier noch nicht geleistet werden, da Strategien bisher wenig systematisch untersucht wurden. Für die hier aufgeführte Literatur können aber zumindest folgende Punkte angebracht werden:

- Zunächst ist die Frage nach der Wirksamkeit bzw. Sinnhaftigkeit der vorgeschlagenen Strategien zu stellen, d. h. es existieren keine Aussagen, die zeigen, ob die Strategien praktisch von Bedeutung sind bzw. der Forschung zu tieferer Einsicht in die Problematik des Wissensmanagements verhelfen.

- Sowohl bei der Bildung von Strategien als auch der Bildung von Organisationstypen bleibt häufig offen, warum gerade die genannten Merkmale zum Einsatz kamen und auf welche Weise die Bildung der Typen erfolgte.
- Aus methodischer Sicht wird bisweilen auf die Erläuterung der verwendeten Forschungsstrategie und -methoden und die Indikation der Güte der Untersuchungen verzichtet.

Grundsätzlich ist es zu begrüßen, dass einer Vielfalt von Organisationen auch mit einer Vielfalt von Beschreibungen und Lösungsansätzen begegnet wird. Das erlaubt zukünftig auch Verallgemeinerungen auf Ebene der (Meta-)Konzepte, allerdings auf einem anderen, höheren qualitativen Niveau als bisher.

2.3 Zusammenfassung

Dieses Kapitel hat die Entwicklung des Wissensmanagements als Forschungsbereich hergeleitet und den aktuellen Stand der Forschung kritisch gewürdigt.

In der Herleitung sind die mit dem Wissensmanagement in Verbindung gebrachten Konzepte von Wissensgesellschaft, Wissensorganisation und Wissensarbeit(er) als üblicher Rahmen der Motivation vorgestellt worden. Alle drei Konzepte sind in ihrer Beschreibung nicht eindeutig und deuten eher auf Entwicklungen hin als einen neuen Stand von Gesellschaft und Wirtschaft zu charakterisieren. Außerdem lässt sich feststellen, dass insbesondere Wissensorganisationen und Wissensarbeit auf exklusive Weise definiert werden, also eine Abgrenzung zu Nicht-Wissensorganisationen bzw. Nicht-Wissensarbeit angestrebt wird, tatsächlich aber nicht geleistet werden kann. Auf Grund der engen Verquickung von Wissen mit menschlichen Tätigkeiten erscheint dieser Versuch allerdings als ungeeignet für die Herleitung eines Wissensmanagements. Trotzdem können die Ideen bzw. Anregungen aus dieser Wissensdiskussion verwendet werden, weil sie Hinweise auf Aufgabenbereiche des Managements geben, die bisher nicht explizit berücksichtigt wurden. Hier erscheint es sinnvoll, den Umgang mit Wissen in die Tätigkeiten des Managements aufzunehmen. Dazu sollte auf Ebene der Personen als Schöpfer und Anwender von Wissen angesetzt werden.

Im zweiten Teil des Kapitels ist eine ausführliche Kritik am Forschungsbereich Wissensmanagement dargeboten worden. Allgemein sind zwei zentrale Kritikpunkte anzuführen:

- Es ist offensichtlich, dass viele Kritikpunkte vor allem von einem unklaren Wissensbegriff herrühren. Er wird zu weit gefasst und bietet daher keine Hilfestellung für ein Management des Wissens.
- Darauf folgt ein ebenso unklarer Wissensmanagement-Begriff. Wissensmanagement wird als neue und eigenständige betriebliche Funktion wahrgenommen, statt die bestehenden Funktionen mit der Sicht auf das Wissen zu ergänzen. Auch Missverständnisse wie das Ziel einer weitestgehenden Explikation von Wissen fallen darunter.

Die Kritik wurde auf den drei Ebenen von Meta-Konzept, Konzept und Strategie fortgesetzt und vertieft. Auf allen Ebenen findet umfangreiche Forschung statt, ohne jedoch zu einer theoretischen Basis zu finden:

- Auf Ebene der Meta-Konzepte sind die Dimensionen des Wissensmanagements zwar grob geklärt, in ihrer konkreten Beschreibung aber noch unvollständig.
- Das zeigt sich auch auf Ebene der Konzepte, insbesondere der Wissensmanagement-Ansätze. Hier sind die Dimensionen und ihre Beziehungen nicht ausreichend operationalisiert, um die Gestaltung und Erklärung von Wissensmanagement in Organisationen zu erlauben. Viele Ansätze sind zudem nicht empirisch validiert. Außerdem sind sie meist zu universell ausgerichtet, um auf Spezifika einzelner Organisationen einzugehen.
- Dort setzen die Strategien an. Diese sind aber noch nicht ausreichend untersucht, um entsprechende Kritik anbringen zu können.

Trotz aller Kritik muss festgehalten werden, dass die Idee einer auf das Wissen abzielenden Perspektive des Managements nicht unberechtigt ist. Ihre Erforschung und praktische Umsetzung verlangt allerdings nach anderen Mitteln. Diese kommen in den nächsten Kapiteln zur Sprache.

Kapitel 3

Problemorientiertes Wissensmanagement

Wie die Kritik am Forschungsbereich Wissensmanagement in Kapitel 2 gezeigt hat, liegen gesicherte empirische Erkenntnisse über die Phänomene des Wissensmanagements nur vereinzelt vor und erlauben weder (normative) Aussagen zu konkreten Einzelfällen, noch können aus einer breiten empirischen Basis Theorie bildende Beiträge abgeleitet werden.

Für die weitere Forschung sind folglich solche empirischen Arbeiten notwendig. Bevor diese im Rahmen einer eigenen Untersuchung in Kapitel 4 in Angriff genommen werden können, ist jedoch eine neue Orientierung des Wissensmanagements vonnöten, um die ebenfalls in Kapitel 2 verdeutlichten konzeptionellen Schwächen des Forschungsbereichs nicht zu wiederholen. Diese Orientierung bezieht sich auf die Probleme, die Mitarbeiter von Organisationen im Umgang mit Wissen haben. Sie wird in diesem Kapitel motiviert und definiert.

Das Kapitel beginnt mit der Begründung für eine Problemorientierung im Wissensmanagement. Danach werden Probleme im Umgang mit Wissen definiert und die bisher zu diesem Thema vorliegenden Arbeiten skizziert und kritisch gewürdigt. Anschließend werden die Begriffe Wissen und Wissensmanagement im Sinne der Problemorientierung für die vorliegende Arbeit definiert. Das Kapitel wird durch eine kurze Diskussion der Problemorientierung beschlossen.

3.1 Motivation

Die Entscheidung für eine an Problemen orientierte Herangehensweise an den Umgang mit Wissen in Organisationen speist sich vornehmlich aus der Kritik am aktuellen Stand der Forschung im Wissensmanagement, greift darüber hinaus aber auch einzelne Anmerkungen aus der (empirischen) Forschung auf:

- Wie aus der Erläuterung zu den Strategien des Wissensmanagements im vorigen Kapitel hervorgeht, erscheint eine „kleinteiligere" Forschung angebracht. Die Orientierung an Problemen für eine solche Forschung wird in der Literatur gefordert (siehe in diesem Zusammenhang auch die Forderung von Timonen & Jalonen 2008 nach so genannten „practice-based approaches" für die Forschung im Wissensmanagement, ebenso Blackler 1995): Howaldt et al. (2004, S. 32) verlangen die Ausrichtung von Untersuchungen an den „Dysfunktionalitäten und Paradoxien im realen Umgang mit Wissen". Ortner (2002, S. 100f.) schlägt vor, „Wissens-Umwelten", d. h. Situationen, wo bestimmtes Wissen eine bestimmte Rolle spielt, zu definieren und zu untersuchen: So ist Wissen für die Durchführung von automatisierten Produktionsprozessen stark standardisiert in Handbüchern, maschinellen Abläufen etc. gebunden. Die hierbei auftretenden Probleme sind ganz anders gelagert als z. B. beim Einsatz von Wissen in der Kundenbetreuung. Dawson & Balafas (2008, S. 144) haben in einer gescheiterten Wissensmanagement-Initiative festgestellt, dass nur dann eine Änderung in einer Organisation stattfindet bzw. begonnen wird, wenn die Mitarbeiter das Problem „besitzen", d. h. es erkannt und sich seiner angenommen haben.
- Eine Untersuchung von Problemen bietet die Chance, nicht den Umgang mit Wissen als disjunkter Ressource, sondern den Umgang mit Wissen orientiert an der Beziehung von Wissen und Aufgabe (Riss et al. 2008, S. 721) zu untersuchen, d. h. die Dimensionen des Wissensmanagements miteinander zu verbinden (siehe Grover & Davenport 2001, S. 12–14, und King et al. 2002, S. 94f.). Die Orientierung an Problemen erlaubt es zudem, Bestandteile so genannter „sozialer Praktiken" (definiert als komplexe, sozial und historisch entstandene Verhaltensmuster) zu beleuchten, denen Geiger & Koch (2008, S. 706–709) großes Potential einräumen, das was in Organisationen tatsächlich passiert, umfassend und realistisch erfassen zu helfen.
- Eine Problemorientierung ist auch aus praktischer Sicht sinnvoll: Unabhängig bzw. parallel zur akademischen Debatte wird in Organisationen bewusst

oder unbewusst Wissensmanagement betrieben. Die Organisationen haben aber mit einer Reihe von Problemen bei seiner Umsetzung zu kämpfen (Howaldt et al. 2004, S. 16–22, Wildner 2007, S. 4f.; die Probleme sind in Kapitel 1.1 aufgeführt). Hier ist ein Gegensteuern angebracht, das direkt bei den aufgetretenen Problemen ansetzt und somit auch einen konkreten Nutzen stiften kann. In diese Richtung argumentieren auch Dawson & Balafas (2008, S. 144): Sie fordern Problemaudits, um die Bereiche zu identifizieren und zu adressieren, wo die Mitarbeiter einer Organisation Defizite im Wissensmanagement sehen. Damit wäre auch ein Benchmark für Kosten gegeben. Durch ein Problem entstehen Kosten (von Mitarbeitern aufgebrachte Zeit für den Ausgleich von Fehlern o. Ä.), gegen welche eine Verbesserung geprüft werden kann. Die Ausrichtung an Problemen erlaubt auch eine klarere Definition, was ein Management von Wissen machen soll, im Gegensatz zu vielen Wissensmanagement-Ansätzen, bei welchen eine solche Definition fehlt (Alvesson & Kärreman 2001).[1]

Sämtliche Gründe zusammenfassend soll mit einer solchen Herangehensweise letztlich die Frage aufgegriffen werden, die Howaldt et al. (2004, S. 36) formulieren: „Wie müssen wir unser [...] Managementhandeln umgestalten, damit es den Anforderungen eines effizienten und systematischen Umgangs mit [...] Wissen gerecht wird?“ Hierfür ist eine thereotische Ausarbeitung notwendig, zu welcher die vorliegende Arbeit einen grundlegenden Beitrag leistet.

3.2 Probleme im Umgang mit Wissen

Die Idee einer problemorientierten Betrachtung von Wissensmanagement ist nicht neu. Hier soll die bisherige Auseinandersetzung mit Problemen im Umgang mit Wissen kritisch gewürdigt werden. Dafür ist zunächst eine Definition dieser Probleme zu entwerfen.

[1] In diesem Zusammenhang sei auch auf die obige Kritik verwiesen, dass Wissensmanagement-Ansätze oft zu universell ausgerichtet und zu wenig empirisch belegt sind, um konkrete Vorschläge bezüglich der Gestaltung (sämtlicher Dimensionen) des Wissensmanagements in Organisationen zu machen.

3.2.1 Definition

In diesem Kapitel werden die Probleme im Umgang mit Wissen beschrieben. Die Ausführungen bauen auf den Vorüberlegungen von Wildner (2007, S. 37–42, 2008, S. 969–973) auf.

Ein Problem wird gemeinhin als ein Prozess oder Zustand beschrieben, der von einer oder mehreren Personen als nicht befriedigend empfunden wird und daher bei den Personen Maßnahmen auslöst, die zu einer Verbesserung dieses Prozesses bzw. Zustandes führen sollen (Elbracht-Hülseweg 1985, S. 6–8). Dieser Problembegriff wird für das Wissensmanagement noch enger gefasst und wie folgt definiert (siehe auch Berger & Luckmann 1984, S. 38):

> **Definition Problem im Umgang mit Wissen:** *Unter Problemen im Umgang mit Wissen werden jene Probleme verstanden, die vorliegen, wenn Personen die von ihnen in der Organisation wahrgenommenen, geschäftskritischen Aufgaben weder effektiv noch effizient erfüllen, weil die Aktivitäten im Umgang mit dem dafür notwendigen Wissen nicht begonnen, durchgeführt und kontrolliert werden können bzw. generell behindert werden.*

Kürzer formuliert, können Probleme im Umgang mit Wissen auch als jene Probleme verstanden werden, für die ein Wissensmanagement verantwortlich ist. Sie können wie folgt charakterisiert werden:

- Die eigentlichen (vorgesehenen oder tatsächlichen) geschäftskritischen Tätigkeiten von Personen in Organisationen werden von Wissensmanagement-Aktivitäten durchdrungen (Alavi & Leidner 2001, S. 123, Grover & Davenport 2001, S. 12). Probleme im Umgang mit Wissen treten folglich im Rahmen der eigentlichen Tätigkeit auf (diese stellt den Kontext des Problems dar).
- Damit sind zwei Eingrenzungen der Probleme im Umgang mit Wissen verbunden: Zum Ersten sind die Probleme im Umgang mit Wissen auf Organisationen begrenzt. Sie umfassen nicht alle möglichen Probleme dieser Art, die durch Personen oder Gruppen von Personen wahrgenommen werden können (z. B. in der privaten Lebenswelt), sondern betreffen allein die Arbeitswelt (siehe Berger & Luckmann 1984, S. 35–40). Zum Zweiten werden nur Probleme betrachtet, die in geschäftskritischen Tätigkeiten auftreten,

d. h. sie beziehen sich – in Analogie zu Kern- und Unterstützungsprozessen aus dem Geschäftsprozessmanagement (Heinrich et al. 2004, S. 282f.) – auf die Kerntätigkeiten von Personen in der Organisation. Anders ausgedrückt entstammen die Probleme jenen Tätigkeiten, die eine Person entsprechend ihrer Stellenbeschreibung und/oder einer in der Organisation entstandenen Rollenzuschreibung wahrnimmt.[2] Sie beziehen sich damit zwar nicht ausschließlich, aber zu einem großen Teil auf repetitive Aufgaben.

- Mit notwendigem Wissen ist jenes Wissen gemeint, das aus Sicht der handelnden Person notwendig ist, um eine anstehende Aufgabe zu lösen (Berger & Luckmann 1984, S. 38, Schütz & Luckmann 2003, S. 33). Das kann Wissen sein, das die Person befähigt, die für die Aufgabe notwendigen Unterlagen oder Anweisungen zu verstehen (z. B. Konventionen für das Verfassen von Code in der Softwareentwicklung), Wissen, das als Input in die Aufgabe eingeht (z. B. Anforderungen an eine in Software umzusetzende Funktion), Wissen, das es erlaubt, das Ergebnis hinsichtlich seiner Qualität einzuschätzen (erfüllt die Funktion tatsächlich die Anforderungen) und auch Wissen über den Aufgabenkontext (z. B. zeitliche Vorgaben, den Arbeitsablauf, in welchen die Person eingebettet ist, und die beteiligten Personen).
- Die damit auftretenden Probleme können sich auf sämtliche Aktivitäten (Identifizieren, Erwerben, Entwickeln, Aufbereiten, (Ver-)Teilen, Anwenden und Bewahren von Wissen; siehe Remus 2002, Anhang A.2) im Umgang mit Wissen beziehen, d. h. verhindern (sie können nicht gestartet bzw. durchgeführt werden, weil z. B. eine notwendige Rahmenbedingung wegen des Problems nicht gegeben ist) oder behindern (sie werden durch zusätzlichen Aufwand erschwert, zeitlich verzögert etc.) diese. Die Probleme äußern sich damit dann in jenen Aufgaben, welche die Personen in der Organisation wahrnehmen, d. h. in ihrer eigentlichen Arbeit.
- Probleme im Umgang mit Wissen können in verschiedene Problemklassen gefasst werden: So unterteilt Lehner (2009b, S. 318–320) die Probleme in Wissensprobleme und Wissensmanagementprobleme, Riss et al. (2008, S. 723f.) in Prozessprobleme, Suchprobleme, singuläre und strukturelle Probleme. In der vorliegenden Arbeit werden an dieser Stelle noch keine Unterscheidungen der Probleme vorgenommen, sie folgen im Rahmen der Analyse der empirischen Untersuchung in den Kapiteln 5 und 6.

[2] Dies geschieht unter der Annahme, dass Stellenbeschreibungen und Rollenzuschreibungen zweckgebunden für die Ziele einer Organisation erfolgen.

> Was an dieser Stelle im Sinne einer Klassifikation bereits gesagt werden kann, ist, dass es sich in der Natur der Sache um schlecht strukturierte, betriebswirtschaftliche Probleme handelt (Elbracht-Hülseweg 1985, S. 7–12). Probleme im Umgang mit Wissen umfassen komplexe soziale Phänomene. Sie können kaum von ihrem Kontext getrennt werden, in dem sie auftreten, da sie in die eigentliche Tätigkeit von Personen in Organisationen eingebettet sind. Ebenso sind die ihnen zu Grunde liegenden Ursache-Wirkungs-Zusammenhänge (noch) größtenteils unklar.

Die Definition dient der Abgrenzung der Probleme im Umgang mit Wissen von anderen Arten von Problemen. Dies ist für die Analyse in den Kapiteln 5 und 6 notwendig. Trotzdem ist festzustellen, dass diese Abgrenzung nur schwer möglich ist (siehe den ersten Punkt in der Charakterisierung). Letztlich geht es darum, verschiedene Problemebenen zu identifizieren, d. h. die den eigentlichen geschäftlichen Problemen zu Grunde liegenden Probleme in Bezug auf das Wissen für Zwecke der Analyse herauszuarbeiten (wie Abbildung 3.1 noch einmal beispielhaft verdeutlicht).

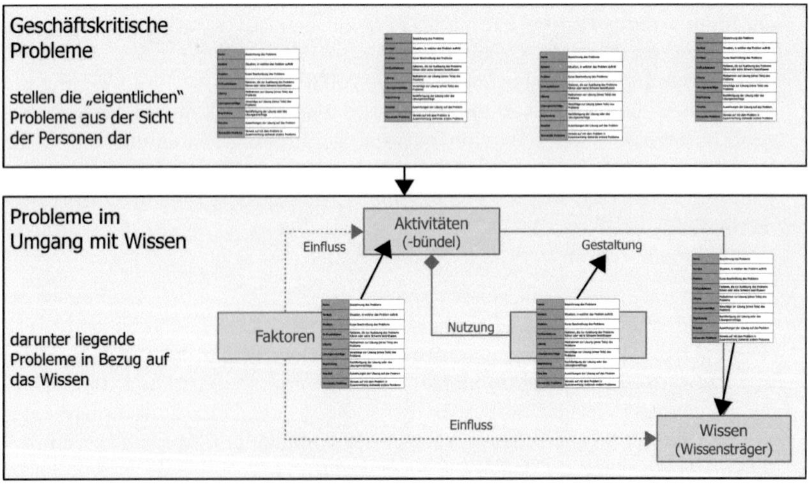

Abbildung 3.1: Problemebenen

Der mit einem Problem (damit auch Problemen im Umgang mit Wissen) verbundene Lösungsprozess kann allgemein wie folgt dargestellt werden (siehe Elbracht-Hülseweg 1985, S. 17–22; siehe auch Hofmann 1985, S. 111–117):

- Eine Problemlösung beginnt mit der Erkennung eines Problems. Bei dieser soll erfasst werden, worin die Ursachen für das Problem liegen, wer daran beteiligt war und unter welchen internen bzw. externen Rahmenbedingungen das Problem aufgetreten ist.
- Danach soll das Problem möglichst genau beschrieben werden: d. h. was sind die Ursachen, welche Wirkungen zeitigt das Problem, steht es möglicherweise zu anderen Problemen in Beziehung (und wenn ja, zu welchen). Der momentane unbefriedigende und der erwünschte zukünftige Zustand sollen beschrieben werden.
- Um den gegenwärtigen Zustand zu verändern, werden Handlungsalternativen gesucht und unter diesen eine oder mehrere ausgewählt. Hier ist für eine Beschreibung von Interesse, welche Alternativen gegeben waren, welche ausgewählt und in welcher Reihenfolge diese ergriffen wurden bzw. noch in Planung sind. Außerdem interessieren die Kriterien für die Auswahl der Handlungsalternativen.
- Der finale Schritt der Problemlösung stellt die Durchführung der ausgewählten Handlungsalternativen und ihre Erfolgskontrolle dar. Hier sind die Rahmenbedingungen der Durchführung und die daran Beteiligten von Interesse, ebenso wie der Erfolg oder Misserfolg der realisierten Handlungsalternativen.

Aus den Schritten dieses Prozesses kann nun eine Reihe von Elementen abgeleitet werden, die zur Beschreibung von Problemen notwendig sind. Diese Elemente umfassen im Kern eine Beschreibung des Kontextes, des eigentlichen Problems und einer Lösung. Diese Beschreibung ist hier um weitere Elemente ergänzt worden (siehe Abbildung 3.2). Ideengeber dafür waren die Ausführungen zur Beschreibung von Patterns im Wissensmanagement bei May & Taylor (2003):[3]

[3] Es existieren Bestrebungen, im Wissensmanagement Patterns im Sinne von Alexander et al. (1977) oder Gamma et al. (1995) aufzudecken (siehe Wildner 2007, S. 34–36 und Wildner 2008). Dieser Idee wird hier nicht (weiter) gefolgt, da derart komplexe und individuelle Vorgänge, wie sie beim Wissensmanagement der Fall sind, zwar einzeln beschrieben werden können, eine Abbildung in einem Pattern mit einer generell gültigen Lösung jedoch unmöglich ist bzw. die Verhältnisse zu stark vereinfacht. Die von May & Taylor (2003) vorgeschlagene Struktur soll einzig der Beschreibung der Probleme im Umgang mit Wissen dienen.

Name	Bezeichnung des Problems
Kontext	Situation, in welcher das Problem auftritt
Problem	Kurze Beschreibung des Problems
Einflussfaktoren	Faktoren, die zur Auslösung des Problems führen oder seine Schwere beeinflussen
Lösung	bereits ergriffene Maßnahmen zur Lösung (eines Teils) des Problems
Lösungsvorschläge	Vorschläge für Maßnahmen zur Lösung (eines Teils) des Problems
Begründung	Rechtfertigung der Lösung oder des Lösungsvorschlags
Resultat	Auswirkungen der Lösung auf das Problem
Verwandte Probleme	Verweis auf mit dem Problem in Zusammenhang stehende andere Probleme

Abbildung 3.2: Struktur zur Beschreibung von Problemen

- Name: Der Name ist die Bezeichnung eines Problems. Er soll so gestaltet sein, dass er die Natur des Problems auf einfache und verständliche Art und Weise wiedergibt.
- Kontext: Der Kontext beschreibt die Situation, in welcher das Problem auftritt. Hier werden bereits die bei der Problemerkennung (siehe den ersten Punkt in der obigen Liste) genannten Dinge deutlich. Zum Kontext zählen z. B. der allgemeine Aufgabenkontext einer Person oder Gruppe von Personen oder konkrete (regelmäßige oder einmalige) Einzelaufgaben, die diese Person oder Gruppe übernommen hat. Ebenso können es ganz allgemein Situationen sein, die eine Person oder Gruppe in (einer Abteilung) einer Organisation erlebt.
- Problem: Hierin wird auf kurze Weise das zu lösende Problem charakterisiert. Es werden also Aussagen zu einem nicht befriedigenden Prozess oder Zustand und dem erwünschten zukünftigen Prozess bzw. Zustand gemacht.

- Einflussfaktoren: Die hier beschriebenen Faktoren nehmen auf positive oder negative Art und Weise Einfluss auf das Problem. Das kann bedeuten, dass der Faktor ein Auslöser für das Problem ist, oder dass der Faktor Einfluss auf die Schwere des Problems hat (eine stärkere bzw. schwächere Ausprägung des Faktor führt zu einer stärkeren bzw. schwächeren Ausprägung des Problems). Die Einflussfaktoren liefern letztlich eine detaillierte Beschreibung des Kontextes. Sie helfen, das Problem besser zu verstehen. Hier wird genauer auf die in der Problemerkennung genannten Punkte eingegangen.
- Lösung: Hier werden jene Maßnahmen beschrieben, die zur Lösung des Problems oder eines Teils des Problems angestoßen (und abgeschlossen) wurden. Dabei sind erfolgreiche wie auch missglückte Lösungsversuche von Interesse. Lösungen können mehrere Maßnahmen umfassen, mit welchen jeweils auf verschiedene Einflussfaktoren reagiert oder sich konzentriert wird.
- Lösungsvorschläge: An dieser Stelle werden Vorschläge für die Lösung des Problems oder eines Teils davon beschrieben. Mit Vorschlag ist hier im Gegensatz zur Lösung gemeint, dass noch keine Maßnahmen im Sinne des Vorschlags ergriffen wurden.
- Begründung: Hiermit wird eine Lösung (oder ein Teil der Lösung) des Problems bzw. ein Lösungsvorschlag gerechtfertigt, d. h. aus welchen Gründen wurde gerade diese Lösung gewählt bzw. dieser Lösungsvorschlag gemacht. Bei diesem Element geht es folglich um das hinter der Beziehung von Problem und Lösung stehende Prinzip.
- Resultat: Das Resultat beschreibt die Auswirkungen, die eine Lösung für das genannte Problem mit sich bringt, d. h. wie hat sich der nicht befriedigende Prozess bzw. Zustand geändert. Worin besteht also die Situation nach Einbringen der Lösung und wie unterscheidet sie sich von der ursprünglichen Situation.
- Verwandte Probleme: Mit dem letzten Element wird auf mit dem Problem verwandte Probleme hingewiesen. Diese können einen Teil des Kontextes ausmachen. Sie können aber auch direkt in Verbindung mit dem Problem stehen, wenn sie dem beschriebenen Problem vorgelagert oder nachgelagert sind, übergeordnete Probleme darstellen oder untergeordnete Probleme (also ein Teil) des beschriebenen Problems sind.

Diese Struktur ist generisch. Sie kann für die Beschreibung sämtlicher Arten von Problemen, so auch von Problemen im Umgang mit Wissen, verwendet werden.

3.2.2 Stand der Forschung

Es hat in Wissenschaft und Praxis bereits Auseinandersetzungen mit Problemen im Umgang mit Wissen gegeben. Allerdings ist bisher wenig Arbeit in eine ausreichend genaue Definition dieser Probleme und eine daran orientierte Aufarbeitung investiert worden.

Für den Blick in die Literatur bietet es sich an, den Begriff des Problems etwas weiter zu fassen. Neben der Bezeichnung als Problem finden sich viele weitere Begriffe, die auf dasselbe – einen nicht zufriedenstellenden Zustand oder Prozess, entweder tatsächlich oder potentiell – hinweisen und daher berücksichtigt werden müssen: Barriere, kritischer Erfolgsfaktor, Fehler, Falle, Hindernis, Know-how-Risiko, Lücke, Schwierigkeit (siehe auch Lehner 2009b, S. 318–325).

Die Literatur zu Problemen des Wissensmanagements ist in Tabelle 3.1 aufgeführt. Sie ist Ergebnis einer Literaturrecherche und enthält Studien, die Probleme im Umgang mit Wissen identifizieren, systematisieren und beschreiben und sich dabei auf empirische Daten stützen (entweder direkt oder in der Auswertung solcher). Die Studien wurden in die Tabelle aufgenommen, wenn diese Zielstellung explizit als solche erkennbar war und das Vorgehen zu seiner Erreichung beschrieben wurde (bloße Auflistungen von Problemen, deren Zustandekommen nicht nachvollziehbar war, wurden weggelassen[4]). Die Studien wurden Hinweisen in der Literatur (siehe die Verweise bei Lehner 2009b, S. 318, und 2000, S. 153–155, 249–259) und einer auf diesen aufbauenden Literaturrecherche entnommen.

Die Studien werden anhand ihrer Zielstellung, des Forschungsdesigns und des Umfangs der Beschreibung von Problemen charakterisiert. Beim Umfang der Beschreibung werden zwei Ebenen unterschieden:

- grundlegende Beschreibung: Neben der puren Nennung der Probleme gehört dazu eine Erklärung, was unter dem konkreten Problem zu verstehen ist. Damit umfasst die Beschreibung die ersten vier Elemente (Name, Problem, Kontext, Einflussfaktor) aus Kapitel 3.2.1. Als Ergänzung zum Kontext erscheint hier auch die Einordnung in eine Klassifikation von Problemen sinnvoll.
- vollständige Beschreibung: Sie baut auf der grundlegenden Beschreibung auf und enthält die verbleibenden Elemente der Problembeschreibung (Lösung,

[4] Hier sind z. B. Romhardt (1998, S. 50) und Lamieri & North (2001) zu nennen.

Lösungsvorschlag, Begründung, Resultat und Beziehung zu verwandten Problemen). Die Studien sollten hier auch Aussagen zur Wirksamkeit ihrer Lösungen machen.

Tabelle 3.1: Literatur zu Problemen des Wissensmanagements

Quelle	Zielstellung	Design	Beschreibung
Bullinger et al. (1997, 1998), Bullinger & Prieto (1998)	Defizite im Umgang mit Wissen, Erfolgsfaktoren/Barrieren des Wissensmanagements	Umfrage (deutsche Unternehmen verschiedener Größe/Branche)	grundlegend
Chua & Lam (2005)	Gründe für Scheitern von Wissensmanagement-Projekten	Historie (große Unternehmen)	grundlegend (mit Beziehungen)
Davenport et al. (1998)	Erfolgsfaktoren von Wissensmanagement-Projekten	Fallstudie/Umfrage (31 Unternehmen verschiedener Branchen)	grundlegend (mit Lösungen, keine Klassifikation)
Disterer (2000)	Barrieren beim Aufbau von Wissenssammlungen	Literaturrecherche	grundlegend (mit Lösung)
Güldenberg & Eschenbach (1996)	Aspekte der lernenden Organisation	Umfrage (große und mittelständische Unternehmen)	grundlegend (ohne Erklärung)
Heisig (1999)	Stand der Forschung im Wissensmanagement	Umfrage (große deutsche/europäische Unternehmen)	nur Nennung
Helm et al. (2007)	Erfolgsfaktoren des Wissensmanagements	Metaanalyse	grundlegend
Knaese (2004)	Know-how-Risiken (v. a. Fluktuation)	Fallstudie (Großbank)	vollständig
KPMG (2000)	Stand, Probleme und Nutzen von Wissensmanagement	Umfrage (große Unternehmen verschiedener Branchen in Westeuropa/USA)	nur Nennung
Lin et al. (2005), Lin & Tseng (2005)	Management-Lücken bei Implementierung von Wissensmanagement-Systemen	Fallstudie/Umfrage (zwei große, taiwanische Unternehmen)	vollständig
Linde (2005)	Barrieren und Erfolgsfaktoren des Wissensmanagements	Umfrage (deutsche Unternehmen verschiedener Größe/Branche)	grundlegend (ohne Erklärung)

Tabelle 3.1: Literatur zu Problemen des Wissensmanagements (Fortsetzung)

Quelle	Zielstellung	Design	Beschreibung
Probst & Knaese (1998)	Know-how-Risiken in Banken	Interviews (Schweizer Banken)	vollständig
Riege (2005)	Probleme beim Wissensaustausch	Literaturrecherche	grundlegend
Reinmann-Rothmeier & Mandl (2000)	Problemsituationen im individuellen Wissensmanagement	Beobachtung, Befragung	vollständig
Ruggles (1998)	Barrieren beim Wissensmanagement	Umfrage/Interviews (europäische und US-Unternehmen)	nur Nennung
Schüppel (1996)	Wissens- und Lernbarrieren	Literaturrecherche	grundlegend (mit Beziehungen)
Sun & Scott (2005)	Barrieren beim Wissensaustausch	Delphi-Studie (Führungspersonal verschiedener Unternehmen)	grundlegend

Fasst man die Charakterisierungen der einzelnen Studien zusammen, wird offensichtlich, dass sie für die Beschreibung von Problemen im Umgang mit Wissen und für die weitere Verwendung in Forschung und Praxis nicht uneingeschränkt verwendet werden können. Folgendes ist festzustellen:

- Die Beschreibung und Erklärung von Problemen (Barrieren, Lücken etc.) im Umgang mit Wissen erfolgt meist nur grundlegend. Einige Studien gehen nicht über die Nennung entsprechender Probleme hinaus. Etwas genauer betrachtet, gestaltet sich der Stand der Dinge wie folgt:
  - Neben der Nennung erfolgt meist auch eine Klassifikation der Probleme. Die dafür verwendeten Konzepte sind je nach Zielsetzung verschieden, sehr oft wird aber die Einteilung in die drei Dimensionen Technik, Organisation und Mensch (siehe Bullinger et al. 1997, S. 9f.) oder eine ähnliche verwendet. Es fällt auf, dass viele Probleme aus dem Bereich des Verteilens von Wissen stammen. Dies ist nachvollziehbar, schließlich wird diese Aktivität als ein Kernbereich von Wissensmanagement-Initiativen angesehen (Riege 2005, S. 18).
  - Häufig fehlt in der Darstellung eine Erklärung der Probleme bzw. fällt diese sehr kurz aus. Trotz einiger Studien, die eine ausreichende Erklärung

liefern, unterbleibt meist eine detaillierte Beschreibung, insbesondere in Hinsicht auf den Kontext und die Einflussfaktoren.

- Über die Beziehungen zwischen den Problemen, z. B. dass ein Problem ein anderes nach sich zieht, werden nur in zwei Fällen Aussagen gemacht.
- In einigen Studien werden Maßnahmen bzw. Instrumente zur Lösung der Probleme vorgeschlagen, die entweder aus der Betrachtung der untersuchten Fälle oder der Literatur stammen. Aussagen zur (empirisch nachgewiesenen) Angemessenheit und Wirksamkeit dieser Mittel – was also die Wirkung auf den Erfolg des Wissensmanagements bzw. die Organisation an sich angeht – werden nicht vorgenommen.
- Zudem ist anzumerken, dass eine Erläuterung, was ein Problem (eine Barriere, Lücke etc.) ausmacht, also eine Definition wie in Kapitel 3.2.1 oder etwas Vergleichbares, nur selten vorgenommen wird (siehe Lin et al. 2005, Lin & Tseng 2005, Knaese 2004, Probst & Knaese 1998, Schüppel 1996).

Disterer (2000, S. 542) merkt allgemein an, dass die Studien die Ergebnisse „alle auf einem relativ abstrakten und undifferenzierten Niveau sammeln und darstellen; dies lässt weiteren Untersuchungsbedarf erkennen." Riege (2005, S. 31) sieht bisher wenig Hilfe, wie entsprechende Probleme überwunden werden können bzw. wie verschiedene Aktionen zur Überwindung bewertet werden können.[5] Er selbst greift die von ihm identifizierten Barrieren zum Wissensaustausch in einem späteren Artikel auf und bietet (durch Literaturrecherche erhobene und in Interviews begutachtete) Möglichkeiten zur Überwindung der Barrieren an (siehe Riege 2007).

Zwischen den verschiedenen Studien finden sich zwar Übereinstimmungen bei den genannten Problemen, so dass eine Zusammenfassung zu Beschreibungen von Problemen durch die Auswertung der Studien durchaus möglich wäre. Die Zusammenstellung der Probleme ist allerdings nicht einfach zu bewerkstelligen, so dass eine sinnvolle Verwendung fraglich erscheint: Neben einer unterschiedlichen Bezeichnung für die Probleme werden konkrete Probleme verschieden benannt. Damit muss die Zuordnung gleicher oder ähnlicher Probleme zueinander nicht zwangsläufig der Absicht der jeweiligen Autoren entsprechen.

[5] Ähnlich äußert sich Holsapple (2003, S. 176), der die Forschungsfrage in den Raum stellt, welche Instrumente aus der IT im Wissensmanagement unter welchen Bedingungen eingesetzt werden können.

- Ein ähnlich heterogenes Bild zeigt sich beim Blick auf die in den Studien verwendete Methodik. Sie kann über die inhaltliche Diskussion hinaus Hinweise auf die Verwendbarkeit der Ergebnisse liefern. Bezüglich der untersuchten Unternehmen werden selten ausführliche Angaben gemacht. So lassen sich diese kaum genau charakterisieren, meist sind jedoch große Unternehmen verschiedener Branchen untersucht worden. Allerdings gibt es bis auf Bullinger et al. (1997) keine Studie, die bei der Auswertung auf die Unternehmenscharakteristika eingeht. Positiv zu vermerken ist, dass mehrere Studien Betroffene auf verschiedenen Hierarchieebenen angesprochen haben. Schließlich ist zu erwarten, dass sich Probleme zwischen diesen Ebenen unterscheiden oder für verschieden relevant gehalten werden. Häufig wurden aber nur Manager oder mit dem Wissensmanagement Betraute befragt. Hier ist anzumerken, dass sowohl die Auswahl der Unternehmen als auch der befragten Personen in den Studien kaum nachvollziehbar ist. Gleiches gilt allgemein für das verwendete Forschungsdesign und dessen Güte. Am häufigsten kamen Befragungen oder Fallstudien zum Einsatz, aber auch da fehlen ausreichende Angaben.

Die Untersuchung von Problemen im Umgang mit Wissen ist noch nicht befriedigend gelungen, obwohl es Vorarbeiten und vielversprechende Ansätze gibt. Weitere empirische Untersuchungen sind notwendig. Dafür soll mit der Formulierung eines problemorientierten Wissensmanagements die Grundlage geschaffen werden.

3.3 Problemorientiertes Wissensmanagement

Aufbauend auf den Ausführungen der vorigen Kapitel wird im Folgenden das Konzept des problemorientierten Wissensmanagements entworfen. Von Interesse sind dabei allgemeine Parameter, die Definition von Wissen und daraus folgend die Definition für Wissensmanagement.

3.3.1 Beschreibung

Vor der Definition von Wissen und Wissensmanagement für die Zwecke der vorliegenden Arbeit sollen einige Punkte angesprochen werden, die für das Verständnis der Problemorientierung allgemein von Bedeutung sind. Da Probleme im Umgang mit Wissen, wie sie in Kapitel 3.2.1 definiert werden, im Mittelpunkt der Betrachtung stehen, ergeben sich einige Besonderheiten im Vergleich zu den Ansätzen des Wissensmanagements, die eine andere Orientierung gewählt haben:

- Die meisten Wissensmanagement-Ansätze stellen eine Dimension des Wissensmanagements (siehe Kapitel 2.2.2) in den Mittelpunkt. Bei den meisten sind es die Wissensmanagement-Aktivitäten (bzw. Prozesse, wenn man die Aktivitäten miteinander verbindet; siehe Remus 2002). Einige Ansätze stellen die Person als Wissensträger in den Mittelpunkt (Wright 2005, Reinmann-Rothmeier & Mandl 2000). Mit der Problemorientierung werden die Dimensionen des Wissensmanagements kombiniert betrachtet: Es geht immer um Personen und ihr Wissen (Wissen und Wissensträger) in einem Kontext von Aufgabe (Aktivitäten bzw. Faktoren) und Organisation (Faktoren).
- Ziel einer Problemorientierung ist es nicht in erster Linie, einen vollständigen Wissensmanagement-Prozess zu beschreiben und in einer Organisation zu implementieren. Vielmehr wird auf die Notwendigkeit eingegangen, konkrete Missstände im Umgang mit Wissen zu beheben, wie sie von den Mitgliedern einer Organisation wahrgenommen werden. Damit ist die Betrachtung eines problemorientierten Wissensmanagements grundsätzlich partiell, kann aber mit Aktivitäten und Instrumenten konkreter ansetzen und zugleich einen direkten Nutzen erbringen.
- Die Orientierung an Problemen darf nicht als statisch missverstanden werden. Das Auftreten und Lösen eines Problems bedeutet nicht, dass dieses nicht (an anderer Stelle) erneut auftritt, andere Probleme nach sich zieht oder das einzige Problem einer Organisation im Umgang mit Wissen darstellt. Auch können in der zeitlichen Entwicklung einer Organisation verschiedene Prozesse oder Zustände als Problem wahrgenommen werden. Das Wissensmanagement versteht sich also nicht als einmaliges Eingreifen, sondern als kontinuierlich (Rubenstein-Montano et al. 2001, S. 13).

3.3.2 Definition Wissen

Die Definition orientiert sich am sozialen Konstruktivismus (Berger & Luckmann 1984, Schütz & Luckmann 2003) und der System-Perspektive des Wissens von Holsapple (2003, S. 166f.; siehe auch Kapitel 2.2.1) und bezieht Überlegungen von Probst et al. (2003, S. 13–24) und Nonaka & Takeuchi (1997, S. 71) mit ein (siehe außerdem Breidbach 2008, S. 11–19):[6]

> **Definition Wissen:** *Wissen wird als die Gesamtheit an verwendbaren Repräsentationen von Personen verstanden. Verwendbare Repräsentationen sind Vorstellungen der Personen über ihre Umwelt und verleihen ihnen Handlungsfähigkeit.*

Dies bedeutet im Einzelnen:

- Wissen basiert auf Erfahrungen, die Personen in ihrer Umwelt machen. Mittels dieser Erfahrungen konstituiert sich Wissen als subjektive Repräsentation von Personen über ihre Umwelt: Erfahrungen werden nicht einfach gesammelt und gespeichert, sondern durch eine bereits vorhandene Repräsentation interpretiert. Dabei wird die vorhandene Repräsentation durch neue Erfahrungen entweder bestätigt oder (re)konstruiert, d. h. erweitert oder verändert (Schütz & Luckmann 2003, S. 33–43, 149, 173–179). Wissen ist damit ein grundlegendes Element bzw. Merkmal von Personen und kann folglich nicht von ihnen gelöst werden. Mündliche wie schriftliche Kommunikation ist durch die individuelle Repräsentation geprägt und kann nicht ohne einen weiteren Interpretationsvorgang in die Repräsentationen anderer Personen eingehen.

  Aus organisatorischer Sicht bedeutet dies, dass Wissen allein von Personen geschaffen wird. Organisationen lernen demnach nicht selbst, sondern nur dadurch, dass Personen im Rahmen der von ihnen wahrgenommenen Rolle in der Organisation lernen und das Erlernte für diese Rolle einsetzen (Huber 1991, S. 89f., Simon 1991, S. 125f.).
- Die Schaffung und Veränderung der Repräsentation von Personen geschieht stets innerhalb eines individuellen, sozialen, organisatorischen und gesellschaftlichen Kontexts (Schreyögg & Geiger 2004, S. 272). Einerseits werden Personen in ihrer Wahrnehmung von der sozial und historisch entstandenen Sinnzuschreibung zu Dingen, Handlungen etc. beeinflusst. Andererseits nehmen sie mit ihrer eigenen Sinnzuschreibung wiederum Einfluss auf die soziale Sinnzuschreibung (Berger & Luckmann 1984, S. 15, 33, Schütz & Luckmann 2003, S. 32f., 163–166).

[6] Meinsen (2003, S. 52–55) hat für seine Konzeption eines „Konstruktivistischen Wissensmanagements“ eine ähnliche Definition entwickelt.

- Wissen als Repräsentation dient ganz allgemein der Lebensbewältigung (Schütz & Luckmann 2003, S. 32f.), in der vorliegenden Arbeit insbesondere der Erfüllung der Aufgaben einer Person in ihrem organisatorischen Kontext. Lebensbewältigung bedeutet hier die „Deutung, Bewertung, Antizipation und Gestaltung von Realität" (Dick & Wehner 2002, S. 14).

  Aus organisatorischer Sicht kann Wissen daher nicht als distinkte Ressource verstanden werden, die aus sich selbst heraus Wettbewerbsvorteile für eine Organisation erbringt. Wissen stellt eher das Potential dar, das eine Person besitzt und für eine (effizientere) Tätigkeit, zur Problemlösung und Innovation einsetzen kann (siehe auch Tsoukas 1996, S. 21).

- Mit der Personen- und damit Kontextgebundenheit geht einher, dass Wissen keine allgemeine Gültigkeit im Sinne absoluter Wahrheit, sondern eine begrenzte Gültigkeit besitzt, die sich sowohl aus der sozialen Interaktion als auch aus der Nützlichkeit für die Lebensbewältigung (bzw. für die Erfüllung geschäftskritischer Aufgaben in einer Organisation) ergibt.

Die hier entworfene Definition steht in Einklang mit dem Vorschlag von Howaldt et al. (2004) für eine Wissensdefinition (siehe die Diskussion in Kapitel 2.2.1). Es wird also Wert auf eine spezifische, durch Interaktion von Personen festgelegte Definition von Wissen und den Kontakt der wissenden Personen untereinander gelegt.

Ein weiterer wichtiger Aspekt im Vorschlag von Howaldt et al. ist (übrigens wie im Vorschlag von Schreyögg & Geiger 2003 auch) der der Selektion des relevanten Wissens: Die hier offerierte Definition für Wissen ist sehr grundlegend und allgemein. Es ist selbstverständlich, dass alles das, was damit unter Wissen fällt, einem Wissensmanagement in einer Organisation weder unterworfen werden kann noch sollte. Die Bestimmung der Extension dieser Definition – die Selektion – geschieht nicht einmalig, sondern wird immer wieder auf folgende Art und Weise geleistet:

- Personen handeln in konkreten Situationen, in welchen ein bestimmter Teil ihres Wissen relevant ist. Die von ihnen wahrgenommenen Probleme im Umgang mit Wissen beschränken sich folglich immer auf solche Situationen und Wissensbestandteile (Schütz & Luckmann 2003, S. 35–43).
- Diese Bestimmung wird darüber hinaus im Sinne einer sozialen Sinnzuschreibung verstanden, bei welcher mehrere Personen (d. h. intersubjektiv, und

nicht eine Person allein) eine Situation oder einen Prozess in Bezug auf den Umgang mit Wissen als problematisch wahrnehmen bzw. für relevant halten, durch das Management betrachtet zu werden (Schütz & Luckmann 2003, S. 31–33).

Wissen mit all seinen Entstehungs-, Veränderungs- und Verwendungsprozessen ist allen menschlichen Tätigkeiten inhärent, damit auch all jenen Tätigkeiten, die Personen in Organisationen vollziehen. Eine Unterscheidung von wissensintensiven und nicht wissensintensiven Tätigkeiten ist bei allen Unterschieden in der Art der Tätigkeiten in Bezug auf die in einer Branche entwickelten und hergestellten Produkte oder Dienstleistungen nicht notwendig.

3.3.3 Definition Wissensmanagement

Für das problemorientierte Wissensmanagement in der vorliegenden Arbeit wird Wissensmanagement wie folgt definiert (siehe Wildner 2008, S. 970; orientiert an Probst et al. 2003, S. 23, North 2005, S. 3, Davenport & Prusak 1998, S. 6–18, Nonaka & Takeuchi 1997, S. 68–108 und Wiig 2004[7]).

Definition Wissensmanagement: *Wissensmanagement ist das bewusste und systematische Bestreben im Managementhandeln, Probleme im Umgang mit Wissen zu identifizieren, Maßnahmen zur ihrer Vermeidung zu ergreifen und Rahmenbedingungen für den Umgang mit Wissen zu schaffen. Dies soll es ermöglichen, dass Organisationsmitglieder lernen, dass organisatorische Verbesserungen stattfinden und eine bessere Erreichung der Ziele der Organisation ermöglicht wird.*

Die Definition wird nun noch weiter ausgeführt:

- Wissensmanagement ist auf Organisationen bezogen. Nach Bea & Göbel (2002, S. 2–6) sind Organisationen von Personen geschaffene Institutionen, die, auf einem Regelwerk fußend, gemeinsame Ziele dieser Personen verfolgen. Dies schließt private wie öffentliche Unternehmen und öffentliche wie abgeleitete Haushalte ein (Bea et al. 2004, S. 27–38).

[7] Wiig formuliert ein „people-focused knowledge management“ und argumentiert, was die Rolle der Person in der Organisation betrifft, genauso wie die vorliegende Arbeit (Wiig 2004, S. 213–218). Er verfolgt aber nicht die hier favorisierte Perspektive der Probleme im Umgang mit Wissen.

- Wissensmanagement ist auf Personen bezogen. Wie bei den Ausführungen in Kapitel 2.1 bereits erläutert, stellt Wissen eine grundlegende Voraussetzung für menschliches Handeln in Organisationen dar. Dies hat nicht zuletzt mit der besonderen Stellung der Person als alleiniger Quelle für Wissen (Nonaka & Takeuchi 1997, S. 71) zu tun und ist unabhängig von der Proklamation neuer Formen von Organisationen oder Arbeit. Die Motivation für das Wissensmanagement rührt allein aus der grundsätzlich bestehenden Beziehung zwischen Wissen und dem Denken und Handeln von Personen und dem Potential einer bewussten Betrachtung dieser Beziehung durch das Management in Organisationen her (Güldenberg & Helting 2004, S. 532). Somit wird das Individuum zur Basis und Voraussetzung für ein organisatorisches Wissensmanagement. Das hier beschriebene Wissensmanagement bezieht sich mit seinen Interventionen also in erster Linie auf die Organisationsmitglieder.
- Die Auffassung von Wissensmanagement als weiterer betrieblicher Funktionalbereich erscheint unsinnig, da der Umgang mit Wissen (wie aus den Ausführungen in Kapitel 2 hervorgeht) ohnehin eng mit allen menschlichen Aktivitäten verbunden ist. Das schafft nur künstlich Grenzen, die im praktischen Einsatz nicht zu rechtfertigen sind. Wissensmanagement sollte vielmehr „pervasive and common that it seems invisible“ werden (Grover & Davenport 2001, S. 5). Daher spricht Drucker nicht von Wissensmanagement, sondern nur von Management, dessen Aufgabe (in der post-kapitalistischen Gesellschaft) das Management von Wissen ist: Es trägt Verantwortung „for the application and performance of knowledge“ (Drucker 1993, S. 44). Nach Probst & Raub (1998, S. 132f.) soll Wissen zu einer „Basisperspektive“ des Managements werden, d. h. das Management muss die positiven wie negativen Auswirkungen seines Tuns auf die organisatorische Wissensbasis berücksichtigen.[8]

  Wissensmanagement wird folglich als Management im klassischen Sinne definiert bzw. wird Management (auch) als Wissensmanagement verstanden. Um die Einordnung dieser Arbeit nicht zu erschweren und die spezifischen Probleme hervorzuheben, die hier im Folgenden angesprochen werden, wird trotz der in Kapitel 2.2.1 angesprochenen Unzulänglichkeiten des Begriffs weiterhin von Wissensmanagement gesprochen.

[8] Die Einordnung ins Management wird zwar häufig vorgenommen, scheint auch aus praktischer Sicht aber nicht bis zur letzten Konsequenz umgesetzt. Daher wird diese Beziehung hier erneut betont.

Management kann sowohl institutionell als auch funktional verstanden werden (Staehle 1999, S. 80–89). Hier soll vor allem der zweite Aspekte hervorgehoben werden. Management umfasst all jene Funktionen, die zur Steuerung von Organisationen notwendig sind (das sind Planung, Organisation, Führung und Kontrolle). In diesen Funktionen wird im Sinne des Wissensmanagements der Umgang mit Wissen explizit berücksichtigt, d. h. für die Organisationsgestaltung werden Hinweise bzw. Ergänzungen aus Sicht des Umgangs mit dem Wissen geliefert.

Folgt man der Definition der Know-how-Risiken bei Probst & Knaese (1998, S. 32–34), dann ergeben sich folgende Aufgaben für das problemorientierte Wissensmanagement:

1. Identifikation von Problemen im Umgang mit Wissen: Dies kann einerseits unter Zuhilfenahme von Erhebungsmethoden (wie dem Problemaudit in Kapitel 4.4.2; oder allgemein Interviews, schriftlichen Befragungen, Gruppendiskussionen, Beobachtungen etc.) erfolgen. Andererseits können bereits bekannte, für eine Organisation typische Probleme als „Vorlage“ für die Identifikation genutzt werden. Letztere haben den Vorteil, dass in konkreten Kontexten nach konkreten (wiederkehrenden) Einflussfaktoren von Problemen gesucht werden kann.
2. Analyse dieser Probleme in Hinsicht auf ihr Bedrohungspotential: Hier ist zu bestimmen, welche Reichweite das Problem in der Organisation hat (bezieht es sich allein auf Einzelpersonen, einzelne Abteilungen, die ganze Organisation), welche Auswirkungen es auf die verschiedenen Interessengruppen hat (u. a. Kunden, Anteilseigner, Mitarbeiter) und wie schwierig und unter welchen aktuellen organisatorischen Rahmenbedingungen seine Vermeidung zu bewerkstelligen ist. Bei dieser Analyse können bereits vorliegende Problembeschreibungen Hilfestellung geben.
3. Entscheidung über Inkaufnahme oder Vermeidung der Probleme: Entsprechend der Analyse aus dem zweiten Schritt ist hier darüber zu entscheiden, ob ein Problem durch das Wissensmanagement adressiert werden soll oder nicht. Dieser Schritt umfasst die für das Wissensmanagement so oft geforderte Aufgabe der Selektion (siehe die Kritik an der Wissensdefinition in Kapitel 2.2.1).
4. Ergreifung von Maßnahmen und Einsatz von Instrumenten zur Vermeidung der Probleme: Schließlich müssen für die nicht ausgeschlossenen Probleme Maßnahmen unter Einsatz bestimmter Instrumente ausgewählt bzw. geplant und umgesetzt werden. Hierfür ist eine genaue Kenntnis der

Wirkung von Maßnahmen und Instrumenten nötig, die durch vorliegende Problembeschreibungen geleistet werden kann.

Das kann sich auf existierende als auch potentielle Probleme beziehen. Über die Betrachtung einzelner Probleme hinausgehend, sind im Rahmen der Vermeidung von Problemen auch entsprechende Rahmenbedingungen für einen bewussten und systematischen Umgang mit Wissen zu schaffen, aufrechtzuerhalten und zu verbessern.[9] Allen diesen Aufgaben ist auf sämtlichen Hierarchieebenen (oberes, mittleres, unteres Management) und über sämtliche betriebliche Funktionen hinweg nachzugehen.

- Ziel des problemorientierten Wissensmanagements ist die Unterstützung von Personen im Arbeitsalltag bei der Bewältigung von Problemen im Umgang mit Wissen und der Gestaltung der Arbeitspraxis im Sinne dieses Umgangs mit Wissen. Durch den dedizierten Umgang mit Wissen sollen die Organisationsmitglieder lernen. Dies soll sich u. a. darin äußern, dass einmal gemachte Fehler nicht wiederholt werden, einmal gemachte Erkenntnisse wieder verwendet werden und es vermieden wird, gleiche Probleme in der Organisation mehrfach zu lösen. Dies äußert sich ebenso in der Fähigkeit, fehlende Kompetenz von (neuen) Organisationsmitgliedern auszugleichen. Ziel dieses Lernprozesses – der Idee der lernenden Organisation folgend (siehe Kapitel 2.1.2 und Schreyögg & Noss 1995, Wahren 1996, Huber 1991) – ist es in erster Linie, organisatorische Effektivität (und auch Effizienz) zu erreichen. Als Folge dessen wird eine bessere Umsetzung der Ziele einer Organisation in ihrer Umwelt angestrebt.

Fasst man die Elemente der Definition zusammen, so zeigt sich, dass es sich eigentlich um eine Erweiterung des Managementbegriffs handelt. Diesem wird die Perspektive des Wissens beigefügt bzw. für das Managementhandeln explizit gemacht. Mit dem Problembezug beschränkt sich das Potential von Wissensmanagement nicht allein auf die Rolle als ein Symbol, das eine veränderte Wahrnehmung von Arbeit in Organisationen ermöglicht (Alvesson & Kärreman 2001, S. 1012–1014), sondern es dem Management tatsächlich erlaubt, Probleme in der Arbeit der Mitglieder einer Organisation (um Wissen überhaupt und in der

[9] Diese Schaffung von Rahmenbedingungen bezieht sich in erster Linie auf eine kombinierte Betrachtung mehrerer Probleme und nicht jeweils einzeln. Sie kann in zweiter Linie auch im Sinne der Schaffung von Voraussetzungen für die Wissensschaffung (Nonaka & Takeuchi 1997, S. 88–99) oder als Pflege („care") der Wissensarbeiter (von Krogh 1998) verstanden werden (obwohl das dann nicht unbedingt Management genannt werden kann; siehe Alvesson & Kärreman 2001, S. 1003).

richtigen Form bereitzustellen, adäquate technische Hilfsmittel dafür anzubieten, Kompetenzen von Personen zu erkennen, zu nutzen und zu entwickeln etc.) zu adressieren.

3.4 Diskussion

Dieses Kapitel soll durch eine kurze Kritik an der gerade vorgestellten Orientierung beschlossen werden. Die folgenden Kritikpunkte stammen aus Anmerkungen in der Literatur und aus Rückmeldungen zur Problemorientierung aus Forscherkreisen:

- Zuerst ist das Wissensverständnis des problemorientierten Wissensmanagements zu hinterfragen. Es baut auf dem Verständnis einer sozial konstruierten Welt (nach Berger & Luckmann 1984, Schütz & Luckmann 2003) auf und wird als verwendbare Repräsentation einer Person verstanden, die damit eine Vorstellung über ihre Umwelt konstituiert und Handlungsfähigkeit verliehen bekommt. Der Vorteil einer solchen Definition ist es, unterschiedliche Auffassungen von Wissen in (ähnlichen) Organisation erklären zu können (siehe Eberl 2001, S. 54) und damit dem tatsächlichen Umgang mit Wissen näher zu sein als mit einer abstrakten Definition (Howaldt et al. 2004, S. 13–15, 22, 24, 47). Eberl kritisiert allerdings, dass der soziale Konstruktivismus zwei Dinge nicht ausreichend bestimme: Es bleibt unklar, wie Wissen von einer individuellen Kategorie zu etwas Intersubjektivem wird. Damit fehlt auch ein Kriterium für die Abgrenzung von Wissen und Nicht-Wissen. Er schlägt als Lösung den systemtheoretischen Ansatz von Luhmann vor (siehe Luhmann 1987, 1992).

  Wie Intersubjektivität zustande kommt, ist aus Sicht des problemorientierten Wissensmanagements nicht von Belang. Dass z. B. Machtinteressen (wie sie Eberl 2001, S. 54, erwähnt) in ihre Entstehung einfließen, steht außer Frage. Wissensmanagement hat jedoch nicht zur Aufgabe, Wahrnehmungsprozesse moralisch zu bewerten. Es benötigt für die Erfüllung seiner Aufgaben eine Basis, und diese Basis ist die von Personen einer Organisation geschaffene intersubjektive Wahrnehmung von Problemen im Umgang mit Wissen, nicht der Weg dorthin. Was die Abgrenzung zwischen Wissen und Nicht-Wissen anbetrifft, so sind oben entsprechende Kriterien genannt worden. Der soziale Konstruktivismus bildet folglich eine geeignete Basis für eine Auseinandersetzung mit dem Wissensmanagement in Organisationen.

- Der Umfang der Konzeption wird kritisiert: Mit der Problemorientierung würde kein Bezug auf strategische Aspekte des Wissensmanagements hergestellt, und daher ist eine Implementierung eines umfassenden Wissensmanagements nicht möglich. Die Problemorientierung sei damit am ehesten für KMU geeignet, da diese oft kein solches Wissensmanagement benötigten.

  Die Kritik am fehlenden strategischen Bezug kann so nicht stehenbleiben. Schließlich wird sich ein problemorientiertes Wissensmanagement stets jener Dinge annehmen, die als Problem angesehen werden – das kann sich je nach Aufgaben, Personen und Situationen sowohl auf strategische als auch operative Probleme beziehen. Dieser Argumentation folgend ist auch die Festlegung eines problemorientierten Konzepts allein auf die Größenklasse der KMU abzulehnen. Abgesehen davon, dass auch KMU ein sehr umfangreiches Wissensmanagement betreiben können, ist der Umfang des mit einer Problemorientierung realisierten Wissensmanagements abhängig von der Art und Reichweite der wahrgenommenen Probleme, kann also nur Teilbereiche aber auch eine gesamte Organisation unabhängig von ihrer Größe betreffen.

- Außerdem wird kritisiert, dass erst dann in die Prozesse und Situationen im Umgang mit Wissen eingegriffen wird, wenn ein Problem immanent geworden ist.

  Zwar kann durch die Kenntnis der in der vorliegenden Arbeit identifizierten Probleme (insbesondere mit Hilfe ihrer Einflussfaktoren) ein Bewusstsein für potentielle Problemstellungen geschaffen werden, jedoch bietet die problemorientierte Sichtweise bisher keine geeigneten Maßnahmen zu deren Vorbeugung. Dies ist noch zu leisten.

Wie zu sehen ist, können viele Kritikpunkte beantwortet werden. Für die Beantwortung der noch offenen Punkte sei auf die empirische Untersuchung und insbesondere deren Ergebnisse (in Kapitel 6) verwiesen.

3.5 Zusammenfassung

Das Kapitel leitet aus der Kritik am bisherigen Stand der Forschung im Wissensmanagement die Problemorientierung als neue Herangehensweise ab, die helfen soll, sowohl grundlegende Fragen des Wissensmanagements wissenschaftlich zu beantworten als auch praktische Unterstützung zu leisten. Gründe für die Problemorientierung sind:

- Wissen lenkt Denken und Handeln von Personen grundsätzlich. Hier bietet sich Potential durch eine bewusste Betrachtung durch das Management in Organisationen.
- In der unternehmerischen Praxis treten im Umgang mit Wissen vielfältige Probleme auf. An diesen Problemen kann konkret angesetzt werden.
- Die Problemorientierung folgt der Forderung nach einer „kleinteiligeren" Forschung, um Besonderheiten von Organisationen bzw. Personen in Organisationen zu berücksichtigen.
- Für die Forschung können mit der Problemorientierung die Dimensionen des Wissensmanagements miteinander verbunden untersucht werden.

Die Problemorientierung benötigt zu allererst eine klare Definition für den Begriff des Problems. Hier wird ein Problem im Umgang mit Wissen wie folgt gefasst: Unter Problemen im Umgang mit Wissen werden jene Probleme verstanden, die vorliegen, wenn Personen, die von ihnen in der Organisation wahrgenommenen, geschäftskritischen Aufgaben weder effektiv noch effizient erfüllen, weil die Aktivitäten im Umgang mit dem dafür notwendigen Wissen nicht begonnen, durchgeführt und kontrolliert werden können bzw. generell behindert werden.

Da die Auseinandersetzung mit Problemen im Wissensmanagement nicht neu ist, wurde durch eine Literaturrecherche nach Vorarbeiten gesucht. Die Qualität der gefunden Studien ist allerdings für eine weitere Verwendung in der Forschung nicht ausreichend. Es ist folglich eine eigene empirische Arbeit vonnöten.

Dafür wurde die Problemorientierung als Herangehensweise definiert, die sich an den oben definierten Problemen orientiert und der Identifikation, Einschätzung und Vermeidung der Probleme dient. Die zentralen Begriffe für diese Orientierung werden wie folgt definiert:

- Wissen: Wissen wird als die Gesamtheit an verwendbaren Repräsentationen von Personen verstanden. Verwendbare Repräsentationen sind Vorstellungen der Personen über ihre Umwelt und verleihen ihnen Handlungsfähigkeit.

- Wissensmanagement: Wissensmanagement ist das bewusste und systematische Bestreben im Managementhandeln, Probleme im Umgang mit Wissen zu identifizieren, Maßnahmen zur ihrer Vermeidung zu ergreifen und Rahmenbedingungen für den Umgang mit Wissen zu schaffen. Dies soll es ermöglichen, dass Organisationsmitglieder lernen, dass organisatorische Verbesserungen stattfinden und eine bessere Erreichung der Ziele der Organisation ermöglicht wird.

Kapitel 4

Methodisches Vorgehen

Bei der Betrachtung von Problemen im Umgang mit Wissen sind, wie in Kapitel 3 gezeigt, sowohl inhaltlich als auch methodisch noch Fragen offen. Die Aussagen in der Literatur sind zwar vielzählig, entbehren jedoch einer umfassenden und detaillierten Beschreibung, was deren theoretische wie praktische Verwendbarkeit begrenzt (Ortner 2002, S. 74–76, Disterer 2000, S. 542, Riege 2005, S. 31). Zudem stellt sich die Frage, inwieweit bisher nicht verwendete Forschungsmethoden zu einer besseren Beschreibung beitragen können.

Zur Beantwortung dieser Fragen wurde eine eigenständige empirische Untersuchung durchgeführt. Ihr Forschungsdesign wird in diesem Kapitel vorgestellt und diskutiert.[1]

Im Folgenden ist zu klären, welche Forschungsstrategie für die Ziele der vorliegenden Arbeit geeignet ist, welche Forschungsmethoden verwendet werden und wie das Forschungsdesign gestaltet sein soll. Unter einer Forschungsstrategie (auch Basisdesign genannt; siehe Flick 2007a, S. 253) wird das grundsätzliche Vorgehen verstanden, das einen Wissenschaftler von der Forschungsfrage zur Antwort führt. Forschungsmethoden sind Methoden, d. h. systematische und zielgerichtete Vorgehensweisen, die der Erhebung, Aufbereitung und Auswer-

[1] Eine erste Version des methodischen Vorgehens findet sich bei Lehner & Wildner (2009). Die Erläuterungen zur Fallstudie in Kapitel 4.2.2 wurden in Teilen für Lehner (2009a, S. 19–21) entworfen. Beide sind hier übernommen und angepasst bzw. erweitert worden.

tung von Daten dienen. Das Forschungsdesign (auch Untersuchungsdesign, Untersuchungsplan oder Versuchsplan genannt; siehe Heinrich et al. 2007, S. 102) ist die konkrete Ausgestaltung von Forschungsstrategien mit erkenntnistheoretischen Annahmen und entsprechenden Forschungsmethoden für eine bestimmte Fragestellung.

Dementsprechend werden nun zunächst die Annahmen der Untersuchung offengelegt. Danach erfolgt die Auswahl und Begründung der Fallstudie als Forschungsstrategie. Diese wird durch die Beschreibung der Untersuchungsobjekte, d. h. Unternehmen und Interviewpartner, ergänzt. Die Forschungsmethoden werden in der zeitlichen Abfolge der Untersuchung – von der Erhebung über die Aufbereitung bis zur Auswertung – motiviert und in ihrer spezifischen Ausprägung für die vorliegende Arbeit ausführlich beschrieben. Abschließend wird die Güte der Untersuchung diskutiert.

4.1 Annahmen

Bei der Erarbeitung einer Untersuchung sind in einem ersten Schritt die Annahmen darzulegen, die der Untersuchung wissenschaftstheoretisch zu Grunde liegen.[2] Sie entsprechen zugleich der Grundlage der Definitionen der Probleme im Umgang mit Wissen und des problemorientierten Wissensmanagements (siehe Kapitel 3).

Für die Forschung werden verschiedene wissenschaftstheoretische Positionen vorgeschlagen, die hier aber nicht weiter diskutiert werden sollen. Für die vorliegende Arbeit genügt der Hinweis darauf, dass meist zwei Positionen unterschieden werden: die des kritischen Rationalismus (siehe Popper 1989) und die des sozialen Konstruktivismus (siehe Berger & Luckmann 1984).

[2] Auf die große Bedeutung der Explikation solcher Annahmen wird in der Literatur regelmäßig hingewiesen (Yin 2003, S. 28–30, Huberman & Miles 1994, S. 429, Perren & Ram 2004, S. 84f., Pettigrew 1990, S. 281–284). Es geht bei der Aufstellung eines Forschungsdesigns nicht allein um die Auswahl bestimmter Methoden zur Erhebung, Aufbereitung und Auswertung von Daten, sondern auch und insbesondere um das Verständnis für den zu untersuchenden Gegenstand und auf welche Weise darüber Erkenntnis gewonnen werden kann. Obwohl es sich bei der vorliegenden Arbeit um qualitative Forschung handelt, in welcher eine nicht durch Hypothesen beschränkte Unvoreingenommenheit gegenüber dem Gegenstand meist zum Selbstverständnis gehört, sollen hier trotzdem Annahmen expliziert werden, da auch in der qualitativen Forschung das Vorwissen des Wissenschaftlers die Forschung entscheidend beeinflusst (Meinefeld 2007, S. 267–274).

Die Probleme im Umgang mit Wissen sind in den vorangegangenen Kapiteln als individuell und sozial geprägt und je nach Kontext sehr vielgestaltig hergeleitet worden. Für ihre Betrachtung als Untersuchungsgegenstand wird daher in Einklang mit den Definitionen in Kapitel 3 das konstruktivistische Verständnis genutzt. Dieses Verständnis wird von den Ausführungen, die von Hill & McGowan (1999, S. 8–10) für die Forschung in kleinen und mittelständischen Unternehmen vorgeschlagen wurden und einen qualitativen Ansatz konstituieren, übernommen, ergänzt und geordnet (siehe auch Flick et al. 2007a, S. 20–22). Sie unterscheiden Annahmen auf der ontologischen, epistemologischen und axiologischen Ebene:

- Auf ontologischer Ebene stellt sich die Frage, wie die Realität durch Menschen wahrgenommen wird. Im Rahmen dieser Arbeit wird die Realität als konstruiert angesehen. Allerdings wird nicht die Position des radikalen Konstruktivismus eingenommen, die sämtliche Realität als konstruiert betrachtet, sondern der soziale Konstruktivismus vertreten. Danach beeinflusst die sozial und historisch entstandene Sinngebung die Wahrnehmung und damit das Wissen einer Person. Die Person ist aber zugleich auch an der Gestaltung der sozialen Sinngebung beteiligt (Berger & Luckmann 1984, S. 15, 33, Schütz & Luckmann 2003, S. 32f.). Folglich konstruieren Personen unter dem Einfluss ihres sozialen Kontextes sowohl ihre eigene als auch die soziale Realität. Je nach Kontext und Person entstehen so verschiedene Realitäten. Personen sind auch in mehreren Realitäten (z. B. Arbeitswelt, Freizeit) zu Hause. Somit treffen stets mehrere verschiedene Realitäten aufeinander, z. B. die verschiedener Interviewpartner und des Wissenschaftlers (Berger & Luckmann 1984, S. 35–40). Berger & Luckmann lenken damit das Interesse auf das Wissen von Gesellschaften, d. h. darauf, was Menschen in einem bestimmten sozialen Kontext als wirklich annehmen (Berger & Luckmann 1984, S. 26–28). Chell (2004, S. 58) drückt dies sehr passend wie folgt aus: „... real life is messy; the people immersed in those situations and circumstances are trying to make sense of them [...]. Their accounts are partial; but partial or not, biased or not, such accounts constitute *their* reality, and, arguably, it is the way they view the world which shapes their future actions.“ (Hervorhebung im Original). Dies gilt sowohl für die Interviewpartner als auch die Wissenschaftler. Beider Wissen („accounts“) ist Basis für soziales Sein und Handeln und bildet damit auch die Basis für wissenschaftliche Untersuchungen (Schütz & Luckmann 2003, S. 29).

- Auf epistemologischer Ebene wird die Frage nach der Beziehung zwischen dem Forscher und dem Untersuchungsgegenstand gestellt. Für die vorliegende Untersuchung ist die Nähe zum Untersuchungsgegenstand und dessen Kontext notwendig. Deshalb wird der Forderung von Hill & McGowan (1999) nachgekommen, die Distanz zwischen Wissenschaftler und Untersuchungsgegenstand zu minimieren. Dadurch soll das sozial konstruierte Wissen bestmöglich erhoben werden können. Die Aufgabe des Wissenschaftlers besteht darin, die Realität des Untersuchungsgegenstands mit Hilfe dieses Wissens zu rekonstruieren und basierend darauf Konzepte und Theorien zu entwickeln (Hitzler & Eberle 2007). Dies wird sich in einer möglichst offenen Herangehensweise bei der Erhebung der Daten und ihrer Auswertung äußern (siehe die Kapitel 4.4 und 4.6).
- Schließlich stellt sich auf axiologischer Ebene die Frage nach der Wertbeladenheit der Forschung, d. h. ob Forschungsergebnisse unabhängig von den Werturteilen einzelner Personen zustande kommen. Unter den oben getroffenen Annahmen wird für die vorliegende Arbeit von dieser Wertbeladenheit ausgegangen. Sie kann mit verschiedenen Mitteln minimiert, aber nicht vollends vermieden werden, möchte man den Untersuchungsgegenstand wirklich versuchen zu verstehen.

Hill & McGowan sehen die Explikation ihres Verständnisses für die Forschung in Organisationen als paradigmatisch im Sinne von Kuhn an, d. h. als ein bestimmtes Verständnis für Wissenschaft mit eigenen Normen und Methoden, das nicht mit anderen vereinbar ist (Kuhn 2003, S. 121f., 159–161). Dieser strengen Orientierung soll hier aber nicht gefolgt werden. Die vorliegende Arbeit hat ihren Schwerpunkt auf dem Verständnis einer qualitativen Sozialforschung (dem „interpretive discourse" nach der Einteilung der Diskurse des Wissensmanagements von Schultze & Leidner 2002, S. 223–226; siehe auch Klein & Myers 1999). Aus Sicht des Autors stellt dies aber keine Abgrenzung im Sinne eines Paradigmas, sondern eher eine Eingrenzung im Sinne einer adäquaten Erfassung jener Phänomene dar, die durch die anfangs formulierte Zielstellung adressiert werden (siehe Gläser & Laudel 2006, S. 24). Keinesfalls ist damit das Beziehen einer absoluten Position innerhalb einer Dichotomie von qualitativer und quantitativer Forschung bezweckt, denn qualitative und quantitative Forschung sind mit ihren spezifischen Stärken eher auf Ergänzung als gegenseitigen Ausschluss ausgelegt (siehe Kelle & Erzberger 2007, Mayring 2007b, S. 16–20, Gläser & Laudel 2006, 22–26, Barton & Lazarsfeld 1984).

4.2 Forschungsstrategie

In diesem Kapitel werden Forschungsstrategien vorgestellt und aus diesen die Fallstudie als die für die vorliegende Arbeit passendste ausgewählt und begründet. Anschließend wird die Fallstudie kurz vorgestellt und aus ihrem Vorgehen das Forschungsdesign abgeleitet.

4.2.1 Auswahl

In der Literatur der empirischen Sozialforschung wird eine Reihe von Forschungsstrategien vorgeschlagen. So unterscheidet Yin allgemein zwischen Experimenten, Umfragen, Archivanalysen, Historien und Fallstudien (Yin 2003, S. 3–9). Flick, der nur die qualitative empirische Forschung betrachtet, stellt Forschungsdesigns anhand der Anzahl der untersuchten Fälle und der Zeit dar. Er unterscheidet einerseits Fallanalysen (ein Einzelfall wird untersucht) oder Vergleichsstudien (Vergleich mehrerer Fälle in Hinblick auf bestimmte Themen) und andererseits retrospektive Studien, Momentaufnahmen oder Längsschnittstudien (Flick 2007a, S. 253–257).

Tabelle 4.1: Kriterien für die Auswahl einer Forschungsstrategie (Yin 2003, S. 5)

Strategie	Art der Forschungsfrage	Zugang/Einfluss	Zeitbezug
Experiment	Wie, warum?	Ja	Ja
Umfrage	Wer, was, wo, wie viele, wie viel?	Nein	Ja
Archivanalyse	Wer, was, wo, wie viele, wie viel?	Nein	Ja/Nein
Historien	Wie, warum?	Nein	Nein
Fallstudien	Wie, warum?	Nein	Ja

Bei der Auswahl einer geeigneten Forschungsstrategie steht die Frage im Vordergrund, wie vorzugehen ist, um die gestellte Forschungsfrage bestmöglich zu beantworten. Die Auswahl wird durch zwei Umstände bestimmt: Zum Ersten hängt die Wahl der Forschungsstrategie von der Art der Forschungsfrage ab, die an den Untersuchungsgegenstand gestellt wird. Zum Zweiten sind die Umstände zu berücksichtigen, unter welchen der Untersuchungsgegenstand erforscht wird.[3]

[3] Bisweilen wird die Auswahl einer Forschungsstrategie an der Historie der im jeweiligen Fach gebräuchlichen Strategien festgemacht (für ein Beispiel aus der Wirtschaftsinformatik siehe Riedl & Roithmayr 2007). Dieses Kriterium blendet aber obige Umstände aus und hat

Yin macht die Auswahl einer geeigneten Forschungsstrategie daher von der Art der Forschungsfrage, den Zugangs- und Einflussmöglichkeiten des Wissenschaftlers und dem Zeitbezug abhängig (Yin 2003, S. 5; siehe Tabelle 4.1). Forschungsfragen können z. B. auf eine Anzahl oder Menge (die Anzahl der Unternehmen in Deutschland, in welchen die Einführung expliziter Wissensmanagement-Aktivitäten fehlschlug) oder auf Hintergründe für ein Ereignis (Gründe für das Scheitern von Wissensmanagement-Initiativen) abzielen. Die Zugangs- und Einflussmöglichkeiten bestimmen, inwieweit ein Wissenschaftler überhaupt Zugriff auf Daten über einen bestimmten Untersuchungsgegenstand bekommt und inwieweit er das Verhalten dieses Gegenstands kontrollieren kann oder nicht. Der Zeitbezug fragt danach, ob ein gegenwärtiges oder vergangenes Ereignis untersucht werden soll. Eine Forschungsstrategie ist dann je nach Ausprägung dieser drei Kriterien auszuwählen.

Ziel der vorliegenden Untersuchung ist die Identifikation und Beschreibung von Problemen im Umgang mit Wissen in einem organisatorischen Kontext (siehe Kapitel 1.2). Diese Zielstellung und die Ausführungen aus Kapitel 3.2 aufnehmend, können die Probleme im Umgang mit Wissen anhand der drei Kriterien von Yin als Untersuchungsgegenstand wie folgt charakterisiert werden:

- Art der Forschungsfrage: Es geht darum aufzuzeigen, wie gewisse Probleme im Umgang mit Wissen zustande kommen und wie sie sich auswirken, d. h. es soll das „Wie“ und „Warum“ dieser Probleme erfasst werden.
- Zugang und Einfluss des Wissenschaftlers: Die Probleme können als soziale und nicht leicht abgrenzbare Phänomene nicht von ihrem Kontext getrennt untersucht werden. Daher sind die Einflüsse auf die Untersuchung (etwa im Vergleich zu Experimenten) nur in sehr begrenztem Umfang kontrollierbar. Zugleich besteht eine potentiell große Menge an Quellen (sämtliche beteiligte Personen, Dokumente etc.), um die Probleme zu beschreiben.
- Zeitbezug: Es geht um aktuelle bzw. zeitlich nur wenig zurückliegende Probleme, die in Organisationen im Umgang mit Wissen auftreten.

Nach dieser Charakterisierung kommen von den in Tabelle 4.1 aufgeführten Strategien nur Fallstudien und Historien in Frage. Während Umfragen und Archiv-

daher nur ergänzenden Charakter (so können Erfahrungen aus bestehenden Untersuchungen als Hilfestellung für die Ausgestaltung einer neuen Untersuchung dienen).

analysen ungeeignet sind, den Untersuchungsgegenstand der Zielstellung entsprechend zu erfassen, können Experimente die zu untersuchenden Situationen kaum genügend abbilden.

Zur Fallstudie als adäquate Forschungsstrategie sind zwei Anmerkungen notwendig: Erstens können zugunsten der Fallstudie über die von Yin genannten Kriterien hinaus weitere Gründe angebracht werden. Diese beruhen auf der Verfasstheit des Untersuchungsgegenstandes und dem Fortschritt der Forschung im zu untersuchenden Forschungsbereich (siehe Kapitel 3.2):

- Wie bereits angesprochen haben Probleme im Umgang mit Wissen Anteil an vielen Elementen einer Organisation und sind daher komplex. Sie können nur schwer von ihrem eigentlichen Kontext abgegrenzt werden, und Ursache-Wirkung-Zusammenhänge sind (zunächst) unklar.
- Es existiert wenig empirische Forschung zu einer detaillierten Beschreibung von Problemen im Umgang mit Wissen (siehe Kapitel 3.2.2).

Gerade der Fallstudie wird zugeschrieben, in bisher wenig erforschten Bereichen Erkenntnisse erbringen zu können, insbesondere dann, wenn der Untersuchungsgegenstand von vornherein nicht klar feststeht (Eisenhardt 1989, S. 548, Yin 2003, S. 13).

Zweitens kommt – vor dem Hintergrund der Problemorientierung – durchaus auch Action Research als Forschungsstrategie in Betracht. Diese Strategie wird von Yin nicht erwähnt. Sie kann als Einzelfallstudie verstanden werden, weist im Gegensatz zur Fallstudie aber eine noch engere Bindung von Wissenschaftler und Untersuchungsgegenstand auf (Probst & Raub 1995, Lewin 1946, Kemmis & McTaggart 2005; siehe auch Reinmann-Rothmeier 2001, S. 5–8 und für eine Kritik Thomae 1999). Action Research als gemeinsame Unternehmung von Wissenschaftlern und Praktikern bietet die Möglichkeit, zu einer betrieblichen Problemstellung über mehrere Zyklen hinweg Lösungen zu erarbeiten und zu erproben. In der vorliegenden Arbeit geht es jedoch um die Exploration des Feldes und nicht um die Erarbeitung konkreter Lösungen für die ausgewählten Untersuchungsobjekte.[4] Daher ist diese Option verworfen worden.

[4] Mit einem Unternehmen sind nach Ende der Untersuchung in Workshops und Präsentationen Lösungen entworfen worden (siehe Kapitel 5.2.1). Diese waren aber nicht Bestandteil dieser Arbeit.

Als zweite Möglichkeit neben der Fallstudie bieten sich Historien als Forschungsstrategie an. Sie sind in diesem Fall als dokumentierte Fallstudien zu verstehen. Voraussetzung für deren Einsatz in dieser Arbeit ist allerdings das Vorhandensein entsprechender Dokumentationen. Zur Prüfung dieser Option wurde eine Literaturrecherche durchgeführt. Für eine Vereinfachung der späteren Auswertung als auch aus pragmatischen Gründen wurde die Recherche auf dokumentierte Fallstudien zum Wissensmanagement in Software-Unternehmen beschränkt. Softwareentwicklung bietet vielfältige Ansatzpunkte für ein Wissensmanagement (für ein Beispiel siehe Kapitel 5.2). Die Suche[5] wurde in der ABI/INFORM Datenbank durchgeführt und ergab sechs Treffer. Zunächst wurden Dokumente mit Stichworten gesucht und danach anhand der Zusammenfassung (Abstract) darauf geprüft, ob sie folgenden Kriterien entsprachen: das untersuchte Unternehmen ist ein KMU und gehört der Software-Branche an, und es wird eine Fallstudie beschrieben, die Bezug zum Wissensmanagement hat. Allerdings waren die gefundenen Dokumentationen für die vorliegende Arbeit aus zwei Gründen nicht verwendbar: Als Definition für eine Fallstudie wurde bei der Suche die Definition von Yin (2003; siehe auch das folgende Kapitel) verwendet. Allerdings genügten die gefunden Dokumente dieser Definition nicht. Außerdem sind die für die Beschreibung der Probleme im Umgang mit Wissen notwendigen Informationen (siehe die Beschreibung in Kapitel 3.2.1) nicht durchgängig gegeben.

Daher ist es notwendig, selbst eine Untersuchung mit Hilfe von Fallstudien durchzuführen. Die Fallstudie als Forschungsdesign soll nun genauer betrachtet werden.

4.2.2 Fallstudien

Für die Definition der Fallstudie wird die Arbeit von Yin (2003, S. 11–15, 1981, S. 59) herangezogen (für ähnliche Definitionen siehe Eisenhardt 1989, S. 534–536, Lamnek 1993a, S. 4–8). Yin versteht unter einer Fallstudie eine empirische Untersuchung mit folgenden Merkmalen:

[5] Die Suche erfolgte via ProQuest und umfasste sämtliche wissenschaftlichen Journale im Zeitraum 01.01.1997 bis 30.04.2008. Gesucht wurde auf folgende Weise: „(case or cases) and (software or IT or ICT) and (knowledge or KM) and (small or medium or medium-sized or SME or SMEs)“.

> (1) „[A case study] investigates a contemporary phenomenon within its real-life context, especially when
>
> (2) the boundaries between phenomenon and context are not clearly evident;
>
> (3) copes with the technically distinctive situation in which there will be many more variables of interest than data points, and as one result
>
> (4) relies on multiple sources of evidence, with data needing to converge in a triangulated fashion, and as another result
>
> (5) benefits from the prior development of theoretical propositions to guide data collection and analysis.“

Stake, der anders als Yin und Eisenhardt Fallstudien insbesondere unter dem Blickwinkel der qualitativen Forschung bespricht, hebt bei seiner Definition der Fallstudie in Abgrenzung zu anderen Forschungsstrategien das Interesse des Wissenschaftlers an einem bestimmten Fall hervor (Stake 2005, S. 443).

Für das Verständnis der Fallstudie bietet sich ein Vergleich mit der Arbeit eines Detektivs an:[6] Der Fall, den der Detektiv übertragen bekommt, bezieht sich auf gegenwärtige Vorgänge bzw. liegt zeitlich nicht allzu weit zurück. Der Detektiv kann den Fall stets nur in der realen Welt untersuchen (Punkt 1), erhält von seinem Auftraggeber aber nicht genügend Informationen, so dass er nicht von vornherein bestimmen kann, was für den Fall relevant ist und was nicht. Erst im Laufe seiner Nachforschungen wird diese Abgrenzung klar (Punkt 2). Zudem ist dem Detektiv bewusst, dass potentiell eine große Menge von Informationen für den Fall von Interesse sein könnte, er aber kaum in der Lage ist, diese Menge komplett zu untersuchen (Punkt 3). Er verfolgt daher zwei Strategien – er wird sich einerseits auf verschiedene Quellen stützen, um deren Aussagen einander gegenüberzustellen (Punkt 4), und er wird sich andererseits bei der Untersuchung von seinen Erfahrungen mit anderen Fällen (also Annahmen oder Hypothesen, die auf seinem Vorwissen fußen) leiten lassen (Punkt 5).

Mit dieser ausführlichen Definition weist Yin darauf hin, dass es sich bei einer Fallstudie um eine ernst zu nehmende Strategie für den Erkenntnisgewinn handelt, und nicht lediglich um ein Fallbeispiel oder eine Fallbeschreibung, welche der Illustration bestimmter Sachverhalte (z. B. in der Lehre) dient (Yin 2003, S. 10–17).

[6] Diese Analogie wird in Bezug auf Fallstudien gern benutzt, siehe Yin (1981, S. 61, 63) und die dortigen Verweise.

Dessen ungeachtet wird eine kontroverse Diskussion um die Fallstudie als Forschungsstrategie geführt: Beiträge kommen von Yin (1981) als Antwort auf Miles (1979), Eisenhardt (1991) als Antwort auf die Kritik von Dyer & Wilkins (1991) an ihrem eigenen Artikel von 1989; außerdem Anmerkungen zur Eignung der Fallstudie von Yin (2003, S. 10f.) und Chetty (1996); siehe auch Perren & Ram (2004) und Jensen & Rodgers (2001). Tabelle 4.2 fasst die dort geäußerten Vorteile und Nachteile zusammen.

Tabelle 4.2: Vorteile und Nachteile der Fallstudienforschung

Vorteile	Nachteile
▪ Eignung für Forschungsfragen, wo existierende Theorien noch mangelhaft sind ▪ Möglichkeit einer umfangreichen und tiefgehenden Untersuchung von Objekten ▪ Erhebung von Daten mit einer Vielzahl verschiedener Forschungsmethoden möglich ▪ Möglichkeit der Sammlung von Daten aus einer Vielzahl von Quellen (und damit auch Perspektiven) und die Vermeidung von Verzerrungen durch deren Triangulation ▪ Schaffung neuer Theorien durch die umfangreiche Untersuchung von Objekten, deren Prüfbarkeit und Validität durch die Konfrontation mit der Realität als entsprechend hoch eingeschätzt wird ▪ Reduktion von Vorurteilen des Forschers durch die Eröffnung neuer Untersuchungswege durch die Konfrontation mit der Realität	▪ Vorwurf des Mangels an wissenschaftlicher Strenge, da viele Schritte beim Vorgehen nicht durch anerkannte Prozeduren beschrieben sind ▪ Vorwurf, durch die Betrachtung weniger Fälle keine extern validen Ergebnisse liefern zu können ▪ durch die Möglichkeit einer umfangreichen Untersuchung fällt sehr viel Material an, das ausgewählt, aufbereitet und ausgewertet werden muss, zudem dauern Fallstudien sehr lang ▪ Reduktion des vielfältigen Materials blendet bestimmte Aspekte aus und führt somit zu einer Verzerrung der Daten ▪ Notwendigkeit eines Kompromisses bei multiple case studies zwischen der detaillierten Darstellung des Einzelfalls und der Reduktion der Daten für die Vergleichbarkeit mehrerer Fälle ▪ Ablehnung bzw. Abänderung von Ergebnissen durch Teilnehmer an Fallstudien aus Gründen der Selbstdarstellung oder des Selbstschutzes ▪ durch Fallstudien geschaffene Theorien können wegen der Menge des Materials zu komplex und wegen der Fallauswahl idiosynkratisch sein

Folgt man weiterhin den Vorarbeiten Yins, so lassen sich drei Phasen bei der Fallstudienforschung identifizieren (siehe Abbildung 4.1).

In der Phase „define & design“ geht es um die Ausgestaltung der Fallstudie entsprechend der gestellten Forschungsfrage, d. h. aus der Forschungsstrategie soll ein konkretes Forschungsdesign entworfen werden. Am Anfang stehen Theorien, aus welchen Hypothesen für das Forschungsdesign abgeleitet werden sollen, bzw. trifft man bei Ermangelung einer Theorie plausible Annahmen. Fallstudienforschung wird also nie ohne Bezug zu einer Theorie oder Annahmen durchgeführt, und zwar unabhängig davon, ob die Fallstudien deskriptiv (beschreibend), explorativ (Hypothesen generierend) oder explanativ (Theorie erstellend oder prüfend) ausgerichtet sind.

Danach erfolgt die Auswahl der Fälle. Hier ist es sinnvoll, Kriterien zu formulieren, nach welchen die Auswahl vonstatten gehen soll. Die Auswahl muss von dem Ziel gelenkt sein, möglichst jene Fälle zu wählen, die viel zu einer Beschreibung, Hypothesengenerierung oder Theorieprüfung beitragen können. Es wird festgelegt, ob nur einer oder mehrere Fälle untersucht werden („single case study“ versus „multiple case study“). Weiterhin ist zu entscheiden, ob ein Fall jeweils als Ganzes betrachtet wird, oder ob innerhalb eines Falles weitere Analyseeinheiten (z. B. Abteilungen eines Unternehmens) betrachtet werden sollen („holistic case study“ versus „embedded case study“; siehe Yin 2003, S. 39–54). Die Anzahl der Fälle und die Untersuchungstiefe definieren verschiedene Designs für die Fallstudienforschung. Ähnliche und weitere Fallstudien-Designs finden sich bei Lamnek (1993a, S. 28–34), Jensen & Rodgers (2001, S. 237–239) und Stake (2005, S. 445–447).

Schließlich werden in dieser ersten Phase die Vorgehensweisen für die Erhebung, Aufbereitung und Auswertung der Daten festgelegt. Für diese Aufgaben stehen einer Fallstudie sämtliche existierenden Methoden zur Verfügung (schriftliche Befragung, Interview, Beobachtung, Dokumentenanalyse etc.). Fallstudien sind nicht per se auf qualitative Erhebungs- oder Auswertungsmethoden beschränkt, obwohl dies oft angenommen wird (Yin 2003, S. 11, Jensen & Rodgers 2001, S. 237). Die Auswahl der Methoden hängt allein von der Forschungsfrage und den ontologischen, epistemologischen und axiologischen Annahmen (Konstruktivismus, kritischer Rationalismus etc.) ab.

Die zweite Phase „prepare, collect, & analyze“ dient der Erhebung und Analyse der Daten. Sie beginnt mit der Vorbereitung der Datenerhebung, bei welcher z. B. Wissenschaftler an den in der ersten Phase entworfenen Vorgehensweisen geschult werden. Dann erfolgen Erhebung, Aufbereitung und Auswertung der Daten für jeden Fall. Diese drei Aufgaben laufen nicht streng sequentiell ab, sondern gehen ineinander über.

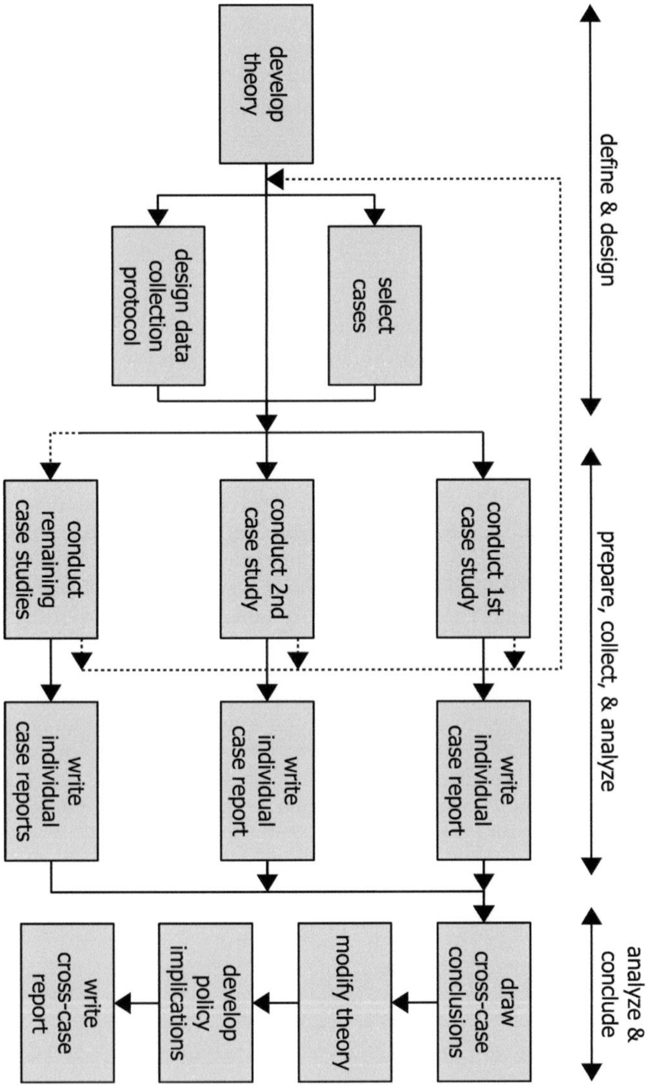

Abbildung 4.1: Vorgehen bei der Fallstudienforschung (Yin 2003, S. 50)

Bei Multiple Case Studies ist in dieser Phase auch eine Strategie für die Replikation, also die Wiederholung der Untersuchung bei den verschiedenen Fällen, festzulegen. Die Replikation kann unter gleichen Bedingungen (Umgebungsvariablen, Objekt, Forscher) erfolgen, um zu sehen, ob sich in den Fällen gleiche Beobachtungen machen lassen (literal replication). Sie kann auch unter veränderten Bedingungen erfolgen, um Unterschiede in den Beobachtungen auf Grund der Veränderung festzustellen (theoretical replication). Die zweite Phase schließt mit der Erstellung eines Forschungsberichts für jede einzelne Fallstudie ab.

Die letzte Phase „analyze & conclude" dient der Analyse über sämtliche untersuchte Fälle hinweg, aus welcher dann Schlussfolgerungen für die anfangs aufgestellte Theorie gezogen werden sollen, d. h. wird sie verändert bzw. nicht verworfen. Die Phase schließt mit einem Forschungsbericht für die komplette Fallstudie ab.

Stellt man fest, dass die ausgewählten Fälle nicht zur Beantwortung der Forschungsfrage beitragen, ist eine neue Auswahl vonnöten (siehe die dicke, gestrichelte Linie in Abbildung 4.1). Ändern sich während der Untersuchung theoretische Annahmen, so muss die Fallstudie mit einem neuen Forschungsdesign noch einmal von vorn begonnen werden. Für die Prüfung von Forschungsdesign und Vorgehensweisen aus der ersten Phase bietet sich stets die Durchführung einer Pilotstudie an.

4.2.3 Überblick über das Forschungsdesign

Mit der Festlegung der Forschungsstrategie kann nun ein Forschungsdesign – also eine konkrete Umsetzung einer Strategie mit Forschungsmethoden – entwickelt werden. Dies geschieht in weiteren Verlauf des Kapitels 4 und soll hier kurz im Überblick vorgestellt werden.

Das Forschungsdesign für die vorliegende Arbeit ist in fünf Phasen aufgeteilt worden, in die die drei Phasen der Fallstudienforschung einfließen (siehe Abbildung 4.2):

- Die erste Phase der Vorbereitung (oberer Teil der Abbildung) deckt sich mit der Phase „define & design" aus der Fallstudienforschung. Sie umfasst die Auswahl der Fälle, d. h. welche Unternehmen und Interviewpartner werden nach welchen Kriterien ausgewählt und kontaktiert. Diese Auswahl wird hier in Kapitel 4.3 erläutert.

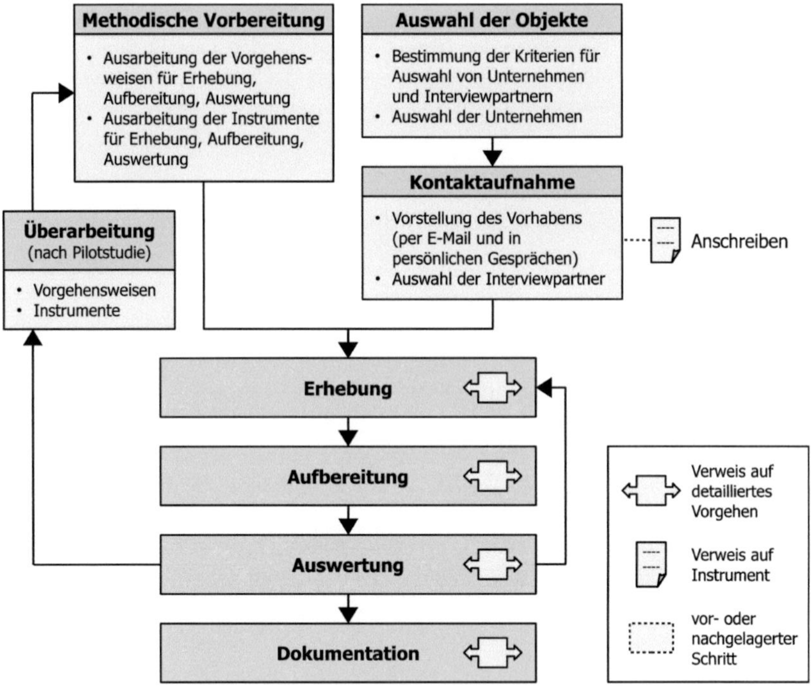

Abbildung 4.2: Vorgehen bei der Untersuchung

In die erste Phase fällt auch die Festlegung der Vorgehensweise mit den Daten hinein. Diese Festlegung wird nicht in einem eigenen Kapitel behandelt, sondern ist den jeweiligen Kapiteln für die Erhebung, Aufbereitung und Auswertung zugeordnet (siehe nächster Spiegelpunkt), da hier – insbesondere bei der Erhebung – nicht eine einmalige Festlegung stattfand, sondern mehrere Methoden erprobt (und verworfen) wurden.

- Die Phase „prepare, collect, & analyze“ aus der Fallstudienforschung wurde in der vorliegenden Arbeit auf drei Phasen aufgeteilt, die für jeden zu untersuchenden Fall durchlaufen werden. Jede der drei Phasen wird jeweils für sich methodisch hergeleitet und beschrieben:

  - Erhebung (Kapitel 4.4): In diesem Kapitel wird die Erhebungsmethode und ihre konkrete Ausgestaltung bestimmt. Die Erhebung soll mit Hilfe von Leitfaden-Interviews durchgeführt werden. Für die Erhebung werden zwei Methoden (die Critical Incident Technique und das Problemaudit) entworfen und evaluiert.
  - Aufbereitung (Kapitel 4.5): Hier erfolgt die Festlegung von Form und Umfang für die Speicherung der erhobenen Daten, insbesondere die Festlegung von Regeln für die Transkription der auditiv aufgezeichneten Interviews.
  - Auswertung (Kapitel 4.6): Hier wird das Vorgehen für die Auswertung, basierend auf der qualitativen Inhaltsanalyse von Mayring (2007b, 2007a), beschrieben. Damit sollen Probleme im Umgang mit Wissen auf Ebene des Einzelinterviews, des Einzelfalls und in einer Gesamtanalyse inhaltlich strukturiert und zusammengefasst werden können. Die Phase „analyze & conclude“ aus der Fallstudienforschung ist Bestandteil des Kapitels zur Auswertung und wird insbesondere in Kapitel 4.6.3 angesprochen.

- Die fünfte und letzte Phase der Dokumentation erfolgt parallel zu den anderen vier Phasen. Sie umfasst, neben der ohnehin bereits stattfindenden Dokumentation des methodischen Vorgehens in Kapitel 4, die Dokumentation der inhaltlichen Ergebnisse: für die einzelnen Fälle in Kapitel 5 und für die Gesamtanalyse in Kapitel 6. Außerdem nimmt sie eine Überprüfung der Güte der Untersuchung vor (Kapitel 4.7).

Obwohl Erhebung, Aufbereitung und Auswertung hier als sequentiell ablaufend dargestellt sind, bestehen Überschneidungen zwischen den drei Schritten. Diese ergeben sich einerseits durch ein unterschiedliches zeitliches Fortschreiten der Bearbeitung der einzelnen Fälle (z. B. erfolgte bei einem Fall bereits die Auswertung, während sich andere noch in der Erhebungsphase befanden). Andererseits sind in diesem Vorgehen auch Rückschritte notwendig: Nach der Pilotstudie kam es zu einer Überarbeitung der Instrumente und Vorgehensweisen, z. B. die vollständige Ausgestaltung des Codierleitfadens, in welchen Ankerbeispiele, passendere Fragen u. Ä. aufgenommen wurden (siehe Kapitel 4.6). Ebenso fanden bei der Validierung der Ergebnisse durch die Interviewpartner Rückschritte statt (Pfeil von Auswertung zu Erhebung).

4.3 Untersuchungsobjekte

Die zentrale Frage bei der Ausgestaltung von Fallstudienforschung ist, worin der Fall besteht und wie sich ein Fall von einem anderen abgrenzt – was man also genau untersucht. Wie oben bereits ausgeführt, können hier vier Designs von Fallstudien unterschieden werden (Yin 2003, S. 39–54): Zunächst ist zu fragen, ob lediglich ein Fall oder mehrere Fälle untersucht werden sollen („single case" bzw. „multiple case"). Dann ist zu fragen, ob ein Fall als Ganzes oder in weitere Einheiten aufgeteilt betrachtet wird („holistic case" bzw. „embedded case").

Für die vorliegende Untersuchung besteht der Fall in Unternehmen mit ihren spezifischen Problemen im Umgang mit Wissen: Wie in Kapitel 3.2.1 ausgeführt, können Probleme im Umgang mit Wissen nicht isoliert betrachtet werden. Sie entstehen und äußern sich in einem persönlichen Kontext, der wiederum in einen umgebenden organisatorischen Kontext eingebunden ist. Daher werden Personen in Unternehmen als Analyseeinheiten betrachtet („embedded"). Da sich die personalen wie organisatorischen Kontexte unterscheiden können und dadurch auch verschiedene Probleme im Umgang mit Wissen zu Tage treten, werden mehrere Organisationen untersucht („multiple"). Dementsprechend ist das Design der „multiple embedded case study" gewählt worden.

Die Auswahl geeigneter Untersuchungsobjekte bezog sich zuerst auf die Unternehmen, die als Fälle dienen sollten, und danach auf die Interviewpartner in den Unternehmen als weitere Analyseeinheiten.

4.3.1 Unternehmen

Für die Auswahl der Unternehmen als Fallstudie wurden die folgenden Kriterien verwendet. Die beiden ersten Kriterien (Größe, Erreichbarkeit) dienen der Eingrenzung möglicher Fälle, die beiden letzten Kriterien (Rolle des Eigentümer-Managers, Branche) der Gruppierung und Gegenüberstellung der untersuchten Fälle in der Auswertung:

- Größe: Da die Gestaltung des Umgangs mit Wissen für alle Unternehmen von Bedeutung ist, werden mit der vorliegenden Arbeit letztlich alle Unternehmen adressiert. Eine Untersuchung sämtlicher Typen von Unternehmen ist jedoch praktisch unmöglich. Daher ist über die Größe der zu betrachtenden Unternehmen zunächst eine Eingrenzung vorgenommen worden. Diese Eingrenzung bezieht sich auf KMU und wurde mit Hilfe der Definition der Europäischen Kommission (2003), die damit eine Klasse von Unternehmen mit weniger als 250 Mitarbeitern bezeichnet, vorgenommen. Selbstverständlich ist eine solche Abgrenzung in große und kleine und mittelständische Unternehmen künstlich (O'Regan & Ghobadian 2004). Sie wurde hier trotzdem zu Rate gezogen, weil weitergehende Abgrenzungen von KMU methodisch und praktisch kaum sinnvoll möglich sind (siehe die Darstellung möglicher Eigenschaften zur Abgrenzung bei Pfohl 1997). Neben der rein pragmatischen Eingrenzung möglicher Fälle ist bei KMU zudem ein einfacherer Zugang zu Entscheidungsträgern möglich (Chetty 1996, S. 78).

- Erreichbarkeit (siehe Yin 2003, S. 79): Unter Erreichbarkeit wird zum einen die geographische Erreichbarkeit verstanden. Für die vorliegende Untersuchung kamen dafür nur Unternehmen in Niederbayern, Oberbayern (mit München) und Oberösterreich in Frage. Zum anderen werden mit Erreichbarkeit existierende persönliche Kontakte zu Unternehmen verstanden. Letztere waren insbesondere wichtig, da Wissensmanagement durchaus als kritisches Thema gesehen wird (siehe z. B. Dawson & Balafas 2008, S. 143f.), und daher durch die bestehenden Kontakte eher ein Zugang zu Unternehmen möglich war als ohne (siehe zum Zugang zum Feld auch Kleinman 2008).
- Rolle des Eigentümer-Managers:[7] Eigentümer-Manager spielen in ihrem Unternehmen als zentraler Entscheidungsträger in allen Belangen eine prägende Rolle. Dies gilt insbesondere für KMU (Hamer 1997, S. 30–32, Pichler et al. 1996, S. 11f.; siehe auch Schein 1983). Diese prägende Rolle gilt auch für das Wissensmanagement (Wong & Aspinwall 2004, S. 49f., Singh 2008). Als Ausprägungen kommen in Frage: der Eigentümer-Manager führt direkt (d. h. es existiert außer ihm keine weitere Management-Ebene), der Eigentümer-Manager führt indirekt, oder es gibt keinen Eigentümer-Manager (mehr).
- Branche (siehe auch Ortner 2002, S. 100–102): Die Herstellung eines Produkts oder die Erbringung einer Dienstleistung zieht stets einen für dieses Produkt oder diese Dienstleistung spezifischen Wertschöpfungsprozess nach sich. Der Umgang mit Wissen unterscheidet sich somit je nach Prozess (z. B. ist der Zugriff auf Wissen bei der Erbringung einer Dienstleistung weit weniger stark strukturiert als das bei einem sich häufig wiederholenden Produktionsprozess der Fall ist). Als mögliche Ausprägungen kommen sämtliche

[7] Mit diesem doppelten Begriff soll die in KMU häufig anzutreffende Personalunion von Eigentümer und Manager charakterisiert werden.

Branchen, insbesondere die Gegenüberstellung von produzierenden Unternehmen und Dienstleistungsunternehmen, in Frage.

Die Auswahl der Fälle anhand dieser Kriterien wird üblicherweise von zwei Überlegungen geleitet (Yin 2003, S. 47–52, Eisenhardt 1989, S. 536f.; siehe ergänzend Lamnek 1993b, S. 194): Einerseits geht es darum, Vielfalt in den untersuchten Fällen zu schaffen, um ein möglichst breites Bild von Problemen im Umgang mit Wissen in verschiedenen Situationen zu erhalten. Andererseits sollten möglichst ähnliche Fälle gefunden werden, um erste Erkenntnisse zu replizieren, d. h. diese zu untermauern, zu verfeinern oder zu verwerfen. In der vorliegenden Arbeit liegt der Schwerpunkt allerdings auf Ersterem, d. h. der Exploration verschiedener Situationen. Durch die begrenzten zeitlichen und personellen Ressourcen bei der Umsetzung waren der Replikation enge Grenzen gesetzt. Aus diesem Grund wurde die Anzahl der Fälle – entsprechend der Erreichbarkeit und zeitlichen Verfügbarkeit der Unternehmen bzw. Interviewpartner – im Vorhinein geplant (was eine durchaus verbreitete Praxis ist; siehe Eisenhardt 1989, S. 545).

In Tabelle 4.3 sind sämtliche an der Untersuchung beteiligten Unternehmen aufgeführt. Eine besondere Rolle nimmt die Pilotstudie ein (erster Eintrag in der Tabelle, kursiv gesetzt). Sie diente der Erprobung verschiedener Herangehensweisen und der Sammlung von Erfahrungen mit diesen Herangehensweisen im Feld. Für sie galten dieselben Auswahlkriterien, jedoch war bei ihr die Erreichbarkeit ungleich höher, da bereits bestehende Kontakte zum Wissensmanager des Unternehmens genutzt werden konnten und die Ergebnisse aus der vorliegenden Arbeit für die Tätigkeit des Wissensmanagers von Bedeutung waren.

Tabelle 4.3: Untersuchte Unternehmen

Name	Standort	Größe	Rolle	Branche
Hybris	München	90	indirekt geführt	Verlegen von Software
Veritas	Linz	100	kein Eigentümer-Manager	Verlegen von Büchern
Visus	Herrenberg	12	indirekt geführt	Augenoptiker
Neimcke	Mühldorf	100	indirekt geführt	Großhandel (Kfz-Teile)

Die Frage nach der Anzahl der für eine „multiple case study“ notwendigen Fallstudien kann nicht pauschal beantwortet werden. Eisenhardt schlägt eine Anzahl von vier bis zehn Fällen vor (1989, S. 545). Hier wurden – neben der Pilotstudie – drei weitere Unternehmen untersucht. Da diese jedoch jeweils weitere Analyseeinheiten (siehe die Interviewpartner in Tabelle 4.4) enthalten, wird dieser Mengenvorgabe entsprochen.

4.3.2 Interviewpartner

Nach den Unternehmen mussten die einzelnen Interviewpartner innerhalb der Unternehmen ausgewählt werden. Dabei ging es darum, sowohl Eigentümer-Manager (bzw. Personen mit Führungsverantwortung) als auch Mitarbeiter entlang der Wertschöpfungskette zu identifizieren.

Im Sinne einer Erfassung von Problemen im Umgang mit Wissen, wie sie durch die Mitarbeiter wahrgenommen werden, wird mit Bezug zu den Annahmen in Kapitel 4.1 davon ausgegangen, dass die Personen, die eine Tätigkeit in einem Unternehmen ausführen, darüber auch am besten Auskunft geben können.

Folgt man der Definition für Probleme im Umgang mit Wissen, dann kommen als Analyseeinheiten in einem Unternehmen grundsätzlich alle Mitarbeiter in Frage. Um die Auswahl bei der vorliegenden Untersuchung nicht willkürlich zu gestalten, sind auch hier Kriterien festgelegt worden (Yin 2003, S. 78):

- Rolle des Eigentümer-Managers: Dieses Kriterium gilt wie bei der Auswahl der Unternehmen auch hier. Als Interviewpartner sollte der Eigentümer-Manager auf Grund seiner prägenden Rolle zur Verfügung stehen. Wo das Interview mit dem Eigentümer-Manager nicht möglich war, wurden Personen gewählt, die auch der Geschäftsleitung angehören bzw. in Bezug auf das Wissensmanagement Führungsverantwortung tragen (z. B. der Wissensmanager).
- Bezug zur Wertschöpfungskette: Bei der Auswahl der Interviewpartner wurden neben dem Eigentümer-Manager Personen aus direkt an der Wertschöpfung beteiligten Abteilungen herangezogen. Die Wertschöpfungskette umfasst die zentralen Prozesse einer Organisation. Diese sollen grundsätzlich den Bestand der Organisation sicherstellen und sind daher von primärer Bedeutung. Damit Wissensmanagement wirksam werden kann, muss dort angesetzt werden, wo durch eine Verbesserung des Umgangs mit Wissen am ehesten und am umfangreichsten Verbesserungen für die Organisation vorgenommen werden können (Perez-Soltero et al. 2006). Durch eine Betrachtung der Wertschöpfungskette können Schnittstellen zwischen Abteilungen betrachtet werden, wo es (z. B. durch Kommunikationsprobleme) zu Proble-

men im Umgang mit Wissen kommen kann. Außerdem erhält man auf diese Weise einen Querschnitt durch das gesamte Unternehmen und kann Überprüfungen der Aussagen vor- bzw. nachgelagerter Abteilungen vornehmen (d. h. bei der Auswertung kann eine Triangulation vorgenommen werden).

- Erfassung verschiedener Hierarchieebenen: Probleme im Umgang mit Wissen können auf verschiedenen Hierarchieebenen unterschiedlich wahrgenommen werden bzw. sich generell unterscheiden. Aus den Abteilungen entlang der Wertschöpfungskette sollten daher sowohl Vorgesetzte als auch Untergebene als Interviewpartner zur Verfügung stehen.

Die Auswahl der Interviewpartner war über die genannten Kriterien hinaus sowohl von den Gegebenheiten (z. B. zeitliche Verfügbarkeit) in den jeweiligen Unternehmen als auch von der Einschätzung der Kontaktperson, die die Interviewpartner benannte, abhängig. Entsprechend der Kriterien wurden – je nach Information, die das Unternehmen bereitstellte – Abteilungen, aus welchen Interviewpartner kommen sollten, bzw. konkrete Personen benannt. Die tatsächliche Auswahl musste durch Unkenntnis der betrieblichen Situation jedoch der Kontaktperson überlassen werden – eine Verzerrung, die sich auf Grund der genannten Situation jedoch nicht umgehen ließ.

Bei der Kontaktaufnahme wurde wie folgt vorgegangen: Nach der Formulierung der Kriterien wurden entsprechende Unternehmen ausgesucht (über Kontakte des Lehrstuhls bzw. persönliche Kontakte) und auf elektronischem Wege angeschrieben. Das Anschreiben enthielt Informationen über Grund und Ziel der Untersuchung und die beabsichtigten Tätigkeiten im Unternehmen (d. h. Anzahl und Dauer der geplanten Interviews, potentielle Interviewpartner, erbetene Daten; siehe Anhang A.1). Wurde die Bitte um Teilnahme an der Untersuchung nicht abgelehnt (alle Unternehmen sind der Bitte um Teilnahme an der Untersuchung nachgekommen), folgte ein persönliches Gespräch mit dem Eigentümer-Manager bzw. einem Mitglied der Geschäftsführung, worin die bereits im Anschreiben skizzierte Untersuchung noch einmal erläutert wurde. Darauf folgte von Seiten der Kontaktperson die Auswahl der Interviewpartner zusammen mit der Vereinbarung der Termine für die Durchführung der Interviews.

Tabelle 4.4 listet sämtliche während der Untersuchung geführte Interviews auf. Die Interviews sind nach der Form *(Nummer des Unternehmens)–(Nummer des Interviews)* nummeriert. Diese Nummer wird auch verwendet, wenn die Interviews im fortlaufenden Text zitiert werden.

Tabelle 4.4: Geführte Interviews

Nr.	Position	Datum	Ort	Zeit
1–1	Vice President Professional Services	05.03.2009	München	1:03
1–2	Knowledge Manager	05.03.2009	München	0:56
1–3	Project Manager	05.03.2009	München	0:56
1–4	Senior Vice President Research & Development	05.03.2009	München	0:59
1–5	Director Presales Central Europe	10.03.2009	München	0:59
1–6	Senior Consultant Presales	10.03.2009	München	0:45
1–7	Software Architect Research & Development	10.03.2009	München	0:49
1–8	Senior Consultant Professional Services	10.03.2009	München	1:01
2–1	Leiter Marketing	31.03.2009	Linz	0:57
2–2	Herstellung	31.03.2009	Linz	0:58
2–3	Leitung Personalentwicklung, Recht & Organisation	31.03.2009	Linz	1:11
2–4	Leitung Medienentwicklung & Lektorat	31.03.2009	Linz	0:58
2–5	Leitung Strategie, Internet & Software	31.03.2009	Linz	1:08
2–6	IT-Leitung	31.03.2009	Linz	1:30
3–1	Geschäftsleitung (Neueinsteiger)	17.06.2009	Herrenberg	0:55
3–2	Geschäftsleitung	17.06.2009	Herrenberg	0:37
3–3	Personalmanagement und Buchhaltung	17.06.2009	Herrenberg	0:23
3–4	Anpassung und Betriebsleitung (Stuttgart)	17.06.2009	Stuttgart	0:43
4–1	Geschäftsleitung (operatives Geschäft)	26.06.2009	Mühldorf	0:35
4–2	Disposition	26.06.2009	Mühldorf	0:33
4–3	Lager + Kommissionierung	26.06.2009	Mühldorf	0:22
4–4	Verkauf Innendienst	26.06.2009	Mühldorf	0:47
4–5	Kundendienstleistung (Werkstatteinrichtung)	23.07.2009	Mühldorf	0:30
4–6	Disposition (Werkstatteinrichtung)	23.07.2009	Mühldorf	0:28

Dem Ablauf der Fallstudienforschung aus Abbildung 4.1 folgend, ist nunmehr die erste Phase des „define & design“ abgeschlossen und damit ein „multiple case embedded design“ entworfen worden, d. h. es werden Unternehmen und in ihnen weitere Einheiten untersucht.[8] Es folgt nun die methodische Auseinander-

[8] Es sei angemerkt, dass dieses Design auch anders bezeichnet werden kann: Flick (2007a, S. 253–257) würde von einer Vergleichsstudie durch eine Momentaufnahme sprechen (siehe Kapitel 4.2.1). Nach Perren & Ram (2004, S. 84–94) ist das Forschungsdesign als „Multiple Stories Milieu Explanations“ einzuordnen: Es ist subjektiv (d. h. es soll ein Verständnis für Personen in ihren Tätigkeiten entwickelt werden), und es ist auf ein Milieu bezogen (d. h. es wird nicht allein eine Person, sondern die gesamte Organisation betrachtet). Nach Stake (2005, S. 445–447) ist das Forschungsdesign ein „instrumental case“, d. h. es wird weniger Wert auf den eigentlichen Fall gelegt, sondern darauf, dass der Fall zum Verständnis eines Phänomens beiträgt. Zudem wird die Untersuchung als „multiple case“ bzw. „collective case“ ausgeführt.

setzung mit den Vorgehensweisen für Erhebung, Aufbereitung und Auswertung der Daten.

4.4 Erhebung

Für die Erhebung stehen grundsätzlich verschiedene Methoden wie schriftliche Befragungen, Interviews, Gruppendiskussionen, teilnehmende Beobachtungen oder die Erstellung bzw. Sammlung von Daten (elektronische Daten, Filme, Photographien) zur Verfügung (siehe Flick et al. 2007b). Da es in der vorliegenden Untersuchung um eine möglichst umfassende und offene Erhebung von Informationen zu Problemen im Umgang mit Wissen ging, ist die Methode des Interviews gewählt worden. Interviews können mit verschiedenen Zielen und auf verschiedene Art und Weise gestaltet werden (Bortz & Döring 2006, S. 237–252, 308–321, Lamnek 1993a, S. 35–124, Gläser & Laudel 2006, S. 37–41; siehe als Zusammenstellung daraus Abbildung 4.3).

<table>
<tr><td>Standardisierung</td><td colspan="2">standardisiert</td><td colspan="2">teil-standardisiert</td><td colspan="2">nicht standardisiert</td></tr>
<tr><td>Autoritätsanspruch des Interviewers</td><td colspan="2">weich</td><td colspan="2">neutral</td><td colspan="2">hart</td></tr>
<tr><td>Art des Kontakts</td><td colspan="3">persönlich (face to face)</td><td colspan="3">telefonisch</td></tr>
<tr><td>Anzahl Interviewpartner</td><td colspan="3">Einzelinterview</td><td colspan="3">Gruppeninterview</td></tr>
<tr><td>Anzahl Interviewer</td><td colspan="2">Einzelinterview</td><td colspan="2">Tandem-Interview</td><td colspan="2">Hearing bzw. Board-Interview</td></tr>
<tr><td>Funktion</td><td colspan="3">informationsermittelnd</td><td colspan="3">informationsvermittelnd</td></tr>
</table>

Abbildung 4.3: Arten von Interviews

Da mit der Erhebung Probleme im Umgang mit Wissen wiedergegeben werden sollten, musste eine offene Form des Interviews gefunden werden. Diese kann als qualitatives Interview bezeichnet werden. Die konkreten Ausprägungen des

Interviews für die vorliegende Arbeit werden nun kurz angesprochen und sind in Abbildung 4.3 kursiv hervorgehoben:

- teil-standardisiert: Das Interview wird als Leitfaden-Interview geführt, d. h. die Themen sind vorgegeben, und die Fragen sind offen gestellt. Dabei besteht die Möglichkeit, von der vorgegebenen Reihenfolge der Fragen abzuweichen, Fragen je nach Situation anders zu formulieren und auf Dinge einzugehen, die durch die Interviewpartner aufgeworfen werden, aber nicht Teil des Interviewleitfadens sind.
- neutral: Die Interviewpartner werden als Personen verstanden, die über ihre Situation im Unternehmen selbst am besten Aussagen machen können. Sie werden ausdrücklich nicht als Experten verstanden. Dies liegt daran, dass die Interviewpartner in der vorliegenden Arbeit vornehmlich zu persönlichen Verhaltensweisen befragt werden und ein Experte somit als Experte seines eigenen Alltags verstanden werden müsste, was für den Expertenbegriff zu kurz greift (siehe Bogner & Menz 2005, S. 34, 39–43). Die Interviewpartner werden darüber hinaus um Einschätzungen zu ihrem Unternehmen gebeten. Für diesen letzteren Fall können sie als Key Informants bezeichnet werden (Campbell 1955, S. 340, Seidler 1974, S. 817). Die Rolle des Wissenschaftlers als neutraler Interviewer besteht darin, eine möglichst wertfreie Beschreibung der Aussagen der Interviewpartner und Gegenüberstellung mit anderen Interviews zu leisten.
- persönlicher Kontakt: Telefonische Interviews sind in Bezug auf Kosten und Zeit vorteilhafter. Persönliche Interviews eignen sich aber besser für längere, nicht oder teil-standardisierte Erhebungen und lassen sich bezüglich der Befragungssituation (Ablenkung, Ermüdung etc.) besser standardisieren und kontrollieren.
- Einzelinterview (Interviewpartner): Da es um die individuelle Situation im Umgang mit Wissen geht, wurde das Einzelinterview gewählt. Hier können eventuell in Gruppeninterviews auftretende Effekte (z. B. auf eine bestimmte erwünschte Art auf Fragen zu antworten) vermieden werden. Nur in einem Fall (Unternehmen Visus; siehe Kapitel 5.4) wurde ein Gruppeninterview mit zwei Interviewpartnern durchgeführt.
- Einzelinterview (Interviewer): Für alle Interviews stand jeweils ein und derselbe Interviewer (der Autor der vorliegenden Arbeit) zur Verfügung. Damit können Interviewer-Effekte zumindest auf die gleiche Person beschränkt werden.

- informationsermittelnd: Wie oben bereits beschrieben, geht es bei der Erhebung darum, Informationen über Probleme im Umgang mit Wissen zu erheben.[9]

Neben der Frage nach der Art des Interviews ist hier noch eine weitere Frage zu prüfen: Betrachtet man die in Kapitel 3 vorgestellten Probleme, die sich im Umgang mit Wissen in Organisationen ergeben können, und die Diskussion um den Fachbereich in Kapitel 2, so ist nachvollziehbar, dass Wissensmanagement ein schwieriges Thema für eine empirische Erhebung darstellt:

- Probleme im Umgang mit Wissen umfassen durchaus Situationen bzw. Verhalten, das nicht immer einer idealen Darstellung von Personen oder Organisationen entspricht und daher höchstwahrscheinlich einem Social Desirability Bias (siehe Randall & Fernandes 1991, Nederhof 1985) unterworfen ist.
- Da es selbst unter Fachvertretern schwer ist, Wissensmanagement allgemein zu definieren, ist davon auszugehen, dass gerade Praktiker dieses Konzept nur schwer verstehen und daher wenig Auskunft dazu geben können. Das generell bestehende Problem, ein gemeinsames Verständnis für die Fragen der Forscher und die Antworten der befragten Personen zu schaffen (siehe Lamnek 1993b, S. 130), wird dadurch noch verschärft.
- Grundsätzlich ist bei der Erhebung mit einer negativen Einstellung zum Thema Wissensmanagement zu rechnen, da – wie in Kapitel 2.1.2 aufgezeigt – mit Wissensmanagement viele Erwartungen verknüpft, aber nicht erfüllt wurden (Dawson & Balafas 2008, S. 143f.).

In der Ausarbeitung des Forschungsdesigns ist daher der Frage, auf welche Weise Aussagen über den Untersuchungsgegenstand erhoben werden können, große Aufmerksamkeit gewidmet worden. Hier stand die Wahl zwischen einem direkten Herangehen, welches das Thema offen benennt und Probleme im Umgang mit Wissen erfasst, und einem indirekten Herangehen, das ein anderes Thema der Untersuchung unterstellt und damit quasi über einen Umweg Probleme im Umgang mit Wissen erhebt. Wegen der obigen Gründe lag die Vermutung nahe, dass letztere Alternative der Weg der Wahl sei.

[9] Allerdings kann nicht ausgeschlossen werden, dass die Interviews auch eine vermittelnde Funktion im Sinne einer Sensibilisierung für Wissensmanagement haben, da Interviewpartner z. T. erstmalig mit diesem Forschungsbereich konfrontiert wurden.

Daher ist je eine Methode für das direkte und indirekte Herangehen konzipiert und erprobt worden. Beide werden nun vorgestellt. Danach erfolgt die Beschreibung der Durchführung der Erhebung.[10]

4.4.1 Critical Incident Technique

Für ein indirektes Herangehen bot sich das Verfahren der Critical Incident Technique an, das in der Zeit um den zweiten Weltkrieg für die Analyse menschlichen Verhaltens zu Zwecken der Erarbeitung von Problemlösungen entwickelt und von Flanagan (1954) erstmals umfassend und als Methode beschrieben wurde (für eine weitere Beschreibung siehe Chell 2004).

Im Zentrum der Methode steht die Erhebung und Auswertung von „critical incidents". Darunter versteht Flanagan Situationen, die die untersuchten Personen als besonders hilfreich oder besonders störend für die Erfüllung einer bestimmten, von ihnen ausgeführten Aufgabe ansehen. Mit dieser Situationsanalyse soll es möglich sein, Anforderungen an Personen zu formulieren, die eine bestimmte Aufgabe (z. B. als Pilot eines Kampfflugzeuges) übernehmen sollen bzw. Instrumente für die Erfüllung solcher Aufgaben zu gestalten oder zu verbessern.

Aus Sicht des Wissensmanagements kann die Critical Incident Technique dabei helfen, aus der operativen Arbeit herausragende Ereignisse zu identifizieren und diese auf ihren Bezug zum Umgang mit Wissen hin zu untersuchen. Dabei kann gegenüber einem potentiellen Interviewpartner das eigentliche Thema offengelassen werden. Die Herstellung des Bezugs zum Umgang mit Wissen (d. h. dass ein Critical Incident auf ein Problem im Umgang mit Wissen zurückgeführt werden kann) erfolgt dann im Nachhinein durch den Wissenschaftler. Somit wäre der indirekte Zugang zum Thema möglich.

Der Einsatz der Critical Incident Technique im Wissensmanagement ist nicht neu. Er bezieht sich vor allem auf die Untersuchung von Kommunikations- und Lernsituationen. In Tabelle 4.5 sind die bisherigen Anwendungen kurz dargestellt.[11]

[10] Die Durchführung der Erhebung ist für beide Methoden gleich. Um diese nicht zweimal zu beschreiben, wird in den beiden folgenden Kapiteln insbesondere auf die inhaltlichen Aspekte der Methoden eingegangen und danach das Vorgehen allgemein vorgestellt.

[11] Dazu wurde eine Recherche in der ABI/INFORM Datenbank durchgeführt. Sie ergab fünf Treffer. Zunächst wurden Dokumente anhand von Stichworten gesucht und danach anhand der Zusammenfassung (Abstract) darauf geprüft, ob sie folgenden Kriterien entsprachen: Es wird eine Anwendung der Critical Incident Technique beschrieben, und die Anwendung erfolgt

Tabelle 4.5: Einsatz der Critical Incident Technique im Wissensmanagement

Quelle	**Beschreibung**
Fullick (2006)	Untersuchung synchroner elektronischer Kommunikationssituationen von Studenten beim Wissensaufbau
Hettlage & Steinlin (2006)	Vorstellung der Critical Incident Technique anhand lokaler Entwicklungsprojekte
Hunt et al. (2000)	Identifikation und Lösung kritischer Ereignisse bei der organisatorischen Kommunikation
Leonard (2008)	Auswirkungen des Setzens von Lernzielen auf die Entwicklung von Kompetenzen
Pineda & Zapata (2007)	Einfluss von akademischer Forschung auf den Innovationsprozess in Unternehmen
Shepherd & Rentz (1990)	Untersuchung kognitiver Prozesse und Wissensstrukturen bei Experten im Verkaufspersonal
Wing Yan Man (2006)	Lernsituationen von Unternehmen beim Aufbau ihres Geschäfts

In dieser Arbeit wurde die Critical Incident Technique als Rahmen für die Erstellung eines Interviewleitfadens verwendet. Die Interviews dienten der Identifikation und Beschreibung von Problemen im Umgang mit Wissen im eigentlichen Arbeitskontext der Interviewpartner in den Unternehmen. Dabei sollte eine möglichst genaue Erfassung der Probleme erfolgen – d. h. Aussagen zum Kontext der Probleme, zu Einflussfaktoren, (verwendeten oder möglichen) Lösungen und ihrer Rechtfertigung, Ergebnissen von Maßnahmen und der Beziehung zu anderen Problemen (siehe Kapitel 3.2.1). Die Critical Incident Technique hat damit einen explorativen Charakter (siehe Hettlage & Steinlin 2006, S. 4, die auch noch den evaluativen und befähigenden Typ von Critical Incident Techniques unterscheiden). Die Anwendung im Rahmen der vorliegenden Arbeit ist verglichen mit den bisherigen Einsätzen eine erstmalige Anwendung der Critical Incident Technique.

Eine Erhebung mit der Critical Incident Technique läuft in drei Schritten ab (Flanagan 1954):

- Festlegung der Tätigkeit des Interviewpartners

in einem mit dem Wissensmanagement verbundenen Bereich. Die Suche erfolgte via ProQuest und umfasste sämtliche wissenschaftlichen Journale, der Zeitraum wurde offen gelassen. Gesucht wurde auf folgende Weise: „(knowledge) and (critical incident)“. Die Artikel von Hettlage & Steinlin (2006) und Pineda & Zapata (2007) wurden während der Ausarbeitung des Forschungsdesigns gefunden und noch in die Tabelle aufgenommen.

- Bestimmung des Ziels dieser Tätigkeit
- Erhebung der Critical Incidents

Die ersten beiden Schritte dienen dazu, den Rahmen für die Einordnung der Incidents zu schaffen. Damit kann zum einen festgestellt werden, ob ein genannter Incident auch zu einem bestimmten Sachgebiet gehört. Schließlich sind nicht alle möglichen Critical Incidents von Interesse. Zum anderen kann eingeschätzt werden, wie kritisch ein Critical Incident in Bezug auf das Ziel der Tätigkeit tatsächlich ist, denn nicht jede erlebte Situation hat eine derartige Wirkung auf eine Tätigkeit, dass sie es wert ist, näher betrachtet zu werden. Dieser Dreiteilung folgend sind angelehnt an Flanagan Fragen für einen Leitfaden formuliert worden (siehe Tabelle 4.6).

Tabelle 4.6: Interviewleitfaden für die Critical Incident Technique

Fragen
Beschreibung der Tätigkeit des Interviewpartners ▪ Worin besteht Ihre Tätigkeit im Unternehmen?
Festlegung des Ziels der Tätigkeit des Interviewpartners ▪ Beschreiben Sie das Ziel Ihrer Tätigkeit! Wann betrachten Sie Ihre Tätigkeit als erfolgreich? ▪ *(zur Klärung, wenn nötig)* In wenigen Worten: Wie beschreiben Sie das generelle Ziel ihrer Tätigkeit?
Identifikation und genaue Beschreibung von Critical Incidents ▪ Erinnern Sie sich an eine Situation, als einer Ihrer Kollegen (Vorgesetzter, Untergebener) etwas getan hat, was besonders *hilfreich* für die Erfüllung Ihrer Tätigkeit war? ▪ Hat das zum Ziel Ihrer Tätigkeit beigetragen? ▪ *(bei einem Nein)* Erinnern Sie sich an eine solche Situation als jemand etwas getan hat, was eine solche Auswirkung auf Ihre Tätigkeit hatte? ▪ Was waren Umstände, die zu dieser Situation geführt haben? ▪ Erzählen sie mir genau, was die Person getan hat! ▪ War das hilfreich für Ihre Tätigkeit? ▪ Warum war das so hilfreich für Ihre Tätigkeit?
(Wiederholung derselben Fragen für Identifikation und genaue Beschreibung für Critical Incidents, die besonders *hinderlich* für die Tätigkeit des Interviewpartners waren)

Das Herangehen mit Hilfe der Critical Incident Technique wurde vor ihrer eigentlichen Verwendung in zwei Phasen getestet:

- Für die grundsätzliche Eignung der Methode wurden im Unternehmen Neimcke (siehe Kapitel 5.5), das später auch weiter befragt wurde, drei Interviews durchgeführt.[12]
- Nachdem der Einsatz als grundsätzlich sinnvoll eingeschätzt wurde, wurde die Critical Incident Technique in der Pilotstudie (Unternehmen Hybris; siehe Kapitel 5.2) erprobt. Die Pilotstudie umfasst insgesamt acht Interviews, von welchen die Hälfte mit Hilfe der Critical Incident Technique durchgeführt wurde.

Der Einsatz der Critical Incident Technique für die Zwecke dieser Untersuchung ist allerdings kritisch zu hinterfragen. Die Erfahrungen bei der Erprobung der Methode in den beiden Unternehmen lassen sich wie folgt zusammenfassen (siehe auch Lehner & Wildner 2009, S. 217f.):

- Sämtliche Interviewpartner nahmen die Frage nach der kritischen Situation nicht positiv, sondern negativ und immer im Sinne von Problemen wahr. Zudem fiel es den Interviewpartnern schwer, sich überhaupt an eine kritische Situation zu erinnern. Als Grund dafür kann vermutet werden, dass die Probleme im Umgang mit Wissen eher langfristig entstehen (sie haben also einen „emergenten" Charakter, um die Analogie zu den Strategien bei Mintzberg & Waters 1985 zu bemühen) und nicht von einzelnen Critical Incidents abhängen.

  Bei der Durchführung der Interviews wurde zur Erhebung mit dem Problemaudit (siehe weiter unten) gewechselt, wenn das Vorgehen mit der Critical Incident Technique keine Antworten erbrachte. Beim direkten Nachfragen nach Problemen traten keine Schwierigkeiten beim Verständnis und den Antworten auf.
- Der schwer herzustellende Bezug zu Critical Incidents kann allerdings auch von der Tatsache herrühren, dass die bei den Interviewpartnern erfragten Tätigkeiten zu unspezifisch bzw. zu umfangreich für die Zuordnung einer kritischen Situation sind (viele Befragte haben dem Management angehört; siehe dazu auch Flanagan 1954).

[12] Diese Interviews hatten zusätzlich den Zweck, die Interviewführung einzuüben und Aspekte zu identifizieren, auf welche bei den weiteren Interviews geachtet werden musste (Störungen, Zeitmanagement etc.).

- Durch den indirekten Zugang zum Untersuchungsgegenstand, d. h. da die Erhebung im Vorhinein nicht auf Probleme im Umgang mit Wissen eingegrenzt wird, entsteht eine noch größere Menge an Material als beim Problemaudit.
- Zudem bleibt durch den indirekten Zugang ein weiterer Aspekt offen: In der Critical Incident Technique wird das Verständnis für Wissen nicht bewusst expliziert. Dies ist aber wichtig für die Einordnung der Aussagen der Interviewpartner (siehe Kapitel 4.4.2).

Neben den hier aufgeführten Nachteilen, haben sich keine direkten Vorteile gegenüber dem Problemaudit ergeben. Daher wurde nach der Pilotstudie auf die Critical Incident Technique verzichtet und nur das Problemaudit – also die Methode zur direkten Erhebung der Probleme im Umgang mit Wissen – eingesetzt.

4.4.2 Problemaudit

Für das direkte Herangehen an die Probleme im Umgang mit Wissen wurde ebenfalls ein Interviewleitfaden entworfen, der in der Sache einem Wissensmanagement-Audit entspricht.

Mit Wissensmanagement-Audits wird ein großer Bereich von Methoden für das Wissensmanagement angesprochen (Lehner 2009b, S. 200–209; siehe auch Liebowitz et al. 2000). Sie dienen dazu, Transparenz über das in einer Organisation vorhandene (und benötigte) Wissen zu schaffen, d. h. welcher Wissensträger welches Wissen besitzt. Meist geht es hier jedoch nicht darum, konkretes Wissen zu erheben, sondern Wissen über das organisatorische Wissen (Metawissen) zu sammeln. Die Erhebung dieses Wissens ist häufig an Geschäftsprozessen, Kompetenzen oder betrieblichen Problemstellungen orientiert. Audits stellen zentrale Methoden für das Wissensmanagement dar, denn erst mit den Ergebnissen eines Audits lassen sich weitere Aktivitäten des Wissensmanagements planen, d. h. Ziele und Strategien festlegen und nach ihrer Realisierung mit einem erneuten Audit evaluieren. Die Ergebnisse von Wissensmanagement-Audits werden häufig in Form von Karten aufbereitet (einen Einblick dazu bietet Eppler 2003).

Für die vorliegende Untersuchung bestand nicht die Absicht, ein komplettes Audit für ein Unternehmen oder einen Teil davon durchzuführen.[13] Vielmehr

[13] Hier stellt sich grundsätzlich die Frage, inwieweit der Aufwand für solche Audits gerechtfertigt ist, zumal die Situation in Organisationen einem ständigen Wandel unterzogen ist, und die

ging es darum, die Idee eines Wissensmanagement-Audits zu nutzen, um Probleme im Umgang mit Wissen zu identifizieren und dabei Informationen über den Kontext des Interviewpartners zu erheben.

Daher wurden in Anlehnung an die Dimensionen des Wissensmanagements (siehe das Meta-Konzept in Kapitel 2.2.2) Fragen für ein Audit zusammengestellt. Sie umfassen Fragen zu Problemen im Umgang mit Wissen ebenso wie zur Tätigkeit des Interviewpartners und dessen Verständnis für Wissen (siehe Tabelle 4.7; für eine ähnliche Aufstellung siehe auch Meinsen 2003, S. 111f.).

Tabelle 4.7: Interviewleitfaden für das Problemaudit

Fragen
Beschreibung der Tätigkeit des Interviewpartners ▪ Worin besteht Ihre Tätigkeit im Unternehmen?
Festlegung des Ziels der Tätigkeit des Interviewpartners ▪ Beschreiben Sie das Ziel Ihrer Tätigkeit! Wann betrachten Sie Ihre Tätigkeit als erfolgreich? ▪ *(zur Klärung, wenn nötig)* In wenigen Worten: Wie beschreiben Sie das generelle Ziel ihrer Tätigkeit?
Beschreibung des Wissens ▪ Welches Wissen benötigen Sie für die erfolgreiche Erfüllung Ihrer Tätigkeit? ▪ Was verstehen Sie unter Wissen? ▪ Von woher erhalten Sie dieses Wissen? ▪ Welches Wissen geben Sie selbst (aus Ihrer Tätigkeit heraus) weiter? ▪ Wohin geben Sie dieses Wissen weiter?
Identifikation und genaue Beschreibung von Problemen im Umgang mit Wissen ▪ Wo haben oder hatten Sie Probleme im Umgang mit diesem Wissen? ▪ Bitte beschreiben Sie das Problem kurz! Welche Wirkung hat es gezeigt? ▪ Was sind die Ursachen für das Problem? ▪ Ist das Problem gelöst worden? Wenn ja, beschreiben Sie bitte die Lösung! ▪ *(bei einem Ja)* Wieso wurde gerade diese Lösung verwendet? War sie erfolgreich? Trägt sie zum Ziel Ihrer Tätigkeit bei? ▪ *(bei einem Nein)* Wie würden Sie das Problem lösen? Warum würden Sie das Problem so lösen? (Trägt die Lösung zum Ziel Ihrer Tätigkeit bei?)

Damit werden sämtliche in den Meta-Konzepten des Wissensmanagements genannten Dimensionen adressiert: Wissen wird direkt angesprochen, die Tätigkeit

Audit-Ergebnisse permanent angepasst werden müssten. Hier erscheint das in dieser Arbeit verfolgte problemorientierte Herangehen zielführender.

des Interviewpartners gehört zum Kontext (d. h. den Faktoren) und in der Problembeschreibung sind sämtliche weitere Dimensionen enthalten (Aktivitäten, Instrumente und Faktoren):

- Problemorientierung heißt faktisch auch Handlungsorientierung. Aus diesem Grund wird zunächst die Tätigkeit des Interviewpartners erfragt, d. h. der Rahmen in welchem Probleme im Umgang mit Wissen auftreten und in welchem eine spezifische auftretende Situation als Problem wahrgenommen wird. Mit der Frage nach dem Ziel der Tätigkeit soll wie bei der Critical Incident Technique eine Einschätzung der Probleme hinsichtlich ihrer Wirkung vorgenommen werden können.
- Die Frage nach dem Wissen wurde gestellt, um die Fragen nach den Problemen nicht mit einem allgemeinen und vielleicht unzutreffenden Wissensbegriff zu verbinden. Es sollte eine tatsächliche Beziehung zwischen dem Verständnis für Wissen und den mit diesem Wissen auftretenden Problemen hergestellt werden. Es ist wichtig (und das spricht auch für diese Methode, weil das in der Critical Incident Technique nicht berücksichtigt wird) für Wissenschaftler und Interviewpartner, eine gemeinsame Sicht auf die Tätigkeiten und das Verständnis für Wissen zu schaffen. Sonst führt dies dazu, dass Ersterer die Aussagen des Letzteren in einen Rahmen einsetzt und interpretiert, der möglicherweise (und auf Grund der viel längeren Beschäftigung mit der Materie höchstwahrscheinlich) nicht passend ist.

  Wissen wird praktisch meist sehr umfassend verstanden (siehe die Fallstudien in Kapitel 5 und Grover & Davenport 2001, S. 7). Es existiert eine intuitive Vorstellung davon, was Wissen für den Einzelnen bedeutet. Auch die künstlichen Unterscheidungen von Daten, Informationen und Wissen (wie bei Rehäuser & Krcmar 1996; siehe auch Kapitel 2.2.1) werden sehr selten getroffen.

  Zum Wissen wird zweigeteilt gefragt: Zunächst geht es um die Definition des Wissens – wobei hier neben der Frage nach Beispielen auch nach einer Definition gefragt wird. Diese Frage wird genutzt, um die Frage nach den Beispielen und die bei den Problembeschreibungen folgenden Angaben zum Wissen auf einer allgemeinen, abstrakten Ebene zu ergänzen (dies entspricht einer Triangulation innerhalb einer Methode; siehe Flick 2007b, S. 312f.). Danach folgen Fragen nach dem „Wissensfluss" im Unternehmen. Diese dienten nicht der Informationsermittlung, sondern der Sensibilisierung für die folgenden Fragen nach den Problemen.

- Schließlich umfasst der Leitfaden Fragen zu den Problemen im Umgang mit Wissen. Nach der Einstiegsfrage dienten die weiteren Fragen der Beschreibung sämtlicher Aspekte des genannten Problems. Sie sind an diesen Aspekten orientiert, und sind in Anlehnung an die Fragen von Flanagan (1954) zur Critical Incident Technique formuliert worden.

Auch das Problemaudit wurde vor seiner eigentlichen Verwendung zunächst auf seine Machbarkeit geprüft. Dazu wurde das Audit mit drei Personen an der Universität Passau durchgeführt. Im Anschluss wurde um eine mündliche Einschätzung der Interviewpartner zum Audit gebeten. Ziel war es zu prüfen, ob die Fragen hinsichtlich ihres Ziels und der verwendeten Begriffe verständlich sind, und ob sich damit wirklich Probleme im Umgang mit Wissen identifizieren lassen. Zur Einschätzung wurde nach unklaren Fragen und Begriffen gefragt. Beide Fragen wurden durch die Interviewpartner verneint. In allen drei Interviews konnten Probleme im Umgang mit Wissen identifiziert werden.

Auf Grund dieser Einschätzungen wurden keine Änderungen am Interviewleitfaden vorgenommen und das Problemaudit in der Pilotstudie für vier der dort durchgeführten Interviews eingesetzt (die anderen vier wurden mit der Critical Incident Technique durchgeführt). Auch hier wurden nach Ende des Interviews die Fragen nach unklaren Fragen und Begriffen gestellt. In der Auswertung der Interviews zeigte sich einerseits, dass keine Verständnisprobleme hinsichtlich der Fragen oder Begriffe auftraten. Das lag zum einen daran, dass zwei der Interviewpartner bereits Kenntnis der Materie besaßen. Zum anderen bieten durch Leitfäden gestützte Interviews gerade auch die Möglichkeit, Unklarheiten dieser Art durch Rückfragen zu beseitigen. In der Auswertung zeigte sich andererseits, dass mit dem Problemaudit Probleme umfänglich erfasst werden konnten. Daher wurde nach der Pilotstudie das Problemaudit der Critical Incident Technique vorgezogen.

4.4.3 Durchführung

Durch die Critical Incident Technique bzw. das Problemaudit wurde ein Interviewleitfaden vorgelegt, der in der Erhebung verwendet werden konnte. Der komplette Interviewleitfaden, der die Fragen aus Tabelle 4.6 bzw. 4.7 um Hinweise für den Interviewer zum Vorgehen ergänzt, findet sich in Anhang A.2.

Das Vorgehen bei der Erhebung zeigt Abbildung 4.4. Dieses Vorgehen bildet den Rahmen für die Erhebung der Probleme im Umgang mit Wissen. Die Erhebung besteht jeweils aus einer Einführung, der Identifikation und Beschreibung von Problemen im Umgang mit Wissen, der Erhebung demographischer Angaben und einer abschließenden Dokumentation des Interviews durch den Interviewer. Im Falle der Pilotstudie kommt als vorletzter Schritt eine Reflexion des Interviews durch den Interviewpartner hinzu.

In der Einführung wurde das Anliegen des Interviews kurz erläutert. Hier wurde (auf die am Anfang von Kapitel 4.4 aufgeführten Probleme Bezug nehmend) Wissensmanagement kurz als die systematische Gestaltung des Umgangs mit Wissen definiert. Außerdem erhielten die Interviewpartner eine Datenschutzerklärung.[14] Mit dieser Erklärung sollte einer Verzerrung durch soziale Erwünschtheit – soweit es in einer solchen offenen Gesprächssituation möglich ist – entgegengewirkt werden: Je anonymer eine Erhebung stattfindet, desto weniger soziale Erwünschtheit ist zu erwarten (siehe Randall & Fernandes 1991, S. 813).

Dann folgte der zentrale Teil des Interviews mit der Beschreibung der Probleme im Umgang mit Wissen. Hierzu wurde auf die Fragen in den Leitfäden (siehe die beiden vorherigen Kapitel) zurückgegriffen. Dieser Teil der Erhebung ist noch einmal für sich in Abbildung 4.5 dargestellt.

Vor der Erhebung einzelner Probleme bzw. Critical Incidents wurde der Rahmen abgesteckt, d. h. Tätigkeit, Ziel der Tätigkeit und das Verständnis für Wissen erhoben. Dann wurden einzelne Probleme bzw. Incidents beschrieben. Die Anzahl war nicht von vornherein vorgegeben, sondern hing davon ab, ob der Interviewpartner jeweils über weitere Probleme oder Incidents berichten wollte. Außerdem wurde darauf geachtet, dass die Zeit für das Interview die vereinbarte Dauer nicht überschritt und gegebenenfalls die Erhebung beendet. Wenn die Interviewpartner von den eigenen Problemen bzw. Incidents berichtet hatten, wurde auch noch nach Problemen bzw. Incidents gefragt, die sie im Unternehmen insgesamt bzw. in anderen Abteilungen sehen. Abschließend wurden die genannten Probleme bzw. Incidents den Problemen bzw. Incidents aus den im selben Unternehmen bereits geführten Interviews gegenübergestellt und gefragt, ob der aktuelle Interviewpartner diese auch als solche erlebte. Dabei konnte hier auch noch einmal eine komplette Beschreibung eines Problems oder Incidents erfolgen (deswegen führt in Abbildung 4.5 der Pfeil zurück zu „Erfassung“). Dies sollte dazu dienen, die Bedeutung der genannten Probleme bzw. Incidents besser

[14] Dafür wurde eine Vorlage des „GESIS – Leibniz-Institut für Sozialwissenschaften“ verwendet und entsprechend angepasst. Website: http://www.gesis.org/

zu erfassen (d. h. sind sie nur in einer Situation anzutreffen oder haben sie für mehrere Personen oder das gesamte Unternehmen Auswirkungen) und zugleich Aussagen eines Interviewpartners im Sinne einer Triangulation den Aussagen anderer gegenüberzustellen.

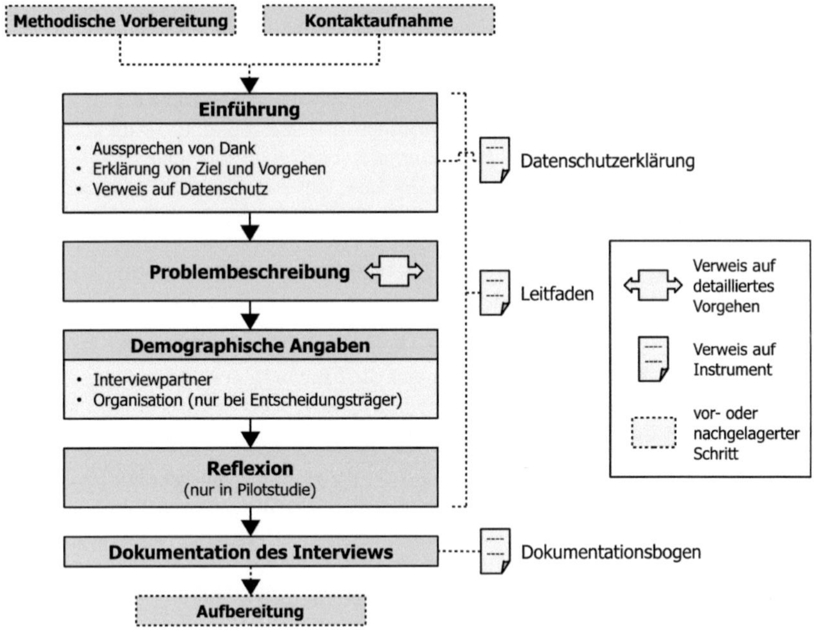

Abbildung 4.4: Vorgehen bei der Erhebung – Rahmen

Danach wurden demographische Angaben der Interviewpartner erhoben. Sie umfassten das Alter der Person, die Dauer der Erfahrung im besprochenen Tätigkeitsbereich und die Zugehörigkeit zum Unternehmen. Die Erfahrung im Tätigkeitsbereich bestimmt die Qualität des Wissens einer Person sowie die Art und Weise seiner Anwendung. Personen mit mehr Erfahrung in einem Gebiet sind ganz anders in der Lage, Situationen zu verstehen und Probleme zu lösen als das ein Novize kann, der durch seine Ausbildung, aber fehlende Anwendung nur oberflächliches Wissen besitzt (siehe Larkin 1983). Von der Dauer der Zugehörigkeit hängt ab, inwieweit der Interviewpartner die Prozesse im Unternehmen kennt und damit Erfahrungen gemacht (z. B. wie bestimmte Situationen bewertet werden, wie Probleme gelöst werden oder welches Verhalten als [nicht] angemessen gilt) bzw. auch selbst bereits Einfluss darauf genommen hat.

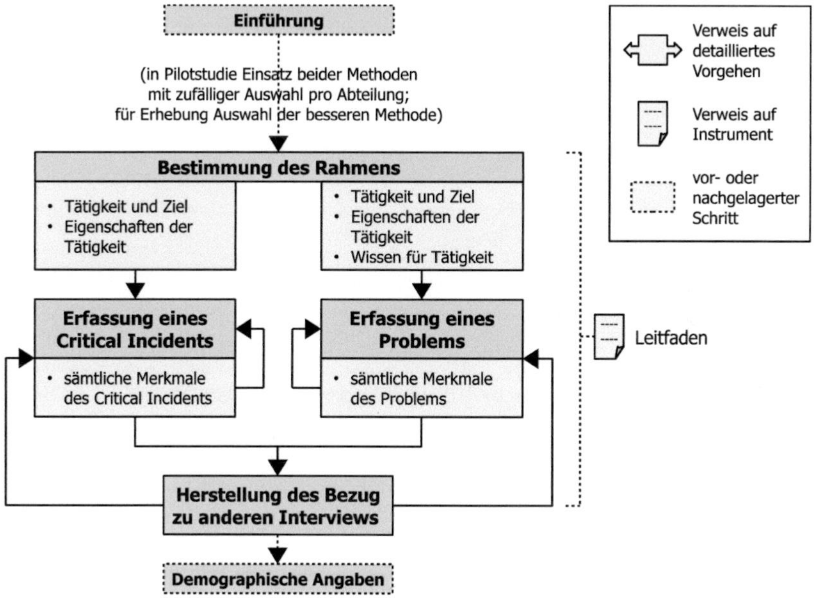

Abbildung 4.5: Vorgehen bei der Erhebung – Problembeschreibung

Abgesehen vom Alter wurde vermutet, dass in Abhängigkeit von der Dauer der Erfahrung im Tätigkeitsbereich und der Zugehörigkeit zum Unternehmen auch verschiedene Probleme bzw. Incidents auftreten. Experten mögen vieles nicht mehr als Problem ansehen, da sie – im Gegensatz zu Novizen – zur Lösung fähig sind. Ebenso können neue Mitarbeiter mit ganz anderen Problemen konfrontiert sein als langjährige Mitarbeiter, da ihnen die notwendige Kenntnis des Unternehmens fehlt. Umgekehrt nehmen langjährige Mitarbeiter aus demselben Grund Probleme wahr, die dem neuen Mitarbeiter noch verschlossen sind. Die Vermutung hat sich bei der Auswertung auch bestätigt und erwies sich als hilfreich bei der Klassifikation der identifizierten Probleme im Umgang mit Wissen (siehe z. B. Kapitel 5.2).

Neben den Angaben zu den Interviewpartnern wurden Angaben zum Unternehmen selbst erhoben. Sie dienen zur Beschreibung der Fälle und sind für das Verständnis der Probleme bzw. Incidents und deren Klassifikation von Bedeutung. Sie beziehen sich auf die Kriterien zur Auswahl der Unternehmen (außer der Erreichbarkeit; siehe Kapitel 4.3.1), sind aber um weitere – beschreibende, nicht für die Auswahl relevante – Kriterien ergänzt worden:

- Branche: Je nach den hergestellten Produkten bzw. erbrachten Leistungen unterscheiden sich die Wertschöpfungsprozesse und damit auch die Rolle des Wissens (siehe Ortner 2002, S. 100–102). Hier wurde nach der Branche und den Produkten und Dienstleistungen des Unternehmens gefragt.
- Größe: Die Größe der Unternehmen (Anzahl der Mitarbeiter) wurde herangezogen, um eine obere Grenze für die Auswahl der Unternehmen festzulegen. Darüber hinaus stellt sie ein entscheidendes Kriterium für die Effizienz organisatorischer Einheiten dar (siehe Serenko et al. 2007). Je größer ein Unternehmen ist, desto mehr Koordinationsaufwand ist vonnöten und desto mehr Strukturen werden geschaffen, um diese Koordination zu gewährleisten. Diese können wiederum Probleme im Umgang mit Wissen nach sich ziehen. Neben der Größe des Unternehmens wurde auch nach der geographischen Verteilung des Unternehmens (wie viele Mitarbeiter arbeiten an welchen Standorten) gefragt. Eine starke geographische Verteilung erschwert auch die Koordination, insbesondere wenn die Standorte sehr weit verteilt sind (verschiedene Länder, Sprachen und Zeitzonen).
- Alter des Unternehmens: Dieses wurde erfragt, da je nach Alter Strukturen und Prozesse mehr oder minder verfestigt sind und den Umgang mit Wissen determinieren. Während ein junges Unternehmen den Umgang mit Wissen als wenig problematisch ansieht, weil sich die wenigen Mitarbeiter ohnehin ständig miteinander austauschen und Rollen (noch) nicht fest an Einzelpersonen verteilt sind, ändert sich dies mit zunehmendem Alter und mit einer zunehmenden Differenzierung in einzelne dedizierte Abteilungen und Stellen. Das Alter hängt mit dem Kriterium der Größe zusammen.
- Rolle des Eigentümer-Managers: Die Person des Eigentümer-Managers spielt eine große Rolle für den Umgang mit Wissen, da diese in allen Belangen prägend für ein Unternehmen ist (Hamer 1997, S. 30–32, Pichler et al. 1996, S. 11f.). Hier wurde gefragt, ob das Unternehmen noch durch den Inhaber geführt ist und ob diese Führung direkt oder indirekt erfolgt.

- Wissensmanagement: Schließlich wurde gefragt, ob das Unternehmen bereits Initiativen verfolgt, die dem Wissensmanagement zuzuordnen sind. Hier kann das Vorhandensein von Initiativen bereits Aufmerksamkeit für das Thema geweckt haben und die Wahrnehmung von Problemen bzw. Incidents verändern. So können Probleme entfallen, weil sie durch eine Initiative bereits in Angriff genommen wurden bzw. auch gerade dadurch neue Probleme entstehen.

Die Angaben zum Unternehmen wurden nur im Interview mit dem Eigentümer-Manager (oder, falls ein Interview mit diesem nicht möglich war, einem diesem nahe kommenden Entscheidungsträger) erhoben. Oft konnten diese Daten aber bereits in einem Vorgespräch (bei der Vorstellung des Forschungsvorhabens und der Auswahl der Interviewpartner) erfasst werden. Es wurde auch auf eine Erhebung dieser Angaben verzichtet, wenn sie direkt aus Dokumenten zum Unternehmen (z. B. über die Darstellung auf einer Website) entnommen werden konnten.

In der Pilotstudie schloss sich eine Reflexion des Interviews durch den Interviewpartner an, worin nach unklaren Fragen und Begriffen gefragt wurde, um den Interviewleitfaden für die weitere Verwendung, sofern notwendig, noch verständlicher zu gestalten (siehe in den Kapiteln zur Critical Incident Technique und dem Problemaudit).

Nach Abschluss des Interviews erfolgte eine sofortige Dokumentation mit Hilfe eines für alle Interviews verwendeten Dokumentationsbogens (siehe Tabelle 4.8; siehe auch Dittmar 2004, S. 229f., Lamnek 1993a, S. 98f.). Diese Dokumentation diente der späteren Nachverfolgung der Erhebungsphase und der Einschätzung der Interviews hinsichtlich ihrer Verwendbarkeit für die Auswertung (Interviews können z. B. bei vielen Störungen ausgeschlossen werden).

Die Interviews dauerten im Durchschnitt ca. eine Dreiviertelstunde und wurden allesamt vor Ort in den Unternehmen (im Büro der Interviewpartner oder einem Besprechungsraum, d. h. in der für Interviews geforderten vertrauten Umgebung der Interviewpartner; siehe Lamnek 1993a, S. 95) durchgeführt. Als Dauer der Interviews wurde jeweils eine Stunde avisiert. Sämtliche Gespräche konnten unabhängig davon aber so lange geführt werden, bis aus Sicht des Interviewers alle Fragen beantwortet waren. Kein Interview wurde vorzeitig durch den Interviewpartner abgebrochen.

Tabelle 4.8: Daten zur Dokumentation der Interviews

Bereich	Angaben
Datum und Zeit	▪ Datum ▪ Beginn und Ende des Interviews
Personen und Ort	▪ Interviewpartner, seine Position im Unternehmen ▪ Ort des Interviews ▪ Interviewer ▪ Aufnahmemedium
Besondere Vorkommnisse	▪ Störungen (z. B. Anrufe, Mitarbeiter, die das Gespräch unterbrechen, der Ausfall des Aufnahmegeräts etc.)
Nachbereitung	▪ Gesamteinschätzung (bezüglich folgender Punkte: tatsächliches Vorgehen, Gesprächsatmosphäre, Benehmen des Interviewpartners, eigene Verfassung, methodische Anmerkungen) ▪ Offene und unklare Punkte (Themen des Interviewleitfadens, die nicht beantwortet wurden bzw. die nicht verständlich sind)

Sämtliche Interviews wurden mit einem Aufnahmegerät aufgezeichnet. Diese Aufnahmen bilden die Basis für die Auswertung. Zur Ergänzung sind vor, zwischen und nach den Interviews Feldnotizen gemacht worden. Diese beziehen sich auf Vorkommnisse in den Unternehmen bzw. stellen Gedächtnisprotokolle informeller Gespräche dar.

4.5 Aufbereitung

Die Aufbereitung umfasst die von Huberman und Miles mit „Data Management" umschriebenen Aufgaben (Huberman & Miles 1994, S. 429f.), d. h. die Sammlung, Umwandlung und Speicherung der für die Untersuchung notwendigen Daten. Hier ist der in den anderen Kapiteln vorgenommene Rekurs auf die dafür verfügbaren Methoden nicht notwendig bzw. sinnvoll, da durch die Festlegung auf Interviews und deren elektronische Aufzeichnung in der Erhebung die Überführung in eine schriftliche Form als Methode vorgegeben ist. In der Aufbereitung sind die Aufnahmen aus den Interviews also transkribiert und stichprobenartig überprüft worden. Das Vorgehen ist in Abbildung 4.6 dargestellt (siehe auch Lamnek 1993a, S. 108).

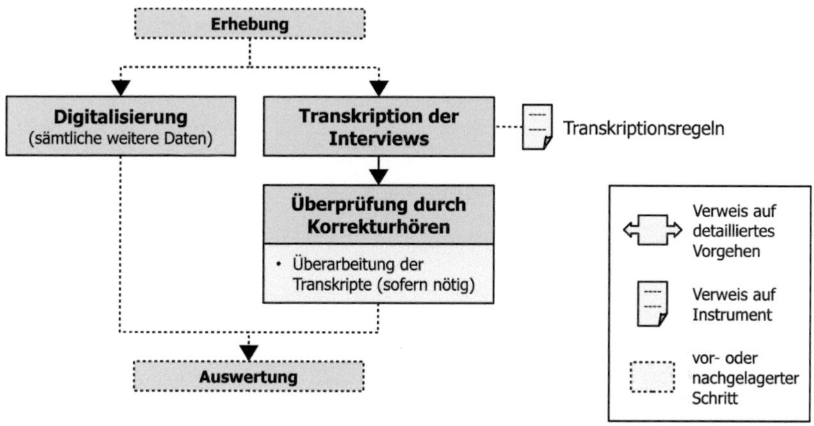

Abbildung 4.6: Vorgehen bei der Aufbereitung

Der Umfang einer Transkription ist von der Zielsetzung der Auswertung abhängig und kann durch eine Vielzahl an Transkriptionssystemen unterstützt werden (ausführliche Informationen dazu finden sich bei Ehlich & Switalla 1976 und Dittmar 2004). Für die vorliegende Untersuchung wurden sämtliche Interviews transkribiert. Eine Auswertung allein auf Grundlage der Notizen des Interviewers erschien vor dem Hintergrund der Komplexität der zu untersuchenden Phänomene als zu kurz gegriffen. Für die Untersuchung waren aber nur die inhaltlichen Aspekte der Interviews von Interesse (d. h. was gesagt wurde). Nicht bzw. von untergeordnetem Interesse waren der Sprachstil, der Verlauf des Gesprächs oder so genannte prosodische Aspekte wie Intonation oder Pausen (d. h. wie es gesagt wurde).

Diesem Ziel folgend sind die in Tabelle 4.9 aufgeführten Transkriptionsregeln unter Zuhilfenahme von Dittmar (2004), Bortz & Döring (2006, S. 311–313) und Kowal & O'Connell (2007) erarbeitet worden: Die ersten drei Bereiche umfassen Regeln, die wichtige Daten für die Auswertung erfassen helfen (Bereich Design) und kennzeichnen, wer welche Aussage getätigt hat (Bereiche Interaktion und Verbal). Aus dem Bereich Design ist noch hervorzuheben, dass die orthographische Umschrift verwendet wurde, d. h. die Transkription erfolgte entsprechend der Vorgaben der deutschen Rechtschreibung und verzichtete damit auf eine genauere Wiedergabe des Gesprochenen (z. B. in Dialekt). Aus dem großen Bereich der Prosodie sind nur Pausen und Betonungen übernommen worden. Der letzte Bereich gibt schließlich Regeln für Kommentare vor.

Die Transkription erfolgte gemäß den Transkriptionsregeln durch eine studentische Hilfskraft. Die Hilfskraft hat vor Beginn der Transkription eine kurze mündliche wie schriftliche Einführung in die Thematik der vorliegenden Arbeit erhalten. Für die Transkription wurde die Software *f4* (Version 3.0.2)[15] verwendet.

Transkripte können nie als exakte Wiedergabe von Gesprächen verstanden werden, da Gesprochenes kaum mit all seinen Facetten in einen schriftlichen Text überführt werden kann, Transkription immer eine Zweckbestimmung hat und von den Fähigkeiten der Transkribenten abhängt (Lindsay & O'Connell 1995, S. 102). Der Zweck ist hier bereits angesprochen worden, ebenso die dementsprechend aufgestellten Transkriptionsregeln, die die zu erfassenden Facetten einschränken. Zur Überprüfung der Fähigkeiten des Transkribenten ist jedes Transkript auf Fehler bei der Transkription untersucht worden. Da es hier vor allem um eine Transkription des Inhalts ging, ist auf eine anspruchsvolle Überprüfung verzichtet worden.[16] Alle Transkripte wurden daher stichprobenartig auf Fehler untersucht und gegebenenfalls korrigiert. Es zeigte sich, dass in nahezu jedem Transkript Korrekturen nötig waren. Diese umfassten aber nie fehlende sinngebende Angaben. Das Korrekturhören erfolgte durch eine andere Hilfskraft, als jene, die die Transkription besorgte. Für eine komplette Transkription der Interviews durch zwei oder drei Personen und die anschließende Korrektur der Transkripte (wie es Dittmar 2004, S. 236, für erstrebenswert hält) waren die personellen Ressourcen nicht gegeben.

Die Interviewtranskripte stellen die zentrale Datenquelle für die vorliegende Untersuchung dar. Darüber hinaus sind zur Dokumentation des Forschungsprozesses und für die Beschreibung der Fälle folgende weitere Daten gesammelt worden (siehe dazu auch die Aufstellung bei Huberman & Miles 1994, S. 431):

- Feldnotizen: Das sind Notizen, die während des Aufenthalts bei den Unternehmen vor, zwischen und nach den Interviews gemacht wurden. In diesen Notizen wurden Beobachtungen und informelle Gespräche in den Unternehmen festgehalten.

[15] Die Software ist aus einem Projekt von Doktoranden der Philipps-Universität Marburg hervorgegangen. Website: http://www.audiotranskription.de/

[16] Bei unklaren Stellen im Transkript wurde in der Auswertung ohnehin auf die Audio-Aufnahmen zurückgegriffen.

Tabelle 4.9: Transkriptionsregeln

Bereich	**Regeln**
Design	▪ Zeilen und Seiten im Transkript werden nummeriert ▪ bei jeden Sprecherwechsel findet im Transkript ein Zeilenwechsel statt ▪ der Interviewtext wird in Kleinbuchstaben angefertigt ▪ der Interviewtext wird in orthographischer Umschrift angefertigt ▪ im den Kopf eines jeden Transkripts werden folgende Daten aufgenommen: – Bezeichnung des Transkripts (laufende Nummer) – Bezeichnung der Audiodatei (laufende Nummer) – Datum, Ort und Dauer der Aufnahme – Bezeichnung der Teilnehmer – Schlüsselworte zum Inhalt – Art des Aufnahmemediums und der Gerätetyp – Name des Transkribenten und Datum der Transkription
Interaktion	▪ Gesprächspartner werden mit PRO und einer laufenden Nummer bezeichnet ▪ Interviewer werden mit INT und einer laufenden Nummer bezeichnet ▪ gleichzeitiges Reden wird markiert, indem ein Doppelkreuz (#) um die entsprechenden Passagen des Interviewtextes gesetzt wird
Verbal	▪ abgebrochene Sätze oder Worte werden mit einem Schrägstrich (/) markiert ▪ Enden von Äußerungen werden mit Punkt, Komma, Frage- oder Ausrufezeichen markiert
Prosodie	▪ kurze Pausen mit einem Stern (*), längere mit zwei Sternen (**) markieren ▪ Betonungen im Interviewtext werden in Großbuchstaben geschrieben ▪ Betonungen sollten sparsam eingesetzt werden
Kommentar	▪ Kommentare werden in Klammern gesetzt und in Großbuchstaben geschrieben ▪ als Kommentare kann Folgendes festgehalten werden: – parasprachliche Äußerungen (z. B. Lachen) – nicht-verbale Handlungen (z. B. Aufstehen) – akustische Ereignisse (z. B. Klappen einer Tür) – Erläuterungen des Transkribenten – Bewertung eines Sprechereignisses (z. B. als ironisch) – akustisch Unverständliches (kennzeichnen, ob es sich dabei um ein Wort oder eine Wortgruppe handelt) – vermutete Bedeutung etwas schwer Verständlichen ▪ Kommentare sollten sparsam eingesetzt werden

- Dokumentationsbögen der Interviews: Sie enthalten Angaben über Ort, Zeit, Interviewpartner etc., aber auch direkt im Anschluss an die jeweiligen Interviews vorgenommene Notizen zum Verlauf des Interviews (siehe Tabelle 4.8 und die letzte Regel im Bereich Design in Tabelle 4.9).
- Webressourcen: Für die Vorstellung der Fälle in Kapitel 5 wurden frei zugängliche Informationen (d. h. allgemeine Informationen zum Unternehmen, Informationen zu Produkten und Dienstleistungen etc.) von den Websites der Unternehmen heruntergeladen.
- Abschlussarbeiten: Parallel zur vorliegenden Arbeit sind in den untersuchten Fällen Diplom- und Bachelorarbeiten zu den Themen Wissensmanagement oder Geschäftsprozessmanagement durchgeführt worden. Diese Abschlussarbeiten wurden vom Autor z. T. mit betreut. In den Arbeiten wurden allgemeine Informationen über die Fälle gesammelt, auf welche hier zurückgegriffen werden konnte.

Die Daten wurden – sofern notwendig – digitalisiert (Scan, Umwandlung ins Portable Document Format [PDF], keine Texterkennung) und zusammen mit den Audioaufnahmen der Interviews und den Transkripten in eine Falldatenbank (wie sie Yin 2003, S. 38, 101–105, fordert) aufgenommen. Die Falldatenbank enthält für jeden untersuchten Fall ein Verzeichnis, das sämtliche zum Fall gesammelte Daten in chronologischer Ordnung aufnimmt. Innerhalb eines Falles lassen sich Daten über das Datum den jeweiligen Besuchen vor Ort zuweisen, Interviews und ihnen zugeordnete Daten (siehe oben) werden durch eine eindeutige Nummer identifiziert (siehe Tabelle 4.4). Webressourcen wurden in Form von PDF-Dateien mit dem Datum ihres Abrufs aus dem World Wide Web (WWW) beim jeweiligen Fall abgelegt. Die Abschlussarbeiten lagen bereits im PDF-Format vor und sind den jeweiligen Fällen zugeordnet worden.

4.6 Auswertung

Der letzte Schritt im Forschungsdesign umfasst die Auswertung der erhobenen Daten für die einzelnen Fälle (Fallanalyse) und über sämtliche Fälle hinweg (Gesamtanalyse). In der Fallanalyse werden die einzelnen Interviewtranskripte bezüglich der Probleme im Umgang mit Wissen inhaltsanalytisch ausgewertet (Einzelinterview) und dann auf Ebene des Falles (Einzelfall) zusammengefasst und einander gegenübergestellt. In der Gesamtanalyse erfolgen basierend auf diesen Erkenntnissen auf globaler Ebene wiederum Zusammenfassungen und Gegenüberstellungen. Die Auswertung beinhaltet somit sowohl deskriptive als auch explorative Elemente und endet in der Formulierung eines Wissensmanagement-Konzepts.

An Methoden für diese Analyseschritte steht eine große Auswahl zur Verfügung. Für den inhaltsanalytischen Teil und die Zusammenfassungen sind dies die objektive Hermeneutik (Oevermann et al. 1979, Reichertz 2007), die Inhaltsanalyse (Lamnek 1993a, S. 172–238, Mayring 2007b, Mühlfeld et al. 1981) oder die Grounded Theory (Glaser & Strauss 1967, Strauss & Corbin 1994, Böhm 2007).[17] Da es in der vorliegenden Untersuchung um die Identifikation von Problemen und damit die Extraktion und Zusammenfassung entsprechender Passagen aus den Interviews geht, ist die Inhaltsanalyse, noch spezifischer die qualitative Inhaltsanalyse, herangezogen worden. Sie baut u. a. auf der Hermeneutik auf, möchte also (im Gegensatz zur quantitativen Inhaltsanalyse) Sinnstrukturen eines Textes aufdecken. Die qualitative Inhaltsanalyse besitzt ein wesentlich stärker strukturiertes, und damit besser nachvollziehbares Vorgehen als die Hermeneutik und ist zudem nicht derart aufwändig. Die Grounded Theory wurde nicht verwendet, da die Auswertung nicht ausschließlich vom Material her gesteuert wurde. Vielmehr sind bereits vorher definierte Kategorien an den Text herangetragen worden (siehe Kapitel 4.6.2).

Für die Gegenüberstellung der Probleme im Umgang mit Wissen bzw. der Aussagen der Interviewpartner bieten sich verschiedene Methoden der multivariaten statistischen Analyse an (siehe Backhaus et al. 2008): logistische Regression, Clusteranalyse (siehe auch Wiedenbeck & Züll 2001), Kontingenzanalyse oder Korrespondenzanalyse (siehe vor allem Blasius 2001, 1987). Da die aus der qualitativen Inhaltsanalyse gewonnenen Daten multivariat ausgewertet werden sollten, meist aber nur einem nominalen Skalenniveau entsprechen und die Fallanzahl nicht sehr groß ist, wurde die Korrespondenzanalyse als am besten für die Auswertung geeignet ausgewählt (Blasius 1987, S. 172, 2001, S. 10).

Abbildung 4.7 stellt den Rahmen des Vorgehens bei der Auswertung dar. Das Vorgehen orientiert sich an der Unterteilung in „within-case analysis“ (Fallanalyse) und „cross-case analysis“ (Gesamtanalyse; siehe Huberman & Miles 1994, S. 432–437, Eisenhardt 1989, S. 539–541, Yin 2003, S. 50) und dem allgemei-

[17] Gläser & Laudel (2006, S. 41–45) nehmen den Versuch einer Einordnung dieser Methoden vor. Sie nennen an weiteren Methoden die freie Interpretation, die Narrationsanalyse und das Kodieren.

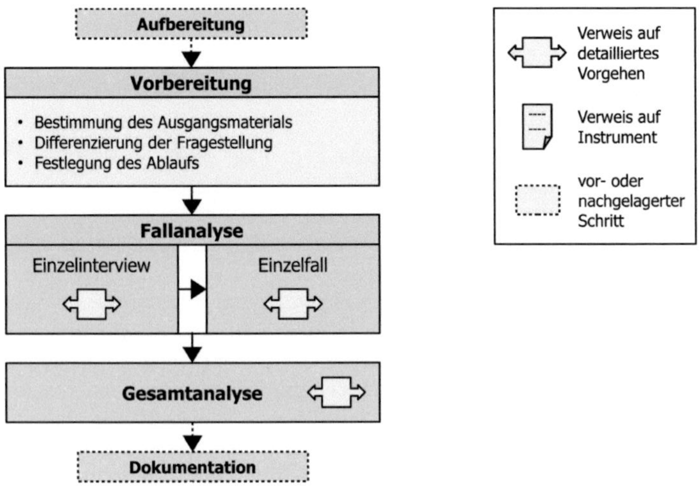

Abbildung 4.7: Vorgehen bei der Auswertung

nen inhaltsanalytischen Ablaufmodell von Mayring (2007b, S. 46–54). Es soll im Verlauf des Kapitels erläutert werden.

4.6.1 Vorbereitung

Mayring (2007b, S. 46–56) unterscheidet bei der Vorbereitung einer Auswertung drei Schritte: die Bestimmung des Ausgangsmaterials, die Differenzierung der Fragestellung und die Festlegung des Ablaufs.

Im ersten Schritt ist das Ausgangsmaterial zu bestimmen, d. h. welches Material wird überhaupt in der Auswertung verwendet. In der vorliegenden Arbeit umfasst es sämtliche in den untersuchten Unternehmen geführte Interviews, ergänzt um Feldnotizen, Dokumentationsbögen, Webressourcen und Abschlussarbeiten. Auf die Entstehung des Materials und seine Charakteristika wird in den Kapiteln 4.4 und 4.5 genauer eingegangen.

Der zweite Schritt der Vorbereitung beinhaltet die Differenzierung der Fragestellung. Es ist die Richtung der Analyse zu bestimmen, d. h. woraufhin die Daten untersucht werden sollen. Diese Festlegung ist in Kapitel 1 bereits erfolgt, soll hier aber kurz wiederholt und differenziert werden: Zentral geht es um die Erfassung und Beschreibung von Problemen im Umgang mit Wissen, die in einen individuellen und organisatorischen Kontext eingebettet sind. Bisher in der Forschung vorliegende Beschreibungen von Problemen im Umgang mit Wissen verbleiben an der Oberfläche und berücksichtigen nicht deren komplexe Natur (siehe genauer die Ausführungen zum Stand der Dinge in Kapitel 3.2.2). Durch die Auswertung soll also ein Beitrag zum Verständnis von Problemstellungen des Wissensmanagements geleistet werden. Aus Sicht der Analyse kann die Fragestellung in zwei Punkte aufgeteilt werden:

- die Identifikation und Beschreibung von Problemen im Umgang mit Wissen mit Hilfe der in Kapitel 3.2.1 entworfenen Struktur und des Kontextes der Probleme und
- die darauf aufbauende Analyse von Ähnlichkeiten und Unterschieden der Probleme im Umgang mit Wissen anhand der Merkmale der Probleme und der Merkmale der Interviewpartner und Unternehmen.

Der erste Punkt umfasst den deskriptiven Teil der Auswertung, der zweite den explorativen Teil. Die aus beiden Teilen gewonnenen Erkenntnisse machen Aussagen zum Umgang mit Wissen in Organisationen, die abschließend zu einem Wissensmanagement-Konzept formuliert werden. Dafür wird das Meta-Konzept aus Kapitel 2.2.2 als Rahmen verwendet.

Im dritten und umfassendsten Schritt der Vorbereitung erfolgt – basierend auf der Fragestellung – die Festlegung des Ablaufs der Auswertung. Dazu gehören wiederum die zwei folgenden Arbeitsschritte (Mayring 2007b, S. 53f.): die Bestimmung der Analysemethoden und die Bestimmung der Analyseeinheiten.

Diesen beiden Arbeitsschritten ist hier ein dritter vorgeschaltet, der die Anforderungen an den Ablauf beschreibt, d. h. bestimmt, was dort im Einzelnen für die Erfüllung der Fragestellung zu leisten ist. Die Anforderungen sind hier auf den drei Ebenen der Auswertung – Fallanalyse (unterteilt in Einzelinterview und Einzelfall) und Gesamtanalyse – formuliert und in Tabelle 4.10 zusammengetragen worden. Während sich die Auswertung auf der Ebene des Einzelinterviews rein deskriptiv gestaltet, verbinden sich bei den beiden folgenden Ebenen der deskriptive und explorative Teil der Auswertung miteinander.

Für die Umsetzung dieser Anforderungen wurden nun entsprechende Analysemethoden ausgewählt. Sie sind ebenfalls in Tabelle 4.10 aufgeführt. Was den

Tabelle 4.10: Vorbereitung der Auswertung

Ebene	Anforderungen	Methoden
Einzelinterview	▪ Zusammenfassung der Aussagen zum Verständnis für Wissen eines Interviewpartners ▪ Identifikation eines Problems in einem Transkript und seine Abgrenzung gegenüber anderen dort angesprochenen Problemen ▪ Herauslösen sämtlicher Angaben zu einzelnen Problemen aus dem Transkript und Zuordnung dieser Angaben zu den Elementen der Problembeschreibung ▪ Zusammenfassung der Angaben, die dem gleichen Element der Problembeschreibung zugeordnet sind	▪ Zusammenfassung ▪ inhaltliche Strukturierung ▪ inhaltliche Strukturierung ▪ Zusammenfassung
Einzelfall	▪ Zusammenfassung und Gegenüberstellung der Verständnisse für Wissen ▪ Identifikation gleicher bzw. ähnlicher Probleme und Zusammenfassung der Beschreibungen dieser Probleme zu einer gemeinsamen Beschreibung ▪ Klassifikation und Gegenüberstellung der Probleme (nach Merkmalen der Interviewpartner)	▪ Zusammenfassung, paarweiser Vergleich ▪ Zusammenfassung ▪ paarweiser Vergleich
Gesamtanalyse	▪ Gegenüberstellung der Verständnisse für Wissen ▪ Klassifikation und Gegenüberstellung der Probleme (nach Merkmalen der Interviewpartner und der Unternehmen)	▪ paarweiser Vergleich ▪ Korrespondenzanalyse

deskriptiven Teil anbetrifft, schlägt Mayring (2007b, S. 56–99) drei grundlegende Techniken für die Textanalyse vor: Strukturierung, Zusammenfassung und Explikation. Zwei dieser Techniken kommen in der vorliegenden Untersuchung wie folgt zum Einsatz:

- Mit der Strukturierung wird versucht, bestimmte, zuvor festgelegte Aspekte aus einem Text herauszuziehen. Die Strukturierung kann je nach Zweck weiter untergliedert werden in die formale, inhaltliche, typisierende und skalierende Strukturierung: Eine formale Strukturierung arbeitet Strukturen aus einem Text heraus (z. B. die Struktur eines Gesprächs), die inhaltliche Strukturierung filtert bestimmte Themen aus dem Text und fasst sie zusammen, die typisierende Strukturierung identifiziert extreme, häufig auftretende oder theoretisch besonders interessierende Sachverhalte und die skalierende Strukturierung schätzt das Material anhand einer Skala ein. Für die vorliegende Arbeit wird nur die inhaltliche Strukturierung herangezogen. Sie wird als erste Technik verwendet, um die einzelnen Probleme im Umgang mit Wissen und die Elemente zur Beschreibung der Probleme (siehe Kapitel 3.2.1) in den Interviews zu identifizieren. Die Strukturierung kommt auf der Ebene des Einzelinterviews zum Einsatz.

- Die Zusammenfassung reduziert den Umfang eines Textes auf ein handhabbares Maß, ohne dessen wesentliche Aussagen verloren gehen zu lassen. Sie dient der Zusammenfassung der Angaben der Interviewpartner zu ihrem Verständnis für Wissen ebenso wie für die Zusammenführung von Angaben zu den einzelnen Elementen der Beschreibung von Problemen im Umgang mit Wissen. Die Zusammenfassung wird beim Einzelinterview und Einzelfall verwendet.

Für die Auswertung der Daten im deskriptiven Teil wurde die Software *ATLAS.ti* (Version 5.6.3) verwendet.[18] Für die Auswahl der Software sprach, dass die Software vom gleichen Lehrstuhl kommt, wie die für die Auswertung gewählte Vorgehensweise der qualitativen Inhaltsanalyse. Sie ist außerdem geeignet, ein nicht-hierarchisches Netz von Aussagen über Konstrukte erstellen zu können (siehe Huberman & Miles 1994, S. 434), was der hier zu Grunde liegenden Zielstellung und den damit zu untersuchenden Konstrukten entspricht (siehe die Beschreibung der Probleme und ihrer Zusammenhänge in der Fallanalyse in Kapitel 5).

Für den explorativen Teil der Auswertung wurde eine Methode verwendet, die über die Möglichkeiten der qualitativen Inhaltsanalyse hinausgeht. Hierbei handelt es sich um die bereits erwähnte Korrespondenzanalyse. Sie wird für die Gegenüberstellung von Problemen im Umgang mit Wissen anhand der Merkmale der Interviewpartner und Unternehmen verwendet und kommt auf Ebene der Gesamtanalyse zum Einsatz. Für die Berechnung der Korrespondenzanalyse wurde das Statistikpaket *R* (Version 2.10.1, Modul ca)[19] eingesetzt (siehe auch Nenadić & Greenacre 2007).

[18] Für eine Einführung in die Software sei auf Mayring (2007b, S. 102–108) und Muhr (1991) verwiesen. Website: http://www.atlasti.com/. Ein großer Teil der Pilotstudie wurde noch per Hand ausgewertet.

[19] Website: http://cran.r-project.org/

Nach der Bestimmung der Analysemethoden sind im letzten Schritt der Vorbereitung noch die Analyseeinheiten zu bestimmen. Sie sind nur für die qualitative Inhaltsanalyse, also den deskriptiven Teil, von Bedeutung (siehe Mayring 2007b, S. 53, 62):

- Codiereinheit (definiert den kleinsten auswertbaren Materialbestandteil): Hier muss zwischen der Strukturierung und der Zusammenfassung unterschieden werden. Die Strukturierung findet als erster Schritt in der Inhaltsanalyse statt. Für sie besteht die Kodiereinheit in einem einzelnen Satz. Bei der Zusammenfassung als zweitem Schritt wird die Kodiereinheit großzügiger verstanden und umfasst jede zusammenhängende, vollständige Aussage eines Interviewpartners (d. h. eine Wortgruppe, einzelne oder mehrere Sätze) zu einem einzelnen oder mehreren Aspekten von Problemen im Umgang mit Wissen bzw. zu seinem Verständnis für Wissen.
- Kontexteinheit (definiert den größten auswertbaren Materialbestandteil): Sie ergibt sich je nach Auswertungsschritt und wird daher von Ebene zu Ebene größer: Bei der Auswertung des Einzelinterviews ist es das komplette einzelne Interview, bei der Auswertung des Einzelfalls der komplette Fall und bei der Gesamtanalyse das gesamte Material.
- Auswertungseinheit (bestimmt die Reihenfolge der auszuwertenden Materialbestandteile): Sie entspricht hier der Kontexteinheit.

Das Vorgehen mit den ausgewählten Methoden wird auf den einzelnen Ebenen der Auswertung in den folgenden Kapiteln en détail erläutert.

4.6.2 Fallanalyse

Die Fallanalyse umfasst zwei Ebenen der Auswertung: das Einzelinterview und die Gegenüberstellung sämtlicher Interviews auf Ebene des Einzelfalls.

Einzelinterview

Basis der gesamten Auswertung sind die von den einzelnen Interviewpartnern berichteten Probleme im Umgang mit Wissen. Ziel bei der Analyse der Einzelinterviews ist es, eine möglichst umfassende Beschreibung der einzelnen Probleme vorzunehmen und diese in den Arbeitskontext der berichtenden Person einzuordnen. Das Vorgehen bei der Analyse ist in Abbildung 4.8 dargestellt (siehe Mayring 2007b, S. 59–76, 82–99; alternative bzw. ähnliche Vorgehensweisen finden sich bei Mühlfeld et al. 1981, S. 335–338, Gläser & Laudel 2006, S. 193–197 und Schmidt 2007).

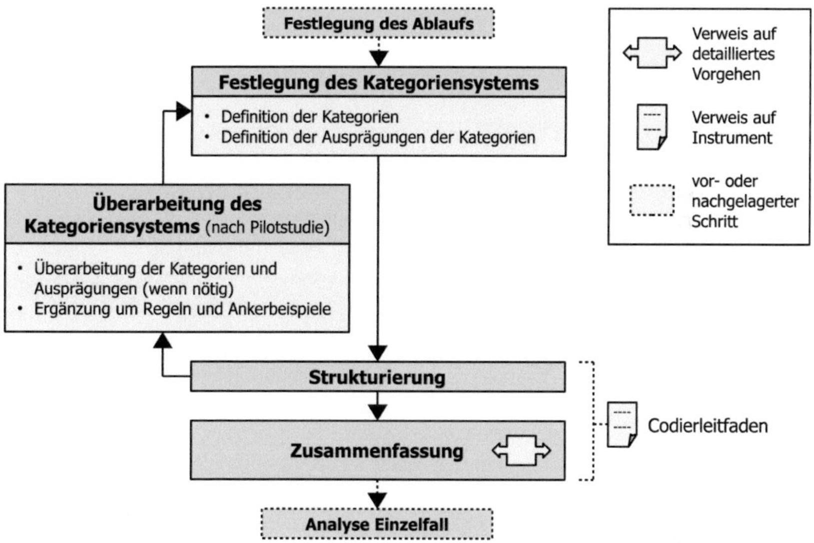

Abbildung 4.8: Vorgehen bei der Auswertung von Einzelinterviews

Zu Beginn ist das Kategoriensystem für die inhaltliche Strukturierung festzulegen. Die Analyse der Einzelinterviews bezieht sich auf zwei inhaltliche Bereiche: die Beschreibung des Verständnisses des Interviewpartners für Wissen und die Zusammenfassung und Beschreibung der von ihm genannten Probleme im Umgang mit Wissen (siehe auch Kapitel 4.4.2). Diese beiden Bereiche entsprechen den im ersten Schritt der Auswertung festzulegenden inhaltlichen Kategorien, müssen aber noch in mehrere Ausprägungen differenziert werden:

- Für die Beschreibung der Probleme wurde die Struktur der Problembeschreibung aus Kapitel 3.2.1 mit den Elementen Kontext, Problem, Einflussfaktor,

Lösung, Lösungsvorschlag, Begründung, Resultat und verwandte Probleme übernommen.

- Für die Beschreibung des Wissensverständnisses wurden drei Ausprägungen definiert (siehe auch McAdam & McCreedy 1999b, S. 104f.):
  - Beispiel: Mit dieser Ausprägung werden die Dinge beschrieben, die ein Interviewpartner als Wissen versteht bzw. als Wissen behandelt. Sie stellt faktisch eine extensionale Definition (den Begriffsumfang) von Wissen dar.
  - Merkmal: Aus den Ausführungen der Interviewpartner lassen sich auch Aussagen über Merkmale des Wissens oder verwendete Arten von Wissen (siehe Kapitel 2.2.1) extrahieren, z. B. indem Interviewpartner im Gespräch eine Definition von Wissen vornehmen. Diese Ausprägung erfasst also den intensionalen Bestandteil (den Begriffsinhalt) des Wissensverständnisses. Auf eine Zuordnung zu Wissenarten ist bewusst verzichtet worden, da diese nie eindeutig und überlappungsfrei möglich ist.
  - Umgang: Mit dieser Ausprägung werden Äußerungen beschrieben, die Aussagen über die Art und Weise des Umgangs mit dem genannten Wissen enthalten. Sie ergänzen den Begriffsinhalt.
- Die Tätigkeit des Interviewpartners ist zusätzlich als eigene Kategorie eingeführt worden, um den Beginn der Interviews besser zu strukturieren, geht in der Beschreibung aber direkt in den Kontext der Probleme ein.

Um eine vollständige Beschreibung zu ermöglichen, wurde außerdem eine weitere Kategorie geschaffen („NA"), die all das bezeichnen soll, was nicht den obigen Kategorien zuzuordnen ist. Die Kategorien und ihre Ausprägungen sind in Tabelle 4.11 dargestellt.

Dieses Kategorienschema dient als Grundlage für den Codierleitfaden. Dieser enthält für die beiden Aufgaben der Strukturierung und Zusammenfassung detaillierte Angaben zu den einzelnen Kategorien und ihren Ausprägungen. Die Angaben umfassen:

- eine ausführliche Beschreibung (hier ist die Beschreibung der Problemstruktur aus Kapitel 3.2.1 übernommen worden),

Tabelle 4.11: Kategorien für die Auswertung

Kategorie	Probleme	Wissen	Tätigkeit	NA
Ausprägung	Kontext Problem Einflussfaktor Lösung Lösungsvorschlag Begründung Resultat Verwandte Probleme	Beispiel Merkmal Umgang	(nicht weiter differenziert)	(nicht weiter differenziert)

- Regeln, um den Umgang mit einer Ausprägung einheitlich zu gestalten (z. B. um das Verständnis für die Ausprägung zu präzisieren) und einzelne Ausprägungen von anderen abzugrenzen,
- besonders sprechende Beispiele aus den Transkripten der Pilotstudie (so genannte Ankerbeispiele), die das Wesen einer Ausprägung illustrieren sollen, und
- allgemeine Regeln für das Vorgehen bei der Strukturierung und der Zusammenfassung (siehe Mayring 2007b, S. 62).

Die Entwicklung des Codierleitfadens vollzog sich in zwei Schritten: Zuerst wurden die Kategorien und Ausprägungen wie in Tabelle 4.11 identifiziert, erläutert und mit Regeln versehen. Zwei studentische Hilfskräfte strukturierten mit Hilfe dieses Entwurfs des Leitfadens einen Auszug aus dem ersten geführten Interview. Mit den Rückmeldungen der Hilfskräfte wurden die Kategorien und Ausprägungen, ihre Erläuterungen und Regeln angepasst. Im zweiten Schritt wurden die Interviews der Pilotstudie strukturiert. Mit den Erfahrungen aus dieser Strukturierung wurde der Codierleitfaden erneut korrigiert (hier wurden insbesondere die Ausprägungen der Kategorie Wissen identifiziert und eingefügt) und um Ankerbeispiele und weitere Regeln ergänzt. Damit lag nun ein verwendbarer Codierleitfaden vor, mit dessen Hilfe alle verbleibenden Transkripte strukturiert werden konnten. Der komplette Codierleitfaden findet sich in Anhang A.3.

Die Strukturierung erfolgte im nächsten Schritt. Strukturierung bedeutet, jede Codiereinheit (in diesem Fall ein Satz) mit einer der vorgegebenen Ausprägungen zu versehen, d. h. zu codieren. Damit wurden einerseits inhaltlich gleichartige Textstellen identifiziert und andererseits alle für die Auswertung interessanten Textstellen von nicht interessanten (Kategorie „NA“) getrennt.

An diesen Schritt schloss sich die Zusammenfassung an. Sie diente einer kürzeren Beschreibung der Aussagen zum Verständnis des Interviewparters für Wissen und zu den Elementen der Problembeschreibung (wobei im Falle mehrerer Probleme zunächst geklärt wurde, zu welchem Problem Aussagen gemacht wurden). Die Idee einer Zusammenfassung im Rahmen der qualitativen Inhaltsanalyse besteht darin, in mehreren Durchläufen durch das Material zu gehen und in jedem Durchlauf eine Zusammenfassung der interessanten Textstellen auf einem gleichen Abstraktionsniveau vorzunehmen. Die Zusammenfassung wird am Text geprüft. Kann sie die Aussage des Textes wiedergeben, wird die Zusammenfassung beendet oder (sofern das gewünscht ist) ein weiterer Durchlauf angestoßen, infolgedessen ein höheres Abstraktionsniveau erreicht wird (Mayring 2007b, S. 59–62). Dieses Vorgehen ist für die vorliegende Arbeit angepasst worden (siehe Abbildung 4.9):

- Im ersten Schritt werden die im Interview genannten Probleme identifiziert und benannt und alle Textstellen, die zu demselben Problem gehören, mit dem Namen des Problems codiert.
- In Vorbereitung der im nächsten Schritt erfolgenden Paraphrasierung wird ein einheitliches Abstraktionsniveau definiert. Dies kann – wie oben angesprochen – durch mehrfache Durchläufe durch den Text erreicht werden, wobei nach und nach das Niveau angehoben wird. Bei größeren Textmengen ist es aber durchaus zulässig, die Paraphrasen in einem einzigen Schritt auf das angestrebte Niveau zu bringen. Dies wird auch hier getan. Als Abstraktionsniveau wird ein mittleres Niveau gewählt, das ausreichend genaue Aussagen zu Tätigkeiten, Wissensverständnis oder Problemen im Umgang mit Wissen erlaubt, zugleich aber von personen- und unternehmensspezifischen Details (wie Namen von Personen, Abteilungen etc.) Abstand nimmt.
- Nun wird die vorliegende Codiereinheit paraphrasiert, d. h. sie wird inhaltlich in eine kurze Form (z. B. eine Wortgruppe) gebracht und auf einheitliche Art und Weise formuliert (z. B. durch die Verwendung eines einheitlichen Wortschatzes). Bei der Zusammenfassung wurde von einer weiter gefassten Codiereinheit ausgegangen. Während es für die Strukturierung angebracht war, Satz für Satz vorzugehen, war dies bei der Zusammenfassung nicht zweckmäßig. Hier wurde die Codiereinheit auf eine sinnvolle, zusammenhän-

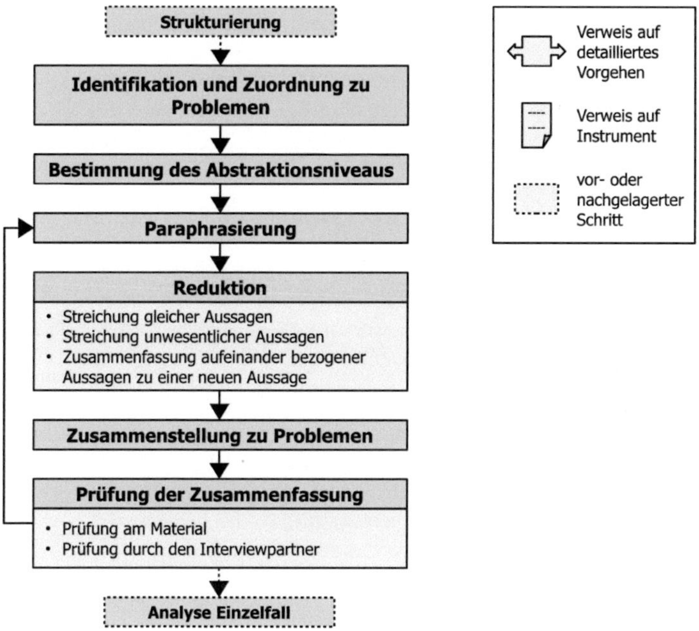

Abbildung 4.9: Vorgehen bei der Zusammenfassung in Einzelinterviews

gende Aussage erweitert, die sich über mehrere Sätze erstrecken und auch mitten in Sätzen beginnen und enden kann.

- Entsprechen alle Paraphrasen einem einheitlichen Niveau, werden Reduktionen des Materials vorgenommen. Diese beziehen sich zuerst darauf, inhaltlich gleiche Paraphrasen zu streichen. Dann werden Paraphrasen gestrichen, die für die Fragestellung nicht relevante Angaben enthalten. Schließlich erfolgt eine Reduktion von sich inhaltlich aufeinander beziehenden Paraphrasen zu einer Aussage. Dazu werden diese Paraphrasen, die über die gesamte Kontexteinheit verstreut vorliegen können, identifiziert und zusammengefasst.
- Alle zusammengefassten Aussagen werden dann zu einer Problembeschreibung (wie in Kapitel 3.2.1) zusammengestellt.

- Schließlich wird am ursprünglichen Material geprüft, ob die Zusammenfassung die Inhalte des Interviews wiedergibt. Ist dies nicht der Fall, werden die zuvor durchlaufenen Schritte wiederholt. Darüber hinaus sind die Zusammenfassungen den Kontaktpersonen in den Unternehmen für eine Prüfung und gegebenenfalls eine Korrektur vorgelegt worden. Rückmeldungen oder Korrekturen sind aber nicht erfolgt.

Das gerade aufgezeigte Vorgehen wurde für die Problembeschreibung komplett durchlaufen. Für die Beschreibung des Wissensverständnisses des Interviewpartners fielen der erste und der vorletzte Schritt weg. Das Vorgehen für die Zusammenfassung findet auch bei der Auswertung der Einzelfälle Anwendung.

Das Ergebnis der Auswertung zu diesem Zeitpunkt sind Beschreibungen von Problemen im Umgang mit Wissen im Sinne der Struktur der Problembeschreibung aus Kapitel 3.2.1. Die Probleme sind für jeden Fall nach der Form *(Nummer des Unternehmens)-(Nummer des Problems)* nummeriert. Diese Nummern werden auch im Text als Referenz verwendet. Die entstandenen Problembeschreibungen können wiederum (inhaltsanalytisch) ausgewertet werden. Das wird im Folgenden auf der Ebene der Einzelfälle getan.

Einzelfall

Auf Ebene des Einzelfalls findet die erste Gegenüberstellung der identifizierten Probleme im Umgang mit Wissen statt. Ähnliche Probleme werden zusammengefasst, verschiedene Probleme anhand der Merkmale der Interviewpartner und deren Verständnis für Wissen verglichen. Das Vorgehen ist in Abbildung 4.10 dargestellt.

Zunächst wird für die richtige Einordnung der Probleme im Umgang mit Wissen eine Zusammenfassung des Verständnisses für den Gegenstand des Wissensmanagements, also das Wissen, über alle Interviewpartner eines Falles hinweg vorgenommen. Dabei sind die drei Ausprägungen der Kategorie Wissen (Beispiele für Wissen, Merkmale des Wissens und die Art und Weise des Umgangs damit) jeweils für sich zusammengefasst und mit Angabe der Häufigkeit ihrer Nennung aufgelistet worden. Die Darstellung erfolgt graphisch nach einer Vorlage aus Krippendorff (2004, S. 204; siehe für ein Beispiel Abbildung 5.2). Das Vorgehen bei der Zusammenfassung entspricht dem bei der Zusammenfassung auf Ebene des Einzelinterviews.

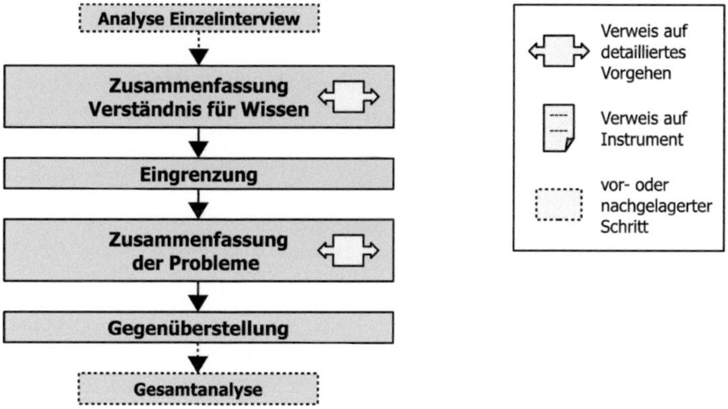

Abbildung 4.10: Vorgehen bei der Auswertung von Einzelfällen

Bevor nun die Probleme im Umgang mit Wissen zusammengefasst werden können, ist zunächst eine Eingrenzung vorzunehmen. Diese erfolgt anhand folgender Kriterien:

- Zum Ersten können nur jene Probleme sinnvoll ausgewertet werden, die in den Interviews nicht nur kurz erwähnt werden, sondern wenigstens eine grundlegende Beschreibung – wie in Kapitel 3.2.2 definiert – enthalten, d. h. Name, Problem, Kontext und Einflussfaktoren müssen genannt sein.
- Zum Zweiten sind nicht alle der genannten Probleme in gleicher Weise von Bedeutung für das Unternehmen. Die geäußerten Probleme sind zunächst individuell. Von Bedeutung für das organisatorische Wissensmanagement werden sie erst dann, wenn sie über die einzelne Person hinaus (intersubjektiv) wahrgenommen und als relevant erkannt werden. Deshalb werden weiterhin nur Probleme betrachtet, die mehrfach genannt werden bzw. die sich – wenn auch in verschiedener Ausprägung – bei mehreren Interviewpartnern wiederfinden. Es wird allerdings eine Ausnahme gemacht: Probleme, die von Personen genannt werden, die als Eigentümer-Manager (bzw. Mitglied der Geschäftsleitung) oder Wissensmanager bezüglich des Umgangs mit Wissen eine besondere Stellung im jeweiligen Fall innehaben, werden unabhängig von einer weiteren Nennung aufgenommen, sofern sie nicht allein die Person selbst, sondern die Abteilung bzw. das gesamte Unternehmen betreffen.

Die nach dieser Selektion verbleibenden Probleme im Umgang mit Wissen werden (ebenfalls mit dem bereits beschriebenen Vorgehen) zusammengefasst. Durch die Zusammenfassung lassen sich Problembeschreibungen auf verschiedenen Abstraktionsebenen bilden. Für die vorliegende Arbeit werden wie gerade angedeutet zwei Fälle unterschieden:

- Im ersten Fall liegen mehrere Problemstellungen mit dem gleichem Sachverhalt vor. Hier besteht die Zusammenfassung in der gegenseitigen Ergänzung der Beschreibungen.
- Im zweiten Fall liegen mehrere (durchaus auch verschiedene) Probleme vor, die sich aber auf einen gemeinsamen Kern, ein ihnen allen zu Grunde liegendes Problem, zurückführen lassen. Hier entsteht aus den einzelnen Problembeschreibungen eine komplett neue Beschreibung. Dieser Fall liegt oft vor, denn mehrere Personen nehmen ein und dasselbe Problem aus ihrem jeweils individuellen Blickwinkel heraus wahr. Die hier entstandenen Problembeschreibungen sind damit allgemeiner und gelten meist für einen kompletten Fall (also ein gesamtes Unternehmen).

Die hier für jeden Fall entstehende eingegrenzte Liste an Problemen wird jeweils nach der Form *(Nummer des Unternehmens)–(Buchstabe des Problems)* nummeriert. Diese Nummern werden auch im Text als Referenz verwendet.

Mit der Gegenüberstellung der Probleme erfolgt der Übergang zum explorativen Teil und zu einer ersten Interpretation der Problembeschreibungen. Hier soll zunächst das Spezifische bzw. Typische eines jeden Falles herausgearbeitet werden. Dies wird auf folgende Art und Weise erreicht:

- Zum einen wird in den Problemen nach besonderen bzw. wiederkehrenden Einflussfaktoren gesucht, da diese die Ursachen für die genannten Probleme darstellen, in der Entwicklung der jeweiligen Fälle verortet und daher für eine Einflussnahme auf den Umgang mit Wissen zentral sind.
- Zum anderen werden die Probleme klassifiziert. Da sich die Probleme mit den häufig verwendeten Klassifikationen nach Aktivitäten (Remus 2002, Anhang A.2) oder den Dimensionen Mensch, Organisation und Technik (Bullinger et al. 1997, S. 9f.) aber nur ungenau bzw. nicht überschneidungsfrei einordnen lassen, ist hier eine andere Klassifikation gewählt worden. Sie erfolgt nach einer Idee von Vogel (1999, S. 124) entsprechend den „Objekten der

Beeinflussung", d. h. den Objekten, auf welche die Probleme einwirken. In Anlehnung an die Ausführungen von Vogel (1999) werden darunter die drei Bereiche Person, Wissen und Prozesse bzw. Strukturen verstanden (diese decken sich mit den Dimensionen des Wissensmanagements in Kapitel 2.2.2). Diese grobe Zuordnung wird – wiederum angelehnt an das Kategorienschema von Riss et al. (2008, S. 724) – verfeinert, indem eine erneute Klassifikation nach dem eigentlichen Charakteristikum des Problems vorgenommen wird. Die daraus abgeleiteten Problemklassen sind in Tabelle 4.12 aufgeführt und beschrieben.

Über dieses Gesamtbild für den Fall hinaus sollen in einem zweiten Schritt die Probleme anhand der Merkmale der Interviewpartner gegenübergestellt werden. Dies soll es erlauben, bezüglich des Zusammenhangs zwischen der Zugehörigkeit einer Person zu einem Unternehmen, ihrer Berufserfahrung, ihrer Rolle im Unternehmen oder dem Verständnis einer Person für Wissen und dem Auftreten von Problemen Hypothesen zu formulieren.

Tabelle 4.12: Problemklassen

Problemklasse	Beschreibung
Person	Die Person bringt nicht die Voraussetzungen für eine bestimmte Art und Weise des Umgangs mit Wissen mit.
Wissen	Das für eine Aufgabe notwendige Wissen steht nicht zur Verfügung. Das kann bedeuten, dass (a) der Zugang nicht möglich oder erschwert ist oder (b) seine Qualität (Umfang, Detailgrad etc.) nicht ausreicht.
Prozesse bzw. Strukturen	Die Aufbau- und bzw. oder Ablauforganisation behindert den Umgang mit Wissen. Hier kann weiter unterschieden werden, ob (a) ein Prozess (oder eine organisatorische Struktur) nicht gegeben ist, ob (b) Unklarheiten bei seiner Ausführung (bzw. Nutzung) bestehen oder (c) das Ausmaß der Wahrnehmung eines Prozesses unzureichend ist.

Die Ergebnisse des Einzelfalls – die Aussagen zum Wissen und die genannten zusammengefassten Probleme – werden in der nun folgenden Gesamtanalyse mit den Ergebnissen aus den anderen Fallstudien verglichen.

4.6.3 Gesamtanalyse

Im letzten Schritt der Analyse sollen die Probleme im Umgang mit Wissen über sämtliche Fälle hinweg verglichen werden. Dazu wird zunächst das Verständnis für Wissen zusammengefasst. Danach werden die Probleme klassifiziert und anhand der Merkmale von Unternehmen und Interviewpartnern gegenübergestellt. Am Ende steht die Formulierung des Wissensmanagement-Konzepts. Das Vorgehen ist in Abbildung 4.11 dargestellt.

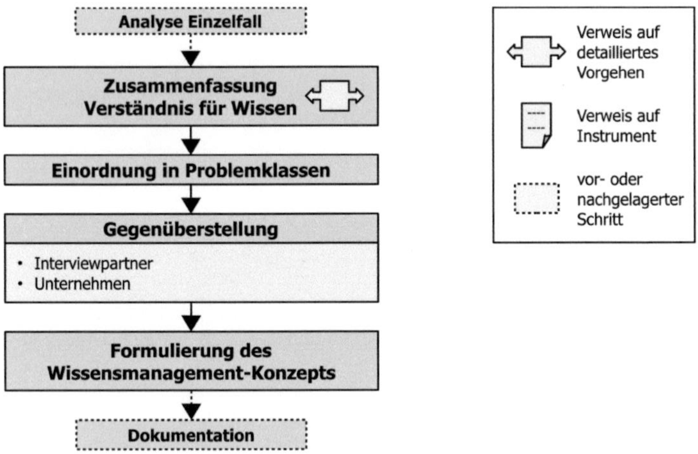

Abbildung 4.11: Vorgehen bei der Gesamtanalyse

Der erste Schritt besteht wie bei der Fallanalyse in einer Zusammenfassung des Verständnisses für Wissen und den Umgang damit. Hierbei werden sowohl Gemeinsamkeiten als auch Unterschiede durch eine paarweise Gegenüberstellung der Fälle identifiziert.

Als Vorbereitung auf die Gegenüberstellung werden die Probleme im Umgang mit Wissen in mehrere Problemklassen eingeordnet. Die Problemklassen beschreiben Probleme, die sich zwar in den einzelnen Fällen wiederfinden, aber von den jeweiligen Fallspezifika abstrahieren. Für die Klassifikation werden die bereits für die Fallanalyse entworfenen Problemklassen (siehe Tabelle 4.12) verwendet.

Nun erfolgt die Gegenüberstellung der Probleme mit Merkmalen der Unternehmen und Interviewpartner. Dies geschieht mit Hilfe der Korrespondenzanalyse.[20] Bevor diese aber durchgeführt werden kann, müssen die entsprechenden Merkmale bestimmt werden.

Für die Gegenüberstellung anhand der Unternehmen werden Merkmale herangezogen, die bereits als Kriterien für die Auswahl der Unternehmen (siehe Kapitel 4.3.1) und die Beschreibung der Fälle (siehe Kapitel 4.4.3) hergeleitet und verwendet wurden: Das sind die Größe und das Alter des Unternehmens. Die weiteren in diesen Kapiteln genannten Merkmale wurden nicht verwendet. Da jedes Unternehmen aus einer anderen Branche kommt, ist dieses Merkmal nicht für die Gegenüberstellung geeignet, kann aber bei der Interpretation derselben herangezogen werden. Eine Unterteilung nach Unternehmen mit Wissensmanagement und Unternehmen ohne Wissensmanagement macht ebenfalls keinen Sinn, da in jedem untersuchten Fall Maßnahmen zur Gestaltung des Umgangs mit Wissen ergriffen werden. Auch in der Rolle des Eigentümer-Managers ergibt sich kaum Varianz, weswegen auch dieses Merkmal ausgelassen wurde.

Für die Gegenüberstellung anhand der Interviewpartner werden die bereits in Kapitel 4.3.2 für die Auswahl der Interviewpartner genannten Kriterien und die in Kapitel 4.4.3 aufgeführten demographischen Angaben der Interviewpartner als Merkmale verwendet:

- Alter des Interviewpartners
- Dauer der Zugehörigkeit zum Unternehmen
- Berufserfahrung des Interviewpartners in seiner aktuellen Tätigkeit
- Führungsverantwortung (um Führungsrollen, wie die des Eigentümer-Managers, und verschiedene Hierarchieebenen zu erfassen)

Das Merkmal der Abteilung wird nicht verwendet, da dieses von Fall zu Fall sehr verschieden ausgeprägt ist und daher nur schwer in sinnvolle Kategorien gefasst werden kann. Ursprünglich hätte hier auch das Verständnis für Wissen als Merkmal herangezogen werden sollen. Es wurde vermutet, dass die Unterschiede im Verständnis für Wissen wesentlich stärker ausfallen und sich nicht

[20] Hätten (insbesondere bei der Gegenüberstellung der Probleme mit den Interviewpartnern) mehr Daten zur Verfügung gestanden, wäre auch die Anwendung der logistischen Regression möglich gewesen. Probeweise wurde eine logistische Regression hinsichtlich des Auftretens bestimmter Problemklassen in Abhängigkeit von den Merkmalen der Interviewpartner berechnet. Die Güte der errechneten Modelle war aber nicht ausreichend.

allein auf inhaltliche Unterschiede beschränken (siehe auch Kapitel 4.4.2). Wie sich in der Fallanalyse allerdings zeigte, besitzen Personen ein sehr umfassendes und auf den ersten Blick auch widersprüchliches Verständnis von Wissen, das jeweils situationsbezogen zur Anwendung kommt. Daher erscheint eine Unterscheidung von Problemen nach dem Wissensverständnis der Interviewpartner nicht sinnvoll.

Die Korrespondenzanalyse ist ein multivariates Analyseverfahren, das es erlaubt, eine Menge von qualitativen Daten zu einem Untersuchungsgegenstand graphisch darzustellen und damit Zusammenhänge zwischen diesen Daten sichtbar zu machen (Blasius 1987, S. 172–174). In der Regel werden Untersuchungsgegenstände durch mehrere Faktoren mit vielfältigen Ausprägungen beschrieben. Eine Interpretation, wie verschiedene Ausprägungen in Zusammenhang stehen bzw. worin sich bestimmte Untersuchungsgegenstände bezüglich dieser Faktoren unterscheiden, ist somit kaum möglich. Kern der Korrespondenzanalyse ist eine Reduktion dieser vielen Dimensionen auf ein interpretierbares Maß, in der Regel auf zwei Dimensionen, das dann auch problemlos graphisch dargestellt werden kann.[21] Mit dieser Reduktion geht aber ein Informationsverlust einher, der bei der Berechnung der Korrespondenzanalyse auch angegeben werden kann. In der Literatur existiert kein Richtwert für einen noch akzeptablen Wert. Hier wurde ein Wert von wenigstens 70 % festgelegt. Bei der Analyse in Kapitel 6 ist der jeweils noch vorhandene Informationsgehalt angegeben.

Die Darstellung einer Korrespondenzanalyse erzeugt ein Koordinatensystem, in welches keine absoluten Werte, sondern die Profile von Untersuchungsgegenständen eingetragen werden (Blasius 2001, S. 18). Nahe beieinander liegende Punkte drücken folglich eine Profilähnlichkeit aus, die sich aber nicht in der Übereinstimmung absoluter Werte wiederfinden muss. Dies ist bei der Interpretation einer solchen Darstellung zu berücksichtigen.

Der letzte Schritt in der Gesamtanalyse beinhaltet die Formulierung eines Wissensmanagement-Konzeptes. Das Konzept stellt letztlich eine Zusammenführung dreier Schritte dieser Arbeit dar: das Konzept des problemorientierten Wissensmanagements aus Kapitel 3, die Kritik an den bestehenden Wissensmanagement-Konzepten aus Kapitel 2.2.2 und die Ergebnisse der empirischen Untersuchung aus den Kapiteln 5 und 6, die auch die in der Korrespondenzanalyse gemachten Aussagen einbeziehen.

[21] Auf eine detaillierte Beschreibung des Verfahrens, das auf der Singulärwertzerlegung fußt, wird hier verzichtet. Es wird in Blasius (2001) ausführlich hergeleitet und beschrieben.

4.7 Diskussion

Forschungsergebnisse können nie unabhängig von den Stärken und Schwächen des verwendeten Forschungsdesigns betrachtet werden. Daher soll an dieser Stelle die Sicherstellung der Gütekriterien während der Untersuchung diskutiert und dabei das Forschungsdesign auf seine Angemessenheit geprüft werden. Diese Prüfung ist Teil der Dokumentationsphase, soll hier aber als einziger Schritt dieser Phase angesprochen werden, da die Dokumentation von Vorgehen und Ergebnissen bereits parallel erfolgt ist (siehe Abbildung 4.12).

Die Reflexion einer Untersuchung wird auch in qualitativ orientierten Untersuchungen mit Hilfe von Gütekriterien vorgenommen. Allerdings besteht hier hinsichtlich dieser Kriterien weit weniger Einigkeit als für quantitative Untersuchungen (Steinke 2007, Lamnek 1993b, S. 152–158, Yin 2003, S. 33–39, Mayring 2007b, S. 109–115, Wrona 2006). Entgegen vieler Positionen in der qualitativen Sozialforschung sollen hier die gleichen Kriterien herangezogen werden, wie sie in der quantitativen Forschung verwendet werden. Sie werden aber im Sinne der Annahmen der qualitativen Forschung gedeutet (siehe auch die Annahmen in Kapitel 4.1). Für die Definition der Gütekriterien wurden die Quellen von Bortz & Döring (2006, S. 326–328), Yin (2003, S. 33–39), Lamnek (1993b, S. 152–193) und Wrona (2006, S. 204–208) zusammengeführt.

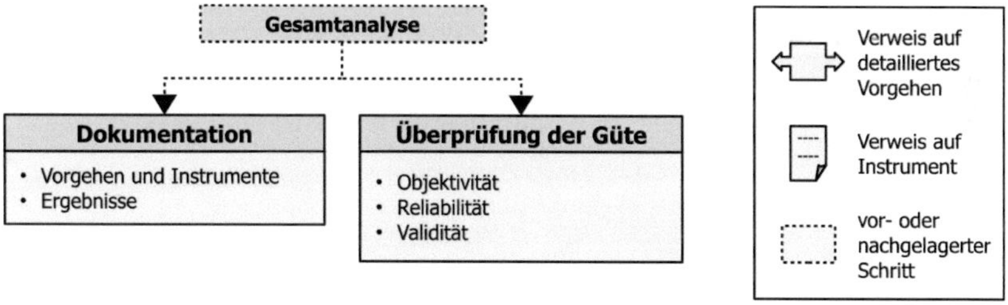

Abbildung 4.12: Vorgehen bei Dokumentation

Die Gütekriterien werden im Folgenden charakterisiert und den Maßnahmen zu ihrer Sicherstellung gegenübergestellt (siehe auch die Vorarbeiten zur Diskussion der Güte in Lehner & Wildner 2009, S. 218f.).[22] Dabei werden diese Maßnahmen

[22] Viele Maßnahmen, die sich auf die Güte der Untersuchung beziehen, sind bereits in den vorangegangenen Kapiteln erläutert worden, weil sie Teil des Vorgehens der Untersuchung sind. Sie werden hier kurz erwähnt und eingeordnet und durch weitere Maßnahmen ergänzt.

soweit es geht den drei Phasen des Forschungsprozesses – Erhebung, Aufbereitung und Auswertung – zugeordnet. Tabelle 4.13 bietet einen Überblick über die Sicherstellung der Güte für die vorliegende Untersuchung.

Objektivität

Eine Untersuchung erreicht Objektivität, wenn ihre Ergebnisse unabhängig von den subjektiven Einflüssen des Forschers zu Stande kommen. Da in der qualitativen Forschung eine große Nähe zum Untersuchungsgegenstand gesucht wird und daher die Einflüsse des Forschers nicht ausgeschlossen werden können bzw. sollen, versteht man Objektivität im Sinne intersubjektiver Nachprüfbarkeit. Das bedeutet, man sorgt dafür, dass Vorgehensweisen zur Erhebung und Aufbereitung der Daten und deren Interpretationen derart dargestellt werden, dass sie durch andere nachvollzogen werden können.

Tabelle 4.13: Gütekriterien und Maßnahmen zu ihrer Sicherstellung

Kriterium	**Maßnahmen**
Objektivität	▪ ausführliche Dokumentation des Forschungsprozesses (mit Hilfe von „case study protocol“ und Falldatenbank) ▪ Einsatz weitgehend standardisierter Vorgehen (qualitative Inhaltsanalyse in der Auswertung) ▪ Einsatz mehrerer Forscher im Forschungsprozess (für die Transkription und deren Kontrolle, Strukturierung der Interviewtranskripte, Überprüfung der Ergebnisse)
Reliabilität	▪ ausführliche Dokumentation des Forschungsprozesses (mit Hilfe von „case study protocol“ und Falldatenbank) ▪ Durchführung einer Pilotstudie (Auswahl der geeignetsten Erhebungsmethode, Gestaltung des Codierleitfadens) ▪ Einsatz mehrerer Forscher im Forschungsprozess (für die Transkription und deren Kontrolle, Strukturierung der Interviewtranskripte mit Bestimmung der Intercoder-Reliabilität durch Krippendorffs α) ▪ Aufbau einer Beweiskette
Validität	▪ Durchführung einer Pilotstudie (Auswahl der geeignetsten Erhebungsmethode, Gestaltung des Codierleitfadens) und von Pretests (für Erhebungsmethoden) ▪ Triangulation der Aussagen der Interviewpartner, kommunikative Validierung und Aufbau einer Beweiskette

Die umfassendste Maßnahme zur Sicherstellung der Objektivität, die alle Phasen des Forschungsprozesses betrifft, stellt die ausführliche Dokumentation dar. Diese ist hier gewährleistet: Yin (2003, S. 67–77) schlägt das „case study protocol“ als spezifische Form der Dokumentation für Fallstudien vor. Diesem ist insofern entsprochen worden, dass die vorliegende Arbeit sämtliche Aspekte eines solchen Protokolls enthält (aufgeteilt auf die Kapitel 1 bis 4). Auch die Falldatenbank mit sämtlichen Daten zu den untersuchten Fällen ist, wie von Yin (2003, S. 38, 101–105) vorgeschlagen, angelegt worden (siehe Kapitel 4.5). Ein weiterer Grund für die ausführliche Dokumentation ist die für qualitativ orientierte Forschung häufig unzulängliche Beschreibung des Vorgehens. Diese ist für die Entwicklung qualitativer Forschungsmethoden und ihre Gestaltung und Anwendung in weiteren Untersuchungen aber wichtig und wird hier durch ein etwas umfangreicheres Methodenkapitel und die Herleitung und Begründung der verwendeten Methoden und Instrumente bewusst angestrebt.

Eine weitere Maßnahme zur Steigerung der Objektivität ist die Verwendung weitgehend standardisierter Verfahren. Allerdings ist hierbei darauf zu achten, die zur Erfassung des Untersuchungsgegenstandes notwendige Offenheit nicht aufzugeben. Deswegen konnte diese Maßnahme im Forschungsprozess nicht gleichermaßen umgesetzt werden: Bei der Erhebung wurde ein Leitfaden eingesetzt, um den grundsätzlichen Ablauf des Interviews und die inhaltlichen Themen für alle geführten Interviews gleich zu gestalten. Es wurde aber bewusst Offenheit gegenüber den von den Interviewpartnern genannten Themen, einer auf die jeweilige Interviewsituation angepassten Frageformulierung und auch der Reihenfolge der Fragen bei der Erhebung der Probleme im Umgang mit Wissen bewahrt. Für die Aufbereitung konnte durch die Vorgabe von Transkriptionsregeln und für die Auswertung durch die Wahl der Methode der qualitativen Inhaltsanalyse eine gewisse Standardisierung des Vorgehens erreicht werden, ohne die Freiheit der Interpretation von Daten aufzugeben.

Schließlich wurde (soweit es mit den für die vorliegende Arbeit vorhandenen personellen Ressourcen möglich war) der Forschungsprozess durch mehrere Personen umgesetzt, um von vornherein für Intersubjektivität zu sorgen. Für die Erhebung ist auf Grund des zeitlichen Aufwands (Training der Interviewer, Durchführung der Interviews vor Ort) auf zusätzliche personelle Hilfe verzichtet worden. In der Aufbereitung wurden mehrere Personen für die Transkription und deren Korrektur eingesetzt. Ebenso wurde bei der Auswertung die Strukturierung der Interviewtranskripte (siehe Kapitel 4.6.2) durch mehrere Personen vorgenommen. Beim zweiten Schritt der Auswertung (d. h. der Zusammenfassung der Aussagen der Interviewer zu Problembeschreibungen) war wie oben wegen der zeitintensiven Einarbeitung und Durchführung kein weiterer Forscher involviert. Hier hat aber eine Überprüfung der Ergebnisse durch die Interviewpartner stattgefunden.

Reliabilität

Reliabilität wird als Kriterium für die Zuverlässigkeit von Instrumenten verstanden. Wiederholt man z. B. die Datenerhebung mit einem Instrument (am selben Fall), so sind dieselben Ergebnisse zu erwarten. In der qualitativen Sozialforschung ist dieses Kriterium strittig, da der Untersuchungsgegenstand nicht als stabil, sondern als stetig im Wandel, in der (Re-)Konstruktion inbegriffen, angesehen wird. Reliabilität ist daher in der qualitativen Sozialforschung noch nicht wirklich definiert. Das kann zusätzlich aus der Kritik herrühren, dass man sich besser auf den Inhalt konzentrieren solle, als sich methodischen Problemen zu widmen (siehe Krippendorff 2004, S. 213). Trotzdem soll Reliabilität hier als Zuverlässigkeit im Sinne einer „prozeduralen Reliabilität“ (Wrona 2006, S. 207) verstanden werden, d. h. es kann nachvollzogen werden, ob das Vorgehen bei der Untersuchung und die Interpretation der Daten schlüssig war. Die Maßnahmen für ihre Sicherstellung stehen jenen der Objektivität sehr nahe.

Auch hier geht es um die Dokumentation des Forschungsprozesses, der darin verwendeten Methoden und die Explikation der Annahmen der Untersuchung. Dieser Forderung wurde bereits nachgekommen.

Die für Fallstudien übliche Durchführung von Pilotstudien hat auch zur Steigerung der Reliabilität beigetragen. Dies gilt einerseits für die Identifikation der geeignetsten Methode für die Erhebung (Problemaudit anstelle der Critical Incident Technique) und andererseits für die Erarbeitung des Codierleitfadens. Dieser konnte nach der Überprüfung am Material der Pilotstudie angepasst und um Regeln für die Abgrenzung der Kategorien und entsprechende Beispiele ergänzt werden, um bei der Strukturierung reliable (wiederholbare) Ergebnisse zu liefern.

Auch für die Sicherstellung der Reliabilität ist der Einsatz mehrerer Forscher notwendig. In der vorliegenden Untersuchung bezog sich dieser Einsatz auf die Phasen der Aufbereitung und Auswertung. In der Phase der Aufbereitung sind die Transkripte auf Fehler geprüft worden. Da eine vollständige Überprüfung durch mehrere Personen auf Grund der gegebenen Ressourcen nicht möglich war, sind in jedem Interviewtranskript durch eine Hilfskraft zufällig Textabsätze ausgewählt, überprüft und gegebenenfalls korrigiert worden. Die Korrekturen umfassten in keinem Fall Sinn tragende Textstellen, so dass von zuverlässig erstellten Abschriften der Interviewmitschnitte ausgegangen werden kann.

In der Phase der Auswertung wurde die Zuverlässigkeit der Interpretation der Daten durch die Bestimmung der Intercoder-Reliabilität überprüft. Sie bezieht sich auf die Strukturierung der Interviewtranskripte (siehe Kapitel 4.6.2). Die Intercoder-Reliabilität ist ein Maß für die Übereinstimmung der Codierung von Texteinheiten durch verschiedene Personen (Krippendorff 2004, S. 215f.). Obwohl der Sinn dieser Angabe im Sinne der Annahmen auf ontologischer Ebene aus Kapitel 4.1 in Frage gestellt werden kann, weil damit auf Seiten der Forscher eine Reliabilität bezüglich ihrer eigenen Sicht erreicht werden kann, die inhaltlich keinen Bezug mehr zu untersuchten Realität hat (siehe auch Mayring 2007b, S. 110), soll sie doch bestimmt werden, da sie als wichtige Voraussetzung für die Validität angesehen wird (Krippendorff 2004, S. 212f.). Die Bestimmung der Reliabilität orientierte sich an den Vorgaben von Lombard et al. (2002, 2008).

Für die Strukturierung der Interviewtranskripte kamen insgesamt zwei Codierer zum Einsatz. Dies war neben dem Autor eine wissenschaftliche Hilfskraft. Die Hilfskraft erhielt eine kurze Einführung in die Thematik der vorliegenden Arbeit und führte danach die Strukturierung unabhängig durch. Auf Grund der begrenzten personellen Ressourcen sind aus sämtlichen Interviews nur drei Interviews zufällig ausgewählt und codiert worden. Bei der Codierung wird jede Codiereinheit der Transkripte mit genau einem der Einträge aus Tabelle 4.11 versehen. Diese Einträge können als Ausprägungen einer einzelnen Variable („inhaltliche Struktur“) auf nominalem Skalenniveau verstanden werden. Bei fehlender Übereinstimmung ist die Codierung des Autors vorgezogen worden. Zur Überprüfung der Intercoder-Reliabilität bieten sich verschiedene Kriterien an (Lombard et al. 2002, S. 590–593, Krippendorff 2004, S. 221–250). Unter diesen sticht Krippendorffs α hervor, das für viele Szenarien (verschiedene Skalenniveaus der Variablen und Anzahl der Codierer) eingesetzt werden kann und auch zufällige Übereinstimmungen von Codierern berücksichtigt. Die Berechnung von Krippendorffs α erfolgt also für den Fall nominaler Daten durch zwei Codierer und ohne „missing values“, d. h. sämtliche Einheiten wurden codiert (Krippendorff 2004, S. 221–236, Krippendorff 2007). Für die Berechnung wurde die Statistik-Software *R* (Version 2.10.1, Paket concord)[23] verwendet (siehe Tabelle 4.14).

[23] Website: http://cran.r-project.org/

Als minimal akzeptable Größe für Krippendorffs α gilt ein Wert von 0,8, für explorative Untersuchungen auch von 0,7 (Krippendorff 2004, S. 241, Lombard et al. 2002, S. 593). Die in den drei Interviews erreichten Werte sind sehr niedrig. Das lässt sich einerseits durch den explorativen Charakter der Untersuchung begründen. Andererseits wurde der zweite Codierer zwar trainiert, hatte damit aber bei weitem nicht den Einblick in die Untersuchung und die Situation in den Fallstudien wie der Autor, was die Codierung beeinflusste. Hier wäre der Einsatz einer Forschergruppe für die Dauer der gesamten Untersuchung sinnvoll gewesen. Die Interviews mit den niedrigsten Werten sind nicht weiter verwendet worden. Nur das Interview aus der Pilotstudie wurde – da es die Aussagen des Wissensmanagers des Falles umfasste – nicht ausgeschlossen.

Tabelle 4.14: Intercoder-Reliabilitäten

Interview	**Krippendorffs α**
1–2 (Pilotstudie)	0,655
3–3	0,579
4–4	0,604

Zur Intercoder-Reliabilität ist weiterhin kritisch anzumerken, dass diese eigentlich nicht nur für die Strukturierung bereits vorgegebener Einheiten (wie im vorliegenden Fall) bestimmt werden sollte, sondern auch und zuerst für die Bildung dieser Einheiten. Da diese in der empirischen Forschung bisher kaum angewendet wird und ihre Berechnung für größere Datenmengen schwierig ist (Krippendorff 2004, S. 219, 251–256; detailliert in Krippendorff 1995), wurde hier darauf verzichtet und der Einfachheit halber die Codiereinheit als Einheit vorgegeben.

Die Intercoder-Reliabilität stellt die Reliabilität für den deskriptiven Teil der Auswertung sicher. Der explorative Teil ist davon nicht betroffen. Hierfür schlägt Yin (2003, S. 105f.) die Sicherstellung der Reliabilität durch eine nachvollziehbare „Beweiskette" vor. Nach diesem Prinzip soll jede Aussage im Text über eventuelle Zwischenschritte (wie z. B. Zusammenfassungen) bis auf die ursprüngliche Datenquelle oder methodische Vorgabe zurückverfolgt werden können. Dieser Forderung wurde hier nachgekommen: Die Beschreibung von Problemen und ihre Interpretation lässt sich rückwärts über die einzelnen Schritte der Zusammenfassung in Problemklassen bzw. zu unternehmensspezifischen Problemen auf die einzelnen Probleme (die im Anhang aufgeführt sind) bzw. die Fallbeschreibungen und die diesen zu Grunde liegenden Daten zurückführen. Die Übergänge zwischen den einzelnen Daten sind detailliert in Kapitel 4 beschrieben.

Validität

Die Validität wird allgemein als das wichtigste Gütekriterium angesehen. Unter Validität wird wie in der quantitativ orientierten Forschung das Ausmaß verstanden, in dem das untersucht wird, was untersucht werden sollte. Validität wird in der qualitativen Forschung aber nicht messtechnisch, sondern interpretativ-kommunikativ verstanden. Validität bezieht sich einerseits auf die in der Untersuchung verwendeten Instrumente und andererseits auf die Untersuchung insgesamt. Im Folgenden wird auf die Inhaltsvalidität, die Konstruktvalidität und die interne und externe Validität eingegangen.

Im Rahmen der Validitätsprüfung ist zunächst die Inhaltsvalidität sicherzustellen, d. h. die Kongruenz der Forschungsmethoden mit den Annahmen der Untersuchung. Diese wurde hier durch die vor und während der Pilotstudie durchgeführten Pretests für die Erhebungsmethoden (siehe Kapitel 4.4) und die Pilotstudie selbst für das gesamte Forschungsdesign gewährleistet.

Danach ist die Konstruktvalidität zu prüfen, d. h. ob das untersuchte Konstrukt jeweils auf die gleiche Art und Weise interpretiert wird. Hier kommen mehrere Maßnahmen zum Tragen. Die erste besteht in der Triangulation, also der Betrachtung des Untersuchungsgegenstandes aus mehreren Richtungen (siehe Flick 2007b, S. 309–312, Yin 2003, S. 97–99): Die Daten aus verschiedenen Interviews werden verwendet, um Probleme im Umgang mit Wissen umfassend zu beschreiben (Daten-Triangulation). Dazu wurden in der Erhebung Interviewpartner nach Problemen gefragt, die andere Personen bereits erwähnt hatten, und in der Auswertung Äußerungen von Interviewpartnern zu gleichen oder ähnlichen Problemen in der Auswertung zusammengefasst. Die Triangulation hätte noch weiter getragen werden können. So wäre es hilfreich gewesen, die Interviews als Tandem durchzuführen, um die Ergebnisse beider Interviewer nachfolgend zusammenzuführen und damit die Verzerrung durch einzelne Personen zu mindern (Eisenhardt 1989, S. 538).

Weiterhin ist eine kommunikative Validierung hilfreich für die Konstruktvalidität. Diese bestand darin, die von den Interviewpartnern gemachten Aussagen diesen nach der Auswertung zur Prüfung vorzulegen und die Ergebnisse entsprechend anzupassen. Dafür wurden die entsprechenden Ausschnitte aus Kapitel 5 den Kontaktpersonen der jeweiligen Fälle vorgelegt. Letztlich trägt auch der bereits für die Reliabilität beschriebene Aufbau einer Beweiskette zur Konstruktvalidität bei.

Die interne Validität als Validität der gesamten Untersuchung lässt sich mit den Maßnahmen der Triangulation und der kommunikativen Validierung sicherstellen, die bereits angesprochen wurden. Weitere Maßnahmen – wie insbesondere Yin (2003, S. 36, 112–122, 127–133) sie vorschlägt – sind nicht ergriffen worden. Sie gelten eher für explanative Studien, wohingegen der Fokus hier auf der Exploration lag.

Im Folgenden soll aber noch auf Verzerrungen eingegangen werden, die die Validität der Untersuchung gefährden (Wrona 2006, S. 205). Eine grundlegende Verzerrung kann sich durch das gewählte Forschungsdesign ergeben. Das Design entspricht einer Querschnittsstudie, d. h. die Fälle werden nur in einer Momentaufnahme untersucht. Somit besteht die Gefahr, lediglich Probleme zu nennen, die zu diesem Zeitpunkt aktuell, aber nicht typisch für das jeweilige Unternehmen waren. Allerdings hat sich bei der Untersuchung der Fälle kein Hinweis darauf ergeben, dass es in der Zeit vor der Erhebung einschneidende Ereignisse gegeben hat. Hier hätte es sich angeboten, zwar das „multiple case embedded design“ beizubehalten, die Fälle aber als Längsschnittstudien durchzuführen, um die Entwicklung der Wahrnehmung, der Auswirkung und des Umgangs mit Problemen im Umgang mit Wissen genauer (sprich valider) beschreiben zu können (siehe Hill & McGowan 1999, S. 12f.; siehe hierzu auch Pettigrew 1990). In der vorliegenden Arbeit ist die Querschnittsbetrachtung vorgezogen worden, da nur dafür personelle und zeitliche Ressourcen bereitstanden. Allerdings bleibt bei einer langfristigen Betrachtung fraglich, ob die angesprochenen Unternehmen einer derart intensiven Betrachtung bzw. Begleitung zustimmen.

Eine weitere Verzerrung ergibt sich aus der fehlenden Kontrolle der Auswahl der Interviewpartner. Zwar wurden den Kontaktpersonen in den Unternehmen die Kriterien für diese Auswahl mitgeteilt, es konnte aber nicht überprüft werden, ob die tatsächliche Auswahl (nur) anhand dieser Kriterien stattfand: So war grundsätzlich eine Auswahl von Personen möglich, die im Sinne der Kontaktperson positiv antworten, keine Kenntnis von bestimmten Problemfeldern haben oder Problemfelder ansprechen, die vor allem von Interesse für die Kontaktperson sind (siehe auch Merkens 2007, S. 288). Diese Verzerrung wurde – auch wegen des ohnehin schwierigen Zugangs zum Feld – hingenommen.

Ein daran anschließendes Problem ist das des Key Informants, d. h. dass eine Person valide Auskunft über ihre Organisation geben soll. Hier ergeben sich Verzerrungen durch individuelle Interpretationen von Interviewerfragen, den Einfluss von persönlichen Faktoren (wie die Funktion im Unternehmen oder die Motivation) und durch die von den Interviewpartnern verlangte Einschätzung zeitlich zurückliegender Ereignisse (Hurrle & Kieser 2005, S. 594–597). Allerdings ist hier anzumerken, dass potentiell jede Person Aussagen sowohl über eigene als auch organisatorische Probleme im Umgang mit Wissen machen kann, weil sie selbst davon betroffen ist. Die Erhebung erfolgte hier außerdem in einem Interview vor Ort, so dass eventuelle Verständnisprobleme direkt gelöst werden konnten. Zudem wurden mehrere Personen befragt, so dass ihre Aussagen trianguliert werden konnten.

Eine der Verzerrungen, die in den Interviews entstehen können, soll noch einzeln angesprochen werden. Sie bezieht sich auf den Social Desirability Response Bias, d. h. ein sozial erwünschtes Antwortverhalten (Randall & Fernandes 1991, Nederhof 1985). So wollen Interviewpartner z. B. ihre Gründe nicht preisgeben, wieso sie Wissen nicht weitergegeben haben bzw. wollen nicht negativ über das Verhalten anderer Personen sprechen. Als Lösung wurde bei der Erhebung auf die Zusicherung von Anonymität (Randall & Fernandes 1991, S. 813) und bei der Auswertung auf die Triangulation von Aussagen zurückgegriffen.

Unter externer Validität wird der Grad der Verallgemeinerbarkeit von Aussagen aus einer Untersuchung verstanden. Dieses Kriterium ist in der qualitativen Forschung umstritten, da einerseits Untersuchungen schwer auf gleiche Weise wiederholt werden können (siehe die Aussagen bei der Reliabilität), und andererseits wird eine Verallgemeinerung oft auch nicht angestrebt.

Zentrale Maßnahme für die Sicherstellung der externen Validität ist die Replikation von Untersuchungen an anderen Fällen. Durch die begrenzten Ressourcen für die vorliegende Arbeit wurde die Anzahl der Fallstudien vorher festgelegt, und die Auswahl der Fälle konnte nicht ausschließlich von inhaltlichen Kriterien abhängig gemacht werden. Die externe Validität kann daher nicht hergestellt werden. Dies ergibt sich aus der Vielfalt existierender Unternehmen, die nicht umfassend untersucht werden kann. Schließlich ist Fallstudienforschung sehr arbeitsaufwändig und umfasst daher stets nur einige wenige Fallstudien. Stattdessen bietet das vorgeschlagene Forschungsdesign die Möglichkeit, erste grundlegende Aussagen für eine detaillierte Beschreibung von Problemen im Umgang mit Wissen zu machen und den Boden für weitere Forschung zu bereiten.

4.8 Zusammenfassung

In diesem Kapitel wurden das Forschungsdesign und entsprechende Forschungsmethoden für die empirische Untersuchung der vorliegenden Arbeit hergeleitet und vorgestellt.

Ziel der Untersuchung war die Identifikation und Beschreibung von Problemen im Umgang mit Wissen. Aus den Ergebnissen der empirischen Untersuchung soll abschließend ein Wissensmanagement-Konzept formuliert werden. Die Untersuchung fußt dabei auf Annahmen des sozialen Konstruktivismus, d. h. die soziale Welt ist und wird von Personen konstruiert. Die Untersuchung ist damit von der Nähe des Forschers zum Untersuchungsgegenstand und von Wertbeladenheit geprägt.

Aufbauend darauf ist für die Erhebung der Probleme im Umgang mit Wissen die Fallstudie als geeignete Forschungsstrategie ausgewählt worden. Die Fallstudie ist als „multiple case embedded design" ausgestaltet, d. h. es werden mehrere Fälle jeweils anhand mehrerer Analyseeinheiten untersucht. Für die Erhebung, Aufbereitung und Auswertung wird auf qualitativ orientierte Methoden gesetzt:

- In der Erhebung wurde ein durch einen Leitfaden gestütztes Interview genutzt. Aus zwei potentiell geeigneten Herangehensweisen – Critical Incident Technique und Problemaudit – ist Letzteres als am besten geeignet ausgewählt worden.
- Die Interviews wurden aufgenommen und anschließend transkribiert.
- Die Auswertung nutzte die qualitative Inhaltsanalyse für die Identifikation und Beschreibung von Problemen im Umgang mit Wissen. Für die Gegenüberstellung der verschiedenen Probleme kam die Korrespondenzanalyse zum Einsatz.

Abschließend sind die Kriterien Objektivität, Reliabilität und Validität definiert und für die vorliegende Untersuchung beurteilt worden:

- Die Objektivität konnte durch eine ausführliche Dokumentation des Forschungsprozesses, die Verwendung weitestgehend standardisierter qualitativer Forschungsmethoden und die Beteiligung mehrerer Forscher am Forschungsprozess sichergestellt werden. Letzteres war durch die begrenzten Ressourcen für die Untersuchung allerdings nicht vollständig umsetzbar.

- Für die Sicherstellung der Reliabilität konnte auf die Maßnahmen für die Objektivität zurückgegriffen werden. Außerdem wurde eine Pilotstudie durchgeführt. Einzig die Intercoder-Reliabilität lag unterhalb der erwarteten Werte.
- Wichtigste Maßnahmen zur Sicherstellung der internen Validität sind die Triangulation der erhobenen Daten und deren kommunikative Validierung. Die Validität wird durch die Querschnittsuntersuchung, die fehlende Kontrolle der Auswahl der Interviewpartner und deren Rolle als sozial erwünscht agierende Informanten gefährdet. Die externe Validität kann nicht sichergestellt werden.

Trotz der genannten Schwachpunkte kann davon ausgegangen werden, dass methodisch gesicherte Ergebnisse für die untersuchten Fallstudien vorliegen. Untersuchungen wie die hier vorgestellte sind methodisch keineswegs trivial und benötigen eine langfristige Ausrichtung. Viele auf diesem Forschungsdesign aufbauende Arbeiten werden daher stets nur Teile zu Konzepten oder Theorien beitragen können, werden aber trotzdem als weitergehender betrachtet als nur auf wenige Inhalte beschränkte, quantitativ orientierte Forschungsvorhaben. Die Vorstellung der mit der vorliegenden Untersuchung erzielten Ergebnisse folgt in den nächsten Kapiteln.

Kapitel 5

Fallanalyse

Das folgende Kapitel umfasst den ersten Teil der Ergebnisse der vorliegenden Arbeit. Es liefert eine Beschreibung der Probleme im Umgang mit Wissen, die in den untersuchten Unternehmen tatsächlich auftreten. Das Kapitel illustriert den untersuchten Gegenstand in seinem jeweiligen Kontext und lässt daher – so das Ziel der Fallstudienforschung – den einzelnen Fall „sprechen" (Yin 2003, S. 144f., Stake 2005, S. 457–459; siehe auch Miles 1982, S. 127f.).

Im Folgenden werden zunächst die Ziele und die Struktur vorgestellt, anhand welcher die Fallstudien besprochen werden. Danach folgt in je einem eigenen Abschnitt die Beschreibung der untersuchten Fälle in chronologischer Reihenfolge.

5.1 Einführung

Der erste Schritt in der Präsentation der Ergebnisse ist die „within-case analysis" (Eisenhardt 1989, S. 539f.). Dem Leser soll ein Eindruck vermittelt werden, in welchem spezifischen organisatorischen Kontext welche Probleme im Umgang mit Wissen auftreten. Dabei wird jeder Fall als Ganzes und die Interviewpartner als einzelne Bestandteile des Falles mit ihren Problemen vorgestellt. Die Fälle stehen hier also erst einmal nebeneinander. Damit soll ein Verständnis für die Probleme entwickelt und Richtungen für die Gesamtanalyse in Kapitel 6 aufgedeckt werden.

Aus den möglichen Formen der Darstellung in der qualitativen Forschung ist hier die der realistischen Darstellung, d. h. sachlich und dokumentarisch, gewählt worden (siehe Matt 2007, S. 583–585). Die Beschreibung der Fälle erfolgt anhand des folgenden Schemas (orientiert an den Vorschlägen von Yin 2003, S. 80, 141–166):

- Vorstellung: Zunächst erfolgt eine allgemeine Vorstellung des jeweiligen Falles. Betrachtet werden die angebotenen Produkte bzw. Dienstleistungen und die Marktsituation, die Entwicklung des Unternehmens, der organisatorische Aufbau und seine Führung sowie die bisherigen Aktivitäten im Wissensmanagement (sofern gegeben). Außerdem wird auf den Ablauf der Interaktion zwischen dem Autor und dem Unternehmen eingegangen.
- Probleme im Umgang mit Wissen: Es werden die Probleme im Umgang mit Wissen beschrieben, wie sie von den einzelnen Interviewpartnern geschildert wurden. Diese Einzelbeschreibungen sind für den jeweiligen Fall zusammengefasst worden (entsprechend der Struktur der Problembeschreibung aus Kapitel 3.2.1). Vor der Darstellung der Probleme wird außerdem auf das Verständnis für Wissen im jeweiligen Fall eingegangen.
- Erkenntnisse: Schließlich werden die Aussagen formuliert, die der jeweilige Fall zur Beantwortung der Fragestellung der vorliegenden Arbeit beiträgt. Sie sind auch für die Gesamtanalyse in Kapitel 6 von Interesse.

Die Beschreibungen der Fälle sind den jeweiligen Kontaktpersonen zur Einsichtnahme vorgelegt worden. Es hat aber keine Rückmeldungen mit Ergänzungen bzw. Korrekturen gegeben.

Bei der Präsentation von Fallstudien stellt sich immer die Frage nach der Anonymität. Es gibt gute Gründe, Fälle nicht anonymisiert zu präsentieren, z. B. können bereits vorliegende Forschungsergebnisse für einen Fall nicht verwendet werden, wenn dieser anonym bleibt (siehe Yin 2003, S. 157f.). Betrachtet man andererseits die in Kapitel 3.2.1 definierten Probleme, so ist einsichtig, dass bei Untersuchungen zum Wissensmanagement immer mit einem Social Desirability Response Bias gerechnet werden muss (siehe auch die Überlegungen zu den Methoden für die Erhebung in Kapitel 4.4). Als ein Mittel, diese Verzerrung einzugrenzen, wird ein hohes Maß an Anonymität angesehen (Randall &

Fernandes 1991, S. 813). Daher ist hier ein Mittelweg gewählt worden: Während die Aussagen über die Unternehmen nicht anonymisiert wurden, ist den einzelnen Interviewpartnern Anonymität zugesichert worden. Für sie werden an Stelle ihrer Namen Nummern verwendet.

Die Reihenfolge der Vorstellung der Fälle spiegelt keine Wertung wider, sondern entspricht dem chronologischen Ablauf der Untersuchung, beginnend mit der Beschreibung der Pilotstudie.

5.2 Fall Hybris (Pilotstudie)

Die Hybris GmbH wurde 1997 in München gegründet und ist im Bereich so genannter Multi-Channel Commerce and Communication Software tätig.[1] Diese erste Fallstudie diente – wie in der Fallstudienforschung üblich – der Erprobung verschiedener Forschungsmethoden und des kompletten Forschungsdesigns (Yin 2003, S. 79f., 101; siehe Kapitel 4). In diesem Kapitel stehen die inhaltlichen Ergebnisse der Pilotstudie im Mittelpunkt des Interesses.

5.2.1 Vorstellung

Multi-Channel Commerce and Communication Software wird eingesetzt, um die Kommunikation und den Vertrieb von Produkten und Dienstleistungen über eine Vielzahl von Kanälen (wie z. B. Printmedien, online) koordiniert zu planen und zu steuern. Hierfür hat Hybris die „E-Business Platform“ entwickelt. Basierend auf dieser Plattform werden drei Produkte angeboten:

- „Hybris PIM“ (Product Information Management) führt durch Abteilungen und Personen verteilt verwaltete Daten über Produkte in einer zentralen Datenbank zusammen (z. B. Artikelnummern, Preise, Produktbeschreibungen, Animationen).
- „Hybris Commerce“ bildet den Vertrieb von Produkten über das WWW ab und bietet Funktionen für das Marketing, den Verkauf und den Service an.

[1] Die Informationen zu Hybris wurden folgenden Quellen entnommen: verfügbare Webressourcen (http://www.hybris.de/; Abruf am 22.04.2010), Gespräche mit dem Wissensmanager am 29.07.2008 in Passau und 17.12.2008 vor Ort, Diplomarbeit zum Wissensmanagement bei Hybris.

- „Hybris Print“ stellt Funktionalitäten für Druckerzeugnisse für den Vertrieb (z. B. Kataloge, Broschüren oder Preislisten) zur Verfügung.

Diese Produkte können auch gemeinsam als Suite genutzt werden. Sie lassen sich außerdem um Module (wie z. B. Exportfilter) erweitern. Das Unternehmen hat sich im Bereich derartiger Software schnell zu einem der führenden Anbieter entwickelt (siehe Tabelle 5.1).

Tabelle 5.1: Entwicklung des Unternehmens Hybris

Jahr	Beschreibung
1997	Gründung der Hybris GmbH in München
1998	Vorstellung des ersten Produkts „Hybris Shop“ (eine Out-of-the-Box-Lösung für E-Commerce auf Microsoft-Basis)
2000	positive Absatzzahlen erlauben Expansion nach Österreich und in die Schweiz
2001	Umstellung der Software auf J2EE (Java Platform, Enterprise Edition)
2002	Gewinn bekannter Unternehmen als Kunden (z. B. Bechtle) und als Vertriebspartner (z. B. EDS)
2003	Release der „E-Business Platform“ (mit einem Product Information Management als Basis für Anwendungen wie E-Commerce oder E-Procurement)
2004	Akquise weiterer bekannter Kunden (z. B. Puma, Webasto); Gewinn einer Schweizerischen Venture-Capital-Gesellschaft als Investor
2005	Release der „E-Business Platform 2.0“; Gewinn weiterer Kunden; Eröffnung eines Büros im Vereinigten Königreich
2006	Kundengewinne im Vereinigten Königreich (z. B. Virgin Megastores); Auszeichnung mit zwei European Retail Solutions Awards 2006
2007	Expansion in die Niederlande; Release der „E-Business Platform 3.0“
2008	Eröffnung eines Büros in Schweden für den skandinavischen Markt

Die Software wird mittlerweile weltweit eingesetzt, ca. 180 Kunden nutzen die Lösungen von Hybris auf mehr als 1.500 Websites. Hybris nimmt mit seinen Produkten eine führende Stellung in der Branche ein: In einer Studie von Forrester wird Hybris neben Unternehmen wie IBM, ATG und Fry als Führer im Bereich E-Commerce Software für B2C (Business to Consumer) angesehen. Dabei werden das Katalogmanagement, die Enterprise Integration, die umfangreichen Möglichkeiten für die Lokalisierung und die Vielzahl an Funktionen für E-Commerce als Stärken der Software hervorgehoben (Walker 2009, S. 8–12).

Die Hauptniederlassung der Hybris GmbH befindet sich in München. Hier sind alle Bereiche des Unternehmens versammelt (siehe Abbildung 5.1). Das Unternehmen wird von einem dreiköpfigem Management-Team geführt, dem zwei

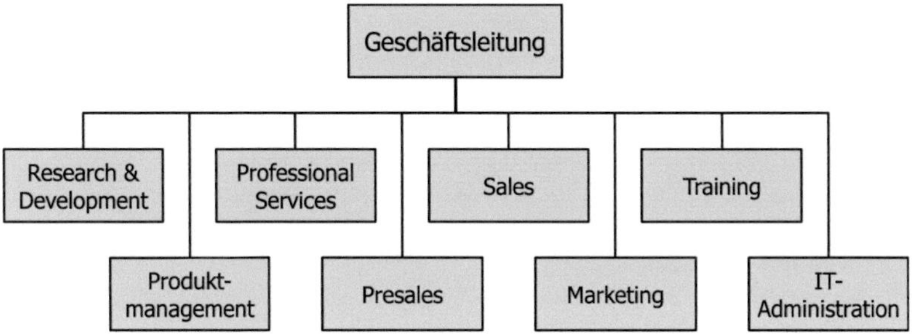

Abbildung 5.1: Organigramm von Hybris

der insgesamt drei Gründer des Unternehmens angehören. Von den einzelnen Bereichen sind die folgenden hervorzuheben:

- Die Abteilung Research & Development übernimmt Neu- und Weiterentwicklungen der Produkte von Hybris.
- Die diesen vorausgehenden Kundenwünsche und Trends werden vom Produktmanagement erfasst und an Research & Development weitergegeben. Das Produktmanagement ist außerdem für die Dokumentation von Produkten und Entwicklungsprojekten und für das Wissensmanagement zuständig.
- Die Anpassung und Konfiguration der Software an die spezifischen Wünsche der Kunden ist Aufgabe der Professional Services.
- Der Vertrieb ist in die Vorbereitung des Verkaufs (Presales, mit Herstellung von Kontakten und Anbahnung des Verkaufs) und den eigentlichen Verkauf (Sales) gegliedert.

Hybris hat neben der Hauptniederlassung Standorte in der Schweiz, Österreich, dem Vereinigten Königreich, den Niederlanden, Schweden, den Vereinigten Staaten und in Polen. Die Standorte im Vereinigten Königreich, Polen, der Schweiz und Schweden sind im Bereich Professional Services tätig. Der Standort in Polen wird derzeit zu einem Entwicklungsstandort ausgebaut. Außer in Polen sind an den Standorten jeweils auch Mitarbeiter aus dem Bereich Sales beschäftigt. Außerdem existiert ein Netz an Vertriebs- und Technologiepartnern in Europa und den Vereinigten Staaten. Das Unternehmen beschäftigt insgesamt ca. 90 Personen, allein 60 davon in München.

Hybris betreibt bereits seit 2007 Wissensmanagement. Zu dieser Zeit wurde der Entwicklungsprozess der Software konkreter gefasst, und man stellte fest, dass die Entwicklung in den einzelnen Prozessen unzureichend dokumentiert wurde. Dies war der Auslöser dafür, eine Person innerhalb der Abteilung Produktmanagement explizit mit Aufgaben des Wissensmanagements zu betrauen. Das Wissensmanagement bei Hybris widmet sich vor allem den Bereichen für die Erstellung und den Vertrieb der Produkte – d. h. den Abteilungen Research & Development, Produktmanagement, Professional Services und Presales. Hier liegt daher auch der Schwerpunkt bei der Untersuchung.

Im Wissensmanagement wurden bereits verschiedene Maßnahmen ergriffen. So wurde ein Expertenverzeichnis (so genannte Gelbe Seiten) aufgebaut, um Personen anhand ihres Wissensgebietes im Unternehmen finden zu können. Für die Kommunikation wurden Newsletter eingerichtet: Ein Newsletter richtet sich an die Partner, die Hybris Software bei Kunden implementieren. Er dient der Information über technische Probleme, Lösungen und aktuelle Entwicklungen. Ein zweiter Newsletter ist für die Mitarbeiter selbst gedacht und behandelt ausschließlich technische Fragen.

Aktuelle Fragen in Hinsicht auf den Umgang mit Wissen betreffen das Bewahren und Verteilen von Wissen aus den Softwareentwicklungsprojekten. Hier reichen geplante Zeiten für die Erfüllung eines Projekts kaum aus, um über die Entwicklung hinaus den Entwicklungsprozess in Hinsicht auf Lessons Learned oder Best Practices zu dokumentieren. Des Weiteren wird mit der zunehmenden Anzahl an Mitarbeitern an verschiedenen Standorten die Koordination zu einem Problem. Insbesondere steht die Art und Weise der Übertragung von Wissen über die Softwareentwicklung und die Produkte von Hybris vom Standort München an den polnischen Standort zur Debatte. Die Merkmale des Unternehmens lassen sich wie in Tabelle 5.2 aufgeführt zusammenfassen.

Tabelle 5.2: Unternehmenscharakteristik Hybris

Merkmal	**Ausprägung**
Branche	Verlegen von Software für E-Commerce
Größe	90 Mitarbeiter an 8 Standorten (Hauptniederlassung: 60 Mitarbeiter)
Alter	13 Jahre
Eigentümer-Manager	in Geschäftsleitung vertreten, indirekt führend
Wissensmanagement	existiert (Gelbe Seiten, Newsletter, Dokumentation von Softwareprojekten, Wissensaustauch zwischen Standorten)

Mit dem Unternehmen Hybris bestand seit Ende Juli 2008 Kontakt, als sich der neu berufene Wissensmanager mit der Bitte um Unterstützung bei Fragen des Wissensmanagements an den Lehrstuhl für Wirtschaftsinformatik II der Universität Passau wandte. Im Dezember 2008 kam es zu einem Beratungsgespräch zwischen dem Autor dieser Arbeit und dem Wissensmanager zum Thema des Wissensaustauschs zwischen den einzelnen Standorten von Hybris – insbesondere der Hauptniederlassung in München und dem Entwicklungsstandort in Polen. Dafür wurden zwei Maßnahmen zur Untersuchung des Stands des Wissensmanagements bei Hybris beschlossen: Zum Ersten wurde eine Untersuchung von Einflussfaktoren des Wissensmanagements mit der Methode „KnowMetrix“ (siehe Lehner et al. 2008, 2009) geplant, um Stärken bzw. Schwächen in den Faktoren bei Hybris zu identifizieren. Die Untersuchung erfolgte im Rahmen einer Diplomarbeit (welche auch Daten für die Vorstellung des Unternehmens in diesem Kapitel lieferte). Zum Zweiten wurde die Untersuchung im Sinne des problemorientierten Wissensmanagements der vorliegenden Arbeit als vertiefende Ergänzung zu „KnowMetrix“ eingeplant.

Die Erhebung fand am 05.03.2009 und 10.03.2009 statt. Dabei wurden in Absprache mit dem Wissensmanager zu jedem Termin vier Interviews geführt – insgesamt also acht Personen aus den Bereichen Presales, Professional Services und Research & Development, inklusive des Wissensmanagers selbst. Die Ergebnisse der Erhebung wurden im Juli 2009 in einer Präsentation bei Hybris vor Ort ausführlich vorgestellt und erörtert. Teilnehmer waren drei der Interviewpartner (inklusive des Wissensmanagers) und zwei weitere Personen aus der Führung des Unternehmens. Dieses Treffen hat Fragen nach der Lösung verschiedener Probleme aufgeworfen, u. a. nach Möglichkeiten der Sicherung von Wissen in Projekten der Softwareentwicklung. Für die Diskussion von Lösungsmöglichkeiten für diese Probleme fand im Februar 2010 in München ein Workshop mit Hybris und weiteren Unternehmen (u. a. Behr, Bosch, Continental) statt.

5.2.2 Probleme im Umgang mit Wissen

Im Folgenden werden die Ergebnisse der Untersuchung im Fall Hybris vorgestellt. Bevor jedoch auf die Probleme im Umgang mit Wissen eingegangen werden kann, muss das Verständnis für Wissen bei den Interviewpartnern von Hybris expliziert werden. Danach folgt ein Überblick über die von ihnen genannten Probleme. Aus diesen werden einzelne Problembereiche herausgegriffen und näher vorgestellt.

Verständnis für Wissen

Jeder Interviewpartner wurde vor der Beschreibung von Problemen im Umgang mit Wissen nach seinem Verständnis für Wissen befragt, d. h. worin besteht das Wissen für die eigene Tätigkeit, wie wird Wissen definiert und wie wird damit umgegangen. Die Angaben der Interviewpartner wurden (mit der Häufigkeit ihrer Nennung) in Abbildung 5.2 zusammengefasst und stellen eine Art Profil des Wissensverständnisses von Hybris dar.

Was als Wissen bezeichnet bzw. verstanden wird, ist erwartungsgemäß sehr umfangreich, schließlich nennt hier jeder Interviewpartner, was er für seine Tätigkeit als Wissen benötigt. Jedoch werden zentrale Wissensbestandteile sichtbar: vor allem Wissen über Projekte (sowohl die Erfahrungen daraus in Form von Lessons Learned oder Best Practices als auch zum aktuellen Status), zur Technik der Software, den eigenen Produkten und zu entsprechenden Ansprechpartnern für bestimmte Themen. Der Umgang mit diesem Wissen erfolgt nicht entsprechend explizit vorgegebener Prozesse, sondern fast ausschließlich direkt und informell (was auch am geringen Alter des Unternehmens liegen mag; siehe Problem 1–A weiter unten).

Bei den Eigenschaften des genannten Wissens ergibt sich ebenfalls erwartungsgemäß kein einheitliches Bild. Wissen wird zunächst als personengebunden verstanden. Es bezieht sich auf fachliche Kenntnisse und die Fähigkeit zur Einschätzung von Situationen. Es soll nicht nur für den eigentlichen Wissenden, sondern auch für andere nützlich sein. Daher liegt das Wissen in einer für alle Beteiligten (Mitarbeiter, Geschäftspartner, Kunden) zugänglichen Form und an einem zentralen Platz vor bzw. soll dort vorliegen. Es wird also auf eine zentrale Wissensquelle hingearbeitet (siehe z. B. die Probleme 1–C und 1–F weiter unten). Darüber hinaus ist festzuhalten, dass bei der Definition von Wissen bis auf einen Fall keine Unterscheidungen in die oft tradierten Kategorien Daten, Information und Wissen vorgenommen werden (siehe Kapitel 2.2.1). In diesem einen Fall wird Wissen als Sammelbegriff für Information verstanden. Weitere Äußerungen in diese Richtung zeigen, dass Wissen eine andere (höhere) Qualität als einer Information zugeschrieben wird.

Probleme im Überblick

In Bezug auf dieses Wissen wurden in den Interviews insgesamt 23 verschiedene Probleme benannt und besprochen. Dabei wurden nur Probleme erfasst,

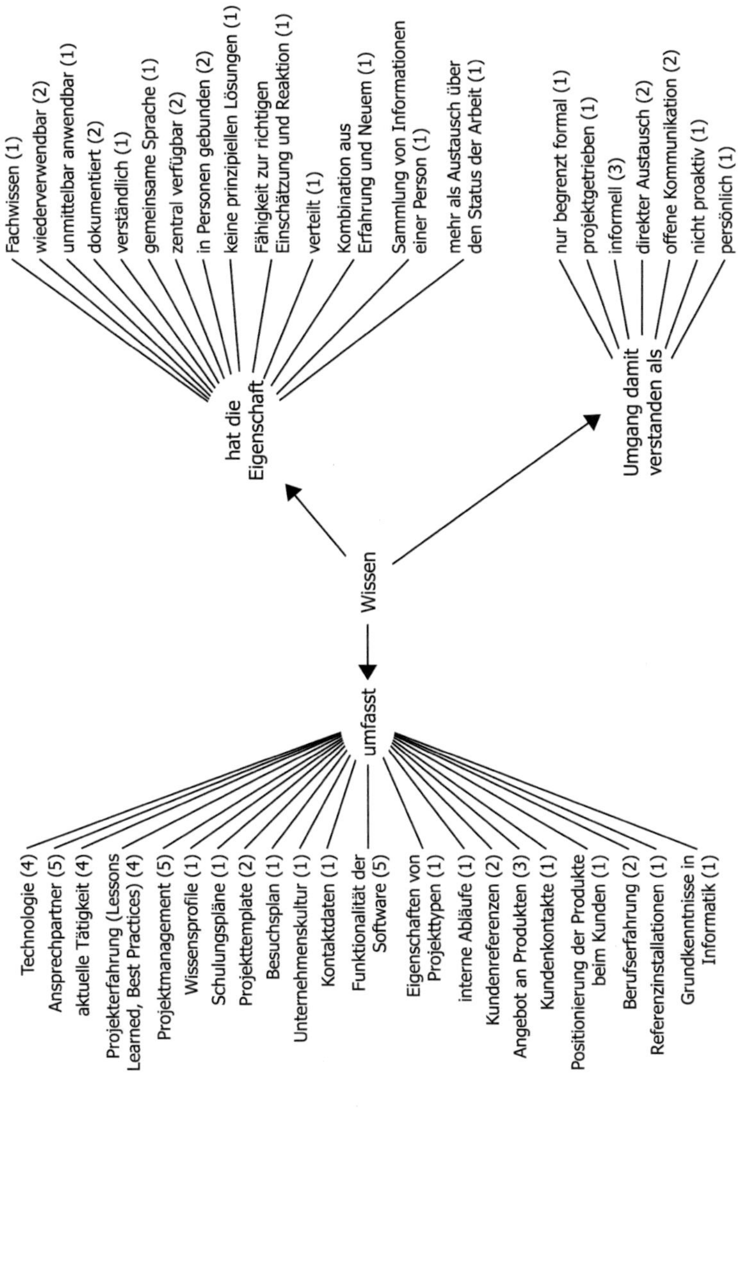

Abbildung 5.2: Verständnis für Wissen bei Hybris

die mindestens eine grundlegende Beschreibung (Name, Problem, Kontext, Einflussfaktoren; siehe Kapitel 3.2.2) aufzuweisen haben.[2] Jedes Problem trägt eine Nummer, die sich aus der Nummer des Falles (siehe Tabelle 4.4) und einer fortlaufenden Nummer in der Reihenfolge der Erhebung der Probleme innerhalb des jeweiligen Falles zusammensetzt. Die Probleme sind ausführlich in Anhang A.4 dokumentiert. Entsprechend der Ausführungen in Kapitel 4.6.2 sind die Probleme zuerst eingegrenzt und danach zusammengefasst worden, um die zentralen Probleme des Falles zu identifizieren, d. h. es wurden allgemein nur mehrfach vorkommende und explizit die vom Wissensmanager (als Schlüsselperson für den Umgang mit Wissen bei Hybris) genannten Probleme berücksichtigt.

Nach der Zusammenfassung ergeben sich sieben Probleme. Diese sind mit ihren Merkmalen in Tabelle 5.3 aufgeführt. Die Merkmale ergeben sich aus den Kriterien, die in den Kapiteln 4.3.2 und 4.4.3 aufgestellt wurden:

- Kontext, in welchem die Probleme aufgetreten sind: In der Auswertung zeigte sich, dass sich die Probleme jeweils einem aus drei Kontexten zuordnen lassen: die Zusammenarbeit zwischen den Standorten des Unternehmens, das Projektgeschäft und das Unternehmen Hybris im Allgemeinen (diese Einordnung ist bei der Präsentation der Ergebnisse im Juli 2009 von den Interviewpartnern bestätigt worden).
- Abteilung, in welcher der Interviewpartner tätig ist: Diese umfasst Presales, Professional Services, Research & Development und das Wissensmanagement (als Teil des Produktmanagements).
- Hierarchieebene: D. h. besitzt der Interviewpartner Führungsverantwortung oder nicht.
- Dauer der Zugehörigkeit des Interviewpartners zum Unternehmen
- Berufserfahrung des Interviewpartners in seiner aktuellen Tätigkeit

Die Merkmale spielen später bei der Analyse noch eine Rolle. Für einen ersten Einblick lassen sich die Probleme aber wie folgt charakterisieren:

[2] Von den ursprünglich geführten acht Interviews ist Interview 1–4 gestrichen worden, da die Aufnahmequalität sehr schlecht ist, und die Inhalte akustisch nur schwer nachvollziehbar sind. In der Pilotstudie ist die Hälfte der Interviews mit Hilfe der Critical Incident Technique geführt worden (siehe Kapitel 4.4.1). Die damit erhobenen Probleme wurden vor der Auswertung noch einmal auf ihren Bezug zum Thema Wissensmanagement geprüft.

Tabelle 5.3: Zentrale Probleme im Umgang mit Wissen bei Hybris

Problem	Kontext	Abt.	Führ.	Zug.[a]	Erf.[a]
1–A: Unzureichende organisatorische Strukturierung	Allgemein	Wissensmanagement	ja	9	1
		Professional Services	nein	1,17	1,17
1–B: Einarbeitung von Mitarbeitern ist unstrukturiert	Allgemein	Professional Services	ja	10	10
		Professional Services	nein	1,17	1,17
		Presales	nein	2	13
1–C: (Ver-)Teilen von Wissen erfolgt nicht systematisch	Allgemein	Presales	nein	0,5	14
		Professional Services	nein	2	9
1–D: Behinderung des (Ver-) Teilens von Wissen durch Kommunikationshürden	Standorte	Professional Services	ja	10	10
		Wissensmanagement	ja	9	1
		Research & Development	nein	2,17	2,17
		Professional Services	nein	2	9
1–E: Keine Sicherung des Wissens aus Projekten	Projektgeschäft	Professional Services	ja	10	10
		Wissensmanagement	ja	9	1
1–F: Unzureichende Qualität des Referenzwissens	Projektgeschäft	Presales	ja	2	13
		Presales	nein	0,5	14
1–G: Aufwand bei Aufbereitung von Wissen für die Dokumentation	Projektgeschäft	Wissensmanagement	ja	9	1

[a] Angabe in Jahren

- Der Bereich „Allgemein“ betrifft Probleme, die unternehmensweit und damit unabhängig von bestimmten Abteilungen oder Aufgabenbereichen sind. Hier wird zunächst ein auf verschiedene Art und Weise formuliertes Problem genannt, wonach die organisatorische Strukturierung nicht mehr den aktuellen Anforderungen des Unternehmens entspricht und daher das (Ver-)Teilen von Wissen behindert. Vor diesem Hintergrund äußern die Interviewpartner zwei weitere Probleme, die damit in enger Verbindung stehen: Das erste Problem betrifft die Einarbeitung von Mitarbeitern, die nicht strukturiert abläuft und dazu führt, dass Mitarbeiter lang brauchen, bis sie das für ihre Tätigkeit notwendige Wissen erworben haben. Im zweiten Problem wird bemängelt, dass das (Ver-)Teilen von Wissen nicht systematisch genug vonstatten geht.

- Der Bereich „Standorte" umfasst eine einzige zentrale Problemstellung. Hier wird die Befürchtung geäußert, dass durch die räumliche Trennung der Standorte das (Ver-)Teilen von Wissen leidet und sich die Standorte somit verschieden entwickeln.
- Im Bereich „Projektgeschäft" geht es im Vergleich zu den anderen beiden Bereichen weniger um die Abläufe, sondern um bestimmte Wissensbestandteile des Unternehmens, deren Organisation zu wünschen übrig lässt. Dies betrifft zum einen das Bewahren von Wissen aus Projekten und dessen zukünftige Anwendung und zum anderen die mangelnde Qualität von Wissen über Kundenreferenzen. In direktem Zusammenhang mit dem Problem der Bewahrung des Projektwissens steht das Problem einer entsprechenden Aufbereitung dieses Wissens.

Diese sieben Probleme sollen im Weiteren genauer hinsichtlich ihrer Ursachen, Lösungen und Lösungsansätze beschrieben werden.

Unzureichende organisatorische Strukturierung (1–A)

Dieses erste Problem war zugleich am schwersten einzugrenzen, weil es weniger offen auftritt und sich in einer Vielzahl anderer Probleme auf verschiedene Art und Weise zeigt. Unter diesem Problem werden die folgenden Probleme zusammengefasst, die von Interviewpartnern aus den Abteilungen Produktmanagement (Wissensmanagement) und Professional Services genannt werden:[3]

- Zuständigkeiten von Mitarbeitern sind schwer zu ermitteln (1–7)
- Entscheidungen werden über existierende Verantwortlichkeiten hinweg getroffen (1–11)
- Meetings enden ohne konkrete Ergebnisse (1–12)

[3] Die Nennung dieser Probleme durch die Abteilung Wissensmanagement liegt nahe, da diese Abteilung ohnehin die Aufgabe hat, organisatorische Prozesse bezüglich ihrer Effizienz im Umgang mit Wissen zu hinterfragen.

- Einheitliches Vorgehen für Abstimmung zwischen den Abteilungen fehlt (1–13)

Das Problem besteht darin, dass verschiedene organisatorische Gegebenheiten die Arbeit zwar durchaus flexibel machen, das (Ver-)Teilen von Wissen (z. B. über Zuständigkeiten oder getroffene Entscheidungen) aber meist behindern, indem lang danach gesucht werden muss, statt dass das Wissen (bestenfalls zentral) in einem Dokument eingesehen werden kann bzw. es einen Prozess für das (Ver-)Teilen dieses Wissens gibt (siehe die Zusammenfassung in Tabelle 5.4).

Tabelle 5.4: Problem 1–A: Unzureichende organisatorische Strukturierung

Kontext	allgemein und im Projektgeschäft
Problem	eine unzureichende organisatorische Strukturierung behindert das (Ver-)Teilen von Wissen: ▪ Meetings bleiben ergebnisoffen ▪ Entscheidungen werden nicht entsprechend der Verteilung der Kompetenzen getroffen ▪ Zuständigkeiten von Mitarbeitern sind nicht bekannt ▪ kein einheitliches Vorgehen für Abstimmung zwischen Abteilungen
Einflussfaktoren	▪ Wachstum des Unternehmens, das dazu führt, dass bisher vorhandene Rollen und Prozesse den neuen Anforderungen an die Koordination der Mitarbeiter nicht mehr entsprechen ▪ Konsequenz in der Anwendung neuer organisatorischer Rollen und Prozesse ▪ fehlende Zeit für die Dokumentation von Zuständigkeiten
Lösung	▪ häufigere Meetings zur Abstimmung ▪ Dokumentation von Zuständigkeiten im internen Wiki
Lösungsvorschläge	Erarbeitung eines Vorgehens für die Abstimmung der Abteilungen untereinander, unterstützt durch Software-Werkzeuge
Begründung	(keine Angaben)
Resultat	Dokumentation der Zuständigkeiten wird wenig konsequent gepflegt – diese muss durch den Wissensmanager eingefordert werden
Verwandte Probleme	▪ Einarbeitung von Mitarbeitern ist unstrukturiert (1–B) ▪ (Ver-)Teilen von Wissen erfolgt nicht systematisch (1–C)

Ursächlich für diese Probleme ist das Wachstum des Unternehmens in den letzten Jahren und die damit verbundene Schwierigkeit, die in der Anfangsphase des Unternehmens etablierten Rollen und Prozesse den neuen Gegebenheiten anzupassen. Die folgenden Beispiele illustrieren dies:

- Noch im Bemühen, die Hierarchie flach zu halten und sich als Person mit Führungsverantwortung nicht hervorzutun, bleiben viele Meetings bezüglich der Ergebnisse oder der Absprachen offen, obwohl auf Grund der gestiegenen Mitarbeiterzahlen, Standorte und Projekte eine genaue Aufteilung von Aufgaben bzw. Betreuung von Projekten (sodass z. B. kein Wissen über einen Kunden verloren geht) notwendig ist.
- Trotz der mittlerweile begonnenen Aufteilung von Kompetenzen, werden Entscheidungen noch immer gewohnheitsgemäß von langjährigen Mitarbeitern getroffen. Sie sind damit nicht transparent für die Mitarbeiter.
- Im Projektgeschäft kann nur schwer nachvollzogen werden, wer gerade an welchem Projekt arbeitet, obwohl dies bei zunehmender Anzahl von Mitarbeitern und Projekten für die Projektplanung, die Verteilung von Aufgaben bzw. auch die Weiterbildung notwendig ist (siehe die Probleme „Einarbeitung von Mitarbeitern ist unstrukturiert" [1–B] und „(Ver-)Teilen von Wissen erfolgt nicht systematisch" [1–C]). Für die Dokumentation dieser Zuständigkeiten fehlt es außerdem an Zeit. Ebenso mangelt es an einem Abstimmungsprozess der Abteilungen, wer wann wie den Kunden anspricht, wodurch eine einheitliche und weniger fehleranfällige Kundenansprache behindert wird.

Bei Hybris ist das (Ver-)Teilen von Wissen auf eine Art und Weise gestaltet, die den Anforderungen eines kleinen Unternehmens entspricht, bei der aktuellen Größe zwar noch aufrechterhalten werden kann, aber nicht mehr immer sinnvoll ist: Generell leidet die Koordination, weil der Zugriff auf dafür notwendiges Wissen erschwert ist. In Folge dessen leidet die Kundenansprache. Hier könnte über die Aussagen der Interviewpartner hinaus als weitere Folge vermutet werden, dass Entscheidungsprozesse nicht nachvollziehbar und daher Schlussfolgerungen über deren Erfolg oder Misserfolg, also das Lernen aus dem Getanen im Sinne von Lessons Learned oder Best Practices nicht möglich sind.

Die Lösung des Problems kann hier nur durch entsprechende Vorgaben und die Dokumentation und Pflege des entsprechenden Wissens erfolgen. Im Projektgeschäft und auch in der Softwareentwicklung finden bereits häufiger Meetings zur Abstimmung statt, obwohl deren Umfang bzw. genaue Ausgestaltung noch nicht als zufriedenstellend wahrgenommen werden. Es wurde zudem begonnen, die Zuständigkeiten von Mitarbeitern im internen Wiki zu dokumentieren. Darüber hinaus sieht sich der Wissensmanager häufiger in der Aufgabe, auf die Dokumentation von Entscheidungen oder Zuständigkeiten hinzuweisen. Die Erarbeitung von Lösungen darf sich hier aber nicht allein daran orientieren, einen streng strukturierten Prozess zu schaffen. Die Interviewpartner weisen selbst darauf hin, dass eher ein Rahmen für die jeweiligen Tätigkeiten geschaffen werden sollte. Allerdings machen sie dazu keine weiteren Aussagen. Hier kann aber unterstellt werden, dass eine Instutionalisierung nur bis zu einem gewissen Grade als sinnvoll angesehen wird, d. h. der Umgang mit Wissen darf nicht derart streng geplant werden (z. B. durch eine umfassende Pflicht zur Dokumentation), dass dadurch die eigentliche Arbeit verzögert wird.

Eine weitere Anmerkung zur Lösung ergibt sich aus dem Problem „Entscheidungen werden über existierende Verantwortlichkeiten hinweg getroffen" (1–11): Neben dem notwendigen Aufbau stärker strukturierter Austauschmöglichkeiten ist die Wahrnehmung der Entscheidungsträger hinsichtlich der Führung des Unternehmens und der Durchführung der Entscheidungsprozesse zu berücksichtigen. Diese muss für eine Änderung der Rollen und Prozesse ebenfalls geändert werden.[4]

An Vorschlägen für die Lösung findet sich allein der Hinweis, für die Abstimmung der Abteilungen ein entsprechendes Vorgehen zu erarbeiten und dieses durch Software-Werkzeuge zu unterstützen.

Aus dem umfangreichen Problem 1–A können nun zwei besser eingrenzbare Probleme identifiziert werden: die fehlende Strukturierung bei der Einarbeitung von Mitarbeitern (1–B) und die fehlende Systematik beim (Ver-)Teilen von Wissen (1–C).

Einarbeitung von Mitarbeitern ist unstrukturiert (1–B)

Dieses Problem wird von zwei Mitarbeitern, die noch nicht lang zum Unternehmen gehören, aus den Abteilungen Professional Services und Presales geäußert. Konkret umfasst es folgende drei Probleme:

- Fehlende Beschreibung des für Stellen notwendigen Wissens verhindert systematischen Wissensaufbau (1–5)
- Einarbeitung von Mitarbeitern ist unstrukturiert (1–14)

[4] Eine solche Änderung stellt einen Lernprozess dar, der z. B. (von außen) durch ein Problemaudit angestoßen werden kann.

- Neue Mitarbeiter im Sales bei Einarbeitung auf sich gestellt (1–16)

Das Problem besteht darin, dass der Erwerb von Wissen, den ein Mitarbeiter vornehmen muss, wenn er neu eingestellt wird oder in einen neuen Bereich wechselt, allein durch ihn selbst gesteuert wird. Es existiert kein Vorgehen für die Einarbeitung in Aufgaben und Themengebiete, es gibt keine Beschreibungen von Rollen und Prozessen, keine Trainingseinheiten für diesen Bereich und nur wenig Austausch mit älteren Mitarbeitern. Der Erwerb von Wissen dauert daher lang und auch mit dem in Eigeninitiative erworbenen Wissen besteht Unsicherheit, ob man korrekt arbeitet. Eine strukturierte Einführung könnte Mitarbeiter (insbesondere im Verkauf) schneller darauf vorbereiten, für das Unternehmen produktiv zu arbeiten. Das Problem ist in Tabelle 5.5 zusammengefasst.

Tabelle 5.5: Problem 1–B: Einarbeitung von Mitarbeitern ist unstrukturiert

Kontext	allgemein, insbesondere Abteilung Sales
Problem	Einarbeitung von Mitarbeitern, d. h. deren Erwerb von Wissen, ist unstrukturiert – dadurch verlängert sich die Zeitspanne, bis ein Mitarbeiter für das Unternehmen produktiv ist
Einfluss-faktoren	▪ fehlende Zeit verhindert Einarbeitung durch bestehende Mitarbeiter ▪ verschiedene Wahrnehmung von Wissen ▪ Mangel an Fähigkeiten, Wissen zu vermitteln ▪ Wachstum des Unternehmens
Lösung	▪ gemeinsame Gespräche und Meeting im Sales zum Austausch über Projekte und Ansprechpartner ▪ Vorgesetzte fungieren als Mentoren ▪ Gelbe Seiten für das Auffinden von Ansprechpartnern
Lösungs-vorschläge	▪ Begleitung neuer Mitarbeiter durch altgediente Mitarbeiter ▪ internes Training für Projektmitarbeiter ▪ Beschreibung des für eine Rolle notwendigen Wissens (Kompetenzprofil) und Aufstellung von Schulungsplänen für dessen Vermittlung
Begründung	(kein Angaben)
Resultat	▪ Meeting im Sales wird als hilfreich wahrgenommen, die Gelben Seiten auch (obwohl sie nicht immer gebraucht werden) ▪ das Mentoren-Konzept funktioniert nicht (wegen Überbelastung und fehlendem Antrieb der Mentoren)
Verwandte Probleme	Unzureichende organisatorische Strukturierung (1–A)

Aus Sicht der Interviewpartner wird das Problem von folgenden Faktoren verursacht bzw. beeinflusst:

- Bestehenden Mitarbeitern fehlt die Zeit, neue Mitarbeiter einzuarbeiten. Stattdessen erfolgt eine informelle Entscheidungsfindung ohne aktive Kommunikation an alle Beteiligte. Andererseits ist ein strukturiertes Vorgehen für die Einarbeitung bei der aktuell großen Arbeitsbelastung auch nicht möglich.
- Des Weiteren mangelt es den Ansprechpartnern für die neuen Mitarbeiter an der Fähigkeit, ihr Wissen zu vermitteln. Dies hat auch damit zu tun, dass Wissen durch einzelne Personen verschieden wahrgenommen wird.
- Wie beim Problem 1–A auch, spielt das starke Wachstum des Unternehmens (verbunden mit der Einstellung neuer Mitarbeiter) in den letzten Jahren eine Rolle.

Für das Problem wurden sowohl in den genannten Abteilungen als auch allgemein Maßnahmen zur Lösung ergriffen:

- Für das (Ver-)Teilen von Wissen im Verkaufsbereich greift man auf folgende Maßnahmen zurück: Es gibt gemeinsame Gespräche der Mitarbeiter über die Geschäftspartner des Unternehmens, um Wissen über sie auszutauschen. Ebenso gibt es bei einem monatlichen Meeting einen Austausch über den Stand (potentieller) Projekte. Das Meeting hilft dabei, Möglichkeiten der Ansprache von Geschäftspartnern zu eruieren bzw. Kontaktpersonen zu finden. Außerdem existiert ein Mentoren-Konzept, wobei in der Regel der Vorgesetzte als Ansprechpartner für Fragen fungiert.
- Für das gesamte Unternehmen stehen Gelbe Seiten zum Auffinden von Ansprechpartnern bereit.

Für das Problem ist eine Reihe von Lösungsvorschlägen unterbreitet worden. Ein erster geht allgemein in die Richtung, dass neue Mitarbeiter im Verkaufsbereich altgediente Mitarbeiter begleiten könnten. Allerdings wird hier keine Aussage zu den bereits genannten Schwierigkeiten, d. h. der knappen Zeit und den fehlenden Vermittlungsfähigkeiten, gemacht. Zwei weitere Vorschläge wurden genannt:

- Bestimmte Inhalte, die für Projekte wichtig sind, könnten durch ein internes Training an die Projektmitarbeiter vermittelt werden (das sollte allerdings derart gestaltet werden, dass dieses Wissen auch sofort verwendet werden kann).

- Der folgende Vorschlag stammt aus dem Problem „Fehlende Beschreibung des für Stellen notwendigen Wissens verhindert systematischen Wissensaufbau“ (1–5), das weniger das Problem der Einarbeitung beschreibt, sondern eher eine Ursache dafür. Hier wird eine Grundlage der Einarbeitung vermisst – namentlich die Beschreibung des Wissens, das eine Person in einer bestimmten Rolle im Unternehmen besitzen sollte (eine Art Kompetenzprofil) bzw. von Schulungsplänen, um dieses Wissen in einer geordneten Art und Weise zu vermitteln. Die Schaffung von Schulungsplänen für die Mitarbeiter war für das Jahr 2009 vorgesehen, damit sich Mitarbeiter einarbeiten und auch herausfinden können, wer ihr Ansprechpartner ist.

Das Meeting im Sales wird als hilfreich für den Austausch über Projekte und Ansprechpartner wahrgenommen. Ebenso hilfreich sind die Gelben Seiten, obwohl sie nicht immer gebraucht werden. Das Mentoren-Konzept funktioniert nach Aussagen der Interviewpartner nicht, da die Mentoren selbst viel Arbeit haben bzw. keinen Antrieb für diese Tätigkeit besitzen, weil sie dann die Arbeit des neuen Mitarbeiters mitmachen müssten und dafür nicht entlohnt werden. Ansprechpartner werden stattdessen informell gesucht.

Abschließend ist anzumerken, dass sich selbst einzuarbeiten zwar als schwierig, aber nicht zwangsläufig als negativ (sondern eher als Herausforderung) angesehen wird.

(Ver-)Teilen von Wissen erfolgt nicht systematisch (1–C)

Dieses Problem umfasst wie das vorherige die Abteilungen Professional Services und Presales und kann dem Problem „Unzureichende organisatorische Strukturierung“ (1–A) untergeordnet werden. Das Problem wird von Mitarbeitern geäußert, die erst kurze Zeit bei Hybris sind, keine Führungsverantwortung haben, aber schon lange Berufserfahrung besitzen. Es fasst die zwei folgenden Probleme zusammen:

- Wissensweitergabe ist zu wenig strukturiert (1–17)
- Diffusion neuen Wissens erfolgt nicht systematisch (1–23)

Das Problem besteht darin, dass die Art und Weise des (Ver-)Teilens von Wissen zu wenig strukturiert ist und daher zwar konkrete Fragen an konkrete Personen beantwortet werden können, aber nicht unbedingt sofort notwendiges Wissen (z. B. zu neuen Produkten, Herangehensweisen etc.) nicht systematisch verteilt wird. Das (Ver-)Teilen von Wissen erfolgt bisher zufällig im Gespräch mit Kollegen oder durch einen Fund im Intranet. Eine Zusammenfassung des Problems findet sich in Tabelle 5.6.

Tabelle 5.6: Problem 1–C: (Ver-)Teilen von Wissen erfolgt nicht systematisch

Kontext	allgemein und im Projektgeschäft
Problem	(Ver-)Teilen von Wissen erfolgt nicht strukturiert – damit kann (neues) Wissen nicht (proaktiv) verteilt werden
Einflussfaktoren	▪ Wissen ist in Personen gebunden und damit nicht strukturiert für alle verfügbar ▪ Mitarbeiter legen Wissen auf jeweils individuelle Art und Weise ab ▪ Bereitwilligkeit zum (Ver-)Teilen von Wissen ▪ Akzeptanz von Instrumenten für das (Ver-)Teilen von Wissen ▪ Zuständigkeiten von Mitarbeitern sind nicht bekannt (siehe Problem 1–7) ▪ Wachstum des Unternehmens ▪ Anzahl an Projekten und der Umfang der darin erarbeiteten Lösungen
Lösung	Aufbau einer Wissensbank für den Support zur Lösung von Problemen in Projekten: ▪ Einrichtung einer Instanz zur Prüfung der Korrektheit der Inhalte ▪ Erweiterung der Wissensbank um projektspezifische Informationen, Verknüpfung mit dem CRM-System
Lösungsvorschläge	▪ Aufstellen einer Strategie für das (Ver-)Teilen von Wissen ▪ Organisation von Meetings allein mit dem Ziel des (Ver-)Teilens von Wissen ▪ intensiverer Einsatz von Lessons Learned
Begründung	Wissensbank macht Wissen für Mitarbeiter und Geschäftspartner verfügbar, verhindert die mehrfache Entwicklung von Lösungen und erlaubt neben dem Abruf bestehender Lösungen auch die gemeinsame Entwicklung neuer Lösungen
Resultat	▪ höhere Zufriedenheit bei Kunden und Geschäftspartnern ▪ Aufwand für deren Pflege deutlich minimiert ▪ eigene Mitarbeiter für andere Aufgaben frei
Verwandte Probleme	Unzureichende organisatorische Strukturierung (1–A)

Aus Sicht der Interviewpartner wird das Problem von folgenden Faktoren verursacht bzw. beeinflusst, die sich zwei Gruppen zuordnen lassen:

- Ein erster Einflussfaktor sind die Personen selbst: Wissen ist stark in Personen gebunden. Damit ist es nicht in strukturierter Form für alle verfügbar. Ebenso wenig können sich die Mitarbeiter an seiner Entwicklung beteiligen. Außerdem legen Mitarbeiter ihr Wissen auf ihre individuelle Art und Weise ab. Sie müssen die Bereitschaft zeigen, Wissen zu (ver-)teilen bzw. Instrumente für das (Ver-)Teilen von Wissen zu akzeptieren. Hier kommt hinzu, dass die Zuständigkeiten oft nicht bekannt sind (siehe Problem „Zuständigkeiten von Mitarbeitern sind schwer zu ermitteln“ [1–7]) und damit der richtige Ansprechpartner erst gesucht werden muss.
- Der zweite Faktor ist der des Unternehmenswachstums: Die Zunahme an Mitarbeitern einerseits, aber auch die Vielfalt der Projekte als auch der Umfang der jeweiligen Lösungen andererseits machen eine andere Form der Wissensweitergabe als die gegenwärtige notwendig.

Maßnahmen zur Lösung des Problems wurden noch nicht ergriffen, allerdings läuft momentan eine Diskussion um den Aufbau einer Wissensbank für den Support zur Lösung von Problemen im Projektgeschäft. Eine solche Wissensbank würde Wissen für alle Mitarbeiter als auch Geschäftspartner verfügbar machen und die mehrfache Entwicklung von Lösungen verhindern. Sie kann aber nicht nur für den Abruf bestehender Lösungen, sondern auch für die gemeinsame Entwicklung neuer Lösungen genutzt werden. Nach Einschätzung des Interviewpartners wird damit eine höhere Zufriedenheit bei Kunden und Geschäftspartnern erzeugt und der Aufwand für deren Pflege deutlich minimiert, weil Kunden bzw. Geschäftspartner mit Einträgen in der Wissensbank selbst Lösungen erarbeiten können und die eigenen Mitarbeiter dadurch für andere Aufgaben frei werden. Der Vorschlag umfasst folgende Punkte:

- Einrichtung einer Instanz zur Prüfung der Korrektheit der Inhalte der Wissensbank (d. h. Prüfen auf Neuheit von Lösungen, Nachvollziehen von Lösungen in einer Testumgebung, Beschreibung der Lösungen). Hier kann auch die Dokumentationsabteilung mit eingebunden werden.
- Erweiterung der Wissensbank um projektspezifische Informationen (d. h. die komplette Projektdokumentation) und Verknüpfung mit dem bereits existierenden CRM-System (Customer Relationship Management).

Die Einweisung in die Wissensbank und die Motivation zu ihrer Nutzung werden als Aufgabe des Managements gesehen. So kann die Motivation zur Nutzung der

Wissensbank z. B. durch die Vergabe von Gestaltungsfreiheit an die Mitarbeiter geschehen (was wiederum auch die Akzeptanz steigert). In diesem Rahmen wird auch auf das interne Wiki von Hybris verwiesen, das auf Grund seiner schlechten Bedienbarkeit aber als ungenügend für die Lösung angesehen wird.

Über den Vorschlag der Wissensbank hinaus sind folgende weitere Lösungsvorschläge unterbreitet worden, die für die Abteilung Professional Services von Bedeutung sind, aber auch für das gesamte Unternehmen Gültigkeit besitzen:

- Aufstellen einer Strategie für das (Ver-)Teilen von Wissen mit Identifikation von Defiziten und der Erarbeitung von Möglichkeiten für den Austausch.
- Eine solche Möglichkeit besteht in der Organisation eines einfachen Meetings, das aber – im Gegensatz zu bereits existierenden Meetings – ein Reihe von Änderungen erfährt: (1) die Teilnahme des kompletten Teams, (2) die klare Kommunikation des Ziels des (Ver-)Teilens von Wissen für das Meeting und (3) die entsprechende Vorbereitung eines jeden Mitarbeiters (in Form eines kurzen Vortrags) für das Meeting.
- Auch Lessons Learned könnten (nicht nur für große Projekte) intensiver betrieben werden.

Behinderung des (Ver-)Teilens von Wissen durch Kommunikationshürden (1–D)

Mit diesem Problem wird der Bereich der Standorte angesprochen. Auch dieses Problem setzt sich aus einer Reihe verschiedener Probleme zusammen, die vor allem langjährige Mitarbeiter mit Führungsverantwortung, aber auch neue Mitarbeiter äußern:

- Gefahr der unterschiedlichen Entwicklung der Standorte auf Grund von Kommunikationshürden (1–1)
- Physische Entfernung beeinträchtigt Ausmaß des Wissenstransfers (1–8)
- Wissensaustausch mit dem Standort Polen gestaltet sich langwierig (1–21)
- Kommunikation zwischen den Standorten leidet auf Grund der Distanz (1–22)

Das Problem besteht darin, dass durch die Trennung der Standorte Kommunikationshürden entstehen, die wiederum ein (Ver-)Teilen von Wissen in gleichem Ausmaß wie am Standort München nicht erlauben und zur Gefahr einer unterschiedlichen Entwicklung an den beiden Standorten führen (siehe Tabelle 5.7).

Tabelle 5.7: Problem 1–D: Behinderung des (Ver-)Teilens von Wissen durch Kommunikationshürden

Kontext	Standorte
Problem	durch die Trennung der Standorte bestehen Kommunikationshürden, die das Ausmaß des (Ver-)Teilens von Wissen mit den Standorten begrenzen – dadurch Gefahr der unterschiedlichen Entwicklung an den Standorten
Einflussfaktoren	▪ Wachstum des Unternehmens (steigende Anzahl an Mitarbeitern und Standorten) ▪ räumliche Distanz der Standorte behindert den Aufbau persönlicher Beziehungen zwischen den Mitarbeitern ▪ Mitarbeitern gehören verschiedenen Nationalitäten an ▪ Verständigung erfolgt über eine dritte Sprache (Englisch), die aber nicht jeder Mitarbeiter im notwendigen Umfang beherrscht ▪ bisherige negative Erfahrungen mit dem Aufbau eines neuen Standorts
Lösung	▪ neu eingestellte Mitarbeiter in Polen werden zum Kennenlernen des Unternehmens nach München geholt ▪ Teamaktivitäten für ein besseres Kennenlernen der Mitarbeiter ▪ Nachvollziehen von persönlichen Kontakten in einem Besuchsplan ▪ Benennung von Mitarbeitern in München als Ansprechpartner für polnische Mitarbeiter ▪ Berücksichtigung von Sprachkenntnissen bei der Einstellung von Mitarbeitern
Lösungsvorschläge	▪ gemeinsame Freizeitaktivitäten und die Intensivierung der Besuche in München ▪ Forcieren eines formelleren (Ver-)Teilens von Wissen ▪ Planung für einen Wissensmanagement-Verantwortlichen am Standort Polen ▪ nur Vergabe von abgeschlossenen Aufgaben nach Polen
Begründung	insbesondere mit den beiden ersten Lösungen sollten Maßnahmen ergriffen werden, die Mitarbeiter zu einem eigenständigen Austausch motivieren; dies ist mit dem Aufstellen von Richtlinien möglich
Resultat	gegenseitige Besuche helfen beim Kennenlernen von Abläufen und Personen und erleichtern die Kommunikation
Verwandte Probleme	▪ Skepsis bezüglich einer funktionierenden Zusammenarbeit zwischen zwei Standorten (1–2) ▪ Konzentration auf Einzelpersonen behindert Kommunikation von Teams (1–4)

Aus Sicht der Interviewpartner wird das Problem von folgenden Faktoren verursacht bzw. beeinflusst:

- Die Anzahl an Mitarbeitern und an Standorten hat zugenommen (d. h. das Wachstum des Unternehmens spielt auch hier eine Rolle).
- Die räumliche Distanz der Standorte behindert den Aufbau persönlicher Beziehungen zwischen den Mitarbeitern. Hier bestehen dann Hemmschwellen bei der Kommunikation, wenn sich die Mitarbeiter nicht kennen. Außerdem gestaltet sich die Kommunikation langwieriger im Vergleich zum direkten Gespräch vor Ort.
- Die Mitarbeiter gehören verschiedenen Nationalitäten an, müssen sich aber über eine dritte Sprache (Englisch) verständigen. Sich in Englisch auszudrücken, bleibt für viele Mitarbeiter schwierig.
- Befürchtungen hinsichtlich einer verschiedenen Entwicklung rühren auch aus bisherigen Erfahrungen her, wo ein Standort aufgebaut und aneinander vorbei gearbeitet wurde (der Standort existiert mittlerweile nicht mehr). Hier lässt sich auch die generelle Skepsis in Hinsicht auf eine funktionierende Zusammenarbeit zwischen den Standorten einordnen (siehe Problem 1–2).

Da für die vorliegende Problembeschreibung vergleichsweise viele einzelne Probleme zusammengefasst wurden, liegt auch eine große Anzahl an Lösungen und Lösungsvorschlägen vor. Diese beziehen sich zumeist auf den Aufbau von Beziehungen zwischen den Mitarbeitern. Hier wurden folgende Lösungen umgesetzt:

- Die ersten Mitarbeiter am Standort Polen wurden nach München geholt, um das Unternehmen kennenzulernen. Im Folgenden neu eingestellte Mitarbeiter in Polen wurden zeitnah zum Besuch nach München geholt; bei der stark zunehmenden Anzahl an Mitarbeitern war der sofortige Besuch aber nicht immer möglich.
- Beim Aufenthalt der polnischen Mitarbeiter in München gibt es mindestens einmal gemeinsame Unternehmungen von Deutschen und Polen (gleiches gilt mittlerweile auch für Besuche der Münchner in Polen). Es werden auch Freizeit-Aktivitäten organisiert.

Bei diesen Maßnahmen bestand die Absicht vor allem darin, bei den Mitarbeitern einen eigenen Antrieb zum Austausch miteinander zu schaffen, was mit dem Aufstellen von Richtlinien nicht gelungen wäre. Weitere Lösungen umfassen:

- Persönliche Kontakte werden in einem Besuchsplan nachvollzogen. Dieser dient der Stärkung der persönlichen Kontakte (dass kein Mitarbeiter bei den Besuchen vergessen wird) und damit auch der direkten Kommunikation. Somit ist zugleich eine Sozialisierung bezüglich der Unternehmenskultur in München möglich.
- Es erfolgt eine klare Benennung von Mitarbeitern in München als Ansprechpartner für den Standort Polen. Hier existierte zuvor nur ein einziger Ansprechpartner, der mit der zunehmenden Anzahl an Personen überfordert war (siehe Problem „Konzentration auf Einzelpersonen behindert Kommunikation von Teams“ [1–4]). Mit der Benennung mehrerer Mitarbeiter erfolgte dann die notwendige Verteilung der Verantwortung auf mehrere Schultern.
- Für die bessere sprachliche Verständigung untereinander werden bei der Einstellung neuer Mitarbeiter deren Sprachkenntnisse berücksichtigt.

Darüber hinaus sind folgende Lösungsvorschläge unterbreitet worden:

- Für das Jahr 2009 war eine große gemeinsame Freizeitaktivität in Planung. Ebenso wird die Absicht geäußert, die sofortigen Besuche von Mitarbeitern wieder zu intensivieren.
- Das Aufstellen von Richtlinien bzw. formellen Vorgaben wurde dagegen bisher nur wenig forciert. Jedoch bedarf es auch dort weiterer Anstrengungen, da solchen Vorgaben positive Effekte auf den Wissensaustausch zugesprochen werden, insbesondere bei der nunmehr erreichten Größe des Unternehmens. Für formelle Vorgaben soll nach Aussagen der Interviewpartner allerdings darauf geachtet werden, dass ausgetauschtes Wissen wiederverwendbar gemacht wird, d. h. dass es (1) in Englisch formuliert und (2) auf eine Art und Weise dokumentiert wird, die anderen ohne Hintergrundwissen die Verwendung erlaubt. Damit soll an dieser Stelle Doppelarbeit vermieden werden, z. B. dass Trainingseinheiten sowohl von Partnern als auch von eigenen Mitarbeitern genutzt werden können.
- Ab dem Jahr 2009 ist ein Wissensmanagement-Verantwortlicher für den Standort in Polen geplant. Damit soll ein stärkerer Einblick in die Vorgänge aus Sicht des Wissensmanagements und somit eine bessere Koordination derselben erreicht werden.
- Ein Vorschlag umfasste auch den Ansatz, weniger auf den Austausch zu setzen und stattdessen nur in sich abgeschlossene Aufgaben nach Polen zu

vergeben, da wirkliche Teamarbeit bei den gegebenen Kommunikationshürden schwierig ist.

Die ersten beiden Lösungen (gegenseitige Besuche und Teamaktiväten) werden als positive Ereignisse geschildert und als gut funktionierend eingeschätzt. Sie helfen beim Kennenlernen von Abläufen und Personen und erleichtern die Kommunikation. Ein anderer Interviewpartner erachtet die Besuche als wichtig, hat aber trotzdem Zweifel an einer funktionierenden grenzüberschreitenden Zusammenarbeit. Die Benennung von Mitarbeitern in München als Ansprechpartner wird auch als funktionierend wahrgenommen.

Keine Sicherung des Wissens aus Projekten (1–E)

Mit diesem Problem beginnt die Betrachtung des dritten Bereichs, das Projektgeschäft. Das vorliegende Problem wurde von Mitarbeitern genannt, die bereits lang dem Unternehmen zugehörig sind und Führungsverantwortung tragen. Es wurde aus Problemen aus den Abteilungen Professional Services und Produktmanagement (Wissensmanagement) zusammengefasst:

- Sicherung von Wissen aus Projekten scheitert (1–3)
- In Projekten werden wiederholt Fehler gemacht (1–6)

Das Problem besteht darin, dass das in den Projekten entwickelte Wissen nicht an andere Projekte weitergegeben wird (siehe Tabelle 5.8; siehe auch das sehr ähnliche Problem „Unzureichende Qualität des Referenzwissens“; 1–F). Dadurch werden Fehler wiederholt und Probleme u. U. mehrfach gelöst. Die Problemstellungen in den Projekten sind im Projektablauf ähnlich. Insofern ist die Voraussetzung für die Weitergabe von Projektwissen gegeben. Auf dieses Problem folgt das Problem „Aufwand bei Aufbereitung von Wissen für die Dokumentation“ (1–G).

Aus Sicht der Interviewpartner wird das Problem von folgenden Faktoren verursacht bzw. beeinflusst:

- Grundlegender Einflussfaktor ist die Organisation des Projektgeschäfts, insbesondere die des Projektabschlusses: Projektabschlüsse verspäten sich häufig. Danach ist keine Zeit für einen organisierten Erfahrungsaustausch, weil

Tabelle 5.8: Problem 1–E: Keine Sicherung des Wissens aus Projekten

Kontext	Projektgeschäft
Problem	in Projekten entwickeltes Wissen wird nicht an andere Projekte weitergegeben – dadurch werden Fehler wiederholt und Probleme u. U. mehrfach gelöst
Einflussfaktoren	▪ Organisation des Projektgeschäfts (Wissensaustausch in Projekten nicht vorgesehen und aufgrund von Terminverschiebungen und neuen Projekten zeitlich nicht möglich) ▪ drängende Auftragslage ▪ nicht gepflegte Projektdokumentation im internen Wiki
Lösung	▪ mündlicher Austausch über Erfahrungen aus den Projekten (mit Vorträgen wie Lessons Learned und wöchentlichen Team-Meetings) ▪ projektbegleitende Lessons Learned ▪ Gelbe Seiten für das Auffinden von Spezialisten
Lösungsvorschläge	▪ Fortführung von Lessons Learned und Best Practices und Entwicklung von Lösungsstrategien ▪ Entwicklung eines Projekt-Templates für Geschäftspartner ▪ zukünftig auch die Dokumentation der Projekte im internen Wiki
Begründung	▪ mündlicher Austausch ist notwendig, um die Situationen zu verstehen, warum in den Projekten etwas (nicht) funktioniert hat (mündlich auch deshalb, weil schriftlich festgehaltenes Wissen nicht proaktiv gelesen wird) ▪ Lessons Learned sind wichtig, aber am Ende von Projekten auf Grund der Projektorganisation nicht möglich
Resultat	▪ Teilnehmer von Lessons Learned konnten aus Vorträgen etwas mitnehmen trotz der Schwierigkeiten mit der Durchführung der Lessons Learned ▪ durch die Team-Meetings konnte häufiger vorhandenes Wissen aufgegriffen werden
Verwandte Probleme	▪ Unzureichende Qualität des Referenzwissens (1–F) ▪ Aufwand bei Aufbereitung von Wissen für die Dokumentation (1–G)

sofort neue Projekte anstehen. Der Wissensaustausch ist auch im eigentlichen Projektvorgehen nicht verankert. Dies wird verstärkt durch die drängende Auftragslage.

- Die Dokumentation der Projekte im internen Wiki wird kaum gepflegt und ist selten aktuell.

Als Lösungen wurden folgende Maßnahmen umgesetzt:

- Erfahrungen aus Projekten werden mündlich ausgetauscht, z. B. mit Vorträgen wie Lessons Learned oder wöchentlichen Team-Meetings für die Schilderung der aktuellen Situation in den einzelnen Projekten (d. h. inhaltlich sowohl bezogen auf Organisatorisches in den Projekten als auch auf den Umgang mit der Software). Dieser mündliche Austausch ist notwendig, um die Situationen zu verstehen, warum in den Projekten etwas funktioniert hat bzw. auch nicht. In diesem Zusammenhang schriftlich festgehaltenes Wissen wird nicht (proaktiv) gelesen, wohingegen es in der mündlichen Besprechung weitergegeben und behalten wird, auch wenn es der Hörer nicht sofort benötigt.
- Es werden projektbegleitende Lessons Learned eingesetzt, nachdem der Versuch, sie am Ende der Projekte durchzuführen, gescheitert ist (siehe die oben angeführten Gründe). Dies geschieht mit Hilfe eines Mitarbeiters in der Funktion eines „stillen Teilnehmers“, der wöchentlich Gespräche mit Mitarbeitern zum Stand der Projekte führt sowie auch selbst in Projekten mitarbeitet und Feedback gibt. Das Führen von Projekt-Tagebüchern ist bei der momentanen Projektkultur nicht möglich, daher der Einsatz des stillen Teilnehmers, der den Projektmitarbeitern die Dokumentation abnimmt.
- Außerdem helfen die Gelben Seiten beim Auffinden von Spezialisten.

In diesem Bereich wird bei Hybris bereits sehr viel unternommen. Trotzdem ist immer noch eine Verbesserung bzw. Anpassung der vorhanden Lösungen notwendig. Dazu werden folgende Vorschläge unterbreitet:

- Das Festhalten an Lessons Learned und Best Practices bleibt notwendig, um zukünftigen Projekten Lösungsstrategien anbieten zu können. In diesem Zusammenhang ist auch die Entwicklung eines Projekt-Templates angedacht, um Geschäftspartnern des Unternehmens eine Handreichung für die Durchführung von Projekten mit Hybris bereitzustellen und bekannte Probleme zu vermeiden.
- Die Dokumentation der Projekte im internen Wiki ist auf lange Sicht notwendig, z. Z. aber noch nicht geplant.

Die Durchführung und Akzeptanz der Lessons Learned gestaltete sich sehr schwierig. Trotzdem berichteten Teilnehmer, dass bei den Vorträgen interessante Dinge für sie dabei waren (allerdings fehlt der Nachweis, dass die Lessons Learned dann genauso verwendet bzw. dadurch Fehler vermieden wurden). Auch aus den Team-Meetings wird berichtet, dass durch den dortigen Austausch schon häufig vorhandenes Wissen wieder aufgegriffen werden konnte.

Unzureichende Qualität des Referenzwissens (1–F)

Das nächste Problem umfasst zwei Probleme aus der Abteilung Presales. Sie werden von Mitarbeitern mit Berufserfahrung und kurzer Zugehörigkeit zum Unternehmen benannt:

- Qualität des Wissens über Kundenreferenzen ist nicht ausreichend (1–15)
- Referenzwissen existiert nicht in verwendbarer Form (1–18)

Das Problem besteht darin, dass Wissen über Kundenreferenzen entweder nicht oder nur in schlechter Qualität vorhanden ist. Schlechte Qualität bedeutet, dass es nicht vollständig ist oder in schlechter sprachlicher Qualität (Englisch) vorliegt. Da dieses Wissen aber notwendig ist, um Kunden schnell und auch überzeugend (in Hinsicht auf den Vertragsabschluss) beraten zu können, muss es in Vorbereitung auf den Kundenbesuch zeitaufwändig zusammengestellt bzw. überarbeitet werden. Dieses Problem ist dem Problem „Keine Sicherung des Wissens aus Projekten" (1–E) ähnlich, bezieht sich aber auf einen anderen Bestandteil des Wissens von Hybris.

Aus Sicht der Interviewpartner wird das Problem von folgenden Faktoren verursacht bzw. beeinflusst:

- Das Wachstum des Unternehmens macht den früher einfachen Austausch über dieses Wissen per Zuruf obsolet und verlangt nach anderen Prozessen. Vermutlich ist auch in diesem Zusammenhang die Bedeutung des Referenzwissens bisher noch nicht als besonders wichtig erachtet worden.
- Viele Projekte werden über Geschäftspartner abgewickelt, von welchen der Bezug des Projektwissens schwierig ist, da diese ihr Wissen behalten möchten. Die zunehmende Komplexität der Anforderungen von Seiten der Kunden und der verkauften Software selbst führt dazu, dass mehr (spezialisierte) Partner an den Projekten beteiligt sind.
- Auch die eigenen Mitarbeiter im Vertrieb geben ihr Wissen nicht gern weiter (dieses Wissen stellt ihr eigenes Kapital dar).

Tabelle 5.9: Problem 1–F: Unzureichende Qualität des Referenzwissens

Kontext	Projektgeschäft
Problem	Wissen über Kundenreferenzen ist entweder nicht oder nur in schlechter Qualität vorhanden – für die Kundenansprache muss es zeitaufwändig zusammengestellt bzw. überarbeitet werden
Einflussfaktoren	▪ Wachstum des Unternehmens ▪ Wahrnehmung der Bedeutung des Referenzwissens ▪ an Projekten beteiligte Geschäftspartner halten auch Referenzwissen ▪ steigende Anzahl an Geschäftspartnern auf Grund der größeren Komplexität der Projekte ▪ fehlende Bereitschaft zur Weitergabe des Wissens ▪ Tätigkeit im Presales erfordert schnellen Zugriff auf Referenzwissen ▪ Sprachlernen ist langwieriger Prozess
Lösung	▪ Software zur Pflege von Projektverläufen ▪ Verpflichtung zur Pflege des Projektwissens (an Gehalt geknüpft)
Lösungsvorschläge	(keine Angaben)
Begründung	durch die Bindung der Pflege des Wissens an das Gehalt soll die Bereitstellung des Wissens in der Software sichergestellt werden
Resultat	▪ Kunden bekommen sofort Antworten und nehmen die Abteilung Presales (bzw. das Unternehmen) als informiert und vorbereitet und damit eines Auftrags würdig wahr ▪ Mitarbeiter erhalten notwendiges Wissen schneller als bisher
Verwandte Probleme	Keine Sicherung des Wissens aus Projekten (1–E)

- Die Tätigkeit eines der Interviewpartner, die dieses Problem nannten, ist sehr abwechslungsreich – d. h. er muss schnell mit entsprechendem Referenzwissen reagieren können.
- Bezüglich der Sprachqualität kommt hinzu, dass das Lernen und Anwenden von Sprache ein langwieriger Prozess ist.

Als Lösungen wurden folgende Maßnahmen umgesetzt:

- Es wurde eine Software zur Pflege von Projektverläufen eingerichtet, worin eine Reihe von Parametern zu den Projekten ausgefüllt werden muss.
- Mit den Mitarbeitern wurde eine Vereinbarung über die Pflege des Projektwissens geschlossen. Wird dieser nicht nachgekommen, erhalten die Mitarbeiter weniger Gehalt.

Das damit angestrebte Ziel ist es, dass das Projektwissen von sämtlichen Quellen quasi „automatisch“ (d.h. aktiv durch die Beteiligten) in die Software eingeht. Ebenso soll es möglich sein, vergleichende Informationen über Projekte abzurufen und für neue Projekte zu nutzen. Um dies sicherzustellen, ist auf die Bindung der Pflege des Wissens an das Gehalt der Mitarbeiter gesetzt worden (zudem stellt eine solche Bindung eine typische Herangehensweise im Softwarevertrieb dar).

Es sind keine Lösungsvorschläge unterbreitet worden. Hier sei auf die Ausführungen zum Problem „Keine Sicherung des Wissens aus Projekten“ (1–E) verwiesen.

Aufwand bei Aufbereitung von Wissen für die Dokumentation (1–G)

Das letztgenannte Problem steht in direkter Folge zum Problem „Keine Sicherung des Wissens aus Projekten“ (1–E). Es wird allein von Seiten des Wissensmanagers geäußert (Problem 1–9).

Das Problem besteht darin, dass auf Grund verschiedenster Anforderungen an das dokumentierte Wissen die Aufbereitung sehr aufwändig ist und auch deshalb die Menge an noch zu dokumentierendem Wissen sehr langsam abgearbeitet werden kann (siehe die Zusammenfassung in Tabelle 5.10).

Aus Sicht des Interviewpartners wird das Problem von folgenden Faktoren verursacht bzw. beeinflusst:

- Hier ist zunächst eine Gruppe an Faktoren anzuführen, die Anforderungen an Dokumentation darstellen: Zum Ersten muss die Dokumentation inhaltlich an den jeweiligen Personenkreisen (so benötigen Techniker mehr technische Details als Betriebswirte) angepasst werden. Zum Zweiten steht generell die Frage, wie detailliert die Dokumentation auszusehen hat. Zum Dritten steht die Anforderung, dass sich die Dokumentationen ergänzen müssen können.
- Hinzu kommt, dass der Umfang der Dokumentationsarbeit sehr hoch ist, aber nur begrenzte personelle Ressourcen dafür zur Verfügung stehen.

Als Lösungen wurden bisher Maßnahmen umgesetzt, die zunächst auf eine Priorisierung der Dokumentationsarbeit hinauslaufen, d. h. es wurde dokumentiert, sofern Nutzer dies direkt verlangten, es aus den Zugriffen auf Inhalte des inter-

Tabelle 5.10: Problem 1–G: Aufwand bei Aufbereitung von Wissen für die Dokumentation

Kontext	Projektgeschäft
Problem	großer Aufwand bei der Dokumentation, da Wissen auf verschiedene Art und Weise aufbereitet werden muss, um für verschiedene Zielgruppen verwendbar zu sein
Einflussfaktoren	▪ verschiedene Personenkreise (z. B. Techniker, Betriebswirte) verlangen verschiedene Niveaus (z. B. zu technischen Details) der Dokumentation ▪ Detaillierungsgrad der Dokumentation ▪ Dokumente müssen sich trotz verschiedener Personenkreise ergänzen können ▪ Umfang der Dokumentationsarbeit sehr hoch ▪ begrenzte Ressourcen für Dokumentation
Lösungen	▪ bisher offene Stellen in der Dokumentation auf Zuruf der Nutzer und entsprechend des Release-Zyklus der Software zuerst geschlossen auf einem geringen Detaillierungsgrad ▪ Monitoring der Foren des internen Wikis und der Zugriffszahlen auf die Dokumentation, um Stellen zu identifizieren, wo die Dokumentation geschaffen, aktualisiert oder erweitert werden muss
Lösungsvorschläge	geplanter Mitarbeiter in Polen für Dokumentation kommt wegen der aktuellen Budgetplanung nicht; stattdessen ist angedacht, einen Studenten als Praktikant einzustellen
Begründung	Lösungen bisher getrieben von den begrenzten Ressourcen
Resultat	(keine Angaben)
Verwandte Probleme	1–E (Keine Sicherung des Wissens aus Projekten)

nen Wikis ersichtlich wurde bzw. entsprechend des Release-Zyklus der Software. Dabei wurde auf einen geringen Detaillierungsgrad gesetzt.

Damit ist eine endgültige Lösung bzw. eine Strategie für die Dokumentation entsprechend der genannten Anforderungen noch nicht gegeben. Die Lösung wurde zunächst allein von den begrenzten Ressourcen für die Dokumentation bestimmt. Als Lösungsvorschlag wurde daher auch der Wunsch geäußert, weitere Personen (einen weiteren Mitarbeiter oder einen Praktikanten) einzustellen.

5.2.3 Ergebnisse aus dem Fall

Grundsätzlich ist anzumerken, dass die gesamte Problematik des Umgangs mit Wissen bei Hybris von der Notwendigkeit geprägt ist, vorhandene Rollenverteilungen und Prozesse an die neuen Anforderungen anzupassen, die das Wachstum des Unternehmens (d. h. die Anzahl an Mitarbeitern und Standorten, aber auch die Anzahl und Komplexität von Projekten) mit sich bringt.

Dies zeigt sich zum einen darin, dass sich dies in nahezu jeder Problembeschreibung als Einflussfaktor wiederfindet. Zum anderen wird dies sichtbar, wenn man die Probleme entsprechend der Objekte klassifiziert, die sie beeinflussen (siehe Kapitel 4.6.2):

- Prozesse und Strukturen: Beinahe alle Probleme stellen auf die Veränderung von organisatorischen Prozessen ab (d. h. auf die Ausgestaltung der Wissensmanagement-Aktivitäten): Dies wird zunächst allgemein für das Unternehmen gefordert (Problem 1–C), aber auch bezogen auf den Standort München (1–A), den Austausch mit dem Standort Polen (1–D), bezogen auf den Austausch zwischen Projekten (1–E) und explizit für einen konkreten Prozess, die Einarbeitung der Mitarbeiter (1–B). In den Problemen 1–A und 1–D werden außerdem Strukturen (d. h. die Aufbauorganisation) angesprochen. Alle Probleme bis auf Problem 1–D bemängeln konkret, dass Prozesse für den Umgang mit Wissen fehlen oder nicht definiert sind. In Problem 1–D wird das Ausmaß eines Prozesses – des (Ver-)Teilens von Wissen – als zu gering kritisiert.
- Wissen: Die Probleme 1–F und 1–G beziehen sich auf eine Änderung der Qualität (d. h. Vollständigkeit, sprachliche Korrektheit, Angemessenheit für die Zielgruppe) des Wissens.

Es ist ersichtlich, dass sich nur zwei Probleme auf das Wissen an sich beziehen, aber quasi sämtliche Probleme Missstände bzw. Verbesserungspotential im Umgang mit Wissen ansprechen. Greift man die Problemklassifikation von Lehner (2009b, S. 319f.) auf, so liegen bei Hybris weniger Wissensprobleme, sondern vor allem Wissensmanagement-Probleme vor. Die Technik (d. h. IT), die bei der Betrachtung von Wissensmanagement häufig eine zentrale Rolle spielt, wird hier nur am Rande in den Problemen 1–C und 1–F angesprochen.

Während das Problem 1–D von verschiedensten Personen wahrgenommen wird und daher von allgemeiner Bedeutung für das Unternehmen ist, können bei den anderen Problemen durchaus Annahmen hinsichtlich der Beziehungen zwischen dem Problem und den (Eigenschaften der) nennenden Person gezogen werden. Hier zeigt sich, dass Probleme nie allgemein benannt werden können oder statisch sind, sondern von den handelnden Personen abhängen:

- Die Wahrnehmung von Problemen hängt von der Dauer der Zugehörigkeit von Personen zu einem Unternehmen ab. Dies zeigt sich hier beim Problem der fehlenden Einarbeitung für neue Mitarbeiter (1–B), das nur von neuen Mitarbeitern geäußert wird.
- Für neue Mitarbeiter ist eine strukturierte Weitergabe von Wissen (Problem 1–C) und die Qualität dieses Wissens (Problem 1–F) von Bedeutung. Dies gilt umso mehr, da die Mitarbeiter, die diese Probleme nennen, langjährige Berufserfahrung besitzen, somit also um die Bedeutung eines strukturierten Austauschs und dessen Qualität wissen.
- Die letzte Schlussfolgerung ist etwas anders gelagert: Sie zeigt die strategische Bedeutung auf, die dem Projektwissen beigemessen wird. Das mit diesem Wissen verbundene Problem (1–E) wird von Personen in Führungsverantwortung und mit langer Betriebszugehörigkeit genannt.

Diese hier gezogenen Annahmen beziehen sich auf die Merkmale der Interviewpartner. Aus Sicht ihres Verständnisses für Wissen finden sich jedoch keine Unterschiede bei den Problemen. Nichtsdestotrotz zeigt sich hier bereits, dass sich Probleme im Umgang mit Wissen nicht generell beschreiben und allein einer Dimension des Wissensmanagements (z. B. einer spezifischen Aktivität) zuordnen lassen, sondern von einem individuellen wie auch organisatorischen Kontext abhängen.

Abschließend ist noch einmal darauf hinzuweisen, dass es sich bei Hybris um die Pilotstudie handelt, deren Zweck ursprünglich nur die Prüfung der Zweckmäßigkeit des gewählten Forschungsprozesses war. Da aber viele Interviews bereits mit dem auch später genutzten Problemaudit geführt wurden und keine methodischen Gründe gegen ihre Verwendung sprachen, sind die Ergebnisse in die Auswertung aufgenommen worden.

5.3 Fall Veritas

Der zweite Fall beschreibt die Veritas Verlags- und Handelsges. m. b. H. & Co. OHG, die 1945 in Linz (Oberösterreich) gegründet wurde und mittlerweile Österreichs führenden Verlag im Bereich der Bildung darstellt.[5]

5.3.1 Vorstellung

Das Unternehmen bietet Bücher und Zusatzmaterialien (wie Begleithefte für Lehrer, Kopiervorlagen, CD-ROMs oder DVDs mit Audio-Material oder Lernsoftware, Online-Material) für alle österreichischen Schultypen an. Das umfasst Angebote an Vorschulen, Volksschulen, Hauptschulen, auch Kooperative und Neue Mittelschulen, die Allgemeinbildenden Höheren Schulen, Polytechnische und Berufsbildende Schulen, Berufsschulen sowie für die Weiterbildung und für Sonderschulen. Das Unternehmen verlegt ca. 2.000 Titel selbst, hat aber durch die Kooperation mit Verlagen wie Cornelsen, Oxford University Press oder Oldenbourg Zugriff auf 9.500 Titel. Angeboten werden vor allem Schulbücher zu den klassischen Unterrichtsfächern und Sprachen.

Das Unternehmen begann als Verlag für Kleinschriften, ab 1973 richtete man sich auf Lehrbücher aus. Tabelle 5.11 fasst die wichtigsten Etappen in der Entwicklung des Unternehmens zusammen.

Der Marktanteil von Veritas lag 2009 bei mehr als 20 %. Veritas ist damit Marktführer auf dem österreichischen Markt. Wichtige Wettbewerber stellen die Verlage Österreichischer Bundesverlag, E. Dorner, Hölder-Pichler-Tempsky, Manz, Trauner und Helbling dar. Im Jahr 2008 konnte das Unternehmen einen Umsatz von 20 Mio. Euro erwirtschaften. Davon entfielen 5–7 % auf den Umsatz mit CD-ROMs und Online-Angeboten.

Die Zentrale der Veritas befindet sich in Linz. Sie wurde auf Grund des Wachstums des Unternehmens erst im März 2010 in ein größeres Gebäude verlegt. Dort sind ca. 90 Mitarbeiter beschäftigt. Das Unternehmen wird seit Januar 2010 von zwei Geschäftsführern geleitet. Der organisatorische Aufbau der Zentrale ist in Abbildung 5.3 dargestellt. Die Aufgabenverteilung bei der Erstellung und dem Verkauf eines Buches gestaltet sich dabei wie folgt:

[5] Die Informationen zu Veritas wurden folgenden Quellen entnommen: verfügbare Webressourcen (http://www.veritas.at/; Abruf am 23.04.2010), Feldnotizen des Besuchs vom 26.11.2008, Diplomarbeit zum Wissensmanagement bei Veritas.

Tabelle 5.11: Entwicklung des Unternehmens Veritas

Jahr	Beschreibung
1945	Gründung des Veritas Kleinschriften-Verlags
1973	Veröffentlichung des ersten Schulbuchs
1982	Veritas wird ein Teil des Landesverlages
1996	Cornelsen übernimmt den Veritas-Verlag
1999	Umzug in ein neues Verlagsgebäude, Start der ersten Website
2000	Verkauf des Bereichs Regionales an das Niederösterreichische Pressehaus (heute Residenz-Verlag)
2002	Integration des Programm von „Handwerk & Technik" und „Holland & Josenhans" in den Veritas-Fachbuchverlag
2006	Übernahme der Verlage Oldenbourg Schulbuch und Verlag für Geschichte und Politik
2008	Übernahme der Mehrheit bei Mukifo, einem Dienstleister für Musikunterricht in Kindergärten
2009	Eröffnung eines Informationszentrums in Wien
2010	Übernahme der Betreuung der Duden-Titel für Schulen; Umzug in neues Technikzentrum

- Im Marketing werden Anforderungen von Kunden erhoben, zu entsprechenden Produkten formuliert und diese am Markt beworben. Neben klassischen Aufgaben des Marketings wie Beratung, Verkauf, Werbung durch das Direktmarketing und Kontaktpflege durch den Außendienst werden Seminare, Vorträge etc. organisiert.
- Die Abteilung Personalentwicklung, Recht & Organisation übernimmt neben den Aufgaben für das Personal im rechtlichen Bereich z. B. die Klärung von Rechten mit Rechteinhabern und Verwertungsgesellschaften und die Vertragsabwicklung mit Autoren und im organisatorischen Bereich z. B. die Betreuung der Genehmigungen von Schulbüchern.
- Die Abteilung Medienentwicklung & Lektorat begleitet den gesamten Lebenszyklus eines Produkts mit Suche nach Autoren, die Unterstützung bei der Entwicklung von Konzepten und die Erstellung von Manuskripten, das Lektorat etc. Zur Abteilung gehört auch die Organisation und Verwaltung von Bildern für Bücher in der Bildredaktion.
- Die Herstellung überführt die Konzepte von Autoren und Lektoren in ein für den Druck geeignetes Layout und plant und überwacht die Produktion der Bücher.

- Die Abteilung Strategie, Internet und Software betreut die strategische Ausrichtung der Veritas in den neuen Medien, pflegt die Website und entwickelt Software für Schulbücher.

Von der Entscheidung über die Gestaltung eines neuen Buchs bis zu dessen Einsatz an den Schulen vergehen in der Regel drei Jahre. Die Erstellung und der Verkauf von Büchern ist darüber hinaus von den jeweils aktuellen Schülerzahlen in den Schulen und von den Entscheidungen des Ministeriums für Unterricht, Kunst und Kultur abhängig. Letzteres bestimmt die Budgets der Schulen für Schulbücher und muss jedes neue Schulbuch genehmigen.

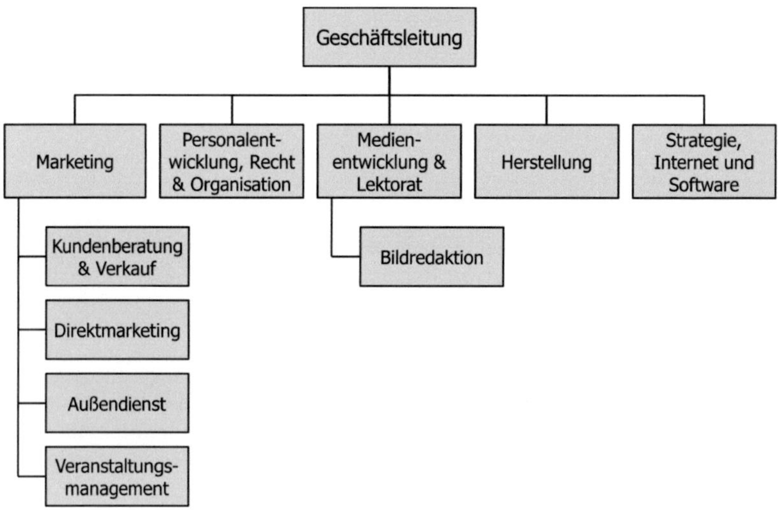

Abbildung 5.3: Organigramm von Veritas

Die Veritas besitzt neben der Zentrale in Linz einen Standort in Wien mit weiteren neun Mitarbeitern. Der Standort umfasst eine Marketingabteilung, ein Lektorat und ein Informationszentrum. Außerdem führt der Verlag eine Buchhandlung in Linz.

Durch das Wachstum des Unternehmens werden zukünftig Maßnahmen des Wissensmanagements in Betracht gezogen, da die bisher erfolgte direkte Kommunikation zwischen den Mitarbeitern nicht mehr ständig gegeben ist. Dafür soll auch der Austausch der Daten entsprechend verbessert werden. Für strukturierte Daten existiert das zentrale Informationssystem „Partner- und Artikelinformationssystem (PARIS)“, das Daten zu Kunden und Produkten verwaltet. Auch die Website wird daraus gespeist. Für unstrukturierte Daten stehen Maßnahmen jedoch noch aus. So ist die Einführung eines Microsoft Office SharePoint Servers geplant. Im Umfeld des Wissensmanagements wurde auch eine Initiative mit Namen „Fit-IT“ durchgeführt, um die Mitarbeiter im Umgang mit IT besser auszubilden. Weiterhin ermutigt die Geschäftsleitung die Mitarbeiter zur Kommunikation untereinander. Das Wissensmanagement ist allerdings noch nicht institutionell verankert, sondern wird bisher vom IT-Informationsmanager mit übernommen. Die Merkmale des Unternehmens lassen sich wie in Tabelle 5.12 aufgeführt zusammenfassen.

Tabelle 5.12: Unternehmenscharakteristik Veritas

Merkmal	**Ausprägung**
Branche	Verlegen von Büchern für Schulen
Größe	100 Mitarbeiter (Hauptniederlassung: 90 Mitarbeiter)
Alter	65 Jahre
Eigentümer-Manager	nicht mehr vorhanden
Wissensmanagement	in Planung (bessere Verwaltung unstrukturierter Daten)

Im Fall Veritas erfolgte die erste Kontaktaufnahme Ende November 2008 durch einen Besuch vor Ort, bei welchem in einem Gespräch mit dem Geschäftsführer und dem IT-Informationsmanager das Ziel der vorliegenden Arbeit vorgestellt wurde. Danach fand am 31.03.2009 ein Besuch für die Erhebung mit insgesamt sechs Interviews in den Abteilungen Marketing, Personalentwicklung, Recht & Organisation, Medienentwicklung & Lektorat, Herstellung, Strategie, Internet und Software und dem IT-Informationsmanager (als Teil der Geschäftsleitung) statt. Der Erhebung ging wie im Fall Hybris eine Untersuchung mit „KnowMetrix“ im Rahmen einer Diplomarbeit voraus (siehe oben).

5.3.2 Probleme im Umgang mit Wissen

Im Folgenden werden die Ergebnisse der Untersuchung im Fall Veritas vorgestellt. Bevor jedoch auf die Probleme im Umgang mit Wissen eingegangen werden kann, muss das Verständnis für Wissen bei den Interviewpartnern von Veritas expliziert werden. Danach folgt ein Überblick über die von ihnen genannten Probleme. Aus diesen werden einzelne Problembereiche herausgegriffen und näher vorgestellt.

Verständnis für Wissen

Jeder Interviewpartner wurde vor der Beschreibung von Problemen im Umgang mit Wissen nach seinem Verständnis für Wissen befragt, d. h. worin besteht das Wissen für die eigene Tätigkeit, wie wird Wissen definiert und wie wird damit umgegangen. Die Angaben der Interviewpartner wurden (mit der Häufigkeit ihrer Nennung) in Abbildung 5.4 zusammengefasst und stellen eine Art Profil des Wissensverständnisses von Veritas dar.

Was man bei Veritas alles unter Wissen fasst, ist sehr vielfältig. Es finden sich freilich gemeinsame Wissensbestandteile (z. B. bezüglich der Herstellung von Büchern, dem Feedback der Kunden, der organisatorischen Abläufe und der Tätigkeiten der Mitarbeiter, der Software bzw. IT und zu Erfahrungswerten), aber es wird auch deutlich, dass viele Beispiele nur den einzelnen Mitarbeiter betreffen. Zugleich zeigt sich aber auch, dass für die Erfüllung der Aufgaben des Unternehmens, d. h. für die Erfüllung der kompletten Wertschöpfungskette, sämtliche dieser Wissensbestandteile von Bedeutung sind.

Der Umgang mit Wissen erfolgt vor allem durch den direkten Kontakt zwischen den Personen. Was hervorsticht ist die Tatsache, dass spezifisches Wissen (z. B. zu IT-Fragen oder bestimmten Produktbereichen) auf einzelne Personen konzentriert ist.

Die Eigenschaften, die Wissen zugeschrieben werden, sind bis auf die Bindung an Personen sehr weit gestreut: Ein Teil der Interviewpartner nimmt Wissen als etwas „Weiches“, d. h. Unstrukturiertes, wahr. Der andere Teil verbindet damit das Gegenteil: etwas Strukturiertes im Sinne von Fakten. Im Fall Veritas zeigt sich in verschiedenen Äußerungen, dass eine Unterscheidung der Konzepte Informationen und Wissen stattfindet. Wissen wird hierbei als das umfassendere Konzept verstanden, das (mehrere) Informationen umfasst oder in einen bestimmten Kontext einbettet bzw. als die Art und Weise des Umgangs mit Informationen verstanden wird. Eine solche Unterscheidung kommt in den anderen Fällen nur am Rande vor. Auffällig sind zudem zwei einzelne Äußerungen, die in der Debatte um das Wissensmanagement zwar häufig angeführt werden (siehe auch Kapitel 2.1), in den untersuchten Fällen aber kaum auftreten: Das ist die

Abbildung 5.4: Verständnis für Wissen bei Veritas

Eigenschaft des Wissens, eine Halbwertszeit zu besitzen und das Verständnis von Wissen als Kapital eines Unternehmens.

Probleme im Überblick

In Bezug auf dieses Wissen wurden in den Interviews insgesamt 19 verschiedene Probleme benannt und besprochen. Dabei wurden nur Probleme erfasst, die mindestens eine grundlegende Beschreibung (Name, Problem, Kontext, Einflussfaktoren; siehe Kapitel 3.2.2) aufzuweisen haben. Jedes Problem trägt eine Nummer, die sich aus der Nummer des Falles (siehe Tabelle 4.4) und einer fortlaufenden Nummer in der Reihenfolge der Erhebung der Probleme innerhalb des jeweiligen Falles zusammensetzt. Die Probleme sind ausführlich in Anhang A.5 dokumentiert. Entsprechend der Ausführungen in Kapitel 4.6.2 sind die Probleme zuerst eingegrenzt und danach zusammengefasst worden, um die zentralen Probleme des Falles zu identifizieren, d. h. es wurden allgemein nur mehrfach vorkommende und explizit die von den Mitgliedern der Geschäftsleitung, d. h. dem Marketingleiter und dem IT-Informationsmanager (als Schlüsselpersonen für den Umgang mit Wissen bei Veritas), genannten Probleme berücksichtigt.

Nach der Zusammenfassung ergeben sich acht Probleme. Diese sind mit ihren Merkmalen in Tabelle 5.13 aufgeführt. Die Merkmale ergeben sich aus den Kriterien, die in den Kapiteln 4.3.2 und 4.4.3 aufgestellt wurden:

- Kontext, in welchem die Probleme aufgetreten sind: In der Auswertung zeigte sich, dass sich die Probleme jeweils einem aus zwei Kontexten zuordnen lassen: Entweder bezieht sich das Problem auf das Unternehmen im Allgemeinen oder auf das Marketing.
- Abteilung, in welcher der Interviewpartner tätig ist: Diese umfasst die Geschäftsleitung und das Marketing, Herstellung, Personalentwicklung, Recht & Organisation und Strategie, Internet und Software.
- Hierarchieebene: D. h. besitzt der Interviewpartner Führungsverantwortung oder nicht.
- Dauer der Zugehörigkeit des Interviewpartners zum Unternehmen
- Berufserfahrung des Interviewpartners in seiner aktuellen Tätigkeit

Die Merkmale spielen später bei der Analyse noch eine Rolle. Für einen ersten Einblick lassen sich die Probleme aber wie folgt charakterisieren:

Tabelle 5.13: Zentrale Probleme im Umgang mit Wissen bei Veritas

Problem	Kontext	Abt.	Führ.	Zug.[a]	Erf.[a]
2–A: Kein Zugang zu unstrukturierten Informationen	Allgemein	Marketing	ja	19	19
2–B: Austausch von Wissen zwischen Abteilungen erfolgt in zu geringem Ausmaß	Allgemein	Herstellung	nein	1,5	1,5
		Personalentwicklung, Recht & Organisation	ja	11	21
2–C: Fehlende Struktur behindert Auffinden von Wissen	Allgemein	Personalentwicklung, Recht & Organisation	ja	11	21
		Strategie, Internet und Software	ja	9	9,5
		Geschäftsleitung	nein	5	10
2–D: Wissen ist auf einzelne Personen beschränkt	Allgemein	Strategie, Internet und Software	ja	9	9,5
		Geschäftsleitung	nein	5	10
2–E: Kein Bewusstsein für die Bedeutung von Wissen für das Unternehmen	Allgemein	Geschäftsleitung	nein	5	10
2–F: Keine standardisierte Ausführung von Aufgaben	Allgemein	Geschäftsleitung	nein	5	10
2–G: Mehraufwand durch doppelte Arbeit	Allgemein	Geschäftsleitung	nein	5	10
2–H: Marktanteile sind nicht bekannt oder schwer zu ermitteln	Marketing	Marketing	ja	19	19

[a] Angabe in Jahren

- Der Bereich „Allgemein“ betrifft Probleme, die unternehmensweit und damit unabhängig von bestimmten Abteilungen oder Aufgabenbereichen sind. Hier sind zunächst drei Probleme zu nennen, die man als grundlegend bezeichnen könnte, da sie weitere Probleme auslösen bzw. dazu beitragen. Es handelt sich dabei um Probleme der Beschränkung von Wissen auf einzelne Personen (2–D), das fehlende Bewusstsein für die Rolle von Wissen (2–E) und die fehlende Standardisierung bei organisatorischen Abläufen (2–F). Diese wirken auf die verbleibenden Probleme: Da ist zunächst das Problem des Austauschs zwischen den Abteilungen (2–B). Ein sehr weitreichendes Problem ist das der fehlenden Strukturierung der Wissensablage (2–C), das selbst wiederum auf das Problem des Zugangs zu unstrukturierten Informationen (2–A) einwirkt. Das Problem 2–A hat wiederum Auswirkungen auf Problem 2–G, bei dem unnötige Doppelarbeit bemängelt wird.

- Der Bereich „Marketing“ umfasst eine einzige Problemstellung, die analog zum Problem 2–A formuliert ist und sich auf den unzureichenden Zugriff auf strukturierte Informationen bezieht.

Diese acht Probleme sollen im Weiteren genauer hinsichtlich ihrer Ursachen, Lösungen und Lösungsansätze beschrieben werden.

Kein Zugang zu unstrukturierten Informationen (2–A)

Dieses Problem wird von einem Mitglied der Geschäftsleitung mehrfach geäußert, jeweils auf einen anderen Wissensbereich bezogen:

- Zugang zu unstrukturierten Informationen ist nicht gegeben (2–1)
- Kein schneller Zugriff auf Produktwissen (2–3)

Das Problem besteht letztlich darin, dass der Zugriff auf nicht strukturierte Informationen (wie z. B. Sitzungsprotokolle, Informationen zur Konkurrenz oder Wissen über Produkte) zwar prinzipiell möglich ist, jedoch nicht in einer angemessenen Zeit und ohne Aufwand. Dies behindert z. B. die Kundenberatung, wenn Wissen nicht zeitnah für ein Telefonat mit dem Kunden abrufbar ist. Außerdem besteht die Gefahr, dass bei der derzeitigen unsystematischen Ablage Informationen verloren gehen, z. B. wenn das von einem Kunden gewonnene Wissen nicht in eine bestehende Wissensstruktur eingepflegt werden kann. Das Problem ist in Tabelle 5.14 zusammengefasst.[6]

Aus Sicht des Interviewpartners wird das Problem von folgenden Faktoren verursacht bzw. beeinflusst:

[6] Das Problem „Unzureichende Aufbereitung externer Informationen“ (2–8) ist zwar nicht deckungsgleich, weist aber in die dieselbe Richtung.

Tabelle 5.14: Problem 2–A: Kein Zugang zu unstrukturierten Informationen

Kontext	allgemein
Problem	unstrukturierte Informationen sind nicht für alle Mitarbeiter verfügbar abgelegt bzw. sind nicht den strukturierten Informationen zugeordnet – die Suche danach ist aufwändig, es ist bei Bedarf kein schneller Zugriff darauf möglich, und es besteht die Gefahr, dass Informationen verloren gehen
Einfluss-faktoren	▪ Struktur der Ablage der Informationen ▪ unstrukturierte Informationen können nicht immer eindeutig zugeordnet werden ▪ Mitarbeiter vergessen Vorgänge durch die Fülle an Informationen ▪ Informationen werden von vielen Beteiligten beigetragen ▪ Größe des Unternehmens (Verteilung auf verschiedene Stockwerke, viele Teilzeitkräfte, Gleitzeitvereinbarungen) ▪ mehrfache Ausführung von Tätigkeiten ▪ Notwendigkeit der Erfassung vieler Informationen wird nicht geprüft ▪ Korrektheit von Aussagen zu einem Produkt ▪ Informationen müssen schnell verfügbar sein
Lösung	▪ Gespräche mit den Beteiligten, um Informationen zusammenzutragen ▪ Erfassung von Texten zur Produktbeschreibung
Lösungs-vorschläge	▪ Zuordnung unstrukturierter Informationen zu den strukturierten Informationen ▪ Informationen zu Produkten im zentralen Informationssystem sofort abrufbar machen
Begründung	(keine Angaben)
Resultat	(keine Angaben)
Verwandte Probleme	▪ Fehlende Struktur behindert Auffinden von Wissen (2–C) ▪ Mehraufwand durch doppelte Arbeit (2–G) ▪ Marktanteile sind nicht bekannt oder schwer zu ermitteln (2–H)

- Die bisher existente Struktur für die Ablage von Informationen ist nur schwer nachvollziehbar (siehe dazu genauer Problem 2–C). Außerdem lassen sich unstrukturierte Informationen dort nicht immer eindeutig zuordnen.
- Dies wird erschwert durch die Komplexität der Informationsverarbeitung: Mitarbeiter vergessen was sie getan haben, da eine Fülle von Informationen (große Anzahl an Produkten) verarbeitet werden muss und die Verarbeitung meist auf gleiche Art und Weise abläuft. Informationen werden von vielen Beteiligten beigetragen. Neben den für bestimmte Produkte zuständigen Mitarbeitern sind das auch Außendienst, Lektorat und Medienentwicklung. Diese sind wegen der zunehmenden Größe des Unternehmens auf verschiede-

ne Stockwerke verteilt und auch nicht immer verfügbar (viele Teilzeitkräfte, Gleitzeitvereinbarungen). Hinzu kommt hier auch, dass Tätigkeiten mehrfach ausgeführt werden (siehe ausführlich bei Problem 2–G), d. h. dass Informationen z. B. mehrfach erzeugt oder erhoben werden, weil Mitarbeiter bestimmte Dinge gern tun bzw. einen Informationsvorsprung halten wollen.

- Darüber hinaus werden diverse andere Einflussfaktoren genannt: Einer betrifft die Erfassung von Informationen, die zwar für viele Informationen erfolgt, aber nicht reflektiert wird, ob die erhobenen Informationen tatsächlich von Interesse sind. Die zwei letzten Faktoren beziehen sich auf die Eigenschaften des gesammelten Wissens: Einerseits ist es die schwierig zu prüfende Korrektheit einer Aussage, andererseits ihre schnelle Verfügbarkeit (z. B. bei einem Kundenanruf).

Die bisherigen Lösungen bestehen im nahe Liegenden: Die notwendigen Informationen werden im Gespräch mit den Beteiligten zusammengetragen. Zudem werden bereits Texte zur Produktbeschreibung erfasst. Diese liegen aber noch nicht in der gewünschten Form vor (allgemeine Werbetexte statt genaue Informationen zum Produkt).

Es werden folgende Lösungsvorschläge unterbreitet: So sollten unstrukturierte Informationen prinzipiell den strukturierten zugeordnet werden (z. B. dem entsprechenden Projekt). Dies erfolgt bisher nur bei Marktforschungsstudien und dort auch nicht umfassend, sondern nur für bereits aggregierte Informationen. Im Bereich des Produktwissens wird der Wunsch geäußert, sämtliche Informationen zu einem Produkt (z. B. Umsätze, Argumente für die Qualität des Produktes, Kundenrezensionen) im zentralen Informationssystem zu hinterlegen, um sie bei einem Kundenanruf sofort abrufbar zu haben.

Austausch von Wissen zwischen Abteilungen erfolgt in zu geringem Ausmaß (2–B)

Das Problem wird von zwei Personen aus verschiedenen Abteilungen und mit verschiedenen Merkmalen wahrgenommen. Sie unterscheiden sich hinsichtlich der Führungsverantwortung, Zugehörigkeit und Erfahrung jeweils diametral. Das Problem kann folglich als allgemein für das Unternehmen gültig eingeordnet werden. Es setzt sich zusammen aus:

- Verzögerungen bei der Produktion von Büchern (2–5)

- Austausch von Wissen zwischen Abteilungen erfolgt in zu geringem Ausmaß (2–7)

Das Problem äußert sich darin, dass Informationen einer anderen Abteilung nicht bzw. nicht rechtzeitig bereitgestellt werden. Dies führt z. B. – wie Problem 2–5 zeigt – zu Verzögerungen bei der Produktion von Büchern durch eine nicht termingerechte Bereitstellung von Beiträgen der an der Produktion Beteiligten. Das Problem ist in Tabelle 5.15 zusammengefasst.

Tabelle 5.15: Problem 2–B: Austausch von Wissen zwischen Abteilungen erfolgt in zu geringem Ausmaß

Kontext	allgemein
Problem	Austausch von Wissen zwischen Abteilungen erfolgt in zu geringem Ausmaß – Informationen werden nicht bzw. nicht rechtzeitig bereitgestellt
Einfluss-faktoren	■ Informationen über neue Funktionen werden nicht zeitnah bekannt gegeben ■ fehlendes Bewusstsein, wer Informationen noch gebraucht und was Bring- bzw. Holschuld beim Wissen ist ■ Verfügbarkeit leidet durch Einsatz vieler Teilzeitkräfte ■ neue Entwicklungen verändern Prozesse ■ Buchproduktion ist ein kreativer Prozess, der zeitlich nicht von vornherein festlegt werden kann ■ Abhängigkeit von den Autoren ■ Arbeitsbelastung der Mitarbeiter durch parallele Buchprojekte
Lösung	Arbeit an einem standardisierten Ablauf als Grundlage für die Terminplanung bei der Buchproduktion
Lösungs-vorschläge	■ die Beschreibung von Prozessen kann den Austausch unterstützen ■ Durchführung einer Terminplanung und deren Einhaltung gemäß des standardisierten Ablaufs ■ bei neuen Entwicklungen erfolgen Weiterbildungen und der Austausch mit anderen Unternehmen
Begründung	mit der Standardisierung soll der Ablauf verbessert und vereinheitlicht und zugleich ein besseres Verständnis des Ablaufs erreicht werden
Resultat	(keine Angaben)
Verwandte Probleme	Kein Bewusstsein für die Bedeutung von Wissen für das Unternehmen (2–E)

Aus Sicht der Interviewpartner wird das Problem von folgenden Faktoren verursacht bzw. beeinflusst:

- Eine große Gruppe von Faktoren bezieht sich auf das Wachstum des Unternehmens: Durch das Wachstum ergeben sich Veränderungen an der organisatorischen Struktur bzw. an den Zuständigkeiten, die die einzelnen Mitarbeiter wahrnehmen. Die Information darüber wird aber nicht zeitnah an alle Mitarbeiter kommuniziert. Außerdem sind die Mitarbeiter selbst noch nicht auf die Situation eines gewachsenen Unternehmens eingestellt. Ihnen fehlt das Bewusstsein dafür, wer außer ihnen Informationen noch gebrauchen könnte (siehe ausführlicher bei Problem 2–E), und was beim Erwerben und (Ver-)Teilen von Wissen eine Bring- bzw. Holschuld ist. Das Wachstum bringt es mit sich, dass viele Teilzeitkräfte eingesetzt werden, so dass durch unterschiedliche Anwesenheitszeiten die Verfügbarkeit leidet. Außerdem werden durch neue Entwicklungen bestehende Prozesse verändert (z. B. rechtliche und organisatorische Fragen bei der Herstellung von Produkten mit neuen Medien).
- Spezifisch für das Verlegen von Büchern ist das kreative Element der Arbeit, so dass zwar die Schritte für eine Buchproduktion fixiert und entsprechende Zuständigkeiten festgelegt werden können, aber eine genaue zeitliche Festlegung nicht von vornherein möglich ist. Hinzu kommt, dass man zeitlich und inhaltlich (z. B. kurzfristige Korrekturwünsche bei Illustrationen) von den Autoren abhängig ist. Diese Abhängigkeit führt zu erneutem Abstimmungsbedarf zwischen den Abteilungen. Auch die Arbeitsbelastung der Mitarbeiter durch parallel ablaufende Buchprojekte spielt eine Rolle.

Speziell für die Buchproduktion wurde mit der Arbeit an einem standardisierten Ablauf (basierend auf einer Reflexion der bisherigen Abläufe) als Grundlage für die Terminplanung begonnen.

Die Lösungsvorschläge beziehen sich auf die Beschreibung (d. h. Standardisierung) von Prozessen (wie den der Buchproduktion), die als notwendig angesehen wird, um Prozesse zu verbessern und ein besseres Verständnis dafür zu schaffen. Gerade in der Buchproduktion wird eine Terminplanung und -durchsetzung entsprechend des gerade in Arbeit befindlichen Ablaufs vorgeschlagen. Für die Gestaltung neuer Prozesse auf Grund neuer Entwicklungen wird auf Weiterbildungen und den Erfahrungsaustausch mit anderen Unternehmen gesetzt (z. B. mit der Konzernmutter, den Verwertungsgesellschaften und Experten).

Fehlende Struktur behindert Auffinden von Wissen (2–C)

Das vorliegende Problem wird von Führungskräften verschiedener Abteilungen und dem IT-Informationsmanager (als Teil der Geschäftsleitung) genannt. Alle Personen gehören schon länger zum Unternehmen und haben langjährige Erfahrung. Das Problem setzt sich zusammen aus:

- Fehlen einer gemeinsamen Struktur für die Ablage von Wissen (2–6)
- Personengebundene Ablagestrukturen behindern Auffinden von Wissen (2–14)
- Schwer durchschaubare Struktur der Ablage behindert Suche nach Wissen (2–19)

Es besteht darin, dass die gemeinsame Ablage (auf einem Netzlaufwerk) keine kohärente, sondern viele individuelle Strukturen aufweist, die das Auffinden von Wissen erheblich stören und damit die Nutzung von Wissen einschränken (siehe die Zusammenfassung in Tabelle 5.16). Dieses Problem erschwert damit auch den Zugang zu unstrukturierten Informationen (siehe Problem „Kein Zugang zu unstrukturierten Informationen“, 2–A).

Aus Sicht der Interviewpartner wird das Problem von folgenden Faktoren verursacht bzw. beeinflusst: Zunächst ist – auch im Sinne des in Kapitel 4.1 angesprochenen sozialen Konstruktivismus – davon auszugehen, dass Personen z. B. durch eine unterschiedliche berufliche Vorbildung ein unterschiedliches Verständnis von Begrifflichkeiten entwickeln und sich allein deswegen jeweils individuelle Ordnungen von Wissen ergeben. Dazu trägt auch die von Personen bevorzugte Form des Austauschs von Wissen (z. B. mündlich oder schriftlich) und die in Problem 2–D beschriebene Beschränkung von Wissen auf bestimmte Einzelpersonen bei. Für das Auffinden von Wissen ist es also nötig, die entsprechende Person direkt anzusprechen (sofern sie verfügbar ist) bzw. ihre Art und Weise der Wissensstrukturierung zu kennen. Mit dem persönlichen Umgang mit Wissen hängt auch die Disziplin bei der Pflege der Wissensdokumentation zusammen, die bei den Lösungen des Problems zu berücksichtigen ist.

Zur Lösung des Problems wird zunächst auf das zentrale Informationssystem verwiesen, das eine entsprechend klare Struktur besitzt und bereits Informationen abbildet, die sich gut strukturieren lassen. Allerdings wird in den Pro-

Tabelle 5.16: Problem 2–C: Fehlende Struktur behindert Auffinden von Wissen

Kontext	allgemein
Problem	Fehlen einer gemeinsamen Struktur für die Ablage von Wissen auf dem gemeinsamen Netzlaufwerk – damit wird die Suche nach Wissen stark behindert
Einfluss-faktoren	▪ unterschiedliches Verständnis von Begrifflichkeiten ▪ Personen bevorzugen bestimmte Form des Austauschs von Wissen ▪ Verfügbarkeit von Personen bzw. Verständnis für deren Wissensstruktur ▪ Disziplin bei der Pflege der Wissensdokumentation
Lösung	▪ Einsatz des zentralen Informationssystems mit klarer Struktur für die Ablage strukturierter Informationen ▪ Zwang zur Nutzung vorstrukturierter gemeinsamer Laufwerke in einer Abteilung ▪ Einführung des Microsoft Office SharePoint Servers für das gesamte Unternehmen
Lösungs-vorschläge	▪ Mindestmaß an gemeinsamer Struktur durch Ordnung nach Abteilungen ▪ schrittweise Umstellung: erst nach Strukturierung des Netzlaufwerks Umstellung auf den Microsoft Office SharePoint Server
Begründung	▪ mit der Einführung des Microsoft Office SharePoint Servers können Strukturen für die Ablage von Wissen eingefordert und zugleich organisatorische Anpassungen vorgenommen werden ▪ durch die schrittweise Umstellung wird eine Überforderung der Mitarbeiter vermieden
Resultat	die Nutzung der gemeinsamen Ablage in einer Abteilung ist noch nicht vollständig umgesetzt, aber die Suche wurde bereits verbessert
Verwandte Probleme	▪ Kein Zugang zu unstrukturierten Informationen (2–A) ▪ Wissen ist auf einzelne Personen beschränkt (2–D)

blembeschreibungen deutlich, dass sich das Problem eher auf unstrukturierte Informationen bezieht. Hier werden folgende zwei Lösungen berichtet:

- Ein Interviewpartner hat in seiner Abteilung die Mitarbeiter mittlerweile gezwungen, ein gemeinsames Laufwerk zu verwenden, das zuvor thematisch und nach Projekten strukturiert wurde. Diese Maßnahme ist noch nicht vollständig umgesetzt, es werden parallel noch immer private Ordner genutzt. So können Daten (z. B. aus Projekten) zwar noch nicht vollständig nachvollzogen werden, aber die Suche ist einfacherer geworden.

- Für das gesamte Unternehmen wird gerade an der Einführung des Microsoft Office SharePoint Servers als gemeinsamer Plattform für den Austausch von Wissen gearbeitet, die bis 2011 abgeschlossen sein soll.

Was Vorschläge zur Lösung anbetrifft, wird allgemein angemerkt, dass es bereits mehrere gegeben hätte, die jedoch nichts fruchteten, weil keine Möglichkeit bestand, die vorgegebenen Strukturen durchzusetzen, d. h. klare Anweisungen für die Anwendung der Strukturen vorzugeben und Konsequenzen zu ziehen, falls sich nicht daran gehalten wird. Zwei konkrete Vorschläge werden gemacht:

- Für die Verbesserung des bestehenden Systems wird vorgeschlagen, stärker nach Abteilungen zu ordnen, um damit wenigstens ein Mindestmaß an gemeinsamer Struktur zu erhalten.
- In Verbindung mit dem Microsoft Office SharePoint Server wird angeregt, eine schrittweise Umstellung vorzunehmen: In einem ersten Schritt solle das Netzlaufwerk aufgeräumt und strukturiert werden. Erst dann soll in einem zweiten Schritt die Umstellung auf den SharePoint Server erfolgen. Dies wird damit begründet, dass nur jeweils eine Umstellung stattfindet und damit eine Überforderung der Mitarbeiter vermieden wird.

Als Folgerung aus den Lösungen und Lösungsvorschlägen kann die Einführung des Microsoft Office SharePoint Servers begründet werden. Dieser wurde gewählt, weil man damit in der Lage ist, grundlegende Strukturen für die Ablage von Wissen einzufordern und durchzusetzen. Im Zuge seiner Einführung können zugleich ohnehin anstehende organisatorische Anpassungen (durch neue Regelungen) vorgenommen werden.

Wissen ist auf einzelne Personen beschränkt (2–D)

Das Problem wird von Personen in verschiedenen Abteilungen wahrgenommen, die schon länger im Unternehmen tätig sind und auch langjährige Erfahrung mitbringen. Es setzt sich aus folgenden zwei Problembeschreibungen zusammen:

- Wissen ist auf Einzelpersonen beschränkt (2–12)
- Wissen ist auf einzelne Personen beschränkt (2–18)

Hier besteht das Problem darin, dass Wissen auf einzelne Personen beschränkt ist (z. T. auch in kritischen Bereichen wie der IT oder dem Marketing). Durch den Ausfall dieser Personen (z. B. durch Kündigung, Krankheit oder Karenz) ist das Wissen nicht verfügbar bzw. müsste mit erheblichem Aufwand erneut aufgebaut werden (siehe die Zusammenfassung in Tabelle 5.17). Eine weitere Wirkung des Problems kann darin gesehen werden, dass das Bewahren von Wissen stark durch diese einzelnen Personen geprägt ist (siehe Problem „Fehlende Struktur behindert Auffinden von Wissen", 2–C).

Tabelle 5.17: Problem 2–D: Wissen ist auf einzelne Personen beschränkt

Kontext	allgemein
Problem	Wissen ist auf einzelne Personen beschränkt – bei Ausfall der Personen ist das Wissen nicht verfügbar bzw. muss erneut aufwändig aufgebaut werden
Einflussfaktoren	▪ Größe des Unternehmens ▪ Personen belegen aus persönlichem Interesse bestimmte Themen ▪ Fähigkeit zum Umgang miteinander
Lösung	▪ Einplanen des Ausfalls (z. B. Urlaub) von Mitarbeitern ▪ zu klärende Dinge bleiben unbearbeitet ▪ für den Betrieb der Website Rückgriff auf externen Dienstleister oder Kontakt der Mitarbeiter im Urlaub ▪ Sicherung von Wissen in der Abteilung ▪ Arbeitsplatzbeschreibungen für ganzes Unternehmen vorhanden
Lösungsvorschläge	verstärkter Austausch zwischen Personen mit ähnlichem Wissen
Begründung	(keine Angaben)
Resultat	Unsicherheit über Reichweite der Wirkung des Handbuchs
Verwandte Probleme	Fehlende Struktur behindert Auffinden von Wissen (2–C)

Aus Sicht der Interviewpartner wird das Problem von folgenden Faktoren verursacht bzw. beeinflusst:

- Zum einen liegt es an der Größe des Unternehmens, dass bestimmte Tätigkeit von nur einer Person ausgefüllt werden.
- Zum anderen kommen hier die Persönlichkeiten zum Tragen: Das Problem wird u. a. davon ausgelöst, dass bestimmte Personen eine Affinität zu gewissen Themen haben und diese in einer Organisation belegen. Für den unten genannten Lösungsvorschlag ist die Fähigkeit zum Umgang der Personen miteinander (und zum [Ver-]Teilen von Wissen) von Bedeutung (siehe dort).

Prinzipiell bietet sich eine Verteilung gleicher Aufgaben auf mehrere Personen an. Eine solche Lösung weist einer der Interviewpartner mit Hinweis auf die geringe Größe des Unternehmens zurück. Diese Verteilung findet faktisch aber bereits statt (siehe Problem „Keine standardisierte Ausführung von Aufgaben", 2–F). Der andere Interviewpartner, der dieses Problem nennt, widerspricht – er hält die Zuordnung der Aufgaben allein für ein Problem der organisatorischen Struktur, was (wenn gewünscht) ohne Weiteres gelöst werden könnte. Die bestehenden Lösungen sehen Folgendes vor:

- Der Ausfall von Personen wird eingeplant. So wird Urlaub entsprechend berücksichtigt und die Aufgabe an andere Mitarbeiter übergeben. Ist diese Planung nicht möglich, bleiben zu klärende Dinge unbearbeitet bis die entsprechende Person wieder verfügbar ist. Speziell für den Betrieb der Website wird bei Nichtverfügbarkeit einer Person auf einen externen Dienstleister zurückgegriffen oder der entsprechende Mitarbeiter im Urlaub kontaktiert (bzw. kein Urlaub gewährt).
- Eine Lösung in der Abteilung Strategie, Internet und Software besteht in der Sicherung von Wissen innerhalb der Abteilung in einem Handbuch, um über Aufgaben und Kompetenzen anderer Mitarbeiter Bescheid zu wissen. Bei dem Handbuch besteht allerdings Unsicherheit, wie ausreichend dieses für die Lösung des Problems ist.
- Bei der Zuordnung von Aufgaben an andere Mitarbeiter sind außerdem die für das ganze Unternehmen vorhandenen Arbeitsplatzbeschreibungen hilfreich.

Über die bestehenden Lösungen hinaus wird für die Abteilung Strategie, Internet und Software vorgeschlagen, dass sich Personen, die Wissen zu ähnlichen Themen besitzen (sich folglich auch ersetzen könnten), stärker austauschen.

Kein Bewusstsein für die Bedeutung von Wissen für das Unternehmen (2–E)

Mit der Beschreibung dieses Problems beginnt die Vorstellung all jener Probleme, die allein durch den IT-Informationsmanager, der auch für das Wissensmanagement bei Veritas zuständig ist, benannt werden. Es umfasst das Problem 2–15.

Als Problem wird gesehen, dass noch kein Bewusstsein dafür besteht, welches Kapital das Wissen für das Unternehmen darstellt. Bestünde dieses Bewusstsein, so könnte dies zu einem Ressourcen schonenderen Arbeiten (d. h. weniger Überlastung) und einer bewussteren Kommunikation (d. h. frühere Übermittlung von Informationen, was die Option für Interventionen offen ließe) führen (siehe die Zusammenfassung in Tabelle 5.18).

Tabelle 5.18: Problem 2–E: Kein Bewusstsein für die Bedeutung von Wissen für das Unternehmen

Kontext	allgemein
Problem	Kein Bewusstsein für die Bedeutung des Wissens als Kapital des Unternehmens – Bewusstsein kann zu Effizienzsteigerung führen
Einflussfaktoren	■ da das Unternehmen funktioniert, besteht keine Notwendigkeit, sich darüber Gedanken zu machen ■ Austausch von Informationen stößt auf Grund der momentanen Größe des Unternehmens bereits an seine Grenzen
Lösung	(keine Angaben)
Lösungsvorschläge	(keine Angaben)
Begründung	(keine Angaben)
Resultat	(keine Angaben)
Verwandte Probleme	Austausch von Wissen zwischen Abteilungen erfolgt in zu geringem Ausmaß (2–B)

Dass sich die Mitarbeiter des Unternehmens nicht mit der Rolle des Wissens auseinandersetzen, liegt nach Auskunft des Interviewpartners daran, dass – trotz aller genannten Probleme – das Unternehmen funktioniert und folglich keine Notwendigkeit besteht, sich darüber Gedanken zu machen. Allerdings weist er auch darauf hin, dass in den Prozessen weitere Verbesserungen möglich sind und bei dem gegenwärtigen Wachstum des Unternehmens immer notwendiger werden, weil beim Austausch von Informationen (insbesondere über Entscheidungen oder Projekte) bereits Überlastungen mit Informationen bzw. Verluste von Informationen auftreten.

Lösungen als auch Lösungsvorschläge sind nicht unterbreitet worden (siehe für Hinweise auf mögliche Lösungen die entsprechenden Nennungen bei Problem 2–B).

Der Interviewpartner verweist in diesem Zusammenhang auch darauf, dass das Wissen in den Köpfen der Mitarbeiter noch nicht ausreichend genutzt würde.

Er formuliert dies aber nicht als Problem, sondern als Chance, die Prozesse im Unternehmen – analog wie in Problem 2–E genannt – zu verbessern.

Keine standardisierte Ausführung von Aufgaben (2–F)

Das zweite allein vom IT-Informationsmanager genannte Problem bezieht sich auf das Problem 2–16. Hier wird bemängelt, dass bei der Ausführung gleicher Aufgaben noch verschiedene Vorgehensweisen verwendet werden. Im Sinne einer funktionierenden Zusammenarbeit (siehe Problem „Austausch von Wissen zwischen Abteilungen erfolgt in zu geringem Ausmaß", 2–B) ist aber eine Vereinheitlichung erstrebenswert (siehe die Zusammenfassung in Tabelle 5.19).

Tabelle 5.19: Problem 2–F: Keine standardisierte Ausführung von Aufgaben

Kontext	allgemein
Problem	für gleiche Aufgaben werden noch keine gleichen Standards bei Ausführung verwendet – darunter leidet die Zusammenarbeit der Abteilungen
Einflussfaktoren	▪ bisher einfach besetzte Tätigkeiten müssen mittlerweile mehrfach besetzt werden ▪ Produkte verändern sich und mit ihnen die Prozesse
Lösung	Prozesse sind (grob) bereits bekannt
Lösungsvorschläge	Durchführung einer detaillierten Prozessanalyse und -beschreibung
Begründung	(keine Angaben)
Resultat	(keine Angaben)
Verwandte Probleme	Austausch von Wissen zwischen Abteilungen erfolgt in zu geringem Ausmaß (2–B)

Aus Sicht des Interviewpartners liegen die Einflussfaktoren dieses Problems in der Entwicklung des Unternehmens:

- Die Tätigkeiten bei Veritas waren zunächst durch je einen Mitarbeiter besetzt. Sie müssen auf Grund des gestiegenen Arbeitsumfangs mittlerweile mehrfach besetzt werden.
- Mit einer Veränderung der Produkte geht eine Veränderung der Prozesse einher (z. B. werden bestimmte Dinge nicht mehr außer Haus gemacht).

Der Interviewpartner sieht das Problem als grundsätzlich gelöst an, d. h. die Prozesse sind bekannt, sonst würde das Unternehmen nicht in der Lage sein,

Produkte zu konzipieren und herzustellen. Die Lösung muss aber im Detail noch erfolgen. Hierfür schlägt er eine entsprechend tief greifende Analyse und Beschreibung der Prozesse vor.

Mehraufwand durch doppelte Arbeit (2–G)

Das dritte Problem, das rein aus Sicht des Wissensmanagements bei Veritas berichtet wird, bezieht sich auf das Problem 2–17. Darin wird kritisiert, dass bestimmte Aufgaben mehrfach ausgeführt werden und damit ein Aufwand entsteht, der faktisch nicht notwendig wäre (siehe die Zusammenfassung in Tabelle 5.20).

Tabelle 5.20: Problem 2–G: Mehraufwand durch doppelte Arbeit

Kontext	allgemein
Problem	mehrfache Ausführung von Aufgaben – führt zu Mehraufwand
Einfluss-faktoren	▪ bestehende Abläufe werden nicht hinterfragt ▪ Personen wollen ihre Abteilungen schützen ▪ Unkenntnis über bereits erfolgte Aufgabenerfüllung
Lösung	Erfassung von Werbetexten im zentralen Informationssystem
Lösungs-vorschläge	(keine Angaben)
Begründung	(keine Angaben)
Resultat	(keine Angaben)
Verwandte Probleme	Kein Zugang zu unstrukturierten Informationen (2–A)

Aus Sicht des Interviewpartners wird das Problem von folgenden Faktoren verursacht bzw. beeinflusst:

- Die bestehenden Abläufe werden nicht in allen Abteilungen hinterfragt, so dass Mehraufwand nicht erkannt wird. Hier lässt sich u. U. auch eine Verbindung zum zuvor beschriebenen Problem eines fehlenden Bewusstseins für die Bedeutung von Wissen (Problem 2–E) ziehen.
- Personen wollen auch ihre Abteilungen schützen. Sie erfüllen eine Aufgabe lieber selbst (noch einmal), um die dabei erzeugten Daten zu besitzen. Dies deckt sich mit einer Aussage zu Problem „Kein Zugang zu unstrukturierten Informationen“ (2–A), nach der Personen gern einen Informationsvorsprung behalten wollen.

- Letztlich ergibt sich Doppelarbeit dadurch, dass Mitarbeiter nicht wissen, dass eine Aufgabe bereits ausgeführt wurde.

Das Problem ist bisher nur für einen spezifischen Teil des Unternehmens gelöst worden. Werbetexte werden mittlerweile im zentralen Informationssystem erfasst und eingetragen, um eine mehrfache Formulierung zu vermeiden. Es werden keine Lösungsvorschläge unterbreitet.

Marktanteile sind nicht bekannt oder schwer zu ermitteln (2–H)

Das folgende Problem wird von einem Mitglieder der Geschäftsleitung berichtet und ist das einzige Problem, das sich auf den Bereich Marketing bezieht. Es umfasst das Problem 2–2.

Das Problem stellt thematisch eine Ergänzung zu Problem 2–A („Kein Zugang zu unstrukturierten Informationen“) dar, indem es das Problem des Zugangs zu Informationen von den unstrukturierten Informationen auf bestimmte strukturierte Informationen – in diesem Fall Marktanteile – ausweitet. Allerdings geht es hier nicht um ein Problem mit der Struktur des Wissens und seiner systematischen Ablage, sondern um eine unzureichende IT-Lösung (siehe die Zusammenfassung in Tabelle 5.21).

Aus Sicht des Interviewpartners wird das Problem von folgenden Faktoren verursacht bzw. beeinflusst:

- Wie auch in Problem 2–A spielt die Komplexität ein Rolle: Diese besteht hier neben der Vielfalt an Produkten in der Art und Weise der Abfrage von Marktanteilen im zentralen Informationssystem. Zwar laufen Abfragen dort stets nach einem ähnlichen Muster ab, aber in der Regel sind die Abfragen sehr umfangreich, und die Elemente einer Abfrage (z. B. Marktanteile) können aber verschieden definiert werden. Somit fällt schon viel Zeit für die Formulierung einer Anfrage an. Diese wird dann verlängert durch die Zeit, die das System für die Ausführung benötigt. Das kann durchaus eine Viertel- oder halbe Stunde sein, so dass eine interaktive Abfrage nicht möglich ist.
- Ein zweiter Faktor ist die Beschränkung von Wissen auf bestimmte Personen, der sich bei dem Erfragen von Informationen über Marktanteile bemerkbar macht, wenn gerade diese nicht verfügbar sind.

Tabelle 5.21: Problem 2–H: Marktanteile sind nicht bekannt oder schwer zu ermitteln

Kontext	Marketing
Problem	Marktanteile sind trotz der im zentralen Informationssystem vorhandenen Informationen nicht bekannt oder schwer zu ermitteln – der Abruf dauert viel Zeit und folglich sind die Informationen nicht ad hoc verfügbar
Einfluss-faktoren	▪ durch viele Produkte Verwechslungsgefahr mit anderen Produkten ▪ Abfragen laufen stets nach einem ähnlichen Muster ab ▪ Abfragen sind meist sehr komplex ▪ Elemente von Abfragen können aber verschieden definiert werden ▪ Ausführung von Abfragen ist sehr zeitaufwändig ▪ Wissen ist auf wenige Personen beschränkt
Lösung	Befragen von Beteiligten (sofern diese verfügbar sind)
Lösungs-vorschläge	Ergebnisse von Abfragen sollten direkt den Produkten zugeordnet sein
Begründung	(keine Angaben)
Resultat	(keine Angaben)
Verwandte Probleme	Kein Zugang zu unstrukturierten Informationen (2–A)

Parallel zur Nutzung der Abfragen im zentralen Informationssystem werden – sofern es die Zeit nicht zulässt auf die Ergebnisse einer Abfrage zu warten – die entsprechenden Personen befragt. Der Lösungsvorschlag ist hier, die Ergebnisse von Abfragen im System (also aggregierte Daten) selbst noch einmal für den schnellen Zugriff den entsprechenden Produkten zuzuordnen.

5.3.3 Ergebnisse aus dem Fall

Auffälligstes Merkmal des Umgangs mit Wissen ist die fehlende Strukturierung des umfangreichen Wissens, das für die Produktion und den Verkauf von Büchern notwendig ist. Durch die fehlende Struktur existiert kein bzw. nur ein erschwerter Zugang zu entsprechendem Wissen und das (Ver-)Teilen von Wissen zwischen den einzelnen Abteilungen des Unternehmens wird behindert.

Wie im vorher betrachteten Fall von Hybris lässt sich dies auch hier auf das Wachstum des Unternehmens zurückführen, wie die häufige Nennung als Einflussfaktor zeigt. Dies wird in diesem Fall ergänzt durch Veränderungen in der Produktpalette, die Veränderungen an den organisatorischen Prozessen und damit dem Umgang mit Wissen bedingen.

In diesem Fall zeigt sich auch anders als in den restlichen Fällen eine sehr starke Abhängigkeit der Probleme untereinander. Diese Abhängigkeit ist in den einzelnen Problembeschreibungen bereits angesprochen worden, soll hier aber noch einmal insgesamt gezeigt werden. Wie in Abbildung 5.5 zu erkennen ist, existieren mit den Problemen 2–D, 2–E und 2–F drei „grundlegende" Probleme, die sämtliche anderen Probleme nach sich ziehen.

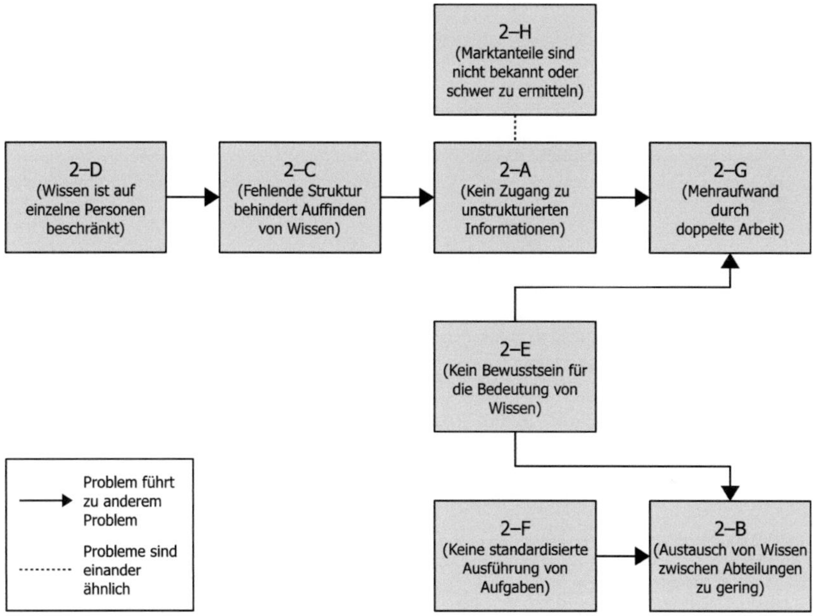

Abbildung 5.5: Abhängigkeiten der Probleme bei Veritas

Klassifiziert man die Probleme hinsichtlich der Objekte, die sie beeinflussen (siehe Kapitel 4.6.2), dann zeigt sich, dass bei Veritas neben den Prozessen des Umgangs mit Wissen auch noch viel hinsichtlich des Wissens und seines Selbstverständnisses bei Veritas selbst geklärt werden muss:

- Prozesse: Drei der acht Probleme stellen Mängel bei den organisatorischen Prozessen, d. h. bei der Ausgestaltung der Wissensmanagement-Aktivitäten, fest: Das geschieht zum einen hinsichtlich des Ausmaßes des Austauschs zwischen den Abteilungen (Problem 2–B), zum anderen hinsichtlich der Ausführung von Aufgaben, die nicht wie gewünscht erfolgt (2–F und 2–G).

- Wissen: Die Probleme verlangen hier Veränderungen beim Zugang (Probleme 2–A, 2–D und 2–H) und bei der Ordnung (2–C), d. h. der Qualität, des Wissens.
- Personen: Die nach dem Wissen klassifizierten Probleme stehen auch dem Problem 2–E sehr nahe, das Mängel beim Umgang mit Wissen direkt bei den Personen verortet. Das Problem 2–D kann zusätzlich auch hier eingeordnet werden.

Der häufig vorgenommene Bezug zur IT wird hier nur im Problem 2–H angesprochen, weil der dort beschriebene fehlende Zugang zu Wissen auf die Funktionalität der eingesetzten Software zurückzuführen ist.

Stellt man die Probleme anhand der Merkmale der Interviewpartner gegenüber, finden sich kaum nennenswerte Unterschiede. Auch hinsichtlich des Verständnisses für Wissen ergeben sich keine Unterschiede. Die meisten Probleme werden allein von langjährigen und erfahrenen Mitarbeitern genannt, die zudem häufig Führungsverantwortung haben. Folgende Dinge lassen sich aber festhalten:

- An Problem 2–A wird deutlich, dass eine lange Erfahrung und eine langjährige Zugehörigkeit zu einem Unternehmen eine Sammlung von Wissen, die strukturiert und möglichst vollständig vorliegt und mit angemessenem Aufwand erreichbar ist, nicht ersetzen kann.
- Auffällig ist, dass gerade der IT-Informationsmanager jene Probleme benennt, die grundlegend für den Umgang mit Wissen sind und zu weiteren Problemen führen (das sind die Probleme 2–D, 2–E und 2–F; siehe oben).

5.4 Fall Visus

Mit Visus wird das kleinste Unternehmen der vier Fallstudien vorgestellt. Visus wurde 1977 in Hamburg gegründet und bietet Dienstleistungen zur Anpassung und Abgabe von Kontaktlinsen an.[7]

[7] Die Informationen zu Visus wurden folgenden Quellen entnommen: Bachelorarbeit zum Geschäftsprozessmanagement bei Visus, Feldnotizen des Besuchs vom 17.06.2009.

5.4.1 Vorstellung

Die Dienstleistungen von Visus umfassen die zwei Geschäftsbereiche Kontaktlinsen und Großhandel:

- Kontaktlinseninstitute: Sie nehmen Aufgaben wie die Neuanpassung, Reinigung und Nachkontrolle von Kontaktlinsen und Sehtests für die Bereiche Kraftfahrzeug, Boot und PC wahr. Darüber hinaus wird ein so genanntes Visual-Training angeboten, um Störungen der Binokularfunktion (des räumlichen Sehens) zu korrigieren. Diese Trainings werden als Seminare auch für Augenoptiker angeboten. Schließlich übernehmen die Institute Studien über Kontaktlinsen und Pflegemittel entsprechend der Bedingungen der Food and Drug Administration (FDA, US-amerikanische Arzneimittelbehörde).
- Großhandel: Der Bereich umfasst den Großhandel mit Produkten für Sehtests (z. B. Sehtesttafeln), Pflegemitteln und Zubehör für Kontaktlinsen.

Visus ist darüber hinaus am Wissensaustausch über neue Produkte in seinem Tätigkeitsbereich beteiligt: Das Unternehmen bekommt von der Industrie Aufträge, neue Produkte praktisch zu testen. Mitarbeiter von Visus werden daher auch als Referenten auf Tagungen eingeladen und publizieren regelmäßig in der entsprechenden Fachliteratur.

Die Kontaktlinseninstitute betreuen zusammen ca. 5.000 Kunden (mit einem Anteil an Stammkunden von 75 % und Neukunden aus Überweisungen von Fachärzten und Kliniken). Auch spezielle Kundengruppen wie Hochleistungssportler und Kinder werden versorgt. Die Dienstleistungen von Visus bewegen sich auf einem vergleichsweise mittleren bis hohen Preisniveau. Neben Visus existieren schätzungsweise weniger als 100 weitere Kontaktlinseninstitute in Deutschland. Die Dienstleistungen von Visus können aber auch von Augenärzten angeboten werden. Hinzu kommt der Bezug von Kontaktlinsen über das WWW. Starker Konkurrenzdruck kommt aber insbesondere von Filialisten wie Fielmann oder Apollo Optik.

Der Geschäftsbereich der Kontaktlinseninstitute umfasst die Standorte Hamburg und Stuttgart, der Großhandel ist auf Stuttgart und Herrenberg verteilt. Die Geschäftsleitung, die vom Gründer des Unternehmens wahrgenommen wird, sitzt in Herrenberg und übernimmt auch die Verwaltung des Unternehmens, d. h. Aufgaben des Personalmanagements, Finanzen und Qualitätsmanagement. Insgesamt beschäftigt das Unternehmen 12 Mitarbeiter. Die Organisation von Visus ist aus Abbildung 5.6 ersichtlich.

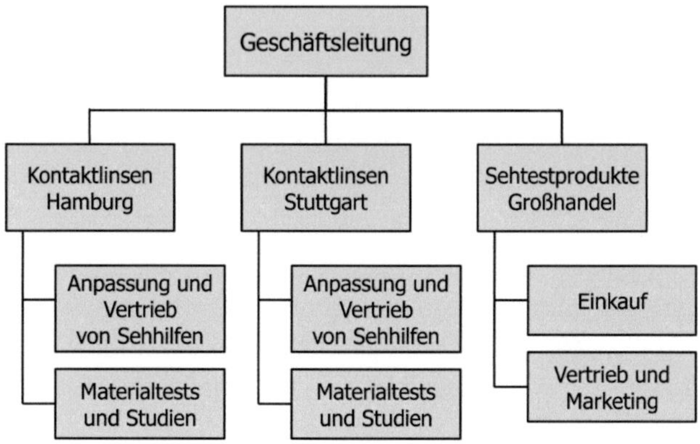

Abbildung 5.6: Organigramm von Visus

Für die Anpassung von Kontaktlinsen werden hochqualifizierte Mitarbeiter benötigt und daher nur Diplomingenieure und staatlich geprüfte Optiker bzw. Optikermeister angestellt. Die Einarbeitung dieser „Anpasser" in die Vorgehensweisen der Kontaktlinseninstitute und die Sammlung entsprechender Erfahrungen kann mehr als ein Jahr in Anspruch nehmen.

Aus diesem Grund und auch aus Gründen der Nachvollziehbarkeit und Rückversicherung von erbrachten Dienstleistungen gegenüber den Kunden wird der Umgang mit den Kontaktlinsen ausführlich dokumentiert. So existiert eine umfangreiche Prozessdokumentation mit Arbeitsanweisungen für die Anpasser. Außerdem erfolgt in einem wöchentlichen, so genannten Diagnostikum ein Austausch von Erfahrungen und die Besprechung von Erfolgen und Problemen. Eine Datenbank erfasst Daten zu jeder Augenuntersuchung und Prüfung von Kontaktlinsen für sämtliche Kunden. Mittelfristig ist geplant, auf Basis der Prozessbeschreibungen eine Zertifizierung gemäß DIN EN ISO 9000 durchzuführen.[8]

Das Thema Wissensmanagement wird bei Visus nicht explizit behandelt. Das gerade angesprochene Qualitätsmanagement kann aber in thematische Nähe da-

[8] Die als Quelle erwähnte Bachelorarbeit hatte den Zweck, die entsprechenden Prozesse für die Zertifizierung zu identifizieren und zu beschreiben.

zu gesetzt werden. Die Merkmale des Unternehmens lassen sich wie in Tabelle 5.22 aufgeführt zusammenfassen.

Tabelle 5.22: Unternehmenscharakteristik Visus

Merkmal	Ausprägung
Branche	Dienstleistung und Großhandel in der Augenoptik
Größe	12 Mitarbeiter (Hauptniederlassung: 6 Mitarbeiter)
Alter	33 Jahre
Eigentümer-Manager	indirekt führend
Wissensmanagement	nicht gegeben

Die Kontaktaufnahme mit Visus erfolgte Ende Oktober 2008 per Mail und danach telefonisch. Angesprochen wurde zuerst der Student, der die Bachelorarbeit zum Geschäftsprozessmanagement bei Visus schrieb. Er ist der Sohn des Inhabers. Danach erfolgte der Kontakt mit dem Inhaber selbst. Am 17.06.2009 folgte die Erhebung vor Ort mit der Durchführung von insgesamt vier Interviews in den Bereichen Geschäftsführung und Kontaktlinsen Stuttgart.

5.4.2 Probleme im Umgang mit Wissen

Im Folgenden werden die Ergebnisse der Untersuchung im Fall Visus vorgestellt. Bevor jedoch auf die Probleme im Umgang mit Wissen eingegangen werden kann, muss das Verständnis für Wissen bei den Interviewpartnern von Visus expliziert werden. Danach folgt ein Überblick über die von ihnen genannten Probleme. Aus diesen werden einzelne Problembereiche herausgegriffen und näher vorgestellt.

Verständnis für Wissen

Jeder Interviewpartner wurde vor der Beschreibung von Problemen im Umgang mit Wissen nach seinem Verständnis für Wissen befragt, d. h. worin besteht das Wissen für die eigene Tätigkeit, wie wird Wissen definiert und wie wird damit umgegangen. Die Angaben der Interviewpartner wurden (mit der Häufigkeit ihrer Nennung) in Abbildung 5.7 zusammengefasst und stellen eine Art Profil des Wissensverständnisses von Visus dar.

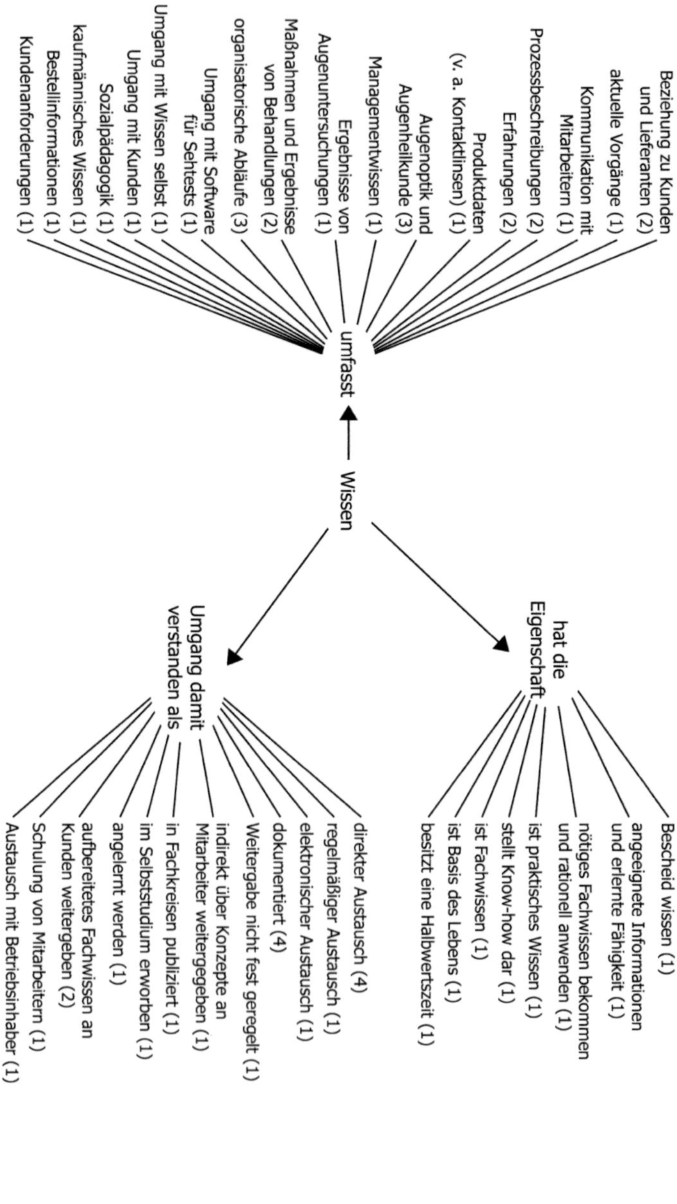

Abbildung 5.7: Verständnis für Wissen bei Visus

Im Fall Visus ergibt sich wie auch bei den vorangehenden Fällen eine die jeweiligen Arbeitssituationen widerspiegelnde Vielzahl von Beispielen für Wissen, die sich nur z. T. überschneiden: etwa bei den Beziehungen zu Kunden und Lieferanten, bei Prozessbeschreibungen, Erfahrungswerten, Wissen zu Augenoptik und Augenheilkunde, Behandlungsergebnissen und organisatorischen Abläufen.

Der Umgang mit Wissen in diesem kleinen Unternehmen ist sehr vielgestaltig. Neben dem intensiven direkten Austausch werden organisatorische Abläufe in starkem Umfang dokumentiert. Hier werden im Kontrast zu allen anderen untersuchten Fällen auch das (Ver-)Teilen von Wissen über die Unternehmensgrenzen hinaus (an Kunden und die Fachwelt) und der selbstgesteuerte Erwerb von Wissen erwähnt.

Bezüglich der Merkmale des Wissens zeigt sich kein gemeinsames Bild. Hier stehen viele verschiedene Verständnisse nebeneinander. Wissen wird als eine Mischung aus fachlichen Kenntnissen und der Fähigkeit, eine gewisse Tätigkeit ausführen zu können, angesehen. Ein einzelner Interviewpartner stellt den Bezug zu den anderen Konstrukten in diesem Zusammenhang her und bezeichnet Wissen als angeeignete Information. Wie auch im Fall Veritas werden zwei spezifische Eigenschaften des Wissens genannt: Es ist das Know-how des Unternehmens, das nicht leichtfertig aufgegeben werden darf, und es besitzt eine Halbwertszeit.

Probleme im Überblick

In Bezug auf dieses Wissen wurden in den Interviews insgesamt sieben verschiedene Probleme benannt und besprochen. Dabei wurden nur Probleme erfasst, die mindestens eine grundlegende Beschreibung (Name, Problem, Kontext, Einflussfaktoren; siehe Kapitel 3.2.2) aufzuweisen haben. Jedes Problem trägt eine Nummer, die sich aus der Nummer des Falles (siehe Tabelle 4.4) und einer fortlaufenden Nummer in der Reihenfolge der Erhebung der Probleme innerhalb des jeweiligen Falles zusammensetzt. Die Probleme sind ausführlich in Anhang A.6 dokumentiert. Entsprechend der Ausführungen in Kapitel 4.6.2 sind die Probleme zuerst eingegrenzt und danach zusammengefasst worden, um die zentralen Probleme des Falles zu identifizieren, d. h. es wurden allgemein nur mehrfach vorkommende und explizit die von den Mitgliedern der Geschäftsleitung, d. h. dem Geschäftsführer und der Personalmanagerin (als Schlüsselpersonen für den Umgang mit Wissen bei Visus), genannten Probleme berücksichtigt.

Tabelle 5.23: Zentrale Probleme im Umgang mit Wissen bei Visus

Problem	Kontext	Abt.	Führ.	Zug.[a]	Erf.[a]
3–A: Unklarheiten bei der Prozessausführung durch Unterschiede im Verständnis von Wissen	Allgemein	Geschäfts-leitung	ja	32	39
		Geschäfts-leitung	nein	9	–
		Geschäfts-leitung	ja	32	32
3–B: Vermittlung von Wissen ist zeitaufwändig	Allgemein	Geschäfts-leitung	ja	32	39

[a] Angabe in Jahren

Nach der Zusammenfassung ergeben sich zwei Probleme. Diese sind mit ihren Merkmalen in Tabelle 5.23 aufgeführt. Die Merkmale ergeben sich aus den Kriterien, die in den Kapiteln 4.3.2 und 4.4.3 aufgestellt wurden:

- Kontext, in welchem die Probleme aufgetreten sind: In der Auswertung zeigte sich, dass sich sämtliche Probleme jeweils auf das Unternehmen Visus im Allgemeinen beziehen.
- Abteilung, in welcher der Interviewpartner tätig ist: Diese umfasst die Geschäftsleitung und das Personalmanagement (innerhalb der Geschäftsleitung). In diesem Fall wurden aus Gründen der Verfügbarkeit fast ausschließlich Mitglieder der Geschäftsleitung befragt.
- Hierarchieebene: D. h. besitzt der Interviewpartner Führungsverantwortung oder nicht.
- Dauer der Zugehörigkeit des Interviewpartners zum Unternehmen
- Berufserfahrung des Interviewpartners in seiner aktuellen Tätigkeit

Die Merkmale spielen später bei der Analyse noch eine Rolle. Für einen ersten Einblick lassen sich die Probleme aber wie folgt charakterisieren: Offensichtlich steht Prozesswissen im Fokus, mit welchem für eine stets gleiche Ausführung der Prozesse gesorgt werden soll, was aber nicht immer sichergestellt werden kann. Hinzu kommt, dass das für die Prozesse notwendige Wissen nicht schnell und einfach vermittelt werden kann. Diese zwei Probleme sollen im Weiteren genauer hinsichtlich ihrer Ursachen, Lösungen und Lösungsansätze beschrieben werden.

Unklarheiten bei der Prozessausführung (3–A)

Das erste Problem wird von zwei Mitgliedern der Geschäftsleitung genannt. Dafür sind folgende Probleme zusammengefasst worden:

- Verwendung der Dokumentation nicht entsprechend der ursprünglichen Intention (3–2)
- Unterschiede im Verständnis von Wissen über Prozesse (3–4)

Das Unternehmen unternimmt viel, um seinen Kunden ein Alleinstellungsmerkmal durch eine intensive und persönliche Betreuung zu bieten. Dafür müssen die Prozesse der Kontaktlinsenanpassung sowohl was ihren Ablauf als auch was ihre Ergebnisse betrifft nachvollziehbar sein. Hier ergibt sich ein Problem, wenn Prozesse nicht entsprechend des vorgesehenen Ablaufs durchgeführt werden, weil die Vorgaben dafür verschieden interpretiert werden (siehe die Zusammenfassung des Problems in Tabelle 5.24). Das Problem findet sich in stark verallgemeinerter Form auch in Problem 3–6 wieder. Dort wird zusätzlich darauf verwiesen, dass durch diese Interpretationsunterschiede Informationen verloren gehen oder Fehler gemacht werden und dies letztendlich negativ auf das Image des Unternehmens wirkt.

Aus Sicht der Interviewpartner wird das Problem von folgenden Faktoren verursacht bzw. beeinflusst:

- Das Problem wird grundlegend durch die Tatsache beeinflusst, dass das Erwerben von Wissen nie einer eindeutigen Speicherung entspricht, sondern stets mit einem Interpretationsvorgang verbunden ist. Als weiterer menschlicher Faktor kommt hinzu, dass erfahrene Benutzer nur noch kurze Anweisungen für die Durchführung eines Prozesses benötigen, neue Mitarbeiter und Auszubildende hingegen eine möglichst umfassende Anleitung.
- Es kommt auch auf die Situation an, in welcher die Dokumentation der Prozesse verwendet wird: So ist z. B. bei telefonischem Kundenkontakt das Nachschlagen in der gedruckten Dokumentation zu zeitaufwändig. Hingegen ist bei intensiver Arbeit am Computer (mit vielen parallel laufenden Programmen) die Printausgabe hilfreich. Ebenso hängt die Intensität der Benutzung der Dokumentation davon ab, wie häufig sich ein Prozess ändert.

Tabelle 5.24: Problem 3–A: Unklarheiten bei der Prozessausführung durch Unterschiede im Verständnis von Wissen

Kontext	allgemein
Problem	Wissen wird nicht so verstanden, wie es bei der Vermittlung intendiert war bzw. wird die Dokumentation der Prozesse in der vorliegenden Form nicht verwendet und nach eigenem Gutdünken vorgegangen – es entstehen Unklarheiten bei der Ausführung von Prozessen bzw. werden Prozesse nicht (komplett) eingehalten
Einflussfaktoren	▪ Personen interpretieren das von ihnen aufgenommene Wissen ▪ Erfahrung der Nutzer ▪ Situation der Verwendung der Dokumentation ▪ Häufigkeit der Änderung von Prozessen
Lösung	▪ Qualitätsmanagement (und Zertifizierung) für alle relevanten Bereiche des Unternehmens ▪ wiederholte Schulungen und Kontrolle der Mitarbeiter
Lösungsvorschläge	(keine Angaben)
Begründung	▪ Dokumentation von Prozessen löst Unklarheiten auf ▪ Dokumentation erlaubt Prüfung auf korrekte Ausführung der Prozesse ▪ Mitarbeiter können Prozesse selbstständig ausführen ▪ Dokumentation war Voraussetzung für die Durchführung von Studien mit der FDA
Resultat	▪ selbstständiges Ausführen von Prozessen (auch vertretungsweise) durch Mitarbeiter ▪ Reduktion der Arbeitsbelastung für die Geschäftsleitung und Erleichterung der Arbeit der Mitarbeiter ▪ Zufriedenheit der Kunden durch fehlerfreie Behandlung ▪ Sammlung von Wissen in der Prozessausführung erlaubt die Planung und Verfolgung der Weiterbehandlung von Kunden und die Aggregierung und wissenschaftliche Publikation des Wissens
Verwandte Probleme	Weitergabe von Informationen leidet durch Missverständnisse (3–6)

Die Interviewpartner sehen – trotz der hinter Problem 3–2 stehenden Frage nach der richtigen Aufbereitung des Wissens in der Dokumentation – ein Qualitätsmanagement (und die Zertifizierung desselben) für alle relevanten Bereiche des Unternehmens als unumgänglich an, um in Schriftform (elektronisch bzw. gedruckt) eindeutige Vorgaben für eine fehlerfreie Ausführung von Prozessen zu schaffen. Wiederholte Schulungen und die Kontrolle der Mitarbeiter sollen die Einhaltung der Vorgaben sicherstellen. Lösungsvorschläge wurden nicht unterbreitet.

Diese Lösung wird damit begründet, dass eine Dokumentation der Prozesse eventuelle Interpretationsunterschiede auflöst. Es kann geprüft werden, ob Prozesse wie vorgesehen durchgeführt werden. Ebenso kann man anhand der während der Prozesse niedergelegten Daten prüfen, wie genau die Prozesse ausgeführt wurden (was insbesondere für die Augenprüfung wichtig ist). Die Dokumentation versetzt die Mitarbeiter in die Lage, Prozesse selbstständig auszuführen, ohne ständig Vorgesetzte konsultieren zu müssen. Die Dokumentation war darüber hinaus die Voraussetzung dafür, Studien mit der FDA durchführen zu können.

Die Dokumentation der Prozesse wird (auch wenn sie noch nicht als abgeschlossen gilt; siehe z. B. die Lösungsvorschläge in Problem 3–3) grundsätzlich als positiv angesehen: Mitarbeiter können (auch vertretungsweise für ihre Kollegen) Prozesse selbstständig ausführen. Das reduziert die Arbeitsbelastung der Geschäftsleitung, da weniger häufig Rückfragen beantwortet werden müssen. Aber auch die Mitarbeiter selbst nehmen das als Erleichterung ihrer Arbeit wahr. Letztlich wird damit auch die Zufriedenheit der Kunden durch eine fehlerfreie Erledigung ihrer Behandlung gesteigert. Die bei der Durchführung der Prozesse erfolgende Dokumentation der Prozessschritte erlaubt zudem die systematische Sammlung von Wissen, das verwendet werden kann, um die Weiterbehandlung von Kunden zu planen und zu verfolgen und das Wissen zu aggregieren und wissenschaftlich zu publizieren.

Vermittlung von Wissen ist zeitaufwändig (3–B)

In Verbindung mit dem ersten Problem steht ein zweites, das die Umsetzung der Prozesse zusätzlich erschwert. Es wurde von einem Mitglied der Geschäftsleitung geäußert (Problem 3–5).

Das Problem besteht darin, dass die Vermittlung von Wissen über die Kontaktlinsenanpassung und vor allem über die Behandlung von Kunden bei Problemen mit ihren Kontaktlinsen sehr lang dauert, bis die entsprechend geschulten Mitarbeiter selbsttätig arbeiten können. Hier ist folglich viel und für lange Zeit Anleitung zu geben. Ein weiterer Effekt dieses Problems ist es, dass Aufgaben unerledigt bleiben, weil die Mitarbeiter (noch) nicht wissen, wie diese umzusetzen sind (siehe die Zusammenfassung in Tabelle 5.25).

Die Ursache liegt nach Aussagen des Interviewpartners in der den Mitarbeitern fehlenden Fähigkeit, mit Wissen umzugehen, insbesondere sich neues Wissen

Tabelle 5.25: Problem 3–B: Vermittlung von Wissen ist zeitaufwändig

Kontext	allgemein
Problem	Vermittlung praktischen Wissens für die Arbeit als Kontaktlinsenspezialist (z. B. Entscheidungen wie ein Kunde weiter behandelt wird; insbesondere bei Problemfällen) an neue Mitarbeiter ist sehr zeitaufwändig – lange Zeitspanne bis Mitarbeiter selbstständig arbeiten können und Aufgaben bleiben liegen, weil Mitarbeiter keine Lösung dafür haben
Einflussfaktoren	Personen sind zu wenig im Umgang mit Wissen geschult (z. B. wie eignet man sich schnell Wissen an)
Lösung	▪ neue Mitarbeiter bekommen praktischen Betreuer an die Seite gestellt, der die Endkontrolle übernimmt (direkt beim Kunden oder auch nur an den Daten): anfangs erfolgt diese häufig und auf Wunsch des Mitarbeiters, später nur bei Urlaubsvertretung und zur Kontrolle ▪ regelmäßiges (direktes oder telefonisches) Abhalten eines Diagnostikum (Besprechung zwischen Optikern zu Behandlungsfällen und Diskussion von Lösungen)
Lösungsvorschläge	Ausweiten des Diagnostikums: hier kann die Leistungsfähigkeit nach Aussage des Interviewpartners noch gesteigert werden; eventuell auch bessere Dokumentation von besprochenen Fällen (Mailverkehr speichern)
Begründung	(keine Angaben)
Resultat	(keine Angaben)
Verwandte Probleme	(keine Angaben)

schnell anzueignen. Aus den Gesprächen mit den Interviewpartnern geht darüber hinaus allgemein hervor, dass die Anpassung von Kontaktlinsen ein großes Maß an Wissen über die verschiedenen Materialien und Merkmale von Kontaktlinsen und deren Verträglichkeit bei den Kunden erfordert.

Die Lösung besteht in einer intensiven Begleitung von Mitarbeitern in der Kontaktlinsenanpassung, deren Arbeit entweder direkt am Kunden vor Ort oder anhand der während des Behandlungsprozesses dokumentierten Daten kontrolliert wird. Zu Beginn einer Einstellung ist die Kontrolle obligatorisch und findet folglich häufig bzw. auch auf direkten Wunsch des Mitarbeiters statt. Später erfolgt diese Kontrolle weniger häufig bzw. nur im Zuge von Urlaubsvertretungen.

Außerdem findet ein Austausch unter den Anpassern über problematische Behandlungsfälle in Form eines (direkt oder telefonisch geführten) Diagnostikums statt, in welchem Lösungen für diese Fälle diskutiert werden.

In Bezug auf das Diagnostikum wird ein Lösungsvorschlag unterbreitet. Es ist angedacht, diese Besprechungen auszuweiten, weil deren Potential nach Ansicht des Interviewpartners noch nicht ausgeschöpft ist. Ergänzend soll die Kommunikation während des Diagnostikums (z. B. E-Mails) dokumentiert werden, um auch die Entscheidungsprozesse und Lösungen während dieser Gespräche transparent und verfügbar zu machen.

5.4.3 Ergebnisse aus dem Fall

Im Fall Visus zeigt sich trotz der geringen Größe des Unternehmens eine außergewöhnlich starke Strukturierung der organisatorischen Abläufe. Diese steht auch im Zentrum des Umgangs mit Wissen: Wissen wird gesammelt und kodifiziert bzw. aufwändig vermittelt, um eine entsprechend gleiche und qualitativ hochwertige Durchführung von Prozessen sicherzustellen. Dies lässt sich weniger anhand gemeinsamer Einflussfaktoren, sondern vor allem anhand der thematischen Ausrichtung der Probleme im Umgang mit Wissen feststellen. Am diesen Fall zeigt sich auch, dass sich Wissensmanagement und Qualitätsmanagement schwer voneinander trennen lassen. Für ein funktionierendes Qualitätsmanagement muss Wissen umfassend erhoben und aufbereitet werden.

Obwohl in den Problembeschreibungen Wissen an sich auch immer wieder angesprochen wird, wirken beide hier identifizierten zusammengefassten Probleme entsprechend der Vorgaben aus Kapitel 4.6.2 auf die Prozesse, d. h. die Aktivitäten im Wissensmanagement, ein – es sind also ausschließlich Wissensmanagement-Probleme (Lehner 2009b, S. 319f.): Bei Problem 3–A erfolgt die Ausführung von Prozessen nicht entsprechend der Vorgabe. Bei Problem 3–B ist der Prozess zwar gegeben und wird entsprechend ausgeführt, behindert aber durch seine Dauer den in Problem 3–A beschriebenen Prozess.

Unterschiede zwischen den Problemen auf Grund der Merkmale der Interviewpartner oder ihres Verständnisses für Wissen sind keine zu finden; alle Probleme werden von Mitgliedern der Geschäftsleitung geäußert (da auch vor allem diese befragt wurden) und sind von allgemeinem Charakter.

5.5 Fall Neimcke

Der letzte Fall beschreibt die Neimcke GmbH & Co. KG, die 1946 gegründet wurde und mit Kfz-Zubehör handelt.[9]

5.5.1 Vorstellung

Das Unternehmen ist beim Handel mit Kfz-Zubehör in drei verschiedenen Geschäftsbereichen tätig:

- Werkstatt: Der Bereich umfasst den Großhandel mit einem Vollsortiment für Kfz, d. h. Ersatzteile, Autozubehör, Reinigungs- und Pflegemittel und Werkzeuge. Der Großhandel ist in den Regionen Oberbayern, Niederbayern, Tirol, Salzburger Land und Oberösterreich tätig und beliefert Kfz-Werkstätten, Autohäuser, Regiebetriebe und Industriekunden.
- Handel: Dieser Bereich dient der Versorgung des Kfz-Fachhandels in ganz Bayern. Auch hier wird das Vollsortiment angeboten; zudem werden Handelsmarken (wie z. B. SACHS, ZF Parts) geführt.
- Werkstatteinrichtung: In diesem Bereich geht es um die Betreuung des kompletten Lebenszyklus von Werkstätten – beginnend mit der Planung und Beratung, Verkauf und Lieferung von Einrichtungen, Betreuung und Koordination während des Baus und der Montage und Wartung. Zielgruppe der Werkstatteinrichtung sind Autohäuser, Kfz-Werkstätten, Regiebetriebe und Industriekunden in Bayern und Österreich. Vereinzelt werden auch überregionale Projekte betreut.

Wichtige Wettbewerber von Neimcke sind die Unternehmen Trost und Stahlgruber. Im Jahr 2007 hat Neimcke einen Umsatz von über 50 Mio. Euro, bei einem Gewinn von ca. 1,3 Mio. Euro, erzielt.

Das Unternehmen verteilt sich auf die drei Standorte Mühldorf (Firmensitz), Traunstein (seit 1978) und München (seit 2005). Insgesamt werden an den

[9] Die Informationen zu Neimcke wurden folgenden Quellen entnommen: verfügbare Webressourcen (http://www.neimcke.de/; Abruf am 29.04.2010), Gespräch mit dem Qualitätsbeauftragten am 11.03.2008, Diplomarbeit zum Wissensmanagement bei Neimcke, Feldnotizen der Besuche vom 16.12.2008 und 26.06.2009.

Standorten ca. 265 Mitarbeiter beschäftigt. Das Unternehmen wird vom Inhaber in der dritten Generation geführt. Neben ihm gehören seine beiden Söhne der Geschäftsleitung an. Die Aufbauorganisation des Unternehmens ist in Abbildung 5.8 dargestellt. In jedem der Standorte sind alle drei Geschäftsbereiche vertreten. Der Zentralbereich übernimmt die Querschnittsfunktionen des Unternehmens. In der Fallstudie ist nur der Standort Mühldorf (d. h. die dortige Niederlassung, die Werkstatteinrichtung und der Zentralbereich) betrachtet worden.

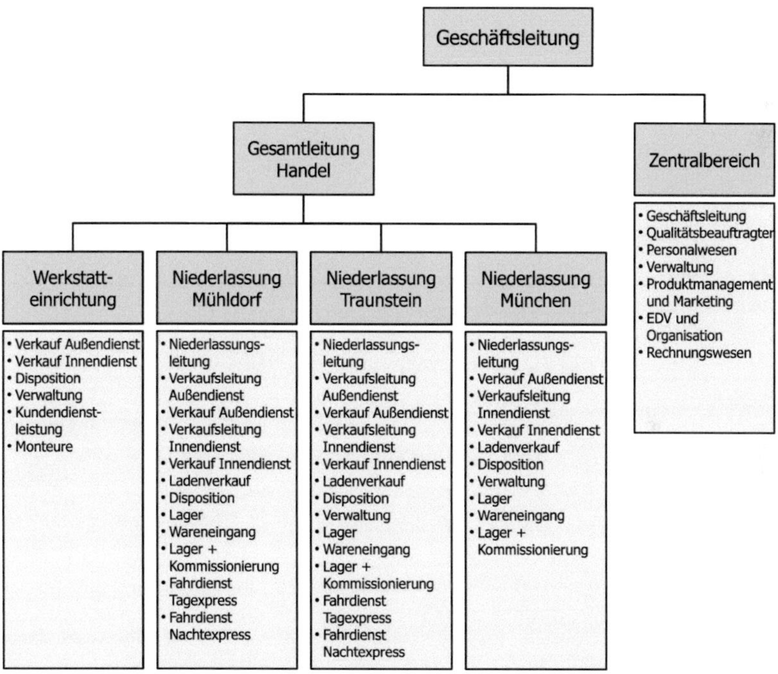

Abbildung 5.8: Organigramm von Neimcke

Das Thema Wissensmanagement wird bei Neimcke vom Qualitätsbeauftragten betreut. Ziel der dort bereits ergriffenen Maßnahmen ist die bedarfsgerechte Bereitstellung von Informationen (zu Markt, Produkten und Kunden). Daher sind in erster Linie entsprechende Informationssysteme für den Wissensaustausch bereitgestellt worden. Neben der ohnehin vorhandenen unternehmensinternen Datenbank für die Kundenpflege und einem System zur Dokumentation von Projekterfahrungen kommt das neue System „Neipedia“ (ein Wiki auf Basis des MediaWiki[10]) zum Einsatz. Neipedia stellt Produktinformationen zentral zur Verfügung (bündelt damit zuvor verteilt vorliegende Informationsquellen) und bietet Informationen zu Wettbewerbern, Veranstaltungen für Mitarbeiter und Auszubildende und zur Netiquette im Unternehmen an. Die Nutzung ist noch gering, bewegt sich aber auf einem stabilen Niveau. Neben der IT-Unterstützung existiert ein Briefkasten für Verbesserungsvorschläge, und es findet eine jährliche Hausmesse für den Austausch zwischen dem Unternehmen und seinen Lieferanten und Kunden statt.

Als Herausforderung für den Umgang mit Wissen bei Neimcke kann die komplexe Struktur angesehen werden, wo über Abteilungsgrenzen hinweg (z. B. zwischen Außendienst und Innendienst) die Verteilung von Wissen sicherzustellen ist. Positiv in diesem Zusammenhang ist die geringe Fluktuation der Mitarbeiter, d. h. deren Wissen steht dem Unternehmen lang zur Verfügung. Auch die anstehende Nachfolge an der Unternehmensspitze kann durch Wissensmanagement unterstützt werden. Die Merkmale des Unternehmens lassen sich wie in Tabelle 5.26 aufgeführt zusammenfassen.

Tabelle 5.26: Unternehmenscharakteristik Neimcke

Merkmal	Ausprägung
Branche	Großhandel mit Kfz-Zubehör
Größe	265 Mitarbeiter (Hauptniederlassung: 100 Mitarbeiter)
Alter	64 Jahre
Eigentümer-Manager	indirekt führend
Wissensmanagement	existiert (Wiki Neipedia, Sammeln von Verbesserungsvorschlägen, Hausmesse)

Erste Kontakte zu Neimcke ergaben sich durch ein geplantes Dissertationsprojekt eines der Geschäftsführer (er ist zugleich Qualitätsbeauftragter des Unternehmens) an der Universität Passau im März 2008. In persönlichen Gesprächen ab Oktober 2008 wurde das Anliegen der vorliegenden Arbeit vermittelt. Daraufhin erfolgten mehrfache Besuche bei Neimcke am Standort in Mühldorf. Der erste Besuch am 16.12.2008 diente (wie in Kapitel 4.4.1 ausgeführt) der Erprobung der Datenerhebung mit der Critical Incident Technique. Nach dem Abschluss

[10] Website: http://www.mediawiki.org/wiki/MediaWiki/

der Pilotstudie konnten in zwei weiteren Besuchen am 26.06.2009 und 23.07.2009 vier bzw. zwei Interviews im Zentralbereich (Geschäftsleitung), in der Niederlassung selbst (Verkauf Innendienst, Disposition, Lager + Kommissionierung) und in der Werkstatteinrichtung (Disposition, Kundendienstleistung) geführt werden. Auch hier wurde im Vorfeld eine Untersuchung mit „KnowMetrix“ im Rahmen einer Diplomarbeit durchgeführt (siehe oben).

5.5.2 Probleme im Umgang mit Wissen

Im Folgenden werden die Ergebnisse der Untersuchung im Fall Neimcke vorgestellt. Bevor jedoch auf die Probleme im Umgang mit Wissen eingegangen werden kann, muss das Verständnis für Wissen bei den Interviewpartnern von Neimcke expliziert werden. Danach folgt ein Überblick über die von ihnen genannten Probleme. Aus diesen werden einzelne Problembereiche herausgegriffen und näher vorgestellt.

Verständnis für Wissen

Jeder Interviewpartner wurde vor der Beschreibung von Problemen im Umgang mit Wissen nach seinem Verständnis für Wissen befragt, d. h. worin besteht das Wissen für die eigene Tätigkeit, wie wird Wissen definiert und wie wird damit umgegangen. Die Angaben der Interviewpartner wurden (mit der Häufigkeit ihrer Nennung) in Abbildung 5.9 zusammengefasst und stellen eine Art Profil des Wissensverständnisses von Neimcke dar.

Im Fall Neimcke zeigt sich bei den Beispielen für Wissen dieselbe Vielfalt wie in den Fällen zuvor. Gemeinsamkeiten bei den Interviewpartnern bestehen hier – für ein Handelsunternehmen typisch – bezüglich der Lieferanten, den Vereinbarungen mit ihnen und den Liefertouren.

Der Umgang mit Wissen erfolgt bei Neimcke häufig im Gespräch. Viele Vorgänge werden aber auch dokumentiert. Was den Erwerb von Wissen anbetrifft, besteht hier eine Besonderheit: Neue Mitarbeiter werden fast ausschließlich aus eigenen Auszubildenden und nur äußerst selten durch die Einstellung neuer Mitarbeiter rekrutiert. Vorteil ist die genaue Kenntnis von Ansprechpartnern und den spezifischen organisatorischen Abläufen. Auffällig in zwei Interviews war die Betonung der Eingeninitiative, die für den Erwerb des für die eigene Arbeit notwendigen Wissens vonnöten ist.

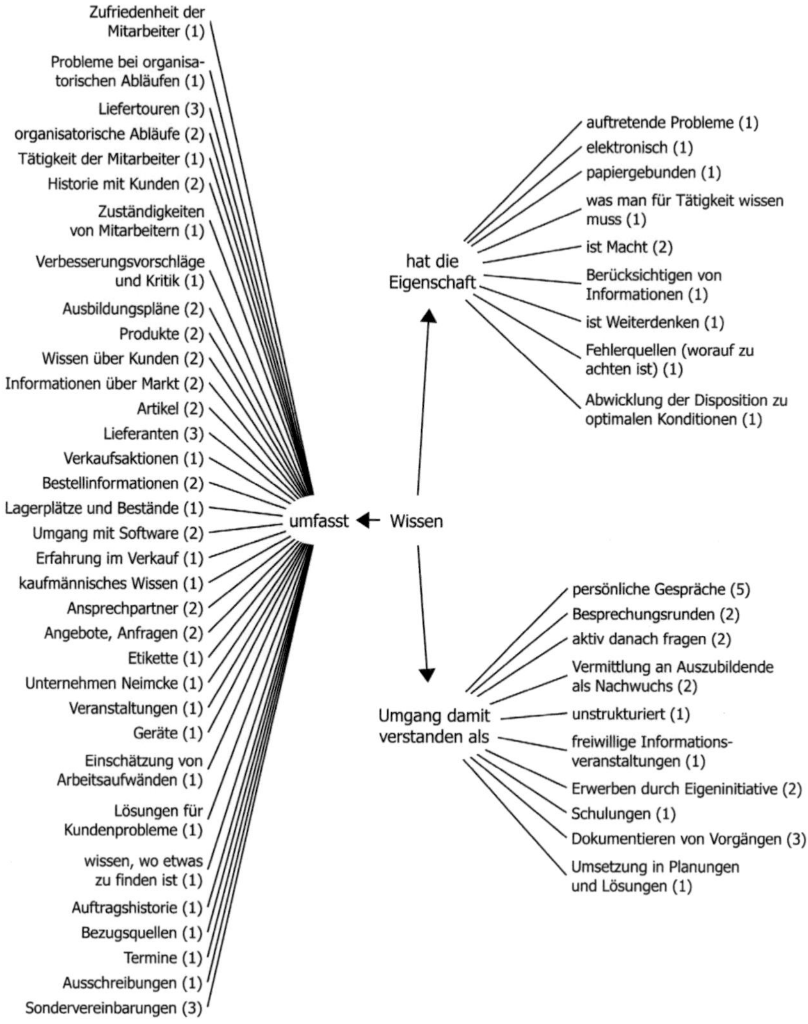

Abbildung 5.9: Verständnis für Wissen bei Neimcke

Bei den Eigenschaften, die man bei Neimcke dem Wissen zuweist, zeigt sich wie schon im Fall zuvor kein einheitliches Bild. Ein einzelner Interviewpartner stellt eine Verbindung zum Konstrukt Information mit der Zuschreibung von Wissen als Berücksichtigung von Informationen her. Auffällig sind aber zwei Dinge: Zum einen wird der Aspekt der Macht genannt, der mit Wissen verbunden ist (und der noch in keinem Fall erwähnt wurde). Zum anderen wird Wissen von zwei Interviewpartnern als Problem bzw. Fehlerquelle im organisatorischen Ablauf definiert.

Probleme im Überblick

In Bezug auf dieses Wissen wurden in den Interviews insgesamt sieben verschiedene Probleme benannt und besprochen. Dabei wurden nur Probleme erfasst, die mindestens eine grundlegende Beschreibung (Name, Problem, Kontext, Einflussfaktoren; siehe Kapitel 3.2.2) aufzuweisen haben. Jedes Problem trägt eine Nummer, die sich aus der Nummer des Falles (siehe Tabelle 4.4) und einer fortlaufenden Nummer in der Reihenfolge der Erhebung der Probleme innerhalb des jeweiligen Falles zusammensetzt. Die Probleme sind ausführlich in Anhang A.7 dokumentiert. Entsprechend der Ausführungen in Kapitel 4.6.2 sind die Probleme zuerst eingegrenzt und danach zusammengefasst worden, um die zentralen Probleme des Falles zu identifizieren, d. h. es wurden allgemein nur mehrfach vorkommende und explizit die vom Mitglied der Geschäftsleitung (als Schlüsselpersonen für den Umgang mit Wissen bei Neimcke) genannten Probleme berücksichtigt.

Tabelle 5.27: Zentrale Probleme im Umgang mit Wissen bei Neimcke

Problem	Kontext	Abt.	Führ.	Zug.[a]	Erf.[a]
4–A: Unsystematischer Umgang mit Wissen über organisatorische Vorgänge	Allgemein	Geschäftsleitung	ja	4	2
4–B: Unzureichendes (Ver-)Teilen von Wissen zwischen Abteilungen	Allgemein	Geschäftsleitung	ja	4	2
		Disposition	nein	37	25
		Disposition (Werkstatteinrichtung)	nein	18	18

[a] Angabe in Jahren

Nach der Zusammenfassung ergeben sich zwei Probleme. Diese sind mit ihren Merkmalen in Tabelle 5.27 aufgeführt. Die Merkmale ergeben sich aus den Kriterien, die in den Kapiteln 4.3.2 und 4.4.3 aufgestellt wurden:

- Kontext, in welchem die Probleme aufgetreten sind: In der Auswertung zeigte sich, dass die zusammengefassten Probleme jeweils das Unternehmen Neimcke im Allgemeinen betreffen.
- Abteilung, in welcher der Interviewpartner tätig ist: Diese umfasst die Geschäftsleitung, Disposition und Disposition in der Werkstatteinrichtung.
- Hierarchieebene: D. h. besitzt der Interviewpartner Führungsverantwortung oder nicht.
- Dauer der Zugehörigkeit des Interviewpartners zum Unternehmen
- Berufserfahrung des Interviewpartners in seiner aktuellen Tätigkeit

Die Merkmale spielen später bei der Analyse noch eine Rolle. Für einen ersten Einblick lassen sich die Probleme aber wie folgt charakterisieren: Zentrales Thema im Umgang mit Wissen ist der organisatorische Ablauf. Einerseits wird Wissen darüber nicht so gehandhabt wie gewünscht. Andererseits stößt die Weitergabe von Wissen über Abteilungen hinweg an Grenzen. Diese zwei Probleme sollen im Weiteren genauer hinsichtlich ihrer Ursachen, Lösungen und Lösungsansätze beschrieben werden.

Unsystematischer Umgang mit Wissen über organisatorische Vorgänge (4–A)

Das Problem wird von einem Mitglied der Geschäftsleitung gleich in zwei verschiedenen Varianten geschildert und fasst die beiden folgenden Probleme zusammen:

- Wissen für die Bearbeitung von fremden Problemen fehlt (4–1)
- Organisatorische Probleme werden nicht rechtzeitig weitergegeben (4–2)

Das Problem bezieht sich auf Wissen über operative organisatorische Vorgänge, welches an die falsche Stelle oder nicht rechtzeitig weitergegeben wird. Damit ergeben sich zum einen Überschneidungen bei Zuständigkeiten und der angesprochene Mitarbeiter muss das Wissen zeitaufwändig zusammentragen, um entsprechende Entscheidungen treffen zu können. Zum anderen bleiben dadurch problematische organisatorische Vorgänge ungeklärt und wirken sich u. U. negativ auf den Kunden aus (siehe die Zusammenfassung des Problems in Tabelle 5.28).

Tabelle 5.28: Problem 4–A: Unsystematischer Umgang mit Wissen über organisatorische Vorgänge

Kontext	allgemein
Problem	Wissen über organisatorische Vorgänge wird an die falsche Stelle bzw. nicht rechtzeitig weitergegeben – für korrekte Entscheidung ist eine Einarbeitung in das Wissen über den Vorgang notwendig bzw. wird ein problematischer Vorgang nicht gelöst und hat eventuell eine negative Auswirkung auf den Kunden
Einflussfaktoren	▪ Zuständigkeiten am Standort sind nicht für jede einzelne Stelle klar ▪ zuständige Personen weisen Verantwortung von sich ▪ Persönlichkeit von Mitarbeitern und Animositäten zwischen Mitarbeitern ▪ geringe Kenntnis der Prozesse im Unternehmen durch die relativ kurze Zugehörigkeit bzw. eigene Tätigkeitsbereiche des Interviewpartners
Lösung	▪ Einsatz von Personen, die nicht miteinander umgehen können, in verschiedenen Abteilungen an verschiedenen Standorten bzw. auch Entlassung von Personen; zusätzlich Einsatz eines Mediators für Beratung und für Mitarbeitergespräche ▪ Aufforderung an den Verantwortlichen, sich der Sache anzunehmen ▪ Rundgang am Standort und Führen von Gesprächen bzw. Telefonaten, um auf dem Laufenden zu sein ▪ Vorschlagswesen in Form eines Briefkastens für Verbesserungsvorschläge
Lösungsvorschläge	(keine Angaben)
Begründung	Rundgänge und Gespräche mit den Mitarbeitern sind wichtig: aktives Einholen von Wissen ist notwendig, und die Mitarbeiter merken, dass man Interesse für sie hat bzw. sie kontrolliert
Resultat	▪ ein entlassener Mitarbeiter wurde mangels Ersatz wieder eingestellt; auch der Einsatz des Mediators hat nicht gefruchtet ▪ das Vorschlagswesen funktioniert gut
Verwandte Probleme	Unzureichendes (Ver-)Teilen von Wissen zwischen Abteilungen (4–B)

Aus Sicht der Interviewpartner wird das Problem von folgenden Faktoren verursacht bzw. beeinflusst:

- Zunächst ist festzustellen, dass Zuständigkeiten am Standort Mühldorf nicht klar geregelt sind. Es gibt nicht für jede Stelle eine Beschreibung ihrer Zuständigkeiten. Außerdem werden Zuständigkeiten auf andere Personen abgeschoben. Gerade an diesem Standort, der zugleich Sitz der Geschäftsleitung ist, gehen Mitarbeiter davon aus, dass sie für bestimmte Aufgaben nicht zuständig sind, solange es keine Beschwerden von Seiten der Geschäftsleitung gibt.
- Der zweite Einflussfaktor sind die Mitarbeiter selbst. Hier existieren in bestimmten Abteilungen immer wieder aufbrechende persönliche Abneigungen zwischen Mitarbeitern, die die Zusammenarbeit stark belasten.
- Letztlich wird das Problem 4–A insgesamt dadurch eingeschränkt, dass der Interviewpartner durch seine kurze Zugehörigkeit zum Unternehmen bzw. durch die Erfüllung seiner eigenen Zuständigkeiten eine noch geringe Kenntnis der organisatorischen Abläufe hat.

Die Lösungen lassen sich zwei Gruppen zuordnen: Die erste Gruppe adressiert die Probleme, die Mitarbeiter untereinander haben. Die zweite Gruppe hat allgemeineren Charakter und bezieht sich auf die Zuständigkeiten bzw. generell auf organisatorisches Wissen im Unternehmen. Im Einzelnen sind das:

- Mitarbeiter, die Probleme im Umgang miteinander haben, wurden in andere Abteilungen an andere Standorte versetzt. Auch eine Entlassung hat stattgefunden. Außerdem wurde ein Mediator eingesetzt, um zwischen Mitarbeitern zu vermitteln. Hier ist aber anzumerken, dass der entlassene Mitarbeiter später wieder eingestellt wurde, weil sich kein Ersatz mit seiner Erfahrung gefunden hatte. Auch die Mediation verlief nicht erfolgreich, so dass der Einfluss dieses Faktors auf lange Sicht nicht behoben ist.
- Allgemein liegt es zunächst nahe, die für eine Aufgabe zuständige Person zu ermitteln und dieser die Aufgabe zu übergeben. Unabhängig davon werden durch den Interviewpartner – sofern es seine Tätigkeiten zulassen – regelmäßige Rundgänge durch den Standort vorgenommen, um Gespräche mit den Mitarbeitern zu führen (bzw. auch Telefonate), um über organisatorische Vorgänge informiert zu sein. Dies hat zwei Gründe: Einerseits betont der

Interviewpartner die aktive Rolle beim Einholen von Wissen. Andererseits hat es sich an einem anderen Standort als sinnvoll erwiesen – die Mitarbeiter spüren durch die Rundgänge und Gespräche, dass Interesse an ihrer Arbeit besteht bzw. dass sie kontrolliert werden. Schließlich existiert ein Vorschlagswesen, bei welchem Kritik, Probleme und Verbesserungsvorschläge (anonym oder nicht anonym) über einen Briefkasten gemeldet werden können. Dieses funktioniert gut und erbringt immer wieder Meldungen, auch wenn darüber nicht alle auftretenden Probleme im organisatorischen Ablauf erfasst werden können.

Lösungsvorschläge sind keine unterbreitet worden.

Unzureichendes (Ver-)Teilen von Wissen zwischen Abteilungen (4–B)

Das zweite Problem im Umgang mit Wissen bei Neimcke wird von Mitarbeitern aus verschiedenen Abteilungen und von verschiedenen Hierarchieebenen geäußert. Es findet sich in den drei folgenden Problemen wieder:

- Zu geringes Ausmaß des Wissensaustauschs in Bezug auf Produkte (4–3)
- Information über Verkaufsaktionen werden nicht rechtzeitig bereitgestellt (4–4)
- Keine zeitnahes Weitergeben bzw. Hinterlegen von Wissen bei Kundenaufträgen (4–6)

Das Problem lässt sich aus den vielfältigen Erscheinungen im Unternehmen darauf zurückführen, dass das für die Erfüllung einer Aufgabe wichtige Wissen in einer Abteilung durch eine andere nicht umfassend bzw. rechtzeitig bereitgestellt wird (siehe die Zusammenfassung in Tabelle 5.29). Das Problem äußert sich dabei auf folgende Art und Weise:

- Zunächst wird eine allgemeine Wirkung des Problems berichtet: Aus Gründen der Verfügbarkeit von Mitarbeitern wird nicht direkt durch das Produktmanagement über neue Produkte informiert, sondern diese Aufgabe an einen Außendienstmitarbeiter weitergegeben, wodurch die Gefahr besteht, dass nicht umfassend informiert wird.

- Informationen der Marketingabteilung über Verkaufsaktionen werden dem Einkauf nicht (immer) rechtzeitig bereitgestellt. Bestellungen sind somit nicht zu den bestmöglichen Bedingungen möglich, weil somit z. B. Sondervereinbarungen mit Lieferanten nicht berücksichtigt werden können.
- In der Werkstatteinrichtung wird Wissen über Kundenaufträge (z. B. Änderungen von Vertragsbedingungen oder technische Details) der Disposition nicht zeitnah weitergegeben bzw. im Informationssystem hinterlegt. Dies führt zu unnötigen Aktivitäten, Aufwand für das Zusammentragen bzw. Prüfen des entsprechend notwendigen Wissens und damit auch zur Verzögerung von Aufträgen.

Tabelle 5.29: Problem 4–B: Unzureichendes (Ver-)Teilen von Wissen zwischen Abteilungen

Kontext	allgemein
Problem	das für die Erfüllung einer Aufgabe in einer Abteilung notwendige Wissen wird nicht umfassend bzw. rechtzeitig durch eine andere Abteilung bereitgestellt – Wissen ist unvollständig oder geht verloren; es muss aufwändig (neu) beschafft werden bzw. werden Aufgaben unnötig ausgeführt, verzögert oder können nicht bestmöglich ausgeführt werden
Einflussfaktoren	▪ Verfügbarkeit von Mitarbeitern ▪ Wissen ist für mehr als eine Abteilung wichtig
Lösung	▪ Informationsveranstaltungen zu Produkten ▪ E-Mail-Verteiler mit Informationen vom Produktmanagement ▪ Kundenhistorie ist komplett elektronisch gespeichert (Dokumente werden gescannt)
Lösungsvorschläge	▪ Durchführung der Schulungen direkt durch Produktmanagement ▪ zeitnahe Eintragung von Vereinbarungen mit dem Kunden in der Werkstatteinrichtung in das vorgesehene Informationssystem
Begründung	(keine Angaben)
Resultat	die rechtzeitige Bereitstellung von Informationen zu Verkaufsaktionen ist lange Zeit nicht erfolgt und wird jetzt als gelöst wahrgenommen
Verwandte Probleme	Unsystematischer Umgang mit Wissen über organisatorische Vorgänge (4–A)

Aus Sicht der Interviewpartner wird das Problem von folgenden Faktoren verursacht bzw. beeinflusst:

- Das (Ver-)Teilen von Wissen hängt von der Verfügbarkeit von Mitarbeitern ab, d. h. ob z. B. der Mitarbeiter im Produktmanagement für eine Produktschulung zeitlich verfügbar ist oder ob der Außendienstmitarbeiter im Büro erreichbar ist, um seine Gespräche und Vereinbarungen mit einem Kunden zu dokumentieren bzw. anderen Mitarbeitern weiterzugeben.

- Zudem ist Wissen für mehr als eine Abteilung wichtig. Gerade bei der Äußerung des Problems in der Einkaufsabteilung kann vermutet werden, dass sich Personen nicht (immer) der Bedeutung des Wissens für andere bewusst sind.[11]

Es ist allerdings davon auszugehen, dass die bei Problem 4–A genannten Einflussfaktoren) auch hier von Bedeutung sind, d. h. dass Problem 4–B auf 4–A folgt.

Für die Lösung dieses Problems sind aus Sicht der Interviewpartner alle notwendigen Maßnahmen ergriffen worden. Einzig die Nutzung dieser Möglichkeiten steht aus. Das wird als Lösungsvorschlag angemerkt. Als Lösungen existieren:

- Durch das Produktmanagement werden Schulungen zu Produkten angeboten, und es wurde ein Newsletter eingerichtet. Die Schulungen sollte – so wird vorgeschlagen – immer ein Vertreter aus dem Produktmanagement durchführen.
- In der Werkstatteinrichtung werden sämtliche einen Kundenauftrag umfassende Dokumente (Angebote, Auftragsbestätigungen etc.) gescannt und elektronisch abgelegt. Hier existiert für jedes Dokument ein Feld, in welches zusätzliche Informationen eingetragen werden können. Dieses sollte – so auch hier der Vorschlag – möglichst zeitnah durch die Außendienstmitarbeiter (da diese direkt mit den Kunden in Kontakt stehen) ausgefüllt werden.

5.5.3 Ergebnisse aus dem Fall

Generell lässt sich sagen, dass der Umgang mit Wissen bei Neimcke durch ungeklärte Zuständigkeiten im gesamten Unternehmen und Animositäten zwischen Mitarbeitern und (infolge dessen) durch die fehlende Abstimmung zwischen den Abteilungen behindert wird. Gerade die Frage der Zuständigkeiten ist auffällig, schließlich ist das Unternehmen organisatorisch stark strukturiert (am stärksten von allen vier Fallstudien), was zunächst auf eine klare Aufgabenverteilung

[11] Allerdings muss hier ergänzt werden, dass auch die Empfänger des Wissens eine Rolle spielen, denen – durch einen anderen Interviewpartner – mangelnde Eigeninitiative beim Erwerben von Wissen attestiert wird (siehe Problem 4–5).

hindeutet. Zu vermuten steht, dass sich mit zunehmendem Alter des Unternehmens gewisse Personen-Aufgaben-Kombinationen ergeben haben, die sich bei einer Umgestaltung nur schwer durchbrechen lassen.

Eine weitere Auffälligkeit besteht darin, dass im Vergleich zu den anderen Fallstudien sehr wenige Probleme im Umgang berichtet wurden. Dies lässt sich auf zwei mögliche, miteinander zusammenhängende Erklärungen zurückführen:

- Aus organisatorischer Sicht kann argumentiert werden, dass die Prozesse eines Handelsunternehmens kaum Änderungen unterworfen sind, folglich stets auf dieselbe Art und Weise ablaufen, so dass der Umgang mit Wissen ebenso gleich vonstatten geht und kaum oder gar nicht durch problematische (unbekannte) Situationen gestört wird (dies zeigte sich z. B. in Interview 4–3, in welchem keine Probleme im Umgang mit Wissen berichtet wurden).
- Aus Sicht der Personen kann von einer unterschiedlichen Wahrnehmung ausgegangen werden: Betrachtet man das Unternehmen als Ganzes, dann ist zunächst zu vermuten, dass bei Neimcke der Umgang mit Wissen weniger stark reflektiert wird, als das z. B. bei der Pilotstudie der Fall ist. Ersichtlich wird dies in Problem 4–B, wo ein fehlendes Bewusstsein für die Bedeutung des Wissens für andere Mitarbeiter angesprochen wird. Betrachtet man die Personen an sich, so wird das Bild differenzierter, und es ergeben sich Unterschiede in der persönlichen Herangehensweise an den Umgang mit Wissen: Gerade die Interviewpartner aus den Interviews 4–3 und 4–4 betonen die Eigeninitiative insbesondere beim Erwerben von Wissen (siehe auch das in Interview 4–4 genannte Problem). Ebenso ist es in Interview 4–5, das die persönlichen Gespräche für das (Ver-)Teilen von Wissen betont und folglich keine Probleme zu berichten hat.

Ordnet man die Probleme entsprechend der Vorgaben aus Kapitel 4.6.2, so beziehen sich sowohl Problem 4–A als auch Problem 4–B auf die Prozesse, d. h. auf die Aktivitäten des Wissensmanagements: Im ersten Fall fehlen entsprechende Prozesse, im zweiten Fall erreicht der Prozess nicht das erwünschte Ausmaß. Eine Ableitung daraus als auch aus möglichen Zusammenhängen zwischen den Problemen und den Merkmalen der Interviewpartner ist hier nicht möglich: Beide Probleme haben einen allgemeinen Charakter und unterscheiden sich nur hinsichtlich der Anzahl der Nennungen der Interviewpartner. Auch hinsichtlich des Verständnisses für Wissen ergeben sich keine Unterschiede zwischen den Problemen.

5.6 Zusammenfassung

In diesem Kapitel wurden die vier untersuchten Fälle vorgestellt und die in den Interviews erhobenen Probleme im Umgang mit Wissen präsentiert. Die vier Fallstudien lassen sich wie folgt kurz charakterisieren:

- Hybris (Pilotstudie): Das Unternehmen, das Software entwickelt, befindet sich seit einigen Jahren in einer starken Wachstumsphase. Daher ergeben sich beim Umgang mit Wissen vor allem Probleme dabei, die bisherigen Prozesse und Strukturen an die neuen Gegebenheiten eines großen Unternehmens mit vielen neuen Mitarbeitern und mehreren Standorten anzupassen, da die bisherige Praxis des (Ver-)Teilens von Wissen diesen nicht mehr gewachsen ist.
- Veritas: Der Schulbuchverlag besteht bereits sehr lang und befindet sich gegenwärtig in einer Wachstumsphase. Das für Produktion und Vertrieb von Büchern notwendige Wissen ist stark auf einzelne Personen beschränkt und nicht strukturiert abgelegt. Somit ergeben sich Probleme beim Zugriff darauf und damit auch bei der Zusammenarbeit der Abteilungen des Unternehmens untereinander.
- Visus: Das Unternehmen ist ein sehr kleines Unternehmen, das Dienstleistungen zur Anpassung von Kontaktlinsen anbietet. Die dabei notwendigen Behandlungsprozesse benötigen viel Erfahrung und sind aus Gründen der Nachvollziehbarkeit sehr stark strukturiert. Probleme im Umgang ergeben sich daher vor allem beim Vermitteln und der fehlerfreien Anwendung entsprechenden Prozesswissens.
- Neimcke: Das Unternehmen handelt mit Kfz-Zubehör und besteht bereits mehr als 60 Jahre. Trotzdem wird der Umgang mit Wissen vor allem dadurch behindert, dass Zuständigkeiten unklar sind und Animositäten zwischen Mitarbeitern bestehen. Dies stört in der Folge das (Ver-)Teilen von Wissen zwischen den Abteilungen. In diesem Fall wurden sehr wenige Probleme berichtet, was zum einen an den stets gleich ablaufenden Prozessen, zum anderen an der persönlichen Herangehensweise an den Umgang mit Wissen liegen kann.

Das Kapitel leistet einen Einblick in die Wahrnehmung des Umgangs mit Wissen und die dabei auftretenden Probleme in der organisatorischen Praxis. Im Folgenden werden die Beobachtungen aus den einzelnen Fällen zusammengeführt.

Kapitel 6

Gesamtanalyse

Nach der Darstellung der Einzelfälle in Kapitel 5 wird in diesem Kapitel eine Zusammenschau und Systematisierung der Ergebnisse aus allen untersuchten Fällen vorgenommen. Der illustrierenden Funktion des Einzelfalls soll damit die vergleichende und abstrahierende Funktion der Gesamtanalyse an die Seite gestellt werden (siehe Lamnek 1993b, S. 199).

Obwohl der Sinn einer solchen „cross-case analysis" (Huberman & Miles 1994, S. 435–437) von einigen Autoren bezweifelt wird, weil darunter die Tiefe der Beschreibung des Einzelfalles leide (Dyer & Wilkins 1991), ist sie hier von Interesse, um ein Wissensmanagement-Konzept im Sinne des problemorientierten Wissensmanagements vorzuschlagen. Dazu sind Aussagen zum Wissensverständnis und den Problemen im Umgang mit Wissen und daraus abgeleitet zu den Aktivitäten, Instrumenten und Einflussfaktoren (also den Dimensionen des Wissensmanagements) über sämtliche Fälle hinweg notwendig.

Im Folgenden werden zuerst die Aussagen zum Verständnis von Wissen und danach zu den Problemen im Umgang mit Wissen fallübergreifend dargestellt. Aufbauend auf diesen wird das Wissensmanagement-Konzept formuliert.

6.1 Wissen

Zu Beginn erfolgt eine Gegenüberstellung des Verständnisses für Wissen und den Umgang damit in den einzelnen Fällen. Das Verständnis für Wissen ist wichtig für die im Anschluss zu besprechenden Probleme. Die Darstellung erfolgt gemäß den drei Kriterien, anhand welcher das Verständnis für Wissen erhoben wurde (siehe Kapitel 4.6.2): Beispiele für Wissen, Merkmale dieses Wissens und die Art und Weise des Umgangs mit diesem Wissen. Die ersten beiden Kriterien werden als Definition von Wissen gemeinsam betrachtet.

Bezüglich der Frage, was in den untersuchten Fällen unter Wissen verstanden wird, lassen sich folgende, für alle Fälle gültige Aussagen treffen:

- Zunächst ist anzumerken, dass es den Interviewpartnern schwer fällt, Wissen im Sinne eines Satzes definieren. Dies darf aber nicht darüber hinwegtäuschen, dass alle Interviewpartner eine konkrete Vorstellung von Wissen besitzen, was sich zeigt, sobald sie danach gefragt werden, Beispiele für Wissen aufzuzählen. Die Interviewpartner definieren Wissen extensional. Im Sinne von Polanyi kann man sagen, dass die befragten Personen ein intuitives („tazites“) Verständnis für Wissen besitzen – und es daher auch nicht zu definieren brauchen (siehe Polanyi 1966, S. 18).
- Die Beispiele für Wissen sind sehr vielfältig. Sie sind wie erwartet individuelle Auflistungen des Wissens, das Personen für ihre Arbeit bereits besitzen oder noch erwerben müssen. Hier wird deutlich, wie viele Wissensbestandteile eine Organisation benötigt, um Produkte bzw. Dienstleistungen tatsächlich hervorbringen zu können. Fasst man die einzelnen Auflistungen zusammen, so findet sich stets Wissen über die Einzelheiten der Produkte und Dienstleistungen und ihre Erstellung, das dafür notwendige Fachwissen (und die entsprechende Erfahrung), Kunden und Lieferanten, organisatorische Abläufe und Ansprechpartner darin wieder. Unterschiede hinsichtlich dieser Beispiele finden sich nur auf inhaltlicher Ebene wieder, schließlich sind Produkte, Abläufe etc. von Fall zu Fall und je nach Branche verschieden.
- Als Merkmale, welche die Interviewpartner dem Wissen zuschreiben, wird zumeist genannt, dass Wissen an Personen gebunden ist, dass es Fachkenntnis beinhaltet und als „weich“ (d. h. nicht strukturiert bzw. schwer zu fassen) wahrgenommen wird. Wissen wird meist aber auch als Fähigkeit zum Handeln und (richtigen) Anwenden von Informationen angesehen.

- Eine Abgrenzung des Wissens von anderen Konzepten (wie z. B. die häufig verwendete Unterscheidung in Daten, Informationen und Wissen) wird kaum vorgenommen (zur gleichen Einschätzung kommen Davenport & Prusak 1998, S. 6f., McAdam & McCreedy 1999b, S. 104f. und Earl 2001, S. 218):[1] Daten werden als Kategorie überhaupt nicht angesprochen, Informationen dagegen schon, aber nur von wenigen Interviewpartnern (bis auf den Fall Veritas sind es nur Einzelpersonen). In allen Äußerungen wird unter Wissen das umfassendere Konzept verstanden, das eine Sammlung bzw. Einordnung von Informationen darstellt bzw. eine entsprechend sinnvolle Nutzung von Informationen erlaubt. Informationen werden – in Abgrenzung zu den gerade genannten Merkmalen des Wissens – als strukturiert und durch IT fassbar beschrieben. Auf Basis dieser Abgrenzung wird durch die Interviewpartner eine Unterscheidung dieser Konzepte hinsichtlich ihrer Qualität bzw. Modalität und auch hinsichtlich der Möglichkeiten des Umgangs damit vorgenommen. Es ergeben sich aber keine Unterschiede in der Wahrnehmung der Probleme.
- Über die von vielen Interviewpartnern genannten Merkmale hinaus, ist aus Sicht eines organisatorischen Wissensmanagements auf zwei Merkmale des Wissens gesondert einzugehen:
  - Wissen hat einen dynamischen Charakter. Wie sich in der Art der genannten Probleme zeigt, erfolgen Aktivitäten in Bezug auf Wissen nicht einmalig, sondern sind Bestandteil der täglichen Arbeit. Wissen wird immer wieder neu erworben, geordnet, bewahrt, (ver-)teilt etc. Zwei Interviewpartner gehen auf diesen dynamischen Charakter des Wissens gesondert ein und liefern quasi eine Begründung dafür – zumindest in Bezug auf Fachwissen: Wissen ist, hat man es einmal erlernt oder sich auf irgendeine andere Art und Weise seines Zugriffs versichert, nicht unbegrenzt von Gültigkeit bzw. Nutzen für den Mitarbeiter einer Organisation. Beide sprechen hier von einer Halbwertszeit des Wissens.
  - Die dem Wissen unterstellte Funktion als Faktor, der den Wettbewerb zwischen verschiedenen Organisationen zu verändern vermag (siehe Kapitel 2.1.2) – d. h. Wissen als strategische Ressource – wird kaum wahrgenommen. Die Bedeutung bleibt auf die Person bzw. die Abteilung be-

[1] Auch Theorien zum organisatorischen Gedächtnis legen diesen Schluss nahe: Z. B. spricht Wegner (1986) bei seiner Konzeption des „Transactive Memory“ von verschiedenen Bereichen, die zu einem Gedächtnis zählen und die Wissen aufnehmen: in der eigenen Person, in anderen Personen und in (elektronischen) Dokumenten.

schränkt, der Beitrag des eigenen Wissens für das Unternehmen und damit seine Stellung auf dem Markt wird nicht reflektiert.

In Bezug auf den Umgang mit dem derart definierten Wissen lässt sich über alle untersuchten Fälle hinweg Folgendes feststellen:

- Der Umgang mit Wissen ist vielgestaltig (siehe auch bei Davenport et al. 1998, S. 54). Das (Ver-)Teilen von Wissen geschieht meist im direkten Austausch zwischen Personen im Gespräch. Aber auch alle möglichen Formen der synchronen und asynchronen Kommunikation über elektronische Medien werden genutzt. Diese Vielgestalt verwundert nicht. Schließlich können sich für die verschiedenen Beispiele, die Wissen umfasst, auch jeweils spezifische Formen für das (Ver-)Teilen etc. herausbilden.
- Unterschiede zwischen den Fällen bestehen im Ausmaß der systematischen Gestaltung von Prozessen zum Umgang mit Wissen: Während diese bei Hybris im Aufbau befindlich sind, sich bei Veritas und Neimcke Prozesse über viele Jahre institutionalisiert haben und nun geändert werden müssen, werden sie bei Visus aktiv und umfassend gestaltet und kontrolliert. Unterschiede ergeben sich auch in der Ausgestaltung bestimmter Aktivitäten des Wissensmanagements, z. B. dass das Erwerben von Wissen bei Neimcke im Bereich von Wissensträgern allein auf die Rekrutierung durch Auszubildende baut oder dass allein im Fall Visus von einer Weiterverwendung von Wissen (in Fachpublikationen) gesprochen wird.
- Hervorzuheben ist der bei den Missverständnissen bezüglich des Wissensmanagement-Begriffs in Kapitel 2.2.1 erwähnte Wunsch nach einer möglichst weitreichenden Explikation von Wissen. Dieser besteht auch in allen vier Fallstudien, berücksichtigt man die vielen Probleme, die dazu genannt werden: Wissen soll (unabhängig von Personen) verfügbar sein, Vorgänge sollen durch eine entsprechende Dokumentation nachvollziehbar gemacht und Lösungen auf neue Projekte übertragen werden. Allerdings – und das steht im Gegensatz zu den Ausführungen in Kapitel 2.2.1 – wird in den Fallstudien darauf hingewiesen, dass eine Explikation nie das alleinige Mittel sein kann und wird.
- Allgemein ist noch anzumerken, dass in allen vier Fällen ausdrücklich für die Gestaltung des Umgangs mit Wissen Sorge getragen wird (siehe ausführlich bei den Fallbeschreibungen), auch wenn dabei nicht von „Wissensmanagement“ die Rede ist. Trotz ihrer geringen Größe investieren die untersuchten

Unternehmen erheblichen Aufwand in diese Gestaltung (siehe auch die Kritik am problemorientierten Wissensmanagement in Kapitel 3.4).

Wie sich in den Fallstudien zeigte, besteht in Organisationen eine Vorstellung darüber was Wissen ist, auch wenn sie nicht (immer) aktiv hinterfragt wird. Diese Vorstellung unterscheidet sich zwischen den Fällen kaum – Wissen wird als sehr weit gefasstes Konzept verstanden und stellt ein Potential dar, das für die Aufgabenerfüllung in der Organisation notwendig ist. Dies ist naturgemäß von Aufgabe zu Aufgabe verschieden, kann dafür auch genau definiert werden, macht aber eine allgemeine Definition unmöglich bzw. unnötig.

6.2 Probleme im Umgang mit Wissen

In Bezug auf das soeben beschriebene Verständnis für Wissen sind in den vier untersuchten Fällen insgesamt 19 Probleme identifiziert worden. Mit ihrer Hilfe soll zunächst der Umgang mit Wissen allgemein und im Überblick für die Fälle charakterisiert und danach Abhängigkeiten zwischen den Problemen und Merkmalen der Unternehmen und Interviewpartner identifiziert werden.

Einordnung in Problemklassen

Die in den einzelnen Fällen bereits vorgenommene Einordnung der Probleme nach den Objekten, die sie beeinflussen, und ihren Charakteristika (siehe Kapitel 4.6.2) wird hier zu insgesamt sechs Problemklassen I bis VI zusammengeführt (siehe Abbildung 6.1). Jede Klasse wird im Folgenden kurz vorgestellt und anhand der Probleme und ihren Ursachen beschrieben:

Personen (I) Die erste Problemklasse bezieht sich auf Personen und beschreibt Probleme, die entstehen, weil Personen für eine bestimmte Art und Weise des Umgangs mit Wissen die Voraussetzungen fehlen. Hier wird nur ein einziges Problem zugeordnet: Personen fehlt das Bewusstsein für die Bedeutung, die (ihr) Wissen für das Unternehmen hat. Die Ursache für dieses Problem liegt darin, dass auf Grund einer (noch) funktionierenden Zusammenarbeit keine Notwendigkeit besteht sich damit auseinanderzusetzen.

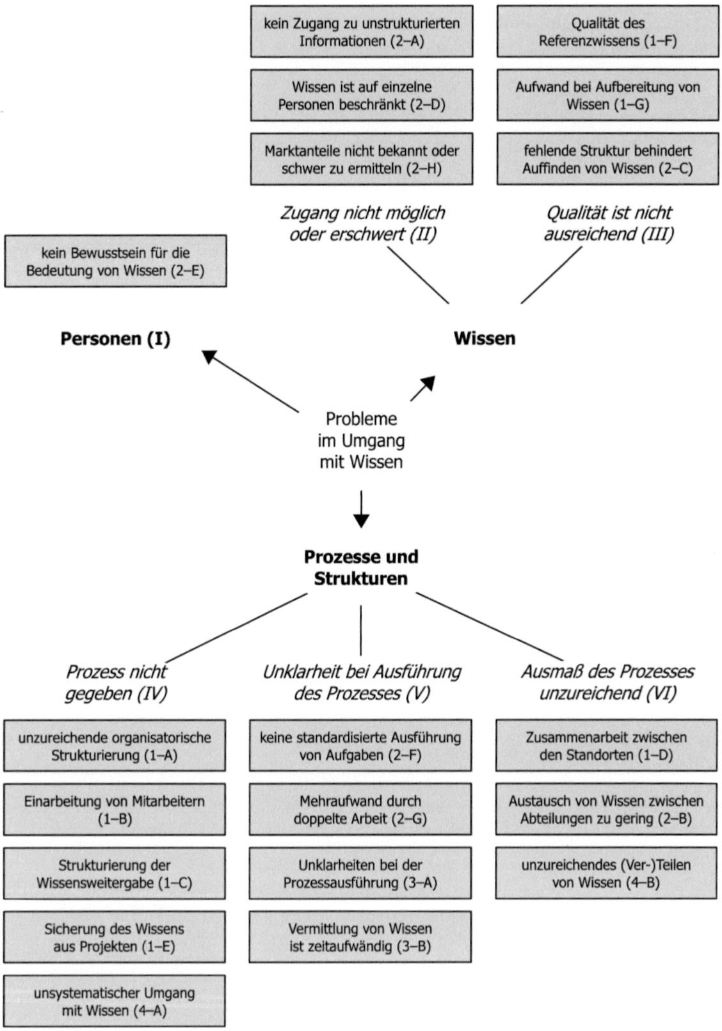

Abbildung 6.1: Klassifikation der Probleme im Umgang mit Wissen

Kein Zugang zu Wissen (II) Die nächste Problemklasse nimmt Bezug auf das Wissen selbst und beschreibt Probleme, die einen fehlenden oder erschwerten Zugang zum Wissen beschreiben. Wissen kann nicht genutzt werden, weil es nicht (zentral) zur Verfügung steht, bzw. ist es erst nutzbar nachdem entsprechender Aufwand in die Beschaffung (und Überprüfung) investiert wurde. Das Problem kann auf verschiedene Weise ausgeprägt sein: Es kann daran liegen, dass Wissen nicht dort abgelegt ist, wo es einfach gefunden werden kann (z. B. in einem zentralen Informationssystem). Das Informationssystem kann aber auch von seiner Funktionalität her nicht oder nur schwer in der Lage sein, das entsprechende Wissen abzurufen. Es kann aber auch ein Wissensträger (eine Person) temporär oder permanent nicht verfügbar sein. Als Ursache wird vor allem die Komplexität angesehen, d. h. es ist eine umfangreiche Menge von Wissen zu handhaben, zu welcher eine große Anzahl an Personen beiträgt und deren einzelne Aktivitäten dafür koordiniert werden müssen, und die sich letztlich auch durch die Größe einer Organisation äußert.

Qualität des Wissens (III) Auch die nächste Klasse hat das Wissen zum Inhalt. Hier steht aber die fehlende Qualität des Wissens im Mittelpunkt der Problembeschreibung. Eine fehlende Qualität des Wissens kann bedeuten, dass es unvollständig ist, in schlechter sprachlicher Qualität vorliegt, nicht der Zielgruppe entsprechend aufbereitet oder in einer nicht nachvollziehbaren Struktur abgelegt ist. Die Ursache für diese Problemklasse liegt vor allem an der Vielzahl von Interessenten, die jeweils eigene Anforderungen an die Aufbereitung des Wissens und ein ihnen eigenes Verständnis dafür mitbringen.

Prozess nicht gegeben (IV) Die erste Problemklasse aus dem Bereich der Prozesse und Strukturen bezieht sich darauf, dass ein entsprechender Prozess für den Umgang mit Wissen nicht gegeben ist. Probleme in dieser Klasse äußern sich darin, dass durch das Fehlen eines systematischen Vorgehens das (Ver-)Teilen von (neuem) Wissen behindert wird und sich somit einerseits die Zeitspanne verlängert, bis eine Aufgabe erfüllt ist oder ein Mitarbeiter handlungsfähig ist und andererseits Wissen nicht an anderer Stelle (z. B. in einem anderen Projekt) genutzt werden kann. Die Ursache liegt vornehmlich in unklaren Vorgaben für die Aufbau- wie auch Ablauforganisation und der fehlenden konsequenten Anwendung derselben. Dies kann durch das Wachstum eines Unternehmens oder durch Spannungen zwischen Mitarbeitern bedingt sein.

Prozess ist unklar (V) Bei Prozessen und Strukturen kann auch das Problem auftreten, dass ein Prozess zwar existiert, aber nicht so umgesetzt wird, wie es vorgegeben ist. Die Nichteinhaltung eines gegebenen Prozesses hat mehrere Folgen: Die Zusammenarbeit zwischen Abteilungen wird erschwert, Aufgaben werden unnötigerweise mehrfach ausgeführt oder die Qualität einer Dienstleistung leidet (weil eine Nichteinhaltung z. B. zu einer falschen Behandlung führen kann). Verursacht wird diese Problemklasse durch neu eingeführte bzw. geänderte Prozesse, weil eine Organisation wächst bzw. sich Produkte oder Dienstleistungen ändern, und diese Prozesse von Personen (auf Grund ihres Vorwissens) jeweils unterschiedlich interpretiert werden.

Ausmaß des Prozesses (VI) Die letzte Problemklasse beschreibt Probleme, bei welchen zwar ein Prozess existiert, dieser aber nicht in dem Ausmaß genutzt wird, wie es tatsächlich gewünscht ist. Das Problem bezieht sich ausschließlich auf das Ausmaß des (Ver-)Teilens von Wissen. Ist dies nicht umfassend genug, dann wird Wissen nicht oder nicht rechtzeitig denen zur Verfügung gestellt, die es benötigen. Auf einer allgemeineren Ebene kann dies auch zur einer unterschiedlichen Entwicklung von Teilen einer Organisation führen. Ursachen für dieses Problem liegen zum Ersten in einem Mangel an Bewusstsein, dass bestimmtes Wissen auch für andere als die eigene Abteilung von Bedeutung ist, und zum Zweiten in der fehlenden (räumlich bedingten) Verfügbarkeit der kommunizierenden Personen.

Mit dieser Klassifikation werden Probleme im Umgang mit Wissen in Organisationen beschrieben. Über die Merkmale der einzelnen Klassen hinaus sind folgende allgemeine Anmerkungen zu machen:

- Die sechs Problemklassen stehen hier zunächst unabhängig nebeneinander. Es kann nach den Ausführungen zu den einzelnen Fällen davon ausgegangen werden, dass bestimmte Probleme andere Probleme auslösen. Die Angaben dazu sind aber nur in einem Fall (siehe Veritas in Kapitel 5.3) ausführlich genug für eine Darstellung, so dass hier bei der Gesamtanalyse darauf verzichtet wird.
- Über den Stand der Lösung der Probleme lassen sich keine abschließenden Aussagen machen. Viele der genannten Probleme sind noch ungelöst, aber auch bei jenen, wo eine (zumindest teilweise) Lösung vorliegt, fällt es schwer, von einem abgeschlossenen Problem zu sprechen. Für die meisten Proble-

me scheidet eine einmalige Lösung ohnehin aus. Stattdessen muss dort auf die permanente Sicherstellung bestimmter Dinge (wie z. B. die Einhaltung der Struktur einer Wissensablage oder eines Behandlungsprozesses) geachtet werden.

- In vielen Wissensmanagement-Initiativen in Organisationen spielt die IT eine zentrale Rolle und wurde bisher stark überbewertet (siehe Kapitel 2.2.1). In den hier gesammelten Problemen wird die IT nur am Rande erwähnt. Allein beim Problem des fehlenden Zugangs zu Wissen wird sie als Ursache sichtbar. Das heißt nicht, dass für Zwecke des Wissensmanagements keine IT eingesetzt wird, wohl aber, dass der Einsatz nicht zu (großen) Verwerfungen im Umgang mit Wissen führt.
- In Kapitel 3.4 wurde kritisiert, dass beim problemorientierten Wissensmanagement nur eine partielle Betrachtung des Umgangs mit Wissen stattfindet, somit ein umfassendes, strategische Aspekte einbeziehendes Wissensmanagement nicht möglich ist. Allerdings ist bei der Betrachtung der identifizierten Probleme festzustellen, dass die überwiegende Mehrzahl der Probleme allgemeinen Charakter und damit jeweils Bedeutung für das gesamte Unternehmen hat. Zudem hat beispielsweise eine Veränderung der Einstellung von Personen (Problemklasse I) oder die Etablierung eines Prozesses für die systematische Weitergabe von Wissen (Problemklasse IV) auch eine langfristig gestaltende Wirkung auf den Umgang mit Wissen.

Diese Problemklassen können nun genutzt werden, um Abhängigkeiten zwischen den Merkmalen von Organisationen oder Interviewpartnern und dem Auftreten spezifischer Probleme im Umgang mit Wissen zu untersuchen.

Problemklassen und Unternehmen

Um die Unternehmen hinsichtlich der bei ihnen aufgetretenen Probleme im Umgang mit Wissen zu charakterisieren, ist eine Korrespondenzanalyse durchgeführt worden, welche die sechs Problemklassen graphisch in Beziehung zu den vier Fallstudien setzt. Jeder Fall wird durch die Größe und das Alter des Unternehmens charakterisiert (siehe Abbildung 6.2; Informationsgehalt 97,53 %).[2]

In der Abbildung stehen die Punkte der Merkmale und Unternehmen in relativem Abstand zueinander. Nahe beieinander stehende Merkmale treten über-

[2] Der Punkt von Problemklasse I fällt mit dem Punkt von Problemklasse II zusammen.

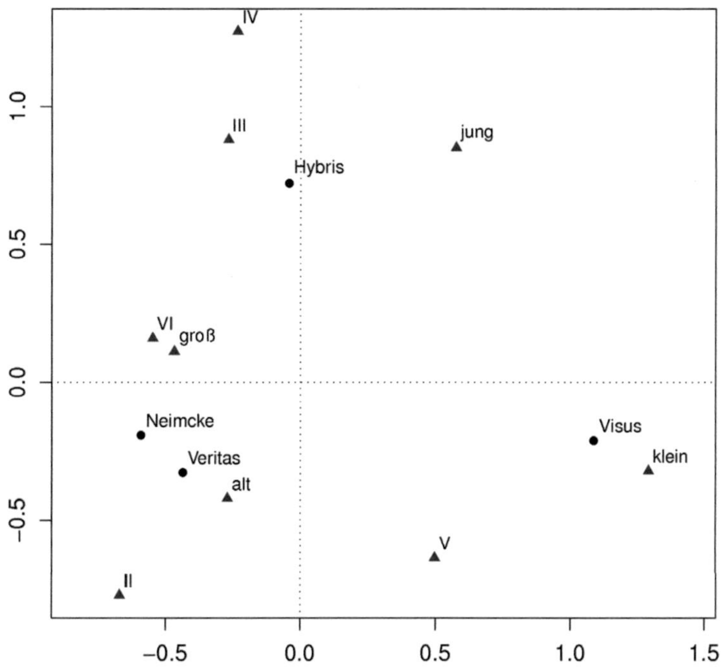

Abbildung 6.2: Gegenüberstellung von Problemklassen und Unternehmen

durchschnittlich häufig gemeinsam auf, nahe beieinander stehende Unternehmen sind einander ähnlicher als andere Unternehmen. In der Abbildung sind die Profile der Unternehmen abgetragen. Der durch den Schnittpunkt der beiden gestrichelten Linien markierte Nullpunkt der Abbildung repräsentiert den Durchschnitt aller vier untersuchten Unternehmen.

Betrachtet man die Unternehmen, dann lassen sich folgende Aussagen treffen und die Unternehmen in eine Rangfolge bezüglich der systematischen Gestaltung des Umgangs mit Wissen bringen:

- Hybris, als das jüngste Unternehmen in der Untersuchung, ist keinem der anderen Unternehmen sehr ähnlich und berichtet vor allem Probleme, die sich auf die unzureichende Qualität von Wissen und fehlende Prozesse im Umgang mit Wissen beziehen. Es kann im Vergleich zu den anderen Unternehmen als das Unternehmen bezeichnet werden, in welchem der systematische Umgang mit Wissen noch am wenigsten ausgeprägt ist. Das ist beim Alter und dem starken Wachstum des Unternehmens nachvollziehbar.
- Mit den Unternehmen Neimcke und Veritas findet sich eine Gruppe von größeren, älteren Unternehmen, die im zu geringen Ausmaß von Prozessen im Umgang mit Wissen und im fehlenden Zugang zu Wissen Probleme sehen. Hier existieren bereits Prozesse, z. B. für das (Ver-)Teilen von Wissen, aber nicht im gewünschten Umfang.
- Das einzige kleine Unternehmen Visus unterscheidet sich von allen anderen und belegt am ehesten die Problemklasse V. Das Unternehmen kann hinsichtlich seiner Prozesse im Umgang mit Wissen als am stärksten geordnet angesehen werden. Bei den Problemen geht es vor allem um die korrekte Umsetzung der vorgegebenen Prozesse. Auf die Nähe zur genannten Problemklasse weist auch die Branche hin: Medizinische Behandlungen von Kunden erfordern eine starke Strukturierung, um Behandlungen korrekt vorzunehmen und Behandlungsfehler zu vermeiden.

Dies ist eine erste Einteilung. Davon lassen sich noch keine Unternehmenstypen im Sinne der in Kapitel 2.2.2 aufgeführten Literatur bilden. Dieses Vorgehen bietet aber eine Basis dafür an, die Merkmale für die Typenbildung offenzulegen und zu begründen.

Betrachtet man nur die Abhängigkeiten zwischen den Problemklassen und den Merkmalen der Unternehmen, dann lassen sich folgende Schlüsse ziehen: Die Problemklassen III und IV treten eher in jungen Unternehmen auf, die verbleibenden Klassen eher in alten Unternehmen. Die meisten der Probleme treten in den größeren Unternehmen auf. Die Menge der vorliegenden Daten erlaubt aber auch hier keine Verallgemeinerung dieser Aussagen.

Problemklassen und Interviewpartner

Nach den Unternehmensmerkmalen sollen die Probleme im Umgang mit Wissen nun den Merkmalen der Interviewpartner gegenübergestellt werden. Die sechs Problemklassen werden dafür graphisch in Beziehung zu den 17 Interviewpartnern gesetzt.[3] Die Interviewpartner werden durch ihr Alter (jung versus alt), die Dauer der Zugehörigkeit zum Unternehmen (neu versus langjährig), ihre Berufserfahrung (unerfahren versus erfahren) und die Führungsverantwortung (Mitarbeiter versus Manager) charakterisiert (siehe Abbildung 6.3; Informationsgehalt 83,27 %).

Auch hier sei noch einmal darauf verwiesen, dass die Punkte in relativem Abstand zueinander stehen und die Abbildung die Profile der Interviewpartner abbildet (wobei das Zentrum des Koordinatensystems den Durchschnitt aller Interviewpartner repräsentiert). Es fällt auf, dass sich die Interviewpartner bis auf zwei Personen nicht sehr voneinander unterscheiden, sie liegen alle in relativer Nähe zum Durchschnitt.

Für die Gegenüberstellung der Problemklassen anhand der Merkmale der Interviewpartner werden die Annahmen über Zusammenhänge aus den Ergebnisbetrachtungen der einzelnen Fallstudien aufgegriffen und – sofern sich der Zusammenhang auch hier zeigt – beschrieben. Folgendes kann festgestellt werden:

- Während Mitarbeiter meist auf die Prozesse bezogene Probleme berichten, nennen Manager vor allem Probleme in Bezug auf Wissen.
- Vor allem neue Mitarbeiter berichten über Probleme. Langjährige Mitarbeiter sehen weniger Probleme.
- Fasst man diese beiden Aussagen zusammen, dann sind es meist neu eingestellte, junge und unerfahrene Mitarbeiter, die Probleme mit Prozessen im Umgang mit Wissen berichten (Problemklassen IV und VI).

Der letzte Punkt bestärkt die Aussage über die Abhängigkeit im Auftreten von Problemen im Umgang mit Wissen und der Zugehörigkeit einer Person zu einem Unternehmen aus dem Fall Hybris (siehe Kapitel 5.2.3). Andere

[3] Da nicht alle Interviews verwendet werden konnten, weil sie akustisch nicht verständlich waren oder keine Probleme berichtet wurden und auf Ebene der Einzelfälle die Probleme eingegrenzt wurden, sind von den ursprünglich 24 Interviewpartnern noch 17 verblieben.

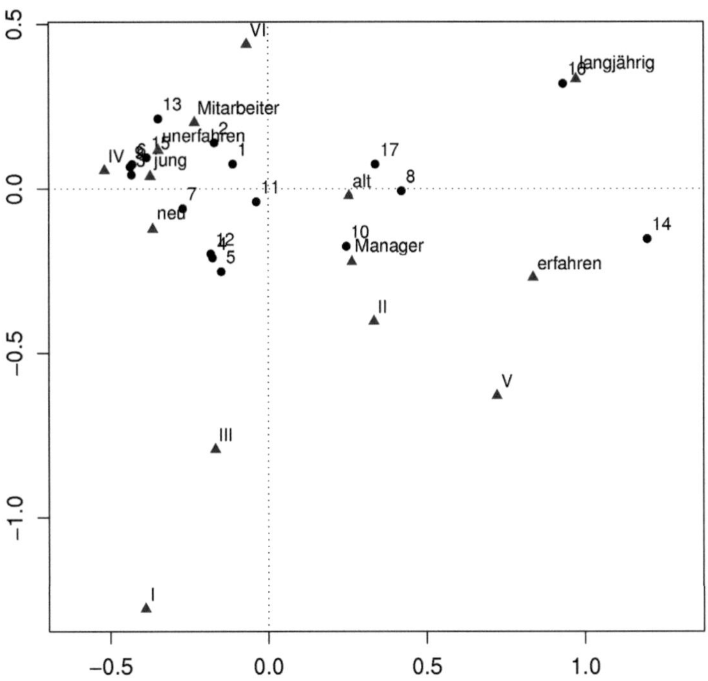

Abbildung 6.3: Gegenüberstellung von Problemklassen und Interviewpartnern

Aussagen aus den Fallbeschreibungen konnten in der Gesamtanalyse nicht gezeigt werden. Sie bleiben fallspezifisch.

Abschließend ist darauf hinzuweisen, dass die obigen Darstellungen die vier untersuchten Unternehmen zu charakterisieren helfen und auch Richtungen für die weitere Forschung identifizieren. Die geringe Menge der Daten erlaubt jedoch keine Verallgemeinerungen über den Zusammenhang von Problemen mit bestimmten Merkmalen von Unternehmen bzw. Interviewpartnern.

6.3 Wissensmanagement-Konzept

Unter einem Wissensmanagement-Konzept wird, wie in Kapitel 2.2.2 definiert, eine Untersuchung einer oder mehrerer Dimensionen des Wissensmanagements verstanden. Solch ein Konzept soll im Folgenden formuliert werden, um die in dieser Arbeit im Einzelnen erarbeiteten Aussagen zu sammeln und einzuordnen. Die Sammlung speist sich aus drei Quellen:

- das Konzept des problemorientierten Wissensmanagements (Kapitel 3)
- die Ergebnisse der empirischen Untersuchung (Kapitel 5 und 6)
- die Kritik am Wissensmanagement und seinen Konzepten (Kapitel 2.2)

Mit der Formulierung des Wissensmanagement-Konzepts sind zwei Zielsetzungen verbunden: Einerseits sollen damit die Ergebnisse im Sinne einer integrierten Betrachtung gezeigt und damit Lücken (also Forschungsbedarf) identifiziert werden. Andererseits sollen Aussagen zur praktischen Anwendung getroffen werden. Die Besprechung des Wissensmanagement-Konzepts wird entlang der Dimensionen des Wissensmanagements vorgenommen. Die Dimensionen Wissen und Instrumente werden einzeln behandelt, die Dimensionen Aktivitäten und Faktoren werden zu einer zusammengefasst.

Wissen

In Kapitel 3.3.2 ist Wissen in Anlehnung an den sozialen Konstruktivismus als die Gesamtheit an verwendbaren Repräsentationen von Personen definiert worden. Verwendbare Repräsentationen sind Vorstellungen der Personen über ihre Umwelt und verleihen ihnen Handlungsfähigkeit. Damit ist ein sehr umfassendes Konzept formuliert worden, das die inhaltliche Voraussetzung für Handeln (in Organisationen) beschreibt.

Diese sehr weitgehende Definition hat sich in der empirischen Erhebung wiedergefunden, wie soeben in Kapitel 6.1 dargestellt und wie es die Wissensprofile der Unternehmen in Kapitel 5 zeigen. Diese Vielfalt ist für den Betrieb der Organisationen notwendig. Trotzdem ist den Personen in den Organisationen bewusst, welches Wissen wann benötigt wird – hier wird situativ (d. h. individuell und mehrfach) eine Abgrenzung vorgenommen. In den Ergebnissen der Untersuchung wird damit auch die Kontextgebundenheit des Wissens und seine Rolle als Mittel zur Bewältigung der alltäglichen Arbeit in einer Organisation deutlich.

Wie sich zeigt, passt die theoretisch entworfene Definition sehr gut zu dem in der unternehmerischen Praxis vorkommenden Verständnis für Wissen und seinen Umgang. Die Definition kommt zugleich den Forderungen nach, die bei der Kritik am Bereich Wissensmanagement in Kapitel 2.2.1 erhoben wurden (siehe insbesondere auch Howaldt et al. 2004): Es wird eine theoretisch wie praktisch fundierte Definition geliefert, die

- hinreichend genau definiert, was unter Wissen zu verstehen ist, dabei zugleich aber die Zuordnung der verschiedenen Dinge erlaubt, die Personen in ihrem individuellen und organisatorischen Kontext unter Wissen fassen, die
- damit aufzeigt, dass Wissen zwar in eine allgemeine Definition wie in Kapitel 3.3.2 gefasst werden kann, aber immer kontextspezifisch ausgefüllt werden muss und daher ein allgemeiner Wissensbegriff nicht sinnvoll ist, die
- auf eine Abgrenzung von anderen Konzepten wie Daten und Informationen verzichtet, da dies in der Praxis des Wissensmanagements nicht unbedingt vonnöten ist, die
- mit den Kriterien der situationsbezogenen Auswahl von Wissen und der intersubjektiven Wahrnehmung von Problemen im Umgang mit Wissen die geforderten Selektionsmechanismen anbietet, um in der Menge des möglichen Wissens eine Eingrenzung zu ermöglichen, und die
- die Auseinandersetzung mit Wissen in Organisationen fördert, indem sie auf die Vielgestaltigkeit und Kontextbezogenheit des Wissens in einer Organisation hinweist und damit Wissen als Konzept nicht der Gefahr einer zu engen Betrachtung aussetzt.

Aus Sicht der Forschung ist damit eine Basis für empirische Untersuchungen im organisatorischen Wissensmanagement geschaffen, die zentrale Aspekte im Umgang mit Wissen berücksichtigt (siehe Howaldt et al. 2004). Es besteht hier nur insofern Bedarf für weitere Forschung, der in Kapitel 3.4 aufgeworfenen

Forderung nach der Verwendung des Ansatzes von Luhmann nachzugehen, um Fragen hinsichtlich der Entstehung von Wissen als intersubjektiv geteilter Wahrnehmung und der Abgrenzung von Wissen und Nicht-Wissen mehr Klarheit zu verschaffen bzw. zu prüfen, ob sie dieser Ansatz besser erklärt.

Aus praktischer Sicht können folgende zentrale Schlussfolgerungen zum Verständnis des Wissens und zu seinem Umgang gezogen werden:

- Das Wissen einer jeden einzelnen Person in einer Organisation als auch die Art und Weise des jeweils persönlichen Umgangs damit ist in Maßnahmen des Wissensmanagements zu berücksichtigen. Das Verständnis für Wissen in einer Organisation ist nicht homogen. Eine allgemeine Definition, was Wissen ist und wie damit umgegangen werden soll, greift deshalb zu kurz. Daher muss Wert auf ein Verständnis gelegt werden, das die gegebene Vielfalt angemessen berücksichtigt, um zu vermeiden, dass Maßnahmen des Wissensmanagements mechanistisch und folglich ineffizient sind (McAdam & McCreedy 1999b, S. 105) oder bestehende Prozesse im Umgang mit Wissen ausgrenzen oder zerstören (Howaldt et al. 2004, S. 21).
- Insbesondere ist – wie es auch die oben genannten Selektionskriterien nahe legen – auf Gemeinsamkeiten beim Verständnis von Wissen unter den Personen in einer Organisation zu achten. Anders formuliert sind hiermit die Prozesse des (Ver-)Teilens von Wissen angesprochen, die meist an den Schnittstellen der Verantwortungsbereiche Mängel aufweisen (siehe die Problemklassen IV, V und VI). Hier müssen insbesondere Vorkehrungen gegen das Auftreten von Problemen getroffen werden.
- Wie bereits ausgeführt, wird die Unterscheidung in verschiedene Konzepte wie Daten, Informationen und Wissen selten vorgenommen. Dessen ungeachtet ist eine Berücksichtigung – weniger vor dem Hintergrund der Definition von Wissen, sondern aus praktischen Erwägungen – durchaus anzudenken: So kann z. B. Information, die als etwas stärker Strukturiertes angesehen wird, als Konzept verwendet werden, um gewisse Wissensbestandteile einem gesonderten, bestimmten strengeren Regeln unterworfenen Umgang zuzuführen bzw. Unterschiede im Umgang mit Wissen in der organisatorischen Praxis deutlich zu machen.
- Letztlich muss eine Grundlage für den Umgang mit Wissen in der Hinsicht geschaffen werden, dass Personen die strategische Bedeutung des Wissens erkennen. Aufbauend auf den empirischen Ergebnissen ist davon auszugehen, dass diese nur wenigen Personen bewusst ist. Ein Fehlen dieses Bewusstseins

kann jedoch zu Problemen im Umgang mit Wissen führen (siehe insbesondere den Fall Veritas, wo dies zu doppelter Arbeit und einem unzureichenden Austausch zwischen den Abteilungen des Unternehmens führte).

Die praktischen Empfehlungen erscheinen z. T. trivial, aber Maßnahmen zur Gestaltung des Umgangs mit Wissen werden häufig von einem mechanistisch geprägten Blick auf Organisationen geleitet, welcher selbst erst einmal erkannt und verändert werden muss.

Aktivitäten und Faktoren

Hier wurde eine Zusammenfassung zweier Dimensionen vorgenommen. Es geht darum, die Aktivitäten des Wissensmanagements nicht einzeln und isoliert aufzuführen, sondern Situationen (siehe Howaldt et al. 2004, S. 32, Ortner 2002, S. 100) zu definieren, die eine kombinierte Betrachtung (und Behandlung) erlauben. Als Situationen sind hier die Probleme im Umgang mit Wissen definiert worden, die sich auf bestimmte Wissensmanagement-Aktivitäten beziehen und von einzelnen oder mehreren Faktoren beeinflusst werden.

Die Situationen bzw. Probleme bestehen in den sechs identifizierten Problemklassen, die jeweils spezifische Situationen im Umgang mit Wissen beschreiben und ebenso spezifische Einflussfaktoren nennen (sie sind in Kapitel 6.2 erläutert, müssen hier also nicht wiederholt werden). Die Probleme umfassen naturgemäß Aktivitäten im Umgang mit Wissen. Für deren Beschreibung hat in der vorliegenden Arbeit die bestehende Auflistung der Aktivitäten von Remus (2002, Anhang A.2) ausgereicht. Mit den Problemklassen liegt damit eine Beschreibung vor, die es bei Wahrnehmung eines entsprechenden Problems erlaubt, Faktoren zu identifizieren, Instrumente auszuwählen und die Faktoren gezielt mit Maßnahmen zu beeinflussen.

Für die weitere Beschreibung der Dimension ist im Folgenden eine Unterscheidung des Begriffs der Aktivitäten des Wissensmanagements notwendig. Bisher war (auch in der Literatur in Kapitel 2.2) von jenen Aktivitäten die Rede, die den Umgang mit Wissen beschreiben. Im vorliegenden Wissensmanagement-Konzept werden darüber hinaus jene vier Aktivitäten angesprochen, die bei der Definition des problemorientierten Wissensmanagements in Kapitel 3.3.3 bereits zur Sprache kamen. Diese Aktivitäten sind auch auf das Wissensmanagement bezogen, haben aber nicht den Umgang mit Wissen, sondern dessen Gestaltung zum Inhalt. Sie können durch die Ergebnisse der empirische Erhebung wie folgt unterstützt werden:

1. Identifikation von Problemen im Umgang mit Wissen: Hierfür sind die durch die empirische Untersuchung geschaffenen Problemklassen hilfreich, denn damit können Problemstellungen identifiziert werden. Was nur in Ansätzen erreicht wurde ist die Charakterisierung der Problemklassen entsprechend der Merkmale von Unternehmen und Interviewpartnern, um die Menge potentieller Probleme bei Betrachtung eines spezifischen Unternehmens von vornherein eingrenzen zu können. Hier steht noch weitere Forschungsarbeit aus. Aus der vorliegenden Arbeit lässt sich nur so viel ablesen, dass die Zugehörigkeit einer Person zu einem Unternehmen einen Einfluss auf die Wahrnehmung von Problemen im Umgang mit Wissen hat. Hier können also gezielt Gruppen von Personen gebildet werden, um in diesen gezielt nach Problemen suchen.

   Die Identifikation kann auf verschiedene Art und Weise erfolgen. Zunächst kann einfach mit Hilfe der Liste an Problembeschreibungen gesucht werden. Es bieten sich aber auch das in der vorliegenden Arbeit verwendete Problemaudit (siehe Kapitel 4.4.2; z. B. auch im Rahmen von Beratungsleistungen) oder die Participatory Action Research an (siehe dazu Ragsdell 2009, Kemmis & McTaggart 2005). Ziel wird es stets sein, bereits existierende Probleme zu finden bzw. – insbesondere anhand der dokumentierten Einflussfaktoren – potentielle Problemfelder aufzudecken.

2. Analyse dieser Probleme in Hinsicht auf ihr Bedrohungspotential: Auch hier hilft die empirische Untersuchung. Durch die Beschreibung der Wirkung der Probleme und ihrer Reichweite (d. h. ihres Kontexts) kann das Ausmaß eines identifizierten Problems eingeschätzt werden. Dies hilft auch bei der dritten Aufgabe des problemorientierten Wissensmanagements, d. h. bei der Entscheidung über die Inkaufnahme oder Vermeidung der Probleme.

4. Ergreifung von Maßnahmen und Einsatz von Instrumenten zur Vermeidung der Probleme: Die Problembeschreibungen liefern durch die Angaben von begründeten Lösungen bzw. Lösungsvorschlägen und z. T. auch Einschätzungen ihrer Wirkung Hinweise auf Maßnahmen und Instrumente (siehe unten), die für bestimmte Probleme zum Einsatz kommen können. Auch hier kann – wie bei der ersten Aufgabe – auf in bestimmten Gruppen von Personen auftretende Probleme gezielt eingewirkt werden. Wurden statt Problemen lediglich bestimmte bereits existente Einflussfaktoren identifiziert,

so kann durch eine Beeinflussung dieser auch ein Umfeld geschaffen werden, in welchem Problemen vorgebeugt bzw. die Probleme in ihrer Reichweite eingegrenzt werden.

Was die Kritik aus Kapitel 2.2.2 anbetrifft, so ist festzustellen, dass bezüglich der Definition der Aktivitäten des Wissensmanagements – nicht der Aktivitäten für ihre Gestaltung – viele Kritikpunkte unbeantwortet bleiben, weil sie für das vorliegende Konzept nur übernommen wurden. So wird kein Beitrag zur Frage gemacht, was Aktivitäten des Wissensmanagements sind und wie sie definiert werden, weil hier bestehende Definitionen aus der Literatur übernommen wurden. Auch hinsichtlich der Beziehungen der Aktivitäten untereinander fehlen belastbaren Aussagen, da dazu nur in einem Fall (bei Veritas) Daten vorliegen. Dagegen können zur konkreten Umsetzung der Aktivitäten und den Zuständigkeiten durch die Problembeschreibungen (beispielhaft) Aussagen gemacht werden. Auch die bisher fehlende Beziehung der Aktivitäten zu den Faktoren ist durch die Zusammenlegung der Dimensionen zu Problemen geleistet worden.

In Bezug auf die Faktoren des Wissensmanagements wird die Beschreibung hinsichtlich Inhalt und Wirkung noch als ungenau bemängelt. Dies konnte hier noch nicht weiter verbessert werden. Immerhin stehen die Faktoren durch die Betrachtung der Probleme nicht mehr isoliert, sondern können konkreten (Klassen von) Problemstellungen zugeordnet werden. In der Summe wurde trotz vieler offen bleibender Punkte durch die Zusammenfassung unter dem Konstrukt des Problems eine bessere Beschreibung der Aktivitäten und Faktoren als zuvor erreicht.

Die Folgerungen aus praktischer Sicht sind bei den Aktivitäten zur Gestaltung des Umgangs mit Wissen bereits ausführlich dargestellt worden. Nur die praktische Erprobung des Wissensmanagement-Konzepts ist noch zu leisten.

Instrumente

Die Instrumente des Wissensmanagements – die in Methoden und Software unterschieden werden (siehe Wildner & Scholz 2006, S. 405) – dienen der gezielten Beeinflussung von Wissen bzw. Wissensträgern. Zur ihrer Dimension kann aus der vorliegenden Arbeit am wenigsten beigetragen werden (siehe die Kritikpunkte in Kapitel 2.2.2).

Zunächst kann argumentiert werden, dass mit einer Betrachtung von Problemen, die eindimensionale Zuordnung von Instrumenten zu Aktivitäten überwunden wird und damit eine bessere Zuordnung möglich ist, weil der Kontext und entsprechende Einflussfaktoren berücksichtigt werden. Ebenso von Vorteil ist die empirische Erhebung, denn somit werden Instrumente den Problemen nicht auf Grund von Annahmen, sondern empirischen Daten zugeordnet.

Aber weder Methoden noch Software stehen im Zentrum der in der Untersuchung identifizierten Probleme (einzige Ausnahme ist Problem 2–H). Sie finden sich immer nur in den Lösungen und Lösungsansätzen wieder. Da aber viele der Probleme im Umgang mit Wissen noch nicht gelöst sind bzw. Probleme selten als gelöst und abgeschlossen bezeichnet werden können, lassen sich keine Aussagen dazu machen, wie sinnvoll der Einsatz eines bestimmten Instruments in einer bestimmten Situation ist.

Gerade bei der Untersuchung von Instrumenten im Wissensmanagement und ihrer Wirksamkeit in bestimmten Situationen besteht noch der größte Forschungsbedarf im organisatorischen Wissensmanagement.

Nichtsdestotrotz kann aus praktischer Sicht aus den beschriebenen Fällen gelernt werden. So lassen sich in den Beschreibungen Ideen für Instrumente für ähnliche Probleme finden bzw. Hinweise für eine sinnvolle Ausgestaltung dieser Instrumente entnehmen (siehe z. B. die Ausgestaltung der Lessons Learned im Fall Hybris).

Für das gesamte Wissensmanagement-Konzept lässt sich mit Blick auf die Kritik an den bestehenden Konzepten abschließend feststellen, dass der oft bemängelte Anwendungsbezug durch die empirische Erhebung und die daraus abgeleiteten Aussagen hergestellt werden kann. Die Problembeschreibungen berücksichtigen trotz der Zusammenfassungen und der Einordnung in Problemklassen noch immer die Spezifika der untersuchten Unternehmen, bleiben also ausreichend „kleinteilig“. Damit schlägt das Konzept die Brücke zu den Strategien des Wissensmanagements. Auch die Kritik an den unklaren Analyseebenen der Konzepte kann hier zurückgewiesen werden, denn trotz des Ursprungs der Probleme in den einzelnen Personen einer Organisation erfolgt die Analyse innerhalb der Dimensionen des Wissensmanagements immer auf organisatorischer (intersubjektiver) Ebene. Allein der Vorwurf der fehlenden kumulativen Forschung bleibt bestehen, da sich die vorliegende Arbeit als erste, grundlegende Arbeit hinsichtlich einer Problemorientierung im Wissensmanagement versteht und abgesehen von der umfassenden Kritik an den bestehenden Konzepten nicht auf vorherige Forschung zurückgegriffen hat.

6.4 Zusammenfassung

Dieses Kapitel hatte den Zweck, die verschiedenen Fälle zusammenzuführen und aus den Aussagen zum Wissen und den Problemen im Umgang mit Wissen ein Wissensmanagement-Konzept zu formulieren.

Zunächst hat sich gezeigt, das Interviewpartner immer ein Verständnis für Wissen besitzen und Wissen an ihr Handeln in der Organisation gebunden ist. Selten werden jedoch Eigenschaften wie der dynamische Charakter oder die strategische Bedeutung des Wissens angesprochen. Ebenso selten wird eine weitere Unterscheidung in Konzepte wie Daten oder Informationen vorgenommen. Der Umgang mit Wissen nimmt in den Fallstudien viele Formen an. In jedem Fall wird dieser Umgang bewusst gestaltet, auch wenn sich das Ausmaß unterscheidet.

Die in den vier Fällen identifizierten Probleme im Umgang mit Wissen sind in sechs Problemklassen eingeordnet worden. Diese umfassen:

- Personen fehlen Voraussetzungen für den Umgang mit Wissen (I)
- der Zugang zu Wissen ist nicht möglich oder erschwert (II)
- die Qualität des Wissens ist nicht ausreichend (III)
- ein Prozess im Umgang mit Wissen ist nicht gegeben (IV)
- es bestehen Unklarheiten bei der Ausführung eines Prozesses (V)
- das Ausmaß eines Prozesses ist unzureichend (VI)

Diese Problemklassen sind den Merkmalen der untersuchten Unternehmen und der Interviewpartner gegenübergestellt worden. Dabei konnten die Unternehmen in eine Rangfolge entsprechend der Systematik ihres Umgangs mit Wissen gebracht werden. Bei den Interviewpartnern wurde vor allem die Dauer der Zugehörigkeit einer Person zu einem Unternehmen als Faktor für das Auftreten verschiedener Probleme identifiziert. Verallgemeinerungen waren auf Grund der kleinen Datenbasis nicht möglich.

Die empirisch erhobenen Daten sind schließlich mit dem Konzept des problemorientierten Wissensmanagements und der Kritik an bestehenden Konzepten zu einem eigenen Wissensmanagement-Konzept kombiniert worden. Das Wissensmanagement-Konzept umfasst die Dimensionen Wissen, Aktivitäten und Faktoren und Instrumente. Es zeigte sich, dass in der Dimension des Wissens mit der eigenen Definition eine belastbare Grundlage für die Forschung im Wissensmanagement gelegt werden konnte. Bei den Aktivitäten und Faktoren konnte zwar nur wenig zu den Aktivitäten des Wissensmanagements, wohl aber zu den Aktivitäten für seine Gestaltung ein entscheidender Beitrag geleistet werden. Offen bezüglich eines Forschungsbeitrags blieb hingegen die Dimension der Instrumente.

Kapitel 7

Schlussfolgerungen

Inhalt der Arbeit ist es gewesen, eine an Problemen orientierte Herangehensweise an das Wissensmanagement herzuleiten, zu beschreiben und praktisch anzuwenden. Ziel dieser Neuorientierung bezüglich des Wissensmanagements war es, die empirische Arbeit im Wissensmanagement auf eine neue Basis zu stellen und damit sowohl theoretisch als auch praktisch verwertbare Ergebnisse zu ermöglichen. Die vorliegende Arbeit sieht sich mit ihrem spezifischen Fokus auf Probleme im Umgang mit Wissen am Beginn einer Reihe von Untersuchungen für ein besseres Verständnis der Rolle von Wissen in Organisationen.

Es können sowohl aus inhaltlicher wie aus methodischer Sicht Ergebnisse mit in die weitere Forschung übernommen werden. Sie sollen hier aus den vorangehenden Kapiteln zusammengetragen werden.

Zunächst werden die Ergebnisse der vorliegenden Arbeit zusammengefasst. Daran anschließend wird der verbleibende Forschungsbedarf formuliert.

7.1 Erreichtes

In diesem Kapitel sollen zwei Bereiche angesprochen werden: Zum Ersten ist das der Bereich der inhaltlichen Ergebnisse, d. h. ob hier tatsächlich neue Erkenntnisse für das Wissensmanagement erarbeitet werden konnten. Dies bezieht sich vor allem auf die erste und dritte Zielstellung (siehe Kapitel 1.2). Zum Zweiten ist die Frage zu stellen, ob sich – aus der zweiten Zielstellung – auch methodische Ergebnisse für das Wissensmanagement ableiten lassen.

7.1.1 Inhaltliche Ergebnisse

Mit der umfassenden Beschreibung und Analyse von Problemen im Umgang mit Wissen konnte gezeigt werden, dass das Wissen eine zentrale Rolle im Handeln in Organisationen spielt und der Umgang damit konkrete (positive wie negative) Auswirkungen auf die Leistungsfähigkeit einer Organisation, die Ausführung ihrer Prozesse und auf die Beziehung zu ihren Kunden hat. Das wiederum legt nahe, die Gestaltung des Umgangs mit Wissen in Organisationen ernst zu nehmen und als Element des Managements explizit zu berücksichtigen.

Neuorientierung bezüglich des Wissensmanagements

Im ersten Ziel der vorliegenden Arbeit wurde die Formulierung einer eigenen Orientierung bezüglich des Wissensmanagements angestrebt, um bisherigen Misskonzeptionen aus dem Weg zu gehen und eine Basis für die empirische Untersuchung zu schaffen.

Dazu ist in einem ersten Schritt Kritik an der bisherigen Ausrichtung des Wissensmanagements geübt worden. Für die Motivation der Auseinandersetzung mit Wissensmanagement in Forschung und Praxis werden gern die Konzepte der Wissensgesellschaft, der Wissensorganisation und der Wissensarbeit verwendet. Es ist unbestritten, dass diese Konzepte auf Veränderungen in der Gesellschaft und im Wirtschaftsleben hinweisen und versuchen, diese Veränderungen greifbar zu machen. Ihre Beschreibung kann aber noch lang nicht als abgeschlossen gelten, weshalb sie für eine Motivation für das Wissensmanagement nicht in Frage kommen. Die Motivation liegt vielmehr in der engen Verflechtung von Wissen und Handeln in Organisationen.

Bei der genaueren Betrachtung des organisatorischen Wissensmanagements muss festgestellt werden, dass sowohl die Forschung als auch die Praxis auf unklaren Konzepten aufbaut. Der Wissensbegriff wird nicht oder nur ungenau definiert. Insbesondere die fehlende Abgrenzung zwischen Wissen und Nicht-Wissen wird bemängelt. Das behindert eine klare Definition des Wissensmanagements bzw. führt beim Verständnis des Wissensmanagements zu einer Reihe von Missverständnissen: Wissensmanagement wird als etwas grundsätzlich Neues und folglich als zusätzliche betriebliche Funktion verstanden, anstatt den ohnehin bestehenden Umgang mit Wissen explizit im eigentlichen Management zu berücksichtigen. Meist besteht die Zielstellung in einer weitestgehenden Explikation von Wissen. Dies geht mit einer Überbewertung der Bedeutung der IT für das Wissensmanagement einher.

Die Kritik ist dann an den Ergebnissen der Forschung – den Meta-Konzepten, Konzepten und Strategien – für das Wissensmanagement fortgesetzt worden: Auf der Metaebene können die Dimensionen des Wissensmanagements (Aktivitäten, Faktoren, Instrumente, Wissen) durchaus angegeben werden, eine konsolidierte Basis existiert hier aber noch nicht. Auf Ebene der Konzepte sind nur Wissensmanagement-Ansätze genauer betrachtet worden. Dies sind Konzepte, die anwendungsbezogen für eine Implementierung eines systematischen Wissensmanagements sorgen sollen. Die Kritik besteht hier in einer fehlenden kumulativen Forschung, der bisher unterbliebenen empirischen Validierung der Ansätze und ihrem fehlenden Anwendungsbezug. Auch zu den Dimensionen des Wissensmanagements wird in den Ansätzen wenig beigetragen. Sie bleiben in ihrer Definition unklar und werden nur ungenügend miteinander in Beziehung gesetzt. Die Strategien sind in der vorliegenden Arbeit erstmals als eigenständiger Bereich identifiziert und vorgestellt worden. Zu ihnen kann aus diesem Grund noch keine Kritik geäußert werden.

Um die grundsätzliche Beziehung von Wissen und organisatorischem Handeln zu berücksichtigen und zugleich die Lücken in der Forschung (zumindest in Ansätzen) zu schließen, ist in der Folge eine eigene Orientierung bezüglich des Wissensmanagements entwickelt worden. Sie bezieht sich auf sozialkonstruktivistische Positionen und stellt Probleme im Umgang mit Wissen in den Mittelpunkt der Betrachtung. Als Probleme werden Zustände oder Vorgänge verstanden, die Aktivitäten im Umgang mit Wissen be- oder verhindern und somit die Tätigkeit einer Person in einer Organisation stören. Abgesehen von der bereits konstatierten Beziehung zwischen Wissen und Handeln wird eine Problemorientierung durch folgende Gründe motiviert:

- In der unternehmerischen Praxis auftretende Probleme im Umgang mit Wissen können direkt adressiert werden.

- Die organisatorische Forschung wird kleinteiliger, d. h. sie ist besser in der Lage, Besonderheiten von Organisationen bzw. Personen in Organisationen zu berücksichtigen.
- Die Problemorientierung verbindet die bisher nur getrennt erfolgte Betrachtung der Dimensionen des Wissensmanagements.

Wissen wird in dieser Neuorientierung als Repräsentation von Personen über ihre Umwelt verstanden und verleiht Handlungsfähigkeit. Das ist eine sehr breite Definition, bildet damit aber genau das Verständnis ab, das sich in der empirischen Untersuchung zeigte – d. h. Wissen wird nicht künstlich in verschiedene Konzepte zerlegt, sondern umfasst all das was für das Handeln in der Organisation als gewissermaßen geistiger Input notwendig ist (siehe Kapitel 6.1). Auch für die als Voraussetzung für ein Wissensmanagement erachtete Unterscheidung in Wissen und Nicht-Wissen wird eine Lösung angeboten: Einerseits lassen sich Wissensbestandteile sehr gut auf bestimmte Situationen einschränken, da in diesen jeweils immer nur ein Ausschnitt des potentiell vorhandenen Wissens vonnöten ist. Andererseits wird Wissen durch den sozialen Aspekt eingegrenzt, denn was als problematisch wahrgenommen wird, muss intersubjektiv und nicht allein subjektiv erfolgen.

Wissensmanagement wird als integraler Bestandteil des Managements (d. h. nichts Neues bzw. Zusätzliches) verstanden und hat zur Aufgabe, Probleme im Umgang mit Wissen zu identifizieren, Maßnahmen zur ihrer Vermeidung zu ergreifen und Rahmenbedingungen für den Umgang mit Wissen zu schaffen. Dies soll es ermöglichen, dass Organisationsmitglieder lernen, dass organisatorische Verbesserungen stattfinden und eine bessere Erreichung der Ziele der Organisation ermöglicht wird. Das Wissensmanagement ist damit organisatorisch orientiert, betrachtet als zentralen Faktor aber die Person, die mit ihrem Wissen und Handeln (d. h. Anwenden von Wissen) zu den Zielen einer Organisation beiträgt. Es umfasst die folgenden vier Aufgaben:

1. Identifikation von Problemen im Umgang mit Wissen
2. Analyse dieser Probleme in Hinsicht auf ihr Bedrohungspotential
3. Entscheidung über Inkaufnahme oder Vermeidung der Probleme
4. Ergreifung von Maßnahmen und Einsatz von Instrumenten zur Vermeidung der Probleme

Ein solcherart definiertes Wissensmanagement unterscheidet sich von anderen Konzeptionen: Es führt die verschiedenen Dimensionen des Wissensmanagements in der Betrachtung von Problemen zusammen. Es ist dadurch zwangsläufig partiell, bietet also kein Gesamtkonzept für den Umgang mit Wissen in einer Organisation an, geht dafür aber (und das gab hier den Ausschlag) auf die aktuellen Notwendigkeiten ein. Das Wissensmanagement kann schließlich nicht als statisch verstanden werden, da viele Probleme nicht nur einmalig auftreten oder lösbar sind.

Die Auseinandersetzung mit Problemen im Rahmen des Wissensmanagements ist – wie eine umfangreiche Literaturrecherche zeigte – nicht neu, wurde hier aber erstmals zu einem kohärenten Konzept zusammengeführt.

Systematisierung zu einem Wissensmanagement-Konzept

Das dritte und letzte Ziel der Arbeit bezog sich auf die Zusammenstellung der empirischen Ergebnisse zu einem Wissensmanagement-Konzept.

In einem ersten Schritt erfolgte die empirische Untersuchung, in welcher in vier Fallstudien Unternehmen mit verschiedenen Merkmalen untersucht wurden, um das Verständnis für den Umgang mit Wissen und die dabei wahrgenommenen Probleme zu beschreiben.

Bezüglich des Verständnisses für Wissen wurde festgestellt, dass Personen stets eine konkrete Vorstellung von dem Wissen haben, das sie für ihre Arbeit benötigen. Wissen ist demnach an Personen gebunden, umfasst Fachkenntnisse und verleiht die Fähigkeit zum Handeln. Wissen wird seltener als es in der Debatte im Wissensmanagement anzunehmen ist als dynamisch und strategisch bezeichnet. Auch die Unterscheidung zwischen Daten, Informationen und Wissen wird nicht allgemein vorgenommen. Die Formen des Umgangs mit Wissen sind sehr vielfältig, auch einschließlich der oft zitierten Explikation von Wissen, jedoch nie als alleinige Form des Umgangs mit Wissen. In allen untersuchten Fällen findet eine bewusste Gestaltung des Umgangs mit Wissen statt, wobei sich sowohl die Bezeichnung derselben als auch ihr Umfang unterscheidet.

In den vier Fällen sind insgesamt 19 Probleme identifiziert und mit Hilfe der Elemente Kontext, Einflussfaktoren, Lösung, Lösungsvorschläge, Begründung, Resultat und verwandte Probleme beschrieben worden. Die Probleme wurden über alle Fälle hinweg zu sechs Problemklassen zusammengefasst:

- Personen fehlen Voraussetzungen für den Umgang mit Wissen (I)
- der Zugang zu Wissen ist nicht möglich oder erschwert (II)
- die Qualität des Wissens ist nicht ausreichend (III)
- ein Prozess im Umgang mit Wissen ist nicht gegeben (IV)
- es bestehen Unklarheiten bei der Ausführung eines Prozesses (V)
- das Ausmaß eines Prozesses ist unzureichend (VI)

Die Probleme stehen hier nebeneinander, allgemein gültige Beziehungen zwischen ihnen zu formulieren ist mit der vorliegenden empirischen Basis noch nicht möglich. Viele der genannten Probleme sind entweder noch ungelöst bzw. entziehen sich einer einmaligen Lösung. Die oft hergestellte Beziehung von Wissensmanagement und IT kann hier nicht bestätigt werden. IT spielt in den Problemen nur eine untergeordnete Rolle. Die Probleme zeigen allerdings, dass sie neben operativen oft strategische Aspekte von Unternehmen betreffen.

In der Gegenüberstellung der Probleme mit den Merkmalen der Unternehmen konnte eine Rangfolge der Unternehmen bezüglich des Ausmaßes an Systematik im Umgang mit Wissen aufgezeigt werden. Unternehmenstypen in Hinsicht auf Wissensmanagement lassen sich daraus aber nicht ableiten. Bei der Gegenüberstellung der Probleme mit den Merkmalen der Interviewpartner wurde vor allem die Dauer der Zugehörigkeit einer Person zum Unternehmen als Einflussfaktor identifiziert. Allerdings gilt auch hier, dass auf Grund der geringen Menge an Daten noch keine allgemeinen Aussagen möglich sind.

Das aus diesen empirischen Ergebnissen, den theoretischen Vorarbeiten aus der ersten Zielsetzung und der Kritik am Forschungsbereich formulierte Wissensmanagement-Konzept wurde anhand der Dimensionen des Wissensmanagements beschrieben und kann wie folgt charakterisiert werden:

- Mit der Definition von Wissen als verwendbare Repräsentationen von Personen ist eine Beschreibung des Verständnisses für Wissen und seinen Umgang geschaffen worden, die das realiter vorkommende Verständnis sehr gut beschreibt. Damit wird sowohl der Kontextbezogenheit des Wissens und damit seiner Vielfalt als auch dem Wunsch nach einer Eingrenzung des Wissens auf ein durch das Management handhabbares Maß entgegengekommen und damit die zu Anfang der Arbeit vorgetragene Kritik aufgenommen.

- Mit dem Konstrukt des Problems werden die Dimensionen Aktivitäten und Faktoren erstmals gemeinsam betrachtet und erlauben somit eine bessere Erfassung jener Dinge, denen sich das Wissensmanagement in Forschung und Praxis widmen muss. Die empirisch erhobenen Problembeschreibungen helfen bei der Identifikation, Einschätzung und Entscheidung über Inkaufnahme oder Vermeidung von Problemen in Organisationen. Sie geben ebenso Hinweise für konkrete Maßnahmen und Instrumente.
- Das Konzept erlaubt durch das Konstrukt des Problems eine bessere Zuordnung von Instrumenten des Wissensmanagements, die auf empirischen Daten basiert. Generalisierte Aussagen zum Einsatz bestimmter Instrumente in bestimmten Situationen sind aber (noch) nicht möglich.

Mit dem Wissensmanagement-Konzept ist erstmalig eine detaillierte Beschreibung des Verständnisses und des Umgangs mit Wissen in Organisationen aus Sicht von Problemen verfasst worden. Diese Beschreibung verbessert das Verständnis für organisatorische Abläufe und erlaubt es, Anforderungen an organisatorische Strukturen und Abläufe und Instrumente (inklusive der IT) zu formulieren. Es konnten damit zwar nicht alle Fragen, die die einzelnen Dimensionen des Wissensmanagements betreffen, beantwortet werden, aber es wurde eine Basis für die weitere Forschung gelegt.

7.1.2 Methodische Ergebnisse

Um für die Neuorientierung bezüglich des Wissensmanagements eine empirische Basis zu bieten, sind entsprechend der zweiten Zielstellung in einer Untersuchung Probleme im Umgang mit Wissen erhoben worden.

Da es sich um bisher wenig bzw. nicht detailliert untersuchte Phänomene handelt, ist ein qualitatives Forschungsdesign mit Hilfe mehrerer Fallstudien auf Grundlage des sozialen Konstruktivismus entworfen worden. Innerhalb jeder Fallstudie wurden mehrere Bereiche (d. h. Interviewpartner in verschiedenen Abteilungen) untersucht. Für die Erhebung der Daten wurden basierend auf einem Leitfaden gestützten Interview zwei Methoden (namentlich die Critical Incident Technique und das Problemaudit) erprobt und schließlich das Problemaudit eingesetzt. Die in den Interviews auditiv erfassten Probleme wurden transkribiert und mit Hilfe der qualitativen Inhaltsanalyse ausgewertet, d. h. sie wurden zuerst für jeden Interviewpartner und danach jeden Fall zusammengefasst. Abschließend erfolgte eine Gegenüberstellung der Probleme im Umgang mit Wissen über sämtlich Fälle hinweg.

Die Erarbeitung methodischer Ergebnisse stand nicht im Mittelpunkt der vorliegenden Arbeit. Dennoch lassen sich einige Schlussfolgerungen aus der Untersuchung aus Kapitel 4 ziehen, die für die Forschung im Wissensmanagement von Interesse sind. Dies umso mehr, da – wie in Kapitel 2.2 aufgezeigt – die Auseinandersetzung um Forschungsdesign und -methoden im Wissensmanagement noch nicht ausreichend geführt wird (siehe auch Guo & Sheffield 2006).

Sämtliche für die vorliegende Arbeit ausgewertete Literatur liefert bei weitem keine derart detaillierte Beschreibung des methodischen Vorgehens wie es hier geschehen ist. Mit der Methodik ist bei allen berechtigt anzumerkenden Beschränkungen eine Basis für zukünftige Arbeiten mit einer ähnlichen inhaltlichen Zielstellung geschaffen worden. Von besonderem Interesse ist hier das Problemaudit, mit dem eine Methode geschaffen wurde, um für das Management relevante Problemstellungen im Umgang mit Wissen zu identifizieren (siehe die Forderungen nach derartigen Audits bei Dawson & Balafas 2008, S. 144).

Mit der Arbeit, in welcher zum Großteil qualitative Methoden zum Einsatz kamen, soll abschließend zu einer Offenheit gegenüber qualitativen und bisher nur in der Soziologie, Ethnologie etc. genutzten Vorgehensweisen eingeladen werden. Das geht über den Kontext des Wissensmanagements hinaus, sondern bezieht sich generell auf die Organisationsforschung (siehe z. B. Geiger & Koch 2008, S. 708).

7.2 Weiterer Forschungsbedarf

Wie bereits angesprochen, sieht sich die vorliegende Arbeit am Beginn einer Reihe ähnlicher Arbeiten, welche die Untersuchung der organisatorischen Praxis in Bezug auf den Umgang mit Wissen zum Inhalt haben. Daher sollen zum Schluss die nächsten notwendigen Schritte für die vorliegende Arbeit skizziert werden:

- Zunächst bietet es sich an, die vorliegende Arbeit sowohl anhand ähnlicher als auch unterschiedlicher Fälle zu replizieren, um die Problembeschreibungen zu präzisieren und weitere Probleme zu identifizieren. Dabei kann grundsätzlich das hier gewählte Design einer multiplen Querschnittsstudie weiterverwendet werden. Gerade was die Identifikation von Problemen im Umgang mit Wissen, die Erarbeitung von Lösungsvorschlägen und deren Umsetzung und Wirksamkeit anbetrifft, bieten sich aber auch Langfriststudien an. Hier kann ein von Leonard-Barton (1990) ausführlich beschriebenes Forschungsdesign aufgegriffen werden, das mehrfache Querschnittsstudien durch eine parallel durchgeführte Langfriststudie ergänzt (siehe dazu auch Pettigrew 1990 und Hill & McGowan 1999, S. 12). Die Zusammenfassung der verschiedenen Einzelfallstudien kann mit Hilfe einer Meta-Studie erfolgen, wie sie Jensen & Rodgers (2001, S. 239–244) vorschlagen. Sodann ist zu untersuchen, ob sich mit den gesammelten Aussagen Prognosen hinsichtlich des Auftretens von Problemen im Umgang mit Wissen in Abhängigkeit von gewissen organisatorischen oder individuellen Merkmalen abgeben lassen. Dies kann mit Hilfe einer gezielten Auswahl von Fallstudien geschehen, um die Wirkung bestimmter Einflussfaktoren zwischen den Fallstudien zu konstrastieren. Dafür kann auf die oben angesprochenen Methoden (Korrespondenzanalysen, logistische Regressionen) zurückgegriffen werden.

- Insbesondere das für das Untersuchungsdesign entworfene Vorgehen für die Identifikation von Problemen im Umgang mit Wissen kann als Instrument (für die Unternehmensberatung) weiterentwickelt werden. Die Identifikation der Probleme stellt den ersten wichtigen Schritt für ein organisatorisches Wissensmanagement bzw. eine wissenschaftliche Untersuchung dar. Durch die Ausgestaltung in Form einer schriftlichen (oder mündlichen) Befragung kombiniert mit Aussagen über Zusammenhänge zwischen den Problemen und den Merkmalen der Unternehmen bzw. Interviewpartner kann damit ein Instrument geschaffen werden, das ähnlich wie bei einem intellektuellen Prüfprozess (z. B. für Usability-Schwachstellen von Software) Probleme im Umgang mit Wissen sicher identifizieren hilft. Hier bietet sich auch die Kombination mit einem Wissensaudit (siehe Liebowitz et al. 2000) oder der Methode „KnowMetrix" (siehe Lehner et al. 2008) an, um eine intensive Untersuchung der zuvor identifizierten Problembereiche vorzunehmen.
- Ein wichtiges Thema ist die Auswahl, die entsprechende Ausgestaltung und der Nachweis der Wirksamkeit von Instrumenten des Wissensmanagements für bestimmte Situationen im Umgang mit Wissen (siehe auch Riege 2007, Pawlowsky & Reinhardt 2002). Hierfür ist mit der vorliegenden Arbeit ein konzeptioneller Rahmen geschaffen worden. Die empirische Überprüfung steht aber noch aus. Dafür erscheint es angebracht, einzelne Problemklassen herauszugreifen, die genannten Instrumente um weitere zu ergänzen und diese in embedded case studies (eventuell auch in Form von

Action Research) zu untersuchen. Auch eine Einschätzung von Instrumenten durch Key Informants mit Hilfe von Umfragen, wie es Riege (2007, S. 51f.) vorschlägt, ist möglich.

- Letztlich muss die praktische Erprobung des abschließend in Kapitel 6.3 formulierten Wissensmanagement-Konzepts erfolgen. Dies sollte zunächst mit den oben bereits angesprochenen Fallstudien wissenschaftlich begleitet werden, Ziel ist aber die Übertragung in die organisatorische Praxis.

Anhang

- Instrumente für das methodische Vorgehen:
  - A.1: Anschreiben zur Kontaktaufnahme: erläutert Ziel und Inhalte der Untersuchung für potentielle Teilnehmer (siehe Kapitel 4.3.2)
  - A.2: Interviewleitfaden: beschreibt das Vorgehen und die Leitfragen für die Interviews zur Erhebung der Probleme im Umgang mit Wissen (siehe Kapitel 4.4)
  - A.3: Codierleitfaden: enthält Regeln und die Beschreibung der Kategorien für die Codierung der Einzelinterviews (siehe Kapitel 4.6.2)
- Ergebnisse der empirischen Untersuchung:
  - A.4: Ergebnisse Fall Hybris (siehe Kapitel 5.2)
  - A.5: Ergebnisse Fall Veritas (siehe Kapitel 5.3)
  - A.6: Ergebnisse Fall Visus (siehe Kapitel 5.4)
  - A.7: Ergebnisse Fall Neimcke (siehe Kapitel 5.5)

A.1 Anschreiben zur Kontaktaufnahme

Prof. Dr. F. Lehner

Lehrstuhl für Wirtschaftsinformatik II

UNIVERSITÄT PASSAU
Wirtschaftswissenschaftliche Fakultät

Universität Passau · 94030 Passau

Telefon: Stephan Wildner, 0851 509-2593
Telefax: 0851 509-2592
e-mail: stephan.wildner@uni-passau.de

Zeichen: SW
Datum: 29.04.2011

Bitte um Unterstützung bei Forschungsvorhaben

Sehr geehrte ,

Wissen ist ein entscheidender Faktor in der globalisierten Wirtschaft. Es ist von Bedeutung für große und kleine Unternehmen, denn der richtige Umgang mit Wissen ist entscheidend für den Wettbewerb. Wir beschäftigen uns am Lehrstuhl für Wirtschaftsinformatik seit geraumer Zeit mit dem Umgang mit Wissen in kleinen und mittleren Unternehmen. Unser Ziel ist es, die Unternehmen mit einem praktischen Ansatz für ein eigenes Wissensmanagement zu unterstützen. Dieser Ansatz soll auf einfache Weise Vorgehensweisen und Lösungen für Fragen wie der effektiven Verwendung von externem Wissen oder dem Erhalt von Wissen im Unternehmen, wenn Mitarbeiter es verlassen, anbieten.

Zur Ausarbeitung des Ansatzes sind wir auf Unterstützung aus der Praxis angewiesen. Daher wenden wir uns an Sie, und möchten Sie um Ihre Beteiligung an unserer Untersuchung bitten.

Wir möchten mit Ihnen und den Mitarbeitern Ihres Unternehmens Experteninterviews durchführen, um mehr über den Umgang mit Wissen in Ihrem Unternehmen zu erfahren, welche Probleme sich dabei stellen oder gestellt haben und auf welche Weise damit umgegangen wird (Näheres auf der nächsten Seite). Die Interviews werden jeweils die Dauer einer Stunde nicht überschreiten.

Die Inhalte der Gespräche werden selbstverständlich vertraulich behandelt und nur für den Zweck unserer Forschung verwendet. Im Gegenzug möchten wir Sie gern an den Ergebnissen teilhaben lassen (in Form eines Forschungsberichts oder gerne auch als Workshop mit Ihnen zusammen) und sind auch gern bereit, Ihnen unsere Kenntnisse zum Wissensmanagement bereitzustellen.

Wir würden uns in der nächsten Woche mit Ihnen zur Vereinbarung eines Termins in Verbindung setzen. Bitte unterstützen Sie unsere Arbeit. Sollten Sie kein Interesse haben, bitten wir Sie um eine entsprechende Rückmeldung.

Herzlichen Dank für Ihr Interesse. Für Rückfragen stehen wir selbstverständlich gern zur Verfügung.

Mit freundlichen Grüßen

Stephan Wildner
Wissenschaftlicher Mitarbeiter

Besucheradresse: Innstraße 43, 94032 Passau
Internetadresse: www.wi.uni-passau.de

Forschungsvorhaben – Umgang mit Wissen im Unternehmen

Was möchten wir tun?

Uns interessiert, wie in kleinen und mittleren Unternehmen mit Wissen umgegangen wird und wie sich dies auf das Tagesgeschäft der Unternehmen auswirkt. Mit anderen Worten, wo ist durch Wissen das Tagesgeschäft in Ihrem Unternehmen entscheidend verbessert worden (z.B. weil die Lösung für eine Problemstellung bereits von einem Mitarbeiter erarbeitet wurde, jetzt allen zur Verfügung steht und somit doppelte Arbeit verhindert werden kann) oder behindert worden (z.B. weil ein langjähriger Mitarbeiter das Unternehmen verlassen hat und seine Expertise nun fehlt).

Um uns einen Gesamteindruck zu dem Thema zu verschaffen, möchten wir (sofern grundsätzlich und zeitlich möglich) mehrere Personen in Ihrem Unternehmen befragen:

- Sie als Eigentümer (bzw. Mitglied der Geschäftsführung),
- die Leiter der Abteilungen (Einkauf, Produktion, Vertrieb, etc.; bzw. Projektleiter),
- je einen weiteren Mitarbeiter aus jeder Abteilung.

Wir möchten mit dem Gespräch mit Ihnen beginnen, dabei einen ersten Eindruck von Ihrem Unternehmen gewinnen und auch in Rücksprache mit Ihnen Personen für weitere Gespräche bestimmen.

Jedes Gespräch soll nicht länger als eine Stunde dauern. Für die Gespräche möchten wir Sie gern in Ihrem Unternehmen aufsuchen.

Was sind die Ergebnisse?

Für Sie bietet sich die Möglichkeit, einen Blick auf Ihr Unternehmen aus Sicht des Wissens (und damit einer immer wichtiger werdenden Ressource) zu werfen. Die Ergebnisse unserer Untersuchung stehen Ihnen selbstverständlich zur Verfügung – je nach Ihrem Interesse in verschiedener Form:

- als Forschungsbericht und/oder
- in Form eines Workshops, wo die Ergebnisse vorgestellt werden.

Darüber hinaus sind wir gerne bereit, Sie als Ausgleich für Ihre Bemühungen an unseren Erfahrungen im Wissensmanagement teilhaben zu lassen. Für uns sind Ihre Daten wichtig, um an einem Ansatz für Wissensmanagement in kleinen und mittleren Unternehmen zu arbeiten. Diesen stellen wir Ihnen nach Abschluss der gesamten Untersuchung natürlich ebenfalls zur Verfügung.

Was geschieht mit den Daten aus der Untersuchung?

Die von uns erhobenen Daten werden nur von uns und nur für dieses Forschungsvorhaben verwendet. Die Daten werden ausschließlich anonymisiert verwendet, d.h. es können keine Rückschlüsse auf Personen oder Unternehmen gezogen werden.

Herzlichen Dank für Ihre Unterstützung!

Besucheradresse Innstraße 43, 94032 Passau
Internetadresse www.wi.uni-passau.de

A.2 Interviewleitfaden

1 Einführung

Dank. Bedanken für Unterstützung.

Ziel. Interesse an Ereignissen aus alltäglicher Arbeit – Wie Erfolg sicherstellen – Jeder etwas beitragen – Sie Experte, wir Zuhörer – Wissenschaftliche Aussagen durch Praxis zu gewinnen – Äußerungen nicht wertend betrachtet.

Vorgehen. Fragen stellen, Sie auf Ihre Art beantworten – Nichts vorgegeben, Raum zum Sprechen geben – Im Verlauf des Gesprächs weitere Fragen einwerfen – Am Ende demographischen Angaben – Dauer max. 1 Stunde.

Datenschutz. Diktiergerät für akustische, Fragebogen für schriftliche Aufzeichnung – Daten selbstverständlich vertraulich behandelt – Selbstverpflichtung unterzeichnet *(Mappe mit Datenschutz-Erklärung und Visitenkarte übergeben).*

Fragen. Noch Fragen – Gerät einschalten und beginnen.

Problemorientiertes WM
Interviewleitfaden [________________]

UNIVERSITÄT PASSAU

2 Rahmen

Tätigkeit. Worin besteht Ihre Tätigkeit im Unternehmen (nicht nur formell, auch informell)?

Festlegung. Bei mehreren Tätigkeit eine heraus greifen (hauptsächliche Tätigkeit).

Ziel. Beschreiben Sie das Ziel Ihrer Tätigkeit! Wann betrachten Sie Ihre Tätigkeit als erfolgreich?

Ziel. In wenigen Worten – wie beschreiben Sie das generelle Ziel ihrer Tätigkeit?

Wissen. Welches Wissen benötigen Sie für die erfolgreiche Erfüllung Ihrer Tätigkeit?

Wissen. *(wenn nicht aus vorheriger Frage hervorgeht)* Was verstehen Sie unter Wissen?

Woher. Von woher erhalten Sie dieses Wissen?

Quellen (Sie selbst, andere Personen, Dokument, IT)?
Person – MA/Vorgesetzter (Abteilung?), Extern (Kunde, ...?)?

Ergebnis. Welches Wissen geben Sie selbst (aus Ihrer Tätigkeit heraus) weiter?

Wohin. Wohin geben Sie dieses Wissen weiter?

Quellen (Sie selbst, andere Personen, Dokument, IT)?
Person – MA/Vorgesetzter (Abteilung?), Extern (Kunde, ...?)?

Rahmen. Auf Umgang mit diesem Wissen beziehen sich die nächsten Fragen.

Problemorientiertes WM
Interviewleitfaden [____________]

UNIVERSITÄT PASSAU

3 Problem (für jedes Problem eine solche Seite)

Umgang mit Wissen. Genanntes Wissen damit genutzt werden kann – Beschaffen oder schaffen, weitergeben, dafür aufbereitet, aufbewahrt etc. werden.

Problem. Wo haben oder hatten Sie Probleme im Umgang mit diesem Wissen?

____

Nachhaken. Wo haben die genannten Aktivitäten nicht funktioniert und damit Tätigkeit behindert? *(Hinweise auf Situation im Unternehmen)*

Kurzbeschreibung. Bitte beschreiben Sie das Problem kurz! Welche Wirkung hat es gezeigt?

____

Kontext. Beschreiben Sie die Situation, in der das Problem aufgetreten ist!

____

Personen: Wer (MA, Vorgesetzter, Externer – Kunde, ...?), Erfahrung, Zugehörigkeit?
Aufgabe: Änderungen?
Technik/Werkzeuge: Computer, Handbuch, neues Produkt, ...?
Organisation: Regelungen? Vorgaben? Strukturen? neue Mitarbeiter? Vorfall intern oder extern?
Auswirkung anderer Probleme?

Einflussfaktoren. Was sind die Ursachen für das Problem?

____

(dito Kontext)

Lösung. Ist das Problem gelöst worden? Wenn ja, beschreiben Sie bitte die Lösung!

____

____

Was? Wann? Wo?
Änderungen: Personen – Aufgabe – Technik/Werkzeuge – Organisation?
Resultat?

(nur bei ja) **Lösung.** Wieso wurde gerade diese Lösung verwendet? War sie erfolgreich? Trägt sie zum Ziel Ihrer Tätigkeit bei?

____

(nur bei nein) **Vorschlag.** Wie würden Sie das Problem lösen?

____

(nur bei nein) **Vorschlag.** Warum würden Sie das Problem so lösen? (Trägt die Lösung zum Ziel Ihrer Tätigkeit bei?)

____

Universität Passau, Lehrstuhl für Wirtschaftsinformatik II, Stephan Wildner 3/5

Problemorientiertes WM
Interviewleitfaden [________________]

UNIVERSITÄT PASSAU

4 Bezug zu Anderen

Probleme. Haben sie die genannten Probleme selbst auch als Problem erfahren? Wenn nicht, bitte begründen Sie bitte wieso nicht!

(Bereits genannte Probleme aus anderen Interviews übertragen – weiter bei 3)

____
____
____
____
____
____

Über sich hinaus. Bisher Bezug auf Sie selbst – Wo haben Sie Probleme im Umgang mit Wissen in der Abteilung oder dem ganzen Unternehmens festgestellt?

(weiter bei 3) ______________________________

5 Demographische Angaben – Interviewpartner

Person. Vielen Dank soweit – Bitte um einige Angaben zu Ihrer Person!

Alter	________ Jahre
Erfahrung im Tätigkeitsbereich	________ Jahre
Zugehörigkeit zum Unternehmen	________ Jahre

6 Demographische Angaben – Unternehmen

Unternehmen. Bitte um einige Angaben zu Ihrem Unternehmen! *(nur bei Entscheidungsträgern)*

Branche	________________	
– Produkte bzw. Dienstleistungen	________________	
	________________	
Größe	________ Mitarbeiter insgesamt	
– Abteilungen und Hierarchieebenen	________________	
	________________	
– Geographische Verteilung	________ Mitarbeiter in ________	
	________ Mitarbeiter in ________	
	________ Mitarbeiter in ________	
Alter	________ Jahre	
Inhabergeführt?	O ja	O nein
– Wenn ja: direkt geführt?	O ja	O nein
Wissensmanagement?	O ja	O nein
– Maßnahmen	________________	
	________________	
	________________	

Universität Passau, Lehrstuhl für Wirtschaftsinformatik II, Stephan Wildner 4/5

Problemorientiertes WM
Interviewleitfaden [______________]

UNIVERSITÄT PASSAU

7 Abschluss

Zusammenfassung. Ende des Gesprächs – Gesagtes für gemeinsames Verständnis zusammenfassen *(während des Gesprächs unterstreichen, dann für Bestätigung abhaken, für Ablehnung durchstreichen oder unten Korrekturen anbringen).*

Korrekturen ____

____

____

____

____

____

Reflexion. Abschließend Frage zum Interview selbst. Haben Sie Verständnisprobleme gehabt?

Fragen unklar? ____

Begriffe unklar? ____

Fragebogen. Am Ende – Gerät aus – Demnächst melden mit Zusammenfassung (Bitte um E-Mail bzw. Telefonnummer) und Bitte um kurzen Check.

Dank. Für das Gespräch – Gern melden, wenn Fragen zu Umfrage usw.

Material.

- *Dokumentationsbogen*
- *Mappe mit Datenschutzerklärung (unterschrieben!) und Visitenkarte*
- *Diktiergerät (Batterien kontrollieren!), UP-Papier und Stifte, Uhr, Klemmbrett*

A.3 Codierleitfaden

1 Strukturierung

Die Strukturierung stellt den ersten Schritt der inhaltsanalytischen Auswertung dar. Sie dient der Zuordnung der einzelnen Textstellen zu den zuvor definierten Kategorien.

Regeln

Die Regeln beschreiben das Vorgehen der Codierung. Auf ihre Einhaltung ist unbedingt Acht zu geben!

Regel	Beschreibung
(S.1) Codiere jeden einzelnen Satz!	Auch wenn es zu genau erscheint und einen höheren Aufwand erfordert, wird jeder einzelne Satz mit einer der unten beschriebenen Kategorien codiert. Sätze sind im Transkript durch Punkte (.) oder Abbrüche (/) voneinander getrennt.
(S.2) Codiere eindeutig!	Jedem einzelnen Satz wird genau eine, keinesfalls mehrere Kategorien zugeordnet.
(S.3) Codiere die Struktur, nicht den Inhalt!	Wichtig ist die Zuordnung von Kategorien zu den einzelnen Sätzen, d.h. welcher Kategorie lässt sich ein Satz am ehesten zuordnen. Für die Zuordnung kann das Umfeld des Satzes, d.h. die gerade bearbeitete Passage, mit einbezogen werden. Die inhaltliche Betrachtung (d.h. das was im Satz steht zusammenzufassen) wird erst später im zweiten Schritt vorgenommen.

Kategorien

Mit den folgenden Kategorien wird jeder Satz in einem Transkript codiert. Jede Kategorie wird beschrieben und erhält (sofern nötig) Regeln wie man damit umgeht und wie sich eine Kategorie gegenüber einer anderen abgrenzt. Jede Kategorie ist in der Tabelle kursiv hervorgehoben.

Kategorie	Beschreibung

Kontext	• beschreibt die Situation, in welcher das Problem auftritt
	• zum Kontext gehört...
	  • allgemeiner Aufgabenkontext einer Person bzw. Gruppe von Personen in einer Organisation
	  • eine bestimmte Situation (z.B. auch andere Probleme, siehe *Verwandt*), die eine Person bzw. Gruppe in (einer Abteilung) einer Organisation erlebt
	Regeln
	• der Kontext wird allgemein verstanden, er umfasst mehrere (ihn weiter erklärende) *Einflussfaktoren* (diese werden aber einzeln codiert) – er stellt quasi eine Zusammenfassung der Einflussfaktoren dar
	• die *Tätigkeit* eines Interviewpartners als Kontext wird einzeln codiert
	Beispiel
	• „genau. man muss halt an der stelle natürlich sehen 2007 2006 2007 war das wirklich ne abteilung mit 3 4 leuten. also in den letzten 2 jahren also in den doch / in dem zeitraum von den letzten 2 jahren ist das unternehmen einfach personell deutlich gewachsen. extrem gewachsen."

Problem	• beschreibt das Problem; unter einem Problem wird ein Prozess (Vorgang) bzw. Zustand verstanden, der von einer oder mehreren Personen als nicht befriedigend angesehen wird Regeln • mit *Problem* sollten Textstellen codiert werden, die ein Problem inhaltlich erfassen bzw. zu seiner Beschreibung beitragen • dabei ist aber zu beachten, dass konkrete Angaben (zu Einflussfaktoren etc.) für sich selbst codiert werden Beispiel • „ich glaube es ist so ein bisschen insgesamt die noch fehlende klare struktur ist wieder was was wir vorhin auch aufgegriffen hatten. ähm zum beispiel wirklich zu sagen es gibt für jede

Problemorientiertes Wissensmanagement
Codierleitfaden

Kategorie	Beschreibung
	rolle im unternehmen einen consultant / muss das und das und das wissen. oder ein entwickler muss das und das und das wissen, das man sagt es gibt so ein klares profil mit einem klar hinterlegten plan wie und wann er sich welches wissen erwerben sollte und das dafür gesorgt wird, so interne schulungspläne."

Einflussfaktor	• Faktor, der positiv oder negativ auf das Problem einwirkt; das bedeutet...
	  • der Faktor ist (ein) Auslöser des Problems
	  • der Faktor hat Einfluss auf die Schwere des Problems (d.h. eine stärkere/schwächere Ausprägung des Faktors führt zu einer stärkeren/schwächeren Ausprägung des Problems)
	  • der Faktor nimmt damit (nicht immer und nicht zwangsläufig, aber durchaus) auch Einfluss auf die (Gestaltung der) Lösung eines Problems
	• Einflussfaktoren liefern eine detaillierte Beschreibung des Kontextes des Problems; sie helfen, das Problem besser zu verstehen
	• der Begriff Einflussfaktor sollte nicht zu eng verstanden werden: Einflussfaktoren können konkrete Gegebenheiten oder Ereignisse beschreiben (z.B. eine schwache Führungskraft, eine Kundenbeschwerde), (konkrete) Personen oder auch etwas abstraktere Dinge (wie z.B. Kultur)
	
	Beispiel
	• „grade wenn man einfach ne extrem ja drängende auftragslage da hat."
	• „genau. man muss halt an der stelle natürlich sehen 2007 2006 2007 war das wirklich ne abteilung mit 3 4 leuten. also in den letzten 2 jahren also in den doch / in dem zeitraum von den letzten 2 jahren ist das unternehmen einfach personell deutlich gewachsen. extrem gewachsen." (das Beispiel entspricht hier dem Beispiel für *Kontext;* das wird aber nicht immer der Fall sein)

Lösung	• Maßnahme(n) zur Lösung des Problems oder eines Teils des Problems • Lösungen können eine oder mehrere Maßnahmen umfassen • Maßnahmen können auf einen oder mehrere *Einflussfaktoren* wirken Regeln • es können Maßnahme(n) sein, die bereits vorgenommen wurden (also abgeschlossen sind) oder erst begonnen wurden • es ist für die Codierung unerheblich, ob die Maßnahme(n) erfolgreich waren oder nicht • es ist ebenso unerheblich, ob der Interviewpartner selbst die Maßnahme(n) vorgenommen oder begonnen hat, oder ob es andere Personen waren • wichtig ist es zu unterscheiden, ob es sich tatsächlich um eine Lösung oder einen Vorschlag für eine Lösung (*Lösungsvorschlag*, siehe dort) handelt Beispiel • „versuchen wir da jetzt gerade umzustellen dass wir kein abschließendes lessons learned machen, sondern eher projektbegleitend versuchen zwischendurch, könnte sagen gewisse stati herauszuziehen, in bestimmten phasen auftretende problem, strategien und ähnliches mehr herauszuziehen."
Lösungs-vorschlag	• Vorschlag für die Lösung des Problems oder eines Teils davon • Vorschläge können eine oder mehrere Maßnahmen umfassen • Maßnahme(n) des Lösungsvorschlags können auf einen oder mehrere *Einflussfaktoren* wirken • Vorschlag bedeutet hier, dass noch keine Maßnahmen ergriffen (d.h. weder begonnen noch abgeschlossen) wurden Beispiel • „aber dass man auch sagt, mensch man hätte vielleicht vorher gewusst dass in diesem projekt gewisse dinge vorkommen und das man dann sagt okay kann man denen vielleicht / gleich denen und gleich noch 2 3 anderen mit am anfang ein kleines internes training zum thema so und so verpassen. also das man das so ein bisschen organisierterer wissensaufbau und weniger projektgetrieben für die zukunft einbringen muss."
Begründung	• Rechtfertigung einer *Lösung* (oder eines Teils der *Lösung*) des Problems bzw. eines *Lösungsvorschlags* (oder Teils davon) – d.h. aus welchen Gründen wurde gerade diese Lösung gewählt oder gerade dieser Lösungsvorschlag gemacht (und nicht etwa eine andere Lösung oder ein anderer Vorschlag)

Problemorientiertes Wissensmanagement
Codierleitfaden

Kategorie	Beschreibung
	Beispiel • (für das Beispiel bei *Lösung*) „und damit schrumpft natürlich auch die zeit die noch zur verfügung stände um so ein lessons learned, also so ein abschließendes, übergreifendes reflektieren für das man doch 1 2 3 tage je nach projekt veranschlagen muss das diese zeit dann nicht mehr übrig bleibt. und damit ist de facto ist ein lessons learned nicht zustande gekommen. deswegen haben wir da jetzt/ versuchen wir da jetzt gerade umzustellen dass wir kein abschließendes lessons learned machen, sondern eher projektbegleitend versuchen."
Resultat	• beschreibt die Auswirkungen einer *Lösung* auf das genannte Problem – d.h. wie hat sich der nicht befriedigende Prozess bzw. Zustand geändert, bzw. was hat sich überhaupt geändert • ein Resultat kann (und wird oft) nur eine aktuelle, vorläufige Einschätzung sein (siehe das zweite Beispiel) Regeln • das Resultat bezieht sich immer nur auf eine *Lösung*, nicht auf einen *Lösungsvorschlag* Beispiel • „also JA ich würde sagen wir sind schon an einem punkt wo das auf / wo sich das deutlich entzerrt hat, deutlich." • (für das Beispiel bei *Lösung*) „da sind wir aber noch ganz am anfang. also es gibt da noch relativ wenig strategie dahinter."
Verwandt	• Verweis auf mit dem *Problem* verwandte Probleme • verwandte Probleme stehen direkt in Verbindung mit dem Problem, indem sie ihm vorgelagert (das Problem folgt auf ein anderes Problem), nachgelagert (das Problem löst weitere Probleme aus), übergeordnet (das Problem ist Teil eines größeren Problems) oder untergeordnet (das Problem umfasst mehrere Teilprobleme) sind • verwandte Probleme können den Kontext eines Problems (oder einen Teil davon) ausmachen Regeln • stellen sich Dinge aus dem Kontext eines *Problems* als weiteres Problem heraus, dann sollten sie sowohl als verwandtes Problem als auch als *Kontext* codiert werden • die Vergabe sollte erst gegen Ende der Codierung des Interviews erfolgen, da erst dann die Verbindungen zwischen den Problemen klarer zu Tage treten
Tätigkeit	• beschreibt die Tätigkeit des Interviewpartners • diese Beschreibung kann nicht nur die Nennung einer Stelle (z.B. Chefentwickler), sondern generell verschiedene Aufgaben (vor allem regelmäßige, aber auch einmalige) und Zuständigkeiten des Interviewpartners umfassen Beispiel • „ich leite die softwareentwicklung. das heißt den teil der sich mit der erstellung, der auslieferung, der pflege der software beschäftigt."

Wissen	• beschreibt wie der Interviewpartner Wissen versteht und damit umgeht; das muss nicht einer „Schuldefinition" entsprechen, sondern kann...
	  • eine Aufzählung der Dinge enthalten, die der Interviewpartner unter Wissen versteht bzw. als Wissen behandelt
	  • eine Aussage über den Umgang des Interviewpartners mit Wissen sein
	• die Kategorie wird durch folgende spezifischere Codes weiter unterteilt...
	  • *Beispiel* – für die Angabe einer Sache, die der Interviewpartner unter Wissen versteht (z.B. „guter fachliche kenntnisse über generell projektabläufen. ähm und risikoanalyse. fachliches handwerkzeug wie/ wie macht man eine anforderungsanalyse. wie macht man ein projektplan usw.")
	  • *Merkmal* – für Aussagen über das Wissen selbst (z.B. „also man muss es schon gleich anwenden können")
	  • *Umgang* – für Aussagen über die Art und Weise des Umgangs mit Wissen (z.B. „ähm also das würde wirklich auf ganz inoffiziellen wegen und sehr inoffiziellen kanälen ausgetauscht. also das wird sehr informell gemacht.")

NA	• enthält Informationen zu keiner der oben definierten Kategorien • in diese Kategorie fallen...

Universität Passau, Lehrstuhl für Wirtschaftsinformatik II, Stephan Wildner 3/5

Problemorientiertes Wissensmanagement
Codierleitfaden

Kategorie	Beschreibung
	• Sätze mit (affirmativen) Ausdrücken (wie „okay", „hm" etc.) • Wiederholungen inhaltlich gleicher Textstellen • Aussagen des Interviewers, sofern sie nur das Gespräch steuern (z.B. „was würden sie jetzt generell im umgang mit wissen in ihrem bereich bei ihnen selbst als problem im umgang mit wissen sehen?") und nicht etwas inhaltliches vorgeben, das der Interviewpartner kommentiert (z.B. „INT1: wie ist das dann wenn jetzt ein spezifisches problem aufgetreten ist, wir könnens nicht lösen weil der mitarbeiter gerade grade in gliwice unterwegs ist oder in zürich ist oder urlaub hat? PRO1: so in der art...") • am Ende fallen alle Textstellen in diese Kategorie, die keiner anderen Kategorie zugeordnet werden konnten Regeln • die Vergabe sollte erst gegen Ende der Codierung des Interviews erfolgen, da erst dann klar ist, ob die entsprechende Stelle tatsächlich keine Information im Sinne der Kategorien enthält Beispiel • „mhm das ist ein sehr interessanter punkt"

2 Zusammenfassung

Die Zusammenfassung stellt den zweiten Schritt der inhaltsanalytischen Auswertung dar. Sie dient der Bestimmung des Inhalts der einzelnen Textstellen, der Identifikation zusammengehöriger Textstellen und deren Zusammenfassung.

Regeln

Die folgenden Regeln ergänzen die Regeln aus dem ersten Schritt. Sie stellen zugleich eine sachlogische Abfolge dar, sind also in der Reihenfolge ihrer Beschreibung anzuwenden. Auf ihre Einhaltung ist unbedingt Acht zu geben!

Regel	Beschreibung
(Z.1) Markiere die Strukturen im Text!	Ein Interview ist (dem Interviewleitfaden folgend) immer gleich aufgebaut und lässt sich daher in verschiedene Blöcke unterteilen: • Aussagen zur Tätigkeit des Interviewpartners • Aussagen zum Verständnis für Wissens des Interviewpartners • (eines oder mehrere) Probleme • demographische Angaben zum Interviewpartner Die Markierung wird wie folgt vorgenommen: ***([] ----------)*** [] für *Tätigkeit, Wissen, Problem, demographische Angaben* Die Markierung dient der Orientierung im Material.
(Z.2) Benenne die Probleme!	Jedes Problem erhält einen Namen. Der Name ist die Bezeichnung des Problems, d.h. es wird die Beschreibung durch *Problem* (und eventuell auch *Kontext*) kurz zusammengefasst. Dieser Name wird als Kategorie vergeben. Regeln • Es soll ein sprechender Name gewählt werden, er soll die Natur des Problems kurz und verständlich wiedergeben. • Soweit es geht, wird „in vivo" codiert: bei Vergabe des Namens werden möglichst die Formulierungen und Begriffe der Interviewpartner verwendet.
(Z.3) Ordne die codierten Textstellen den Problemen zu!	Alle Textstellen, die zu demselben Problem gehören, werden mit dem Namen des Problems codiert (d.h. neben der Codierung als Kontext, Einflussfaktor, Lösung etc. wird der Name als weiterer Code hinzugefügt).
(Z.4) Finde Sinneinheiten!	Es werden jeweils Sätze (einer oder mehrere) oder auch nur Teile von Sätzen als

Problemorientiertes Wissensmanagement
Codierleitfaden

Regel	Beschreibung
	Sinneinheit betrachtet, die eine zusammenhängende Aussage darstellen. Regeln • Sinneinheiten folgen aufeinander. Es darf außer den mit *NA* codierten Textstellen kein Material ausgelassen werden! • Sinneinheiten dürfen sich nicht überschneiden!
(Z.5) Fasse jede Sinneinheit zusammen!	Es erfolgt eine Kurzbeschreibung (d.h. eine Zusammenfassung) jeder Sinneinheit in Form eines frei gewählten Codes. Regeln • Dabei werden alle nicht (oder nur wenig) Sinn tragenden Textbestandteile (z.B. Ausschmückungen, Wiederholungen, Verdeutlichungen) gestrichen! • Für den Code wird eine einheitliche Sprachebene verwendet (z.B. gleiche Begriffe für dieselbe Abteilung oder dieselbe Tätigkeit)! Dabei werden personen- und unternehmensspezifischen Details (wie Namen von Personen, Abteilungen etc.) verallgemeinert, soweit dadurch der Inhalt nicht verloren geht. • Es wird die gleiche grammatikalische Form verwendet (z.B. als kurzer Satz: „Produktentwicklung erfolgt in Teams aus verschiedenen Abteilungen")!
(Z.6) Fasse gleiche Sinneinheiten eines Problems zusammen!	Alle Sinneinheiten, die der gleichen Kategorie angehören (z.B. Einflussfaktor) und demselben Problem zugeordnet wurden, werden nun zusammengefasst. Regeln • Bedeutungsgleiche Sinneinheiten werden gestrichen! • Nicht als wesentlich sinntragende Sinneinheiten werden ausgelassen, alle anderen werden übernommen! • Fasse Sinneinheiten mit mehreren Aussagen zu einem Gegenstand (d.h. einer neuen Sinneinheit) zusammen (beachte dabei Regel Z.5)! • Fasse Sinneinheiten mit gleichem/ähnlichen Gegenstand und gleicher/ähnlicher Aussage zu einer Sinneinheit zusammen (beachte dabei Regel Z.5)! • Fasse Sinneinheiten mit gleichem/ähnlichen Gegenstand und verschiedener Aussage zu einer Sinneinheit zusammen (beachte dabei Regel Z.5)!
(Z.7) Zusammenstellen aller Aussagen zu einem Problem!	Sämtliche Sinneinheiten, die ein und demselben Problem zugeordnet sind (und nach der Zusammenfassung noch übrig bleiben), werden zu einer Problembeschreibung zusammengestellt. Das bedeutet, dass alle zusammengefassten Sinneinheiten einer Kategorie (das gilt für alle Kategorien aus dem ersten Schritt außer *Wissen*, *Tätigkeit* und *NA*) für ein bestimmtes Problem in Tabellenform niedergeschrieben werden.
(Z.8) Prüfe die Zusammenfassung am Text!	Die Problembeschreibung wird abschließend dem Text gegenübergestellt und geprüft, ob sie den ursprünglichen Text in allen wichtigen Punkten wiedergibt. Ist dies nicht der Fall, wird für die entsprechenden Bereiche erneut bei Regel Z.4 begonnen.

Kategorien

Hier folgen Ergänzungen für die Kategorien für die Zwecke der Zusammenfassung.

Kategorie	Beschreibung
Lösung	Regeln • sofern das möglich ist, sollten bei der Zusammenfassung der (die) Einflussfaktor(en) angeben werden, auf welche die Maßnahme(n) wirken
Lösungsvorschlag	Regeln • sofern das möglich ist, sollten bei der Zusammenfassung der (die) Einflussfaktor(en) angeben werden, auf welche die Maßnahme(n) wirken sollen

A.4 Ergebnisse Fall Hybris

Interview 1–1

Abteilung	Professional Services
Führungsverantwortung	ja
Zugehörigkeit	10 Jahre
Berufserfahrung	10 Jahre (bei Hybris)
Verständnis für Wissen	
Beispiele	Technologie, Ansprechpartner, aktuelle Tätigkeit, Projekterfahrung, Projektorganisation, Wissensprofile, Schulungspläne
Merkmale	Fachwissen, wiederverwendbar, unmittelbar anwendbar, dokumentiert, verständlich für alle, in gemeinsamer Sprache
Umgang mit Wissen	nur begrenzt formal, projektgetrieben

***1–1:** Gefahr der unterschiedlichen Entwicklung der Standorte auf Grund von Kommunikationshürden*

Kontext	Zusammenarbeit der Standorte in München und Polen
Problem	Gefahr, dass sich die Standorte auf Grund von Kommunikationshürden unterschiedlich entwickeln und dadurch gegeneinander arbeiten
Einflussfaktoren	▪ Anzahl an Mitarbeitern (d. h. das Wachstum des Unternehmens) ▪ Anzahl der Standorte
Lösung	▪ erste Mitarbeiter (das Kernteam) wurden aus Polen nach München zum Kennenlernen des Unternehmens geholt ▪ neue Mitarbeiter in Polen wurden nach der Einstellung schnell zum Besuch nach München geholt (bei der zunehmenden Anzahl der Mitarbeiter war der sofortige Besuch aber nicht immer möglich) ▪ beim Aufenthalt der Mitarbeiter in München gibt es mindestens einmal eine Unternehmung im Team (gleiches gilt nunmehr auch für Besuche der Münchner in Polen) ▪ gemeinsame Feiern mit den Teams sämtlicher Standorte sowohl in München als auch in Polen
Lösungsvorschläge	▪ für 2009 ist ein großes Teamevent in Planung, ebenso wird die Absicht geäußert, die Besuche von Mitarbeitern wieder zu forcieren ▪ das Aufstellen von Richtlinien bzw. formellen Vorgaben wurde bisher nur wenig forciert, jedoch bedarf es dort auch weiterer Anstrengungen, da diesen auch positive Effekte auf den Wissensaustausch zugesprochen werden, insbesondere bei der nunmehr erreichten Größe des Unternehmens ▪ für formelle Vorgaben soll darauf geachtet werden, dass ausgetauschtes Wissen wiederverwendbar gemacht wird, d. h. es in Englisch und auf eine Art und Weise zu dokumentieren, die anderen ohne Hintergrundwissen die Verwendung erlaubt (z. B. kann hier Doppelarbeit vermieden werden, wenn Trainingseinheiten sowohl von Geschäftspartnern als auch von eigenen Mitarbeitern genutzt werden können)
Begründung	▪ das Aufstellen von Richtlinien (z. B. die Verpflichtung zu wöchentlichen Vorträgen über bestimmte Themen) ist zwar geeignet, Dinge im Unternehmen nicht zu vergessen – hier geht es aber darum, bei den Mitarbeitern einen eigenen Antrieb zum Austausch miteinander zu schaffen ▪ der Interviewpartner hat selbst gute Erfahrungen damit gemacht, Mitarbeiter zum selbstständigen Wissensaustausch anzuregen anstatt formelle Richtlinien zu schaffen
Resultat	▪ die Besuche helfen beim Kennenlernen von Abläufen und Personen ▪ die Kommunikation fällt leichter, da man sich kennengelernt hat ▪ Stärkung des Zusammenhalts für neu geschaffene Teams ▪ Stiftung von Identität und Bereitschaft zur Zusammenarbeit ▪ die angesprochenen Lösungen werden als positive Ereignisse geschildert und als gut funktionierend eingeschätzt
Verwandte Probleme	(keine Angaben)

1–2: Skepsis bezüglich einer funktionierenden Zusammenarbeit zwischen zwei Standorten	
Kontext	▪ Aufbau von Teams in Polen, speziell eines für Softwaremigration ▪ die Zusammenarbeit auf deutscher Seite erfolgt über die Abteilung Research & Development
Problem	Skepsis bezüglich einer funktionierenden Zusammenarbeit zwischen zwei Standorten
Einfluss-faktoren	Expertise der Mitarbeiter am Standort Polen
Lösungen	▪ nicht in den Aufbau des Standorts involvierte Mitarbeiter bekommen Ergebnisse zu sehen bzw. bekommen in Gesprächen positive Ergebnisse erzählt ▪ einfach die Zusammenarbeit vollziehen und einen eigenen (positiven) Eindruck gewinnen von den Mitarbeitern in Polen
Lösungs-vorschläge	(keine Angaben)
Begründung	(keine Angaben)
Resultat	▪ Entwicklung eines Verständnisses dafür, dass es gut funktioniert; überzeugte Mitarbeiter treiben Zusammenarbeit selbst voran ▪ Verlagerung eines Großteils der Arbeit von Research & Development nach Polen; Polen kann bei Migrationen der Abteilung Research & Development Arbeit abnehmen ▪ die angesprochenen Lösungen werden als positive Ereignisse geschildert
Verwandte Probleme	(keine Angaben)

1–3: Sicherung von Wissen aus Projekten scheitert	
Kontext	Projektgeschäft
Problem	Wissen, das in den Projekten entsteht, steht anderen Projekten nicht zur Verfügung – somit besteht die Gefahr, dass Probleme unnötigerweise mehrfach gelöst werden
Einflussfaktoren	▪ Organisation des Projektgeschäfts (Projektabschlüsse kommen verspätet und danach ist keine Zeit für den organisierten Erfahrungsaustausch, weil sofort neue Projekte anstehen), insbesondere die Organisation des Projektabschlusses (Wissensaustausch ist nicht im eigentlichen Projektvorgehen verankert) ▪ drängende Auftragslage ▪ Problemstellungen in den Projekten sind im Projektablauf ähnlich, bzw. entstehen gleiche Probleme, weil gleiche Software-Versionen verwendet werden
Lösung	▪ mündlicher Austausch über Erfahrungen aus Projekten (z. B. mit Vorträgen wie Lessons Learned) ▪ wöchentliches Teammeeting für die Schilderung der aktuellen Situation in den einzelnen Projekten (das bezieht sich thematisch sowohl auf Organisatorisches in den Projekten als auch auf den Umgang mit der Software)
Lösungsvorschläge	(keine Angaben)
Begründung	▪ mündlicher Austausch ist notwendig, um die Situationen zu verstehen, warum in den Projekten etwas (nicht) funktioniert hat ▪ schriftlich festgehaltenes Wissen wird nicht (proaktiv) gelesen; stattdessen wird es in einer mündlichen Besprechung weitergegeben und erinnert (auch wenn es der Hörer nicht sofort benötigt)
Resultat	▪ Lessons Learned werden als sehr zähe Angelegenheit beschrieben; trotzdem gab es Aussagen von Teilnehmern, dass interessante Dinge bei den Vorträgen dabei waren (jedoch gibt es keinen Nachweis, dass die Lessons Learned dann genauso verwendet bzw. dadurch Fehler vermieden wurden) ▪ auf Grund der im Teammeeting erzählten Situationen konnte schon häufig vorhandenes Wissen wieder aufgegriffen werden
Verwandte Probleme	(keine Angaben)

1–4: Konzentration auf Einzelpersonen behindert Kommunikation von Teams	
Kontext	▪ Zusammenarbeit zwischen den Standorten München und Polen – sowohl generell als auch speziell die Zusammenarbeit von Teams ▪ für den Aufbau der Zusammenarbeit der Standorte gab es anfangs je eine Person (als „Brücke“) in München und Polen ▪ die Kommunikation der Teams an den beiden Standorten wurde über Teamköpfe organisiert (d. h. diese kommunizierten mit den Mitarbeitern in München und organisierten auf polnischer Seite das Team)
Problem	die Kommunikation vollzieht sich ausschließlich über Einzelpersonen, eine differenzierte Kommunikation findet nicht statt; das Problem hat zwei Ausprägungen: ▪ Einzelpersonen werden als Kommunikationsbrücke missverstanden: Mitarbeiter versuchen nicht, selbst konsequent Ansprechpartner zu finden bzw. sich mit diesen in Verbindung zu setzen und gehen stattdessen über die für den Aufbau zuständigen Personen ▪ Dominanz der Kommunikation durch eine Einzelperson: der Teamkopf dominiert die Kommunikation – Mitarbeiter im Team in Polen bekamen nur isolierte Information und konnten sich selbst auch nicht entwickeln; sie identifizierten sich mit dem Projekt nicht, und die einzelnen Teile der geschriebenen Software funktionierten zusammen nicht, der Teamkopf war auch mit der Integration der Software überfordert
Einflussfaktoren	Fähigkeiten des Teamkopfs bezüglich Gruppenführung und Kommunikation
Lösungen	Übertragung von Verantwortung auf mehrere Personen
Lösungsvorschläge	(keine Angaben)
Begründung	Teamkopf nur in der Aufbauphase des Standorts Polen sinnvoll, um Overhead an Kommunikation zu vermeiden und diese damit zu bündeln, auch die „Brücken“ für den Aufbau sollten anfangs die Kommunikation konzentrieren
Resultat	die Entzerrung der Kommunikation durch Übertragung von Verantwortung auf mehrere Personen wird nicht als abgeschlossener Prozess, aber bereits als deutlich besser wahrgenommen
Verwandte Probleme	(keine Angaben)

1–5: Fehlende Beschreibung des für Stellen notwendigen Wissens verhindert systematischen Wissensaufbau	
Kontext	Unternehmen allgemein
Problem	Fehlen einer Beschreibung des Wissens, was jeder Mitarbeiter haben sollte, bzw. eines Planes, der den Erwerb des Wissens vorgibt – Mitarbeiter werden „ins kalte Wasser geworfen“ und können sich das Wissen nur selbst gesteuert aneignen
Einflussfaktoren	starkes Wachstum des Unternehmens in den letzten zwei Jahren
Lösungen	Yellow Pages für das Auffinden von Ansprechpartnern
Lösungsvorschläge	▪ Schulungspläne für Mitarbeiter sollen dieses Jahr geschaffen werden (durch eine Art Kompetenzprofil), damit sich Mitarbeiter einarbeiten und herausfinden können, wer Ansprechpartner ist ▪ bestimmte Inhalte, die für Projekte wichtig sind, können durch ein internes Training an die Projektmitarbeiter vermittelt werden – das sollte allerdings derart gestaltet werden, dass dieses Wissen auch sofort verwendet werden kann
Begründung	(keine Aussagen)
Resultat	in Yellow Pages werden Ansprechpartner schnell gefunden
Verwandte Probleme	(keine Angaben)

Interview 1–2

Abteilung	Produktmanagement (Wissensmanagement)
Führungsverantwortung	ja
Zugehörigkeit	9 Jahre
Berufserfahrung	1 Jahr
Verständnis für Wissen	
Beispiele	Ansprechpartner, Lessons Learned, Best Practices, Projekttemplate, Projektablauf, Besuchsplan, Unternehmenskultur, Kontaktdaten
Merkmale	dokumentiert, zentral verfügbar
Umgang mit Wissen	informell

1–6: In Projekten werden wiederholt Fehler gemacht	
Kontext	Projektgeschäft
Problem	in Projekten werden wiederholt Fehler gemacht, und es sind viele Mitarbeiter nötig, um solche Fehler zu bereinigen
Einflussfaktoren	▪ Projektorganisation (Projekte werden noch vor dem Ende anderer Projekte terminiert, der Projektabschluss verschiebt sich typischerweise nach hinten) ▪ die Dokumentationen der Projekte im internen Wiki werden wenig gepflegt und sind selten aktuell
Lösungen	▪ projektbegleitende Lessons Learned mit Hilfe eines Mitarbeiters als „stiller Teilnehmer“ (wöchentliches Gespräch zum Stand des Projekts), der auch mitarbeitet und Feedback gibt ▪ Yellow Pages zum Auffinden von Spezialisten
Lösungsvorschläge	▪ Festhalten von Lessons Learned (typische Fehler in Projekten) und Best Practices, um zukünftigen Projekten Lösungsstrategien anzubieten ▪ Entwicklung eines Projekt-Templates für Geschäftspartner als Handreichung für die Durchführung von Projekten mit dem Unternehmen, um auch hier bekannte Probleme zu vermeiden ▪ die Dokumentation der Projekte im internen Wiki ist auf lange Sicht notwendig, z. Z. aber noch nicht geplant
Begründung	▪ Lessons Learned am Ende von Projekten sind auf Grund der fehlenden Zeit zwischen den Projekten nicht möglich, daher erfolgen sie projektbegleitend ▪ das Führen von Projekt-Tagebüchern ist bei der momentanen Projektkultur nicht möglich – daher auch der Einsatz des stillen Teilnehmers, der den Projektmitarbeitern die Dokumentation abnimmt
Resultat	projektbegleitende Lessons Learned stehen noch am Anfang und sind wenig strukturiert
Verwandte Probleme	1–9 (Großer Aufwand bei der Aufbereitung von Wissen bei der Dokumentation)

1–7: Zuständigkeiten von Mitarbeitern sind schwer zu ermitteln	
Kontext	Projektgeschäft
Problem	Zuständigkeiten von Mitarbeitern (z. B. wer arbeitet an einem bestimmten Projekt) sind schwer zu ermitteln – die Daten dafür sind vorhanden, aber nicht allgemein zugänglich
Einfluss-faktoren	wenig Zeit vorhanden für die Dokumentation der Zuständigkeiten
Lösungen	in einer Tabelle im internen Wiki wurde begonnen, die Dokumentation der Zuständigkeiten zu pflegen
Lösungs-vorschläge	es wird eine Lösung angestrebt, wo Mitarbeiter eine zentrale Stelle (ein Informationssystem) haben, wo dieses Wissen verfügbar ist
Begründung	(keine Angaben)
Resultat	Tabelle wird wenig konsequent gepflegt, der Interviewpartner muss sich bei Mitarbeitern um die Aktualisierung der Tabelle bemühen
Verwandte Probleme	(keine Angaben)

1–8: Physische Entfernung beeinträchtigt Ausmaß des Wissenstransfers	
Kontext	starkes Wachstum des Standorts in Polen im letzten Jahr
Problem	durch die physische Entfernung ist nicht das gleiche, notwendige Ausmaß an Wissenstransfer zum Standort Polen möglich wie am Standort München
Einfluss-faktoren	▪ es existieren bereits Erfahrungen mit einem Entwicklungsbüro, wo aneinander vorbei gearbeitet wurde ▪ verschiedene Nationalitäten ▪ Kommunikation über Drittsprache (englisch), was aber nicht jeder Mitarbeiter verhandlungssicher spricht ▪ Hemmschwellen bei Kommunikation, wenn man sich nicht kennt ▪ anfangs waren die Mitarbeiter aus Polen ohnehin in München, um geschult zu werden; mittlerweile ist das nicht mehr notwendig, und so besteht die Gefahr der Entwicklung separater Unternehmenskulturen
Lösungen	die Lösungen beziehen sich auf die Schaffung von Rahmenbedingungen für den Wissenstransfer ▪ Berücksichtigung von Sprachkenntnissen bei der Einstellung ▪ Nachvollziehen der persönlichen Kontakte in einem Besuchsplan
Lösungs-vorschläge	ab dem Jahr 2009 ist ein Wissensmanagement-Verantwortlicher für Polen geplant – damit soll ein stärkerer Einblick in die Vorgänge aus Sicht des Wissensmanagements und somit eine bessere Koordination desselben erreicht werden
Begründung	Nutzung des Besuchsplans zur Stärkung der persönlichen Kontakte (damit kein Mitarbeiter bei den Besuchen vergessen wird) und damit auch der direkten Kommunikation; damit ist zugleich eine Sozialisierung bezüglich der Unternehmenskultur in München möglich
Resultat	(keine Angaben)
Verwandte Probleme	(keine Angaben)

1–9: Aufwand bei Aufbereitung von Wissen für die Dokumentation	
Kontext	Projektgeschäft
Problem	großer Aufwand bei der Dokumentation, da Wissen auf verschiedene Art und Weise aufbereitet werden muss, um für verschiedene Zielgruppen verwendbar zu sein
Einfluss-faktoren	▪ verschiedene Personenkreise (z. B. Techniker, Betriebswirte) verlangen verschiedene Niveaus (z. B. zu technischen Details) der Dokumentation ▪ Detaillierungsgrad der Dokumentation ▪ Dokumente müssen sich trotz verschiedener Personenkreise ergänzen können ▪ Umfang der Dokumentationsarbeit sehr hoch ▪ begrenzte Ressourcen für Dokumentation
Lösungen	▪ bisher offene Stellen in der Dokumentation auf Zuruf der Nutzer und entsprechend des Release-Zyklus der Software zuerst geschlossen auf einem geringen Detaillierungsgrad ▪ Monitoring der Foren des internen Wikis und der Zugriffszahlen auf die Dokumentation, um Stellen zu identifizieren, wo die Dokumentation geschaffen, aktualisiert oder erweitert werden muss
Lösungs-vorschläge	geplanter Mitarbeiter in Polen für Dokumentation kommt wegen der aktuellen Budgetplanung nicht; stattdessen ist angedacht, einen Studenten als Praktikant einzustellen
Begründung	Lösungen bisher getrieben von den begrenzten Ressourcen
Resultat	(keine Angaben)
Verwandte Probleme	1–6 (In Projekten werden wiederholt Fehler gemacht)

1–10: Kontaktpflege in Bezug auf Wissensmanagement schwierig	
Kontext	persönlicher Arbeitskontext im Bereich Wissensmanagement
Problem	Pflege des Kontakts zu möglichst vielen Personen, um die eigene Arbeit realisieren zu können
Einfluss-faktoren	▪ Zeit ▪ Umgang mit Personen fällt unterschiedlich aus, weil sich die Personen (nicht) kennen oder (nicht) sympathisch sind ▪ eine negative Einstellung von Personen zum Thema Wissensmanagement führt dazu, dass man mit diesen Personen weniger spricht oder in Grundsatzdebatten verfällt ▪ Wahl der Ansprache (wann man miteinander spricht bzw. mit welchem Mittel man die Personen anspricht) ist abhängig von den Personen und wie gut man sie kennt ▪ Fähigkeit zur Konzentration auf entsprechende Themen bei der Gesprächsführung
Lösungen	Niederschreiben von zu besprechenden Dingen
Lösungs-vorschläge	(keine Angaben)
Begründung	Niederschreiben bindet Person eher an das Tun, als es sich nur zu merken
Resultat	(keine Angaben)
Verwandte Probleme	(keine Angaben)

1–11: Entscheidungen werden über existierende Verantwortlichkeiten hinweg getroffen	
Kontext	Unternehmen allgemein
Problem	(bedeutende) Entscheidungen werden (unabhängig von existierenden Verantwortlichkeiten) getroffen, dies widerspricht der Absicht zur Abgabe von Verantwortlichkeiten
Einfluss-faktoren	Gruppe von drei Personen in einer Abteilung, die fast seit Beginn des Unternehmens dabei ist, prägt die organisatorische und disziplinarische Entwicklung und die Technik der Produkte in den Entwicklungsabteilungen stark
Lösungen	(keine Angaben)
Lösungs-vorschläge	(keine Angaben)
Begründung	(keine Angaben)
Resultat	(keine Angaben)
Verwandte Probleme	(keine Angaben)

1–12: Meetings enden ohne konkrete Ergebnisse	
Kontext	Unternehmen allgemein
Problem	viele Meetings werden ohne konkrete Festlegungen (wer bis wann welche Dinge zu tun hat) beendet – so dass oft nichts gemacht wird
Einfluss-faktoren	Bemühen, die Hierarchie flach zu halten und sich als Person mit Führungsverantwortung nicht hervorzutun
Lösungen	(keine Angaben)
Lösungs-vorschläge	(keine Angaben)
Begründung	(keine Angaben)
Resultat	(keine Angaben)
Verwandte Probleme	(keine Angaben)

Interview 1–3

Abteilung	Professional Services
Führungsverantwortung	nein
Zugehörigkeit	1 Jahr, 2 Monate
Berufserfahrung	1 Jahr 2 Monate (bei Hybris)
Verständnis für Wissen	
Beispiele	Ansprechpartner, Lessons Learned, Best Practices, Projekttemplate, Funktionalität der Software, Spezifika und Vorgehen bei verschiedenen Projekttypen, Projektmanagement, Projektstatus und Handlungsmöglichkeiten, Administration der eigenen Produkte, Entwicklung mit den eigenen Produkten, interne Abläufe
Merkmale	in Personen gebunden, nicht dokumentiert, keine prinzipiellen Lösungen
Umgang mit Wissen	direkter Austausch, offene Kommunikation

1–13: Einheitliches Vorgehen für Abstimmung zwischen den Abteilungen fehlt	
Kontext	Projektgeschäft
Problem	mehrfache Vermittlung von Kontakten an einen Partner durch zwei verschiedene Abteilungen, weil die Abteilungen nicht abgestimmt waren und die Vorgeschichte mit dem Partner einer Abteilung nicht bekannt war
Einflussfaktoren	▪ Abteilungen Professional Services und Sales haben Kunden- bzw. Partnerkontakt ▪ Interviewpartner unterlässt Abstimmung, da er neu in dem Bereich ist bzw. diese in der in der Abteilung besprochenen Aufgabenbeschreibung nicht berücksichtigt wurde
Lösungen	häufigere Abstimmung von Professional Services und Sales, auch wenn eine unternehmenseinheitliche Vorgehensweise noch fehlt
Lösungsvorschläge	▪ momentan wird an dieser noch fehlenden Vorgehensweise gearbeitet, mit folgendem Vorschlag: Unterstützung der Vorgehensweise durch Software-Werkzeuge zum Nachvollziehen der Entwicklung von Verkaufszahlen und der Auslastung der Mitarbeiter ▪ konkrete Ideen zu dieser Vorgehensweise existieren aber noch nicht
Begründung	(keine Angaben)
Resultat	(keine Angaben)
Verwandte Probleme	(keine Angaben)

1–14: Einarbeitung von Mitarbeitern ist unstrukturiert	
Kontext	Einsatz von Mitarbeitern in einem neuen Bereich (insbesondere im Bereich Sales)
Problem	Aufbereitung des Themengebiets und Schaffung einer eigenen Struktur erfolgt nicht systematisch, verursacht Stress und Unsicherheit, ob korrekt gearbeitet wird
Einfluss-faktoren	▪ stellt neues Themengebiet für den Interviewpartner dar ▪ es existiert kein Vorgehen für die Einarbeitung in Aufgaben und Themengebiete, es gibt ebenso wenig eine Beschreibung von Rollen und Prozessen und auch keine Trainingseinheiten für diesen Bereich; stattdessen erfolgt informelle Entscheidungsfindung ohne aktive Kommunikation an alle Beteiligte ▪ strukturiertes Vorgehen bei großer Arbeitsbelastung aber auch nicht möglich ▪ Einstellung bezüglich der Einarbeitung: sich selbst einzuarbeiten, wird als schwierig (schließlich verhilft eine schnelle Einarbeitung auch zu einer schnelleren Einsatzfähigkeit für das Unternehmen), aber nicht als negativ angesehen
Lösungen	▪ Durchsprechen von Listen der Partner des Unternehmens und Austausch von Informationen dazu ▪ monatliches Sales-Meeting mit Austausch über den Stand von (potentiellen) Projekten ▪ Yellow Pages als Möglichkeit, Ansprechpartner zu finden ▪ Mentoren-Konzept (Vorgesetzter als Ansprechpartner für Fragen)
Lösungs-vorschläge	neue Mitarbeiter im Sales könnten altgediente Mitarbeiter begleiten, jedoch sind die Vorgehensweisen der erfahrenen Mitarbeiter auf Grund ihrer individuellen Prägung schwer zu übertragen, hinzu kommt, dass viele Prozesse im Sales nicht dokumentiert sind, und es auch kaum prinzipielle Lösungen gibt
Begründung	(keine Angaben)
Resultat	▪ Sales-Meeting hilft, um mit Sales Möglichkeiten des Herantretens an den Partner zu eruieren bzw. Kontaktpersonen zu finden ▪ Yellow Pages sind hier nicht notwendig – die Ansprechpartner sind bekannt, das Problem liegt vielmehr in der fehlenden Fähigkeit der Ansprechpartner, ihr Wissen zu vermitteln ▪ Mentoren-Konzept funktioniert nicht: Mentoren selbst haben Stress bzw. keinen Antrieb, weil sie dann die Arbeit des neuen Mitarbeiters mit erfüllen müssen und dafür nicht entlohnt werden; Ansprechpartner werden stattdessen informell gesucht
Verwandte Probleme	(keine Angaben)

Interview 1–5

Abteilung	Presales
Führungsverantwortung	ja
Zugehörigkeit	2 Jahre
Berufserfahrung	13 Jahre
Verständnis für Wissen	
Beispiele	Technologie, Ansprechpartner, aktuelle Tätigkeit, Softwaretechnik, Funktionalität der Software, Kundenreferenzen, Projektparameter, Produktangebot, Kundenkontakt, Positionierung der Produkte beim Kunden
Merkmale	wiederverwendbar, Fähigkeit zur richtigen Einschätzung und Reaktion, verteilt
Umgang mit Wissen	informell, direkter Austausch

1–15: Qualität des Wissens über Kundenreferenzen ist nicht ausreichend	
Kontext	▪ Beratung von Kunden hinsichtlich Software und Durchführbarkeit von Projekten ▪ hier ist das Wissen über Kundenreferenzen wichtig, um schnell und auch überzeugend (in Hinsicht auf den Vertragsabschluss) beraten zu können
Problem	Wissen über Kundenreferenzen ist nicht vollständig bzw. das Englisch von schlechter Qualität – es muss (in Vorbereitung auf den Kundenbesuch) zeitaufwändig zusammengestellt bzw. nachgearbeitet werden
Einfluss-faktoren	▪ Wachstum des Unternehmens macht den früher einfachen Austausch per Zuruf obsolet und verlangt nach anderen Prozessen ▪ viele Projekte werden durch Geschäftspartner abgewickelt, von welchen der Bezug des Projektwissens schwierig ist (diese möchten ihr Wissen behalten) ▪ zunehmende Komplexität von Anforderungen der Kunden und auch der verkauften Software selbst – dadurch sind mehrere spezialisierte Partner an Projekten beteiligt ▪ Tätigkeit des Interviewpartners ist sehr abwechslungsreich, wobei schnell reagiert werden können muss ▪ Sprachlernen und -anwenden ist ein langwieriger Prozess ▪ Bedeutung des Referenzwissens bisher noch nicht als besonders wichtig erachtet (dies hängt wiederum mit dem starken Wachstum des Unternehmens zusammen)
Lösung	▪ Software zur Pflege von Projektverläufen (worin eine Reihe von Parametern zu den Projekten ausgefüllt werden muss) ▪ Vereinbarung mit Mitarbeitern zum Pflegen des Projektwissens (wird dem nicht nachgekommen, erhält der Mitarbeiter weniger Gehalt)
Lösungs-vorschläge	(keine Angaben)
Begründung	Projektwissen sollte (von sämtlichen Quellen) „automatisch" (d. h. aktiv durch die Beteiligten) in die Software eingehen, was aber nicht der Fall ist – daher diese als hart aber notwendig empfundene Vereinbarung
Resultat	▪ Kunde bekommt sofort entsprechende Antworten und nimmt damit Presales (bzw. das Unternehmen) als informiert/vorbereitet und damit eines Auftrags würdig wahr ▪ Interviewpartner bekommt notwendiges Wissen schneller als bisher
Verwandte Probleme	(keine Angaben)

1–16: Neue Mitarbeiter im Sales bei Einarbeitung auf sich gestellt	
Kontext	▪ Abteilung Sales ▪ erfahrene Mitarbeiter kennen Software, wissen diese beim Kunden zu positionieren und können der Abteilung Presales klare Vorgaben für Zuarbeiten machen
Problem	Wissensaustausch zwischen älteren und neuen Mitarbeitern im Sales findet nicht systematisch statt, d. h. neue Mitarbeiter sind bei Entwicklung des Wissens auf sich selbst gestellt
Einflussfaktoren	▪ Mitarbeitern fehlt Zeit, neue Mitarbeiter einzuarbeiten ▪ verschiedene Sichtweisen auf bestimmte Informationen (Sicht von Sales und Presales ist verschieden, aber auch je nach Erfahrung der Mitarbeiter)
Lösungen	(keine Angaben)
Lösungsvorschläge	(keine Angaben)
Begründung	(keine Angaben)
Resultat	(keine Angaben)
Verwandte Probleme	(keine Angaben)

Interview 1–6

Abteilung	Presales
Führungsverantwortung	nein
Zugehörigkeit	$\frac{1}{2}$ Jahr
Berufserfahrung	14 Jahre
Verständnis für Wissen	
Beispiele	Funktionalität der Software, Projektparameter, Produktangebot
Merkmale	in Personen gebunden, Kombination aus Erfahrung und Neuem, für alle nutzbar
Umgang mit Wissen	offene Kommunikation

1–17: Wissensweitergabe ist zu wenig strukturiert	
Kontext	Projektgeschäft
Problem	Art und Weise der Wissensweitergabe ist zu wenig strukturiert
Einflussfaktoren	▪ die Qualität gemeinsamer Datenbanken wird durch Auswahl und Pflege des Inhalts bestimmt ▪ Wissen ist stark in Personen gebunden – damit ist es nicht in strukturierter Form für alle verfügbar, und ebenso können sich die Mitarbeiter nicht daran (an seiner Entwicklung) beteiligen ▪ das Wachstum des Unternehmens (d. h. mehr Mitarbeiter) macht eine andere Form der Wissensweitergabe notwendig ▪ Mitarbeiter legen Wissen auf ihre individuelle Art und Weise ab ▪ Bereitwilligkeit zur Bereitstellung von Wissen durch die Mitarbeiter ▪ Akzeptanz von Instrumenten zur Wissensweitergabe durch die Mitarbeiter ▪ sowohl die Vielfalt der Projekte als auch der Umfang der jeweiligen Lösung machen eine andere Form der Wissensweitergabe notwendig ▪ Vorerfahrung des Interviewpartners
Lösungen	Diskussion um Aufbau einer Wissensbank für den Support zur Lösung von Problemen in Projekten: ▪ Einrichtung einer Instanz zur Prüfung der Korrektheit der Inhalte (Prüfen auf Neuheit von Lösungen, Nachvollziehen von Lösungen in einer Testumgebung, Beschreibung der Lösung – auch mit Hilfe der Dokumentationsabteilung) ▪ Erweiterung der Wissensbank um projektspezifische Informationen (d. h. die komplette Projektdokumentation) und Verknüpfung mit dem CRM-System ▪ Einweisung, Anhalten zur Nutzung und Motivation werden als Aufgabe des Managements gesehen ▪ Motivation kann durch Vergabe von Gestaltungsfreiheit an die Mitarbeiter geschehen (was wiederum auch die Akzeptanz steigert)

1–17: Wissensweitergabe ist zu wenig strukturiert (Fortsetzung)	
Lösungs-vorschläge	(die Wissensbank existiert noch nicht, ist aber bereits in der Diskussion – daher wurde sie bei „Lösung“ aufgenommen)
Begründung	▪ Wissensbank als Mittel, um Wissen für alle nutzbar zu machen und Lösungen nicht mehrfach zu entwickeln (sowohl für Mitarbeiter als auch für Geschäftspartner) ▪ die Wissensbank kann nicht nur genutzt werden, um Lösungen abzurufen, sondern auch um sich an der Entwicklung von Lösungen etc. zu beteiligen ▪ es existiert zwar das interne Wiki mit sehr vielen Informationen, aber es ist inhaltlich nicht logisch strukturiert, Informationen sind nicht verknüpft, es ist anwenderunfreundlich und unübersichtlich (wobei Verbesserungen in Arbeit sind – z. B. die Überarbeitung des Presales-Bereichs)
Resultat	Interviewpartner hat ähnliche Erfahrungen gemacht, wo eine Wissensbank eine höhere Zufriedenheit bei Kunden und Partnern erzeugte und den Aufwand für deren Pflege deutlich minimierte (Kunden bzw. Partner könnten mit Einträgen in der Wissensbank selbst Lösungen erarbeiten – Mitarbeiter wären dadurch frei für andere Aufgaben)
Verwandte Probleme	(keine Angaben)

1–18: Referenzwissen existiert nicht in verwendbarer Form	
Kontext	Projektgeschäft
Problem	Referenzwissen existiert nicht in verwendbarer Form
Einfluss-faktoren	Mitarbeiter im Vertrieb geben Wissen nicht gern weiter (Wissen stellt ihr eigenes Kapital dar)
Lösungen	▪ Aufbau des CRM-Systems und Einarbeitung des Referenzwissens in das System durch die Mitarbeiter im Vertrieb ▪ Zielvereinbarungen mit den Mitarbeitern über Zuwendungen bei Pflege der gewünschten Informationen
Lösungs-vorschläge	(keine Angaben)
Begründung	▪ Möglichkeit schaffen, vergleichende Informationen über Projekte abzurufen und für neue Projekte zu nutzen ▪ Lösung ist typisch im Software-Vertrieb, um Mitarbeiter zur Weitergabe des eigenen Wissens zu bewegen
Resultat	(keine Angaben)
Verwandte Probleme	(keine Angaben)

Interview 1–7

Abteilung	Research & Development
Führungsverantwortung	nein
Zugehörigkeit	2 Jahre, 2 Monate
Berufserfahrung	2 Jahre, 2 Monate (bei Hybris)
Verständnis für Wissen	
Beispiele	aktuelle Tätigkeit, Funktionalität der Software, Grundkenntnisse der Informatik
Merkmale	(keine Angaben)
Umgang mit Wissen	nicht proaktiv

1–19: Qualität der Softwaredokumentation ist nicht zufriedenstellend	
Kontext	Implementierung von Funktionalität geht einher mit einer entsprechenden Dokumentation
Problem	▪ Dokumentation der Software ist oft nicht vorhanden (beim Altbestand), bzw. wenn sie vorhanden ist, veraltet – woraufhin sich Kunden bzw. Geschäftspartner auch schon meldeten ▪ Dokumentation wird daher oft nicht gelesen, sowohl wegen des einfachen Zugangs zu entsprechendem Wissen über Personen als auch wegen der schweren Auffindbarkeit im internen Wiki
Einfluss-faktoren	▪ Dokumentation als Thema unter Entwicklern nicht beliebt ▪ Ressourcen in der Abteilung sind knapp – Dokumentation ist keine kritische Aufgabe und benötigt (auch bei einem entsprechend definierten Prozess) viel Arbeit ▪ Komplexität der Software
Lösungen	▪ bei neu entwickelter Funktionalität wird Javadoc verwendet ▪ Dokumentationsabteilung fragt häufiger nach bei Entwicklern ▪ Verwendung eines einheitlichen Layouts für die Dokumentation und Erfassung von Metadaten (Version etc.), auf welche sich die Dokumentation bezieht
Lösungs-vorschläge	▪ allgemein sollten Entwickler selbst mehr tun bei Dokumentation ▪ Prozesse sollten stärker definiert sein – d. h. Tickets sollten mehrere Stufen (z. B. die Abteilungen für Qualitätssicherung und Dokumentation) durchlaufen und ein definiertes Ende aufweisen, wo entschieden wird, ob dazu dokumentiert wird oder nicht (Ziel dabei ist, die Tickets nicht zu vergessen bzw. verloren gehen zu lassen) ▪ Javadoc könnte ausgebaut werden, da dort Dokumentation einfacher gesucht werden kann als im internen Wiki
Begründung	(keine Angaben)
Resultat	▪ Javadoc ist zwar vorhanden, wird aber als nicht gut angesehen ▪ Zukommen auf Entwickler wird als Verbesserung des Dokumentationsprozesses wahrgenommen ▪ allgemein ist es mittlerweile bei neu hinzu gekommener Funktionalität besser geworden, da die Dokumentationsabteilung prüft, ob die Dokumentation gut ist
Verwandte Probleme	(keine Angaben)

1–20: Qualitätssicherung der Software ist unzureichend	
Kontext	Software-Entwicklung
Problem	▪ Bugs in der Software bleiben bestehen, weil man zwar eine Lösung erarbeitet, diese aber selbst (mit dem falschen Test) geprüft hat ▪ für den Altbestand der Software sind zu wenig Testfälle vorhanden, so dass bestehende Funktionalität ohne Kenntnis zerstört werden kann ▪ kein Feedback zu Qualität einer erarbeiteten Lösung – Feedback kommt eventuell später erst durch Probleme, die deswegen auftreten
Einfluss-faktoren	▪ bei vielen Tickets sind Ersteller und Bearbeiter dieselbe Person – Tests der Software können verzerrt bzw. unvollständig sein ▪ für Qualitätssicherung gibt es erst seit kurzem eine Abteilung, bisher sind die Entwickler selbst dafür verantwortlich ▪ Motivation der Entwickler, sich Zeit für die Prüfung von Code zu nehmen ▪ Prüfung des Codes wird durchaus als überflüssig angesehen von Entwicklern und daher auch nicht sorgfältig vorgenommen ▪ wenig Personal in der Abteilung
Lösungen	(keine Angaben)
Lösungs-vorschläge	Vier-Augen-Prinzip, um Code generell zu prüfen und Hinweise zu geben – allerdings wird ein durchstrukturierter Prozess auch ambivalent gesehen, weil dieser Prozess auch (organisatorischen) Overhead erzeugt
Begründung	(keine Angaben)
Resultat	allgemein eine Verbesserung der Qualität der Software
Verwandte Probleme	(keine Angaben)

1–21: Wissensaustausch mit dem Standort Polen gestaltet sich langwierig	
Kontext	Zusammenarbeit mit dem Standort Polen
Problem	Wissensaustausch mit dem Standort Polen gestaltet sich langwierig, da andere Kommunikationsformen als das direkte Gespräch gesucht werden müssen, die Hürden bei der Kommunikation aufbauen: ▪ Überwindung, ans Telefon zu gehen ▪ Verwendung einer Fremdsprache ▪ Aufwand für die Einrichtung von Software für die Kommunikation
Einfluss-faktoren	▪ räumliche Trennung ▪ zeitliche Ressourcen der Entwickler in München sind begrenzt
Lösungen	▪ nur abgeschlossene Aufgaben können nach Polen vergeben werden ▪ gegenseitige Besuche
Lösungs-vorschläge	(keine Angaben)
Begründung	▪ wirkliche Teamarbeit ist bei diesen Kommunikationshürden schwierig ▪ allerdings braucht die Formulierung abgeschlossener Aufgaben auch wieder Zeit
Resultat	Besuche werden als wichtig angesehen, um Mitarbeiter aus Polen kennen zu lernen, trotzdem bestehen Zweifel, grenzüberschreitend im Team zu arbeiten (der Interviewpartner sieht allerdings auch das Potential der Mitarbeiter am Standort Polen)
Verwandte Probleme	(keine Angaben)

Interview 1–8

Abteilung	Professional Services
Führungsverantwortung	nein
Zugehörigkeit	2 Jahre
Berufserfahrung	9 Jahre
Verständnis für Wissen	
Beispiele	Technologie, Ansprechpartner, aktuelle Tätigkeit, Projekterfahrung, Funktionalität der Software, Kundenreferenzen, Produktangebot, Berufserfahrung
Merkmale	Sammlung von Informationen einer Person, mehr als Austausch über den Status der Arbeit
Umgang mit Wissen	informell, persönlich

1–22: Kommunikation zwischen den Standorten leidet auf Grund der Distanz	
Kontext	Zusammenarbeit der verschiedenen Standorte
Problem	Inhalte der Kommunikation leiden durch die Distanz zwischen den Standorten
Einflussfaktoren	▪ räumliche Distanz der Standorte ▪ sprachliche Barriere zwischen den Standorten ▪ keine persönliche Beziehung zu Gesprächspartnern
Lösungen	klare Benennung von Mitarbeitern in München als Ansprechpartner für den Standort Polen (aber nicht umgedreht, da dafür momentan kein Bedarf besteht)
Lösungsvorschläge	(keine Angaben)
Begründung	alleiniger Ansprechpartner ist mit zunehmender Anzahl an Personen als Kommunikationsbrücke überfordert (Interviewpartner war anfangs selbst alleiniger Ansprechpartner) – daher nun die Verteilung auf mehrere
Resultat	der Interviewpartner schätzt die Benennung der Ansprechpartner als gut ein (aber auch, weil er länger dabei ist und Kontakte kennt – für neue Mitarbeiter würde es schwieriger sein)
Verwandte Probleme	(keine Angaben)

1–23: Diffusion neuen Wissens erfolgt nicht systematisch	
Kontext	Unternehmen allgemein
Problem	konkrete Fragen zu Problemen können beantwortet werden, aber nicht unbedingt sofort notwendiges Wissen (zu neuen Produkten, Herangehensweisen etc.) wird nicht systematisch verteilt
Einflussfaktoren	schwierig festzustellen, wer zur Abteilung Professional Service bzw. zum Produktmanagement gehört
Lösungen	Austausch erfolgt bisher zufällig im Gespräch mit Kollegen oder durch einen Fund im Intranet
Begründung	(keine Angaben)
Resultat	(keine Angaben)
Lösungsvorschläge	▪ Aufstellen einer Strategie für den Wissensaustausch – Identifikation von Defiziten – Erarbeitung von Möglichkeiten für den Austausch (ein Meeting, um etwas vorzuführen): das momentan existierende Meeting ist unstrukturiert und informell und dient nicht dem Wissensaustausch (sondern eher Berichten zum Arbeitsstatus und dazu, sich zu merken, wer was gemacht hat) – Gestaltung des Meetings selbst: Teilnahme des kompletten Teams, klare Kommunikation des Ziels (d. h. Wissensaustausch), jeder bereitet etwas vor (das muss kein langer Vortrag sein, das können z. B. Lessons Learned sein) ▪ Lessons Learned könnten intensiver betrieben werden (auch für kleinere Projekte)
Verwandte Probleme	(keine Angaben)

A.5 Ergebnisse Fall Veritas

Interview 2–1

Abteilung	Marketing
Führungsverantwortung	ja
Zugehörigkeit	19 Jahre
Berufserfahrung	19 Jahre
Verständnis für Wissen	
Beispiele	Wissen über den Markt, Produktinformationen, Tätigkeit der Mitarbeiter, Kundendaten, Feedback von Kunden, Servicequalität, Informationen über die Konkurrenz
Merkmale	Kenntnis des Kunden und seiner Bedürfnisse, strukturiert, weiche Information, nicht strukturiert, in Personen gebunden
Umgang mit Wissen	strukturiert aus Datenbank, direkter Austausch mit Mitarbeitern und Kunden, nicht strukturiert

2–1: Zugang zu unstrukturierten Informationen ist nicht gegeben	
Kontext	Unternehmen allgemein
Problem	unstrukturierte Informationen (z. B. Sitzungsprotokolle, Informationen zur Konkurrenz) sind nicht für alle Mitarbeiter verfügbar abgelegt bzw. sind nicht den strukturierten Informationen zugeordnet – sie sind schwer aufzufinden, die Suche danach ist aufwändig, und es besteht die Gefahr, dass Informationen verloren gehen
Einfluss-faktoren	▪ Struktur der Ablage der Informationen ▪ Mitarbeiter vergessen was sie getan haben (Ausführung oft gleicher Dinge, Fülle an Informationen) ▪ Tätigkeiten werden mehrfach ausgeführt, weil Mitarbeiter bestimmte Dinge gern tun bzw. auch einen Informationsvorsprung behalten wollen ▪ Produkte sind zwar Personen zugeordnet, aber viele weitere Beteiligte tragen Informationen bei (Außendienst, Lektorat, Medienentwicklung) ▪ nicht strukturierte Informationen sind z. T. nicht eindeutig zuzuordnen ▪ viele Informationen werden erfasst, ohne zu wissen, ob sie später von Interesse sind (dies wird aber nicht reflektiert) ▪ Größe des Unternehmens (Verteilung auf verschiedene Stockwerke, viele Teilzeitkräfte, Gleitzeitvereinbarungen) – die direkte Kommunikation ist dadurch erschwert/nicht mehr darauf zu vertrauen ▪ Fundierung von Aussagen zu einem Produkt
Lösung	Gespräche mit den Beteiligten, um Informationen zusammenzutragen
Lösungs-vorschläge	Zuordnung der unstrukturierten Informationen zu den strukturierten (z. B. einem entsprechenden Projekt); dies wird bei Marktforschungsstudien bereits gemacht (nur in verdichteter Form), sollte aber umfassender erfolgen
Begründung	(keine Angaben)
Resultat	(keine Angaben)
Verwandte Probleme	2–3 (Kein schneller Zugriff auf Produktwissen)

2–2: Marktanteile sind nicht bekannt oder schwer zu ermitteln	
Kontext	Marketing
Problem	Marktanteile sind nicht bekannt oder schwer zu ermitteln
Einfluss-faktoren	▪ Wissen ist auf wenige Personen beschränkt ▪ durch viele Produkte Verwechslungsgefahr mit anderen Produkten ▪ Formulierung und Ausführung von Abfragen im zentralen Informationssystems sind sehr zeitaufwändig, eine interaktive Abfrage ist nicht möglich ▪ Abfragen laufen stets nach einem ähnlichen Muster ab, ihre Elemente (z. B. Marktanteile) können aber verschieden definiert werden ▪ Abfragen sind meist sehr komplex
Lösung	Befragen von Beteiligten (sofern diese verfügbar sind)
Lösungs-vorschläge	Ergebnisse von Abfragen sollten direkt den Produkten zugeordnet sein
Begründung	(keine Angaben)
Resultat	(keine Angaben)
Verwandte Probleme	(keine Angaben)

2–3: Kein schneller Zugriff auf Produktwissen	
Kontext	Marketing
Problem	Kein schneller Zugriff auf Produktwissen für die Kommunikation mit dem Kunden (Informationen sind prinzipiell beschaffbar, aber nicht in einer angemessenen Zeit) – Auswirkung auf die Zufriedenheit der Kunden (d. h. kompetente Beratung anstatt von Allgemeinplätzen zu Produkten wäre möglich) und auf die Produktentwicklung (um Rückmeldungen von Kunden einfließen zu lassen)
Einfluss-faktoren	▪ große Anzahl an Produkten ▪ schnelle Reaktion auf Kundenanfragen (z. B. in einem Telefonat) notwendig
Lösung	Texte zur Produktbeschreibung werden bereits erfasst, haben aber noch nicht die gewünschte Form (bisher sind es allgemeine Werbetexte)
Lösungs-vorschläge	▪ so genannte Testimonials sollten weitergeben werden (zwischen Zentrale und Außendienst funktioniert dies bereits) ▪ Informationen zu Produkt (z. B. Umsätze, Begründung warum so toll) sind bei Kundenanruf sofort abrufbar im zentralen Informationssystem vorhanden
Begründung	(keine Angaben)
Resultat	(keine Angaben)
Verwandte Probleme	2–1 (Zugang zu unstrukturierten Informationen ist nicht gegeben)

Interview 2–2

Abteilung	Herstellung
Führungsverantwortung	nein
Zugehörigkeit	$1\frac{1}{2}$ Jahre
Berufserfahrung	$1\frac{1}{2}$ Jahre
Verständnis für Wissen	
Beispiele	Umgang mit Layoutsoftware, Vorgaben für Buchgestaltung, Trends (in der Werbung), Erfahrung, Buchproduktion, organisatorische Abwicklung des Drucks, Feedback von Autoren und Kunden
Merkmale	Erlerntes umsetzen
Umgang mit Wissen	mündlicher Austausch, selbstgesteuert, im Zweiergespräch

2–4: Austausch von Wissen in der Abteilung erfolgt in zu geringem Ausmaß	
Kontext	Herstellung (Layout von Druckerzeugnissen)
Problem	Austausch von Wissen (z. B. zu Verbesserungen im Umgang mit der Layout-Software) in der Abteilung erfolgt in zu geringem Ausmaß (über Sitzungen und Schulungen hinaus)
Einflussfaktoren	Gespräch eignen sich für den Wissensaustausch besser als eine Dokumentation, weil man diese es erst lesen muss
Lösung	Schulungen an der Layout-Software
Lösungsvorschläge	(keine Angaben)
Begründung	(keine Angaben)
Resultat	Schulungen an der Software sorgten für gleichen Wissensstand in der Abteilung
Verwandte Probleme	(keine Angaben)

2–5: Verzögerungen bei der Produktion von Büchern

Kontext	Herstellung (Abwicklung von Neuproduktionen)
Problem	Verzögerungen bei der Produktion von Büchern durch nicht termingerechte Bereitstellung von Beiträgen der Beteiligten
Einflussfaktoren	▪ Abhängigkeit von den Autoren ▪ kurzfristige Korrekturwünsche bei Illustrationen (neue Scans der oft handgezeichneten Illustrationen kostet Zeit) ▪ Informationen werden nicht rechtzeitig bereit gestellt ▪ viele Buchprojekte laufen parallel ▪ Arbeitsbelastung des Einzelnen ▪ Schritte bei der Neuproduktion sind fix (unabhängig von der Art des neuen Buches), Zuständigkeiten (d. h. wer für welchen Titel zuständig ist) sind gegeben – die Arbeit ist aber kreativ und kann zeitlich nicht von vornherein festlegt werden ▪ Wachstum des Unternehmens ▪ Einsatz vieler Teilzeitkräfte, somit sind die Anwesenheitszeiten nicht gleich
Lösung	Arbeit an einem standardisierten Ablauf (basierend auf Reflektion der eigenen Arbeit) als Grundlage für die Terminplanung wurde begonnen
Lösungsvorschläge	Durchführung einer Terminplanung und deren Einhaltung (ist bei parallelen Projekten aber schwierig)
Begründung	mit der Standardisierung soll der Ablauf verbessert und vereinheitlicht werden; damit wird zugleich ein besseres Verständnis des Ablaufs erreicht
Resultat	(keine Angaben)
Verwandte Probleme	(keine Angaben)

Interview 2–3

Abteilung	Personalentwicklung, Recht & Organisation
Führungsverantwortung	ja
Zugehörigkeit	11 Jahre
Berufserfahrung	21 Jahre
Verständnis für Wissen	
Beispiele	Recht, Grundverständnis von Betriebswirtschaft, Erfahrung, Personalmanagement, Software, organisatorisches Verständnis, IT-Technik, Mitarbeiterführung, organisatorische Abläufe, Zuständigkeiten der Mitarbeiter, neue Medien, Softskills
Merkmale	abrufbare Kenntnisse, durch Lernen, Erfahrung und Umgang mit anderen angeeignet; immer abrufbar, an Personen gebunden, wenn es eigenem Zuständigkeitsbereich unterliegt
Umgang mit Wissen	direkter Austausch

2–6: Fehlen einer gemeinsamen Struktur für die Ablage von Wissen	
Kontext	Unternehmen allgemein
Problem	Fehlen einer gemeinsamen Struktur für die Ablage von Wissen, um es für andere nutzbar zu machen
Einflussfaktoren	▪ unterschiedliches Verständnis von Begrifflichkeiten (durch unterschiedliche berufliche Vorbildung, verschiedene Intentionen von Gesprächspartnern) – somit ergeben sich unterschiedliche Ordnungen von Wissen ▪ Personen bevorzugen bestimmte Form des Austauschs von Wissen (z. B. mündlich oder schriftlich) ▪ Disziplin bei der Pflege der Wissensdokumentation ▪ Daten sind nicht statisch ▪ das zentrale Informationssystem wird von vielen Personen genutzt und enthält viele Informationen – darunter leidet die Übersicht
Lösung	das zentrale Informationssystem besitzt eine entsprechenden Struktur und bildet bereits Daten ab, die sich gut strukturieren lassen
Lösungsvorschläge	(keine Angaben)
Begründung	(keine Angaben)
Resultat	das zentrale Informationssystem wird als gut wahrgenommen, es fehlen darin aber noch Inhalte (z. B. Abläufe und Zuständigkeiten)
Verwandte Probleme	2–19 (Schwer durchschaubare Struktur der Ablage behindert Suche nach Wissen)

2–7: Austausch von Wissen zwischen Abteilungen erfolgt in zu geringem Ausmaß	
Kontext	Unternehmen allgemein
Problem	Austausch von Wissen zwischen Abteilungen erfolgt in zu geringem Ausmaß
Einfluss-faktoren	▪ Personen sind noch nicht auf die Situation eines gewachsenen Unternehmens eingestellt ▪ Informationen über neue eingeführte organisatorische Funktionen bzw. Funktionen, die Personen neu erhalten, werden nicht zeitnah im Unternehmen verbreitet ▪ Zeitdruck; fehlende Ressourcen ▪ fehlendes Bewusstsein bei Mitarbeitern, wer Informationen noch gebrauchen könnte (das hängt mit der organisatorischem Umstrukturierung zusammen – Weitergabe ist nur dann möglich, wenn man die Aufgaben der andern kennt) und fehlendes Wissen darum, was Bring- bzw. Holschuld ist ▪ neue Entwicklungen verändern Prozesse (z. B. rechtliche und organisatorische Fragen bei der Herstellung von Produkten mit neuen Medien)
Lösung	(keine Angaben)
Lösungs-vorschläge	▪ gerade bei neuen Entwicklungen erfolgen Weiterbildungen und der Austausch mit andern Unternehmen (z. B. der Konzernmutter, den Verwertungsgesellschaften und Experten) ▪ die Beschreibung von Prozessen kann den Austausch unterstützen
Begründung	(keine Angaben)
Resultat	(keine Angaben)
Verwandte Probleme	(keine Angaben)

Interview 2–4

Abteilung	Medienentwicklung & Lektorat
Führungsverantwortung	ja
Zugehörigkeit	12 Jahre
Berufserfahrung	12 Jahre (bei Veritas)
Verständnis für Wissen	
Beispiele	externe Rahmenbedingungen und Entwicklungen (Lehrpläne, Verordnungen, Schulformen, Didaktikkonzepte), Art und Weise der Ansprache von Autoren, Akzeptanz der Produkte bei den Kunden, interne Abläufe, psychologisches Wissen (für die Führung der Mitarbeiter), Buchprojekte, Erfahrungen aus dem Schulalltag
Merkmale	Informationen in einem relevanten Bedeutungszusammenhang
Umgang mit Wissen	intern viel persönliche Kommunikation, aber auch institutionalisiert, externe Kommunikation oft institutionalisiert, projektbezogen, ungesteuert

2–8: Unzureichende Aufbereitung externer Informationen	
Kontext	Medienentwicklung & Lektorat
Problem	Aufbereitung externer Informationen (z. B. Änderungen an Lehrplänen) ist unzureichend – z. B. werden wichtige Information nicht prominent hervorgehoben und sind aufwändig zu suchen)
Einflussfaktoren	▪ Mitteilungen sind aus juristischen Gründen in entsprechender Form verfasst ▪ Ministerien sehen sich selbst nicht als Dienstleister für die Verlage
Lösung	(nicht möglich, da das Zustandekommen der Information durch den Verlag nicht beeinflusst werden kann)
Lösungsvorschläge	(keine Angaben)
Begründung	(keine Angaben)
Resultat	(keine Angaben)
Verwandte Probleme	(keine Angaben)

2–9: Späte Konkretisierung von Informationen behindert Buchprojekte	
Kontext	Buchprojekte
Problem	Späte Konkretisierung von Informationen behindert Buchprojekte – Planung erfolgt auf Grund unvollständiger Information, später gewünschte Änderungen sind nur noch schwer einzubringen und auch die Kalkulation wird dadurch erschwert
Einfluss-faktoren	Projekte sind unterschiedlich (Unterschiede ergeben sich z. B. bei der Anzahl der Autoren, der Zusatzprodukte zu einem Buch oder dem Umfang der Änderung bei bestehenden Werken)
Lösung	(keine Angaben)
Lösungs-vorschläge	umfassenden Kommunikation (sämtliche hinzukommenden Informationen müssen zum entsprechenden Zeitpunkt auf die passende Art und Weise an alle Beteiligten weitergegeben werden)
Begründung	(keine Angaben)
Resultat	(keine Angaben)
Verwandte Probleme	(keine Angaben)

2–10: Umfang und Ausmaß der Weitergabe von externem Wissen sind nicht zufriedenstellend

Kontext	Medienentwicklung & Lektorat
Problem	Umfang und Ausmaß der Weitergabe von externem Wissen (z. B. die öffentliche Diskussion, Erfahrungen in den Schulen) sind nicht zufriedenstellend (d. h. Wissen wird nur zufällig weitergegeben, Wissen über einmalige oder extreme Situationen wird generalisiert)
Einflussfaktoren	▪ Engagement der Mitarbeiterinnen und Autorinnen ▪ Gefahr der simplen Bestätigung eigener Erfahrungen durch andere (z. B. den Außendienst) – dies hängt auch mit dem Umgang der Mitarbeiter miteinander in den Abteilungen zusammen ▪ aktuelle Projekte (d. h. was kann dafür an Informationen bedeutsam sein) ▪ wahrgenommene Wichtigkeit bestimmter Informationen
Lösung	▪ Außendienst (der Einblick in die externe Seite hat) wird in die Produktentwicklung einbezogen (durch Präsentationen vom Außendienst, Mitarbeiter begleiten den Außendienst oder konsultieren diesen zu bestimmten Themen) ▪ bei nicht einfach überprüfbaren Fakten werden verschiedene Erfahrungen gesammelt und abgeglichen ▪ Kundenbefragungen (für die Durchführung dieser Befragungen stehen so genannte Marketingkoordinatoren zur Verfügung), Einzelinterviews und Workshops mit Lehrerinnen
Lösungsvorschläge	(keine Angaben)
Begründung	(keine Angaben)
Resultat	▪ die Begleitung des Außendienstes wird als hilfreich wahrgenommen ▪ Ergebnisse von Kundenbefragungen sind nicht repräsentativ und valide erhoben, so dass keine Entscheidungen (über eine Buchvariante) daraus gezogen werden können
Verwandte Probleme	(keine Angaben)

2–11: Sicherstellung der Weitergabe von Wissens zwischen Projekten	
Kontext	Buchprojekte
Problem	Sicherstellung der Weitergabe von Wissens zwischen Projekten – bereits entwickelte Konzepte können sonst nicht weiterverwendet werden
Einfluss-faktoren	▪ es kann nicht alles Wissen weitergegeben werden – eine Selektion ist notwendig, um nicht mit der Weitergabe einen Überfluss an Wissen zu erzeugen ▪ Selektion ist eine bewusste Auswahl und benötigt Zeit ▪ Wachstum des Unternehmens: es können nicht mehr alle Mitarbeiter über alle Projekte Bescheid wissen; die Arbeitsteiligkeit mit anderen Abteilungen hat zugenommen (damit wird der Abteilung Arbeit abgenommen, zugleich nehmen aber die Gestaltungsmöglichkeiten ab) ▪ man muss sich auf externe Entwicklungen einstellen – das bedeutet auch, dass heute bedeutsames Wissen zukünftig nicht mehr von Bedeutung ist
Lösung	▪ Einschätzung eines entwickelten Konzepts durch Lehrerinnen in einem Workshop ▪ Gespräche mit anderen Mitarbeitern, um eine Lösung zu reflektieren und die Einladung dazu in den Besprechungen der Abteilung ▪ Resümee zum Projektabschluss ▪ Durchführung von zwei „Programmtagen“ für den Austausch (einmal mit Außendienst und Marketing zu bestimmten Themen, einmal abteilungsintern, aber projektübergreifend)
Lösungs-vorschläge	(keine Angaben)
Begründung	(keine Angaben)
Resultat	das Resümee zum Projektabschluss funktioniert nicht: Abschlüsse sind zu zerfranst, Wissen wird ohnehin vorher schon (im Moment wo es nützt, oder weil man es für sinnvoll erachtet) weitergegeben
Verwandte Probleme	(keine Angaben)

Interview 2–5

Abteilung	Strategie, Internet und Software
Führungsverantwortung	ja
Zugehörigkeit	9 Jahre
Berufserfahrung	$9\frac{1}{2}$ Jahre
Verständnis für Wissen	
Beispiele	Internettechnologie, Geschäftsmodelle, Technikwissen, Marketingwissen, Didaktik, Unterrichtshilfsmittel, Ansprechpartner, Kompetenzen und Aufgaben der Mitarbeiter, organisatorische Abläufe, Pfade und Passwörter, Inhalte der Website, Arbeitsplatzbeschreibungen, Vorgehensweisen für die Produktion in Projekten
Merkmale	Hardfacts, ist transferierbar/kann sich angeeignet werden, Wissen ist zusammenhängende Informationen in einem größeren sinnvollen Ganzen
Umgang mit Wissen	Wissensaufbau an Mitarbeiter delegiert, Wissen ist auf einzelne Personen beschränkt, Personen sind (trotz Auslastung) sehr lerneifrig, Personen wollen Wissen behalten, nach und durch Personen strukturiert

2–12: Wissen ist auf Einzelpersonen beschränkt	
Kontext	Unternehmen allgemein
Problem	Wissen ist auf einzelne Personen beschränkt – es kann nicht genutzt werden, wenn die entsprechende Person (z. B. durch Kündigung oder Karenz) nicht verfügbar ist
Einflussfaktoren	▪ Größe des Unternehmens ▪ Personen belegen aus persönlichem Interesse bestimmte Themen ▪ Fähigkeit zum Umgang miteinander
Lösung	▪ Verteilung gleicher Aufgaben auf mehrere Personen kommt auf Grund der geringen Größe des Unternehmens nicht in Frage ▪ zu klärende Dinge bleiben einfach liegen, bis die entsprechende Person wieder verfügbar ist ▪ für den Betrieb der Website wird bei Nichtverfügbarkeit einer Person auf einen externen Dienstleister zurückgegriffen oder auch der Mitarbeiter im Urlaub kontaktiert (in der Saison wird kein Urlaub gewährt) ▪ Sicherung von Wissen in der Abteilung: Leute wissen über Aufgaben und Kompetenzen anderer Bescheid, Aufgaben und Kompetenzen werden auch dokumentiert (Handbuch mit Passworten, Pfaden etc.) ▪ bei der Produktentwicklung ist der Ausfall von Personen planbar: Urlaub wird entsprechend eingeplant und die Aufgabe an andere Mitarbeiter übergeben ▪ Arbeitsplatzbeschreibungen mit Aufgaben für ganzes Unternehmen vorhanden
Lösungsvorschläge	in der eigenen Abteilung sollten Personen mit ähnlichen Wissen sich häufiger austauschen
Begründung	(keine Angaben)
Resultat	bei der Lösung mit dem Handbuch besteht Unsicherheit, wie ausreichend dies für die Lösung des Problems ist
Verwandte Probleme	▪ 2–14 (Personengebundene Ablagestrukturen behindern Auffinden von Wissen) ▪ 2–18 (Wissen ist auf einzelne Personen beschränkt)

2–13: Zentrales Informationssystem wird nicht entsprechend seiner Möglichkeiten genutzt	
Kontext	Unternehmen allgemein (Umgang mit zentralem Informationssystem)
Problem	Zentrales Informationssystem wird nicht entsprechend seiner Möglichkeiten genutzt (z. B. wissen Mitarbeiter nicht, was darin steht)
Einfluss-faktoren	▪ das System enthält z. T. falsche Informationen (Frage der Datenpflege) ▪ Personen bevorzugen den persönlicher Austausch ▪ Bedienung des Systems ▪ Häufigkeit der Verwendung ▪ Beteiligung bei der Entwicklung (wer dabei war, hat einen ganz anderen Zugang dazu und versteht die Zusammenhänge dahinter)
Lösung	(keine Angaben)
Lösungs-vorschläge	(keine Angaben)
Begründung	(keine Angaben)
Resultat	(keine Angaben)
Verwandte Probleme	(keine Angaben)

2–14: Personengebundene Ablagestrukturen behindern Auffinden von Wissen	
Kontext	Unternehmen allgemein
Problem	Ablagestrukturen für Wissen auf dem zentralen Netzlaufwerk sind durch einzelne Personen geordnet – Auffinden von Wissen wird dadurch stark behindert
Einfluss-faktoren	Verfügbarkeit von Personen bzw. Verständnis für deren Wissensstruktur
Lösung	in eigener Abteilung besteht mittlerweile der Zwang die gemeinsamen Laufwerke zu verwenden, die thematisch und nach Projekten strukturiert sind
Lösungs-vorschläge	▪ Einführung von Microsoft Office SharePoint Server ▪ stärker nach Abteilungen ordnen, um ein Mindestmaß an gemeinsamer Struktur zu erhalten ▪ schrittweise Umstellung: das Netzlaufwerk in einem ersten Schritt aufräumen und strukturieren und erst dann in einem zweiten Schritt die Umstellung auf Microsoft Office SharePoint Server vornehmen
Begründung	durch die schrittweise Umstellung nur jeweils eine Umstellung vorzunehmen, um die Mitarbeiter nicht zu überfordern
Resultat	in eigener Abteilung ist die Umstellung auf die gemeinsame Ablage noch nicht vollständig umgesetzt, noch immer werden private Ordner genutzt – Daten können somit noch nicht vollständig nachvollzogen werden, aber die Suche ist einfacherer geworden
Verwandte Probleme	2–12 (Wissen ist auf Einzelpersonen beschränkt)

Interview 2–6

Abteilung	Geschäftsleitung
Führungsverantwortung	nein
Zugehörigkeit	5 Jahre
Berufserfahrung	10 Jahre (extern für Veritas)
Verständnis für Wissen	
Beispiele	IT und ihre Entwicklung, organisatorische Abläufe (auch über Unternehmensgrenzen hinweg), Vorgänge im Unternehmen und Vorhaben von Führungskräften, Projektinformationen, Erfahrungen, Ansprechpartner, Umgang mit (alter) Graphiksoftware, organisatorische Abläufe
Merkmale	Wissen ist wie und wo man zu Wissen kommt, Wissen ist effiziente Recherche von Informationen, Wissen bezieht sich auf fachliche Inhalte, Wissen hat eine Halbwertszeit, Wissen stellt Kapital dar, Wissen ist in Personen gebunden
Umgang mit Wissen	behindert durch Flut an Informationen, Wissen präventiv aufbauen, Wissen wird vor allem indirekt über Lösungen an Mitarbeiter weitergegeben, Austausch durch persönliche Gespräche, Wissen auf jeweilige Person beschränkt, Mitarbeiter wollen Abteilungswissen schützen

2–15: Kein Bewusstsein für die Bedeutung von Wissen für das Unternehmen	
Kontext	Unternehmen allgemein
Problem	es besteht noch kein Bewusstsein dafür, welches Kapital das Wissen des Unternehmens darstellt – dies könnte zu einem Ressourcen schonenderen Arbeiten (weniger Überlastung) und bewussterer Kommunikation (frühere Übermittlung von Informationen, Option für Interventionen bleibt offen) führen
Einflussfaktoren	▪ das Unternehmen funktioniert – es besteht also keine Notwendigkeit, sich darüber Gedanken zu machen ▪ Austausch von Informationen (über Entscheidungen oder Projekte) stößt auf Grund der momentanen Größe des Unternehmens an seine Grenzen und führt entweder zur Überlastung mit Informationen oder zu fehlender Information
Lösung	(keine Angaben)
Lösungsvorschläge	(keine Angaben)
Begründung	(keine Angaben)
Resultat	(keine Angaben)
Verwandte Probleme	(keine Angaben)

2–16: Gleiche Aufgaben werden nicht auf gleiche Art ausgeführt	
Kontext	Unternehmen allgemein
Problem	für gleiche Aufgaben werden noch keine gleichen Standards bei Ausführung verwendet
Einfluss-faktoren	▪ Tätigkeiten waren zunächst einfach besetzt und müssen nun auf Grund des gestiegenen Arbeitsumfangs mehrfach besetzt werden ▪ Produkte haben sich verändert, damit auch die Prozesse (z. B. werden bestimmte Dinge nicht mehr außer Haus gemacht), allerdings bestehen keine externen Vorschriften, Prozesse auf eine bestimmte Art zu gestalten
Lösung	Prozesse sind an und für sich bekannt (sonst würde auch nichts zustande kommen), aber nur grob und nicht im Detail
Lösungs-vorschläge	Durchführung einer detaillierten Prozessanalyse und -beschreibung
Begründung	(keine Angaben)
Resultat	(keine Angaben)
Verwandte Probleme	(keine Angaben)

2–17: Mehraufwand durch doppelte Arbeit	
Kontext	Unternehmen allgemein
Problem	Mehraufwand durch doppelte Arbeit
Einfluss-faktoren	▪ in bestimmten Abteilungen werden die bestehenden Abläufe nicht hinterfragt ▪ Personen wollen ihre Abteilungen schützen – sie mache die Arbeit selbst, um die Daten zu haben und aus fehlendem Vertrauen gegenüber anderen ▪ Unkenntnis, dass eine Aufgabe bereits getan wurde
Lösung	Werbetexte werden mittlerweile im zentralen Informationssystem erfasst und eingetragen, um nicht mehrfach formuliert zu werden
Lösungs-vorschläge	(keine Angaben)
Begründung	(keine Angaben)
Resultat	(keine Angaben)
Verwandte Probleme	(keine Angaben)

2–18: Wissen ist auf einzelne Personen beschränkt	
Kontext	Unternehmen allgemein
Problem	Wissen ist auf einzelne Personen beschränkt (z. T. auch in kritischen Bereichen wie der IT oder dem Marketing) – der Ausfall der Personen würde zu erheblichem Aufwand zum erneuten Aufbau des Wissen führen
Einflussfaktoren	stellt Organisationsproblem dar – es könnte, wenn gewünscht, anders geregelt werden
Lösung	(keine Angaben)
Lösungsvorschläge	(keine Angaben)
Begründung	(keine Angaben)
Resultat	(keine Angaben)
Verwandte Probleme	2–12 (Wissen ist auf Einzelpersonen beschränkt)

2–19: Schwer durchschaubare Struktur der Ablage behindert Suche nach Wissen	
Kontext	Unternehmen allgemein
Problem	Schwer durchschaubare Struktur der Ablage auf dem gemeinsamen Netzlaufwerk behindert die Suche nach Wissen
Einflussfaktoren	Verständnis für die Struktur der Ablage
Lösung	Durchführung eines Evaluationsprojekts für die Einführung des Microsoft Office SharePoint Servers – der Projektauftrag ist mittlerweile erteilt: 2009 erfolgt die Installation und der Aufbau einer logischen Struktur, bis 2011 der fertige Ausbau
Lösungsvorschläge	▪ hier hat es bereits mehrere gegeben, die jedoch nichts fruchteten, weil keine Möglichkeit bestand, die vorgegebenen Strukturen durchzusetzen ▪ für die vorgegebenen Strukturen sollten klare Anweisungen existieren und auch Konsequenzen gezogen werden, falls sich nicht daran gehalten wird
Begründung	der Microsoft Office SharePoint Server wurde gewählt, weil damit die Möglichkeit besteht, grundlegende Strukturen für die Ablage von Wissen zu verlangen und durchzusetzen und im Zuge seiner Einführung zugleich organisatorische Anpassungen (durch neue Regelungen) vorzunehmen
Resultat	(keine Angaben)
Verwandte Probleme	2–6 (Fehlen einer gemeinsamen Struktur für die Ablage von Wissen)

A.6 Ergebnisse Fall Visus

Interview 3–1

Abteilung	Geschäftsleitung
Führungsverantwortung	nein
Zugehörigkeit	9 Jahre
Berufserfahrung	–
Verständnis für Wissen	
Beispiele	Historie der Beziehung zu Kunden und Lieferanten, aktuelle Vorgänge, Art und Weise der Kommunikation mit Mitarbeitern, Prozessbeschreibungen und Arbeitsanweisungen, Erfahrung, Produkte
Merkmale	Bescheid wissen
Umgang mit Wissen	direkter Austausch, dokumentiert (in Software), Art und Weise der Weitergabe nicht fest geregelt

3–1: Fehlen einer gemeinsamen Basis für den Wissensaustausch	
Kontext	Unternehmen allgemein
Problem	Fehlen einer gemeinsamen Basis für den Wissensaustausch, die auch jedem Mitarbeiter die Beteiligung daran ermöglicht
Einflussfaktoren	persönlich bevorzugte Art und Weise der Kommunikation muss den kommunizierenden Personen bekannt sein (diese müssen neu eingestellte Mitarbeiter erst lernen)
Lösung	Anpassung an den Kommunikationspartner, je nach dessen Art und Weise der Kommunikation
Lösungsvorschläge	Einführung einer IT-gestützten Plattform (z. B. ein Wiki) als Basis für den Wissensaustausch
Begründung	IT-gestützte Plattform ermöglicht einen schnelleren Austausch als bisher; sie bietet zugleich eine gemeinsame Basis für den Austausch von Wissen
Resultat	(keine Angaben)
Verwandte Probleme	(keine Angaben)

3–2: Verwendung der Dokumentation nicht entsprechend der ursprünglichen Intention	
Kontext	Unternehmen allgemein
Problem	Dokumentation der Prozesse wird in der vorliegenden Form oft nicht verwendet, stattdessen wird nach eigenem Gutdünken vorgegangen, um Zeit zu sparen – Prozesse werden nicht (komplett) eingehalten
Einflussfaktoren	▪ Erfahrung der Nutzer (erfahrene Ingenieure brauchen nur kurze Anweisungen, neue Mitarbeiter und Auszubildende mehr) ▪ Situation der Verwendung des Dokumentation: z. B. ist bei telefonischem Kundenkontakt das Nachschlagen in der gedruckten Dokumentation zu zeitaufwändig, hingegen ist bei intensiver Arbeit am Computer (mit vielen laufenden Programmen) die Printausgabe hilfreich ▪ Häufigkeit der Änderung von Prozessen
Lösung	(keine Angaben)
Lösungsvorschläge	(keine Angaben)
Begründung	schriftliche (elektronische bzw. gedruckte) Dokumentation der Prozesse bleibt wichtig – damit können Anweisungen weitergegeben werden statt dies im direkten Austausch zu tun (wofür in der alltäglichen Arbeit keine Zeit ist)
Resultat	(keine Angaben)
Verwandte Probleme	(keine Angaben)

3–3: Unklarheit über Weitergabe von Wissen	
Kontext	Unternehmen allgemein
Problem	Unklarheit darüber, welches Wissen weitergegeben werden soll (d. h. ob das Wissen hilfreich für andere ist oder sie nur belastet) – Wissen geht eventuell verloren
Einflussfaktoren	▪ Personen möchten Wissen behalten, um nicht ersetzbar zu werden ▪ Annahme der Reziprozität (d. h. die Erwartung, dass man Wissen weitergegeben bekommt, wenn man selbst anderen Wissen weitergibt) ▪ Annahme, dass Gespräche mit Mitarbeitern stets unmissverständlich ablaufen ▪ Annahme bzw. Wunsch, dass die Mitarbeiter selbst aktiv überlegen, wie dem Unternehmen am besten geholfen wird ▪ es bestehen keine festen Regeln für die Weitergabe von Wissen
Lösung	▪ Vorschlagswesen ist in Mitarbeitergespräche eingebunden (konkrete Frage nach Verbesserungsvorschlägen, Aufgreifen von Verbesserungen beim folgenden Gespräch) ▪ außerdem ist jeder Mitarbeiter dazu eingeladen, Vorschläge per Mail einzureichen (oft erhalten dann die meldenden Mitarbeiter den Auftrag, die Änderung durchzuführen) – diese Einladung wird auch (nicht ständig) von Seiten der Geschäftsleitung kommuniziert ▪ am Standort in Hamburg finden auch Rundgänge statt, um die prüfen, was verbessert werden kann ▪ werden Änderungen bzw. Verbesserungen durchgesetzt, so erhalten alle Betroffenen eine Rundmail; sie sind dazu angehalten, diese Mails zu sammeln und dort bei Bedarf nachzuschauen
Lösungsvorschläge	▪ Einbinden von Regeln zur Weitergabe von Wissen in die Prozessdokumentation ▪ betriebliches Vorschlagswesen (regelmäßige Versammlung auf welcher Vorschläge vorgestellt werden mit einer zentralen Stelle für die Einreichung von Vorschlägen)
Begründung	durch das betriebliche Vorschlagswesen sollen die Mitarbeiter direkt am Verbesserungsprozess beteiligt werden (schließlich kennen sie die Abläufe am besten) und der Austausch untereinander verstärkt werden (so kann – erfasst auf einer gemeinsamen Plattform – das Vorgehen von bereits aufgetretenen Problemen aufgegriffen werden; siehe Problem 3–1)
Resultat	(keine Angaben)
Verwandte Probleme	3–1 (Fehlen einer gemeinsamen Basis für den Wissensaustausch)

Interview 3–2

Abteilung	Geschäftsleitung
Führungsverantwortung	ja
Zugehörigkeit	32 Jahre
Berufserfahrung	39 Jahre
Verständnis für Wissen	
Beispiele	Fachwissen im Bereich Augenoptik, Optometrie, Ophthalmologie; Managementwissen, Ergebnisse von Augenuntersuchungen, Dokumentation von Arbeitsschritten, Maßnahmen und Ergebnisse von Behandlungen, organisatorische Abläufe (z. B. Zollabfertigung), Umgang mit Software für Sehtests, Erfahrung mit der Kontaktlinsenanpassung, Umgang mit Wissen selbst
Merkmale	angeeignete Informationen und erlernte Fähigkeit
Umgang mit Wissen	indirekt über Konzepte zur Gestaltung der Aufgabenbereiche an Mitarbeiter weitergegeben, dokumentiert, in Fachkreisen publiziert, regelmäßiger direkter Austausch, Wissen im Selbststudium erworben

3–4: Unterschiede im Verständnis von Wissen über Prozesse	
Kontext	Unternehmen allgemein
Problem	Wissen wird nicht so verstanden wie es bei der Vermittlung intendiert war – dies schafft Unklarheit bei der Ausführung von Prozessen
Einfluss-faktoren	grundlegendes menschliches Verhalten (Personen interpretieren das von ihnen aufgenommene Wissen)
Lösung	▪ Qualitätsmanagement (und Zertifizierung) für alle relevanten Bereiche des Unternehmens, d. h. eindeutige Vorgaben für eine fehlerfrei Ausführung von Prozessen durch Dokumentation ▪ wiederholte Schulungen und Kontrolle der Mitarbeiter
Lösungs-vorschläge	(keine Angaben)
Begründung	▪ die Dokumentation löst Unklarheiten auf und erlaubt es den Mitarbeitern, Prozesse selbstständig auszuführen ▪ zugleich kann damit geprüft werden, ob Prozesse wie vorgesehen durchgeführt wurden und wie genau sie ausgeführt wurden (das ist insbesondere für die Augenprüfung wichtig) ▪ Dokumentation war Voraussetzung, um Studien mit der FDA durchführen zu können
Resultat	▪ selbstständiges Ausführen von Prozessen reduziert die Arbeitsbelastung für die Geschäftsleitung (weil weniger Rückfragen von den Mitarbeitern nötig sind) und steigert die Zufriedenheit der Kunden durch eine fehlerfreie Erledigung ihrer Behandlung ▪ die Dokumentation stellt keine Mehrarbeit, sondern eine Erleichterung dar (durch die Anleitung ist sichergestellt, dass keine Arbeitsschritte vergessen werden und dass das Unternehmen folglich nicht angreifbar ist, z. B. wenn es um Kunstfehler geht); die Mitarbeiter sehen sie als Vorteil an ▪ durch die Lösung wird systematisch Wissen gesammelt, das verwendet werden kann, um (1) die Weiterbehandlung von Kunden zu planen und zu verfolgen und (2) das Wissen zu aggregieren und wissenschaftlich zu publizieren ▪ ausgebildete Mitarbeiter können mit Hilfe der Dokumentation die Arbeit anderer Mitarbeiter übernehmen
Verwandte Probleme	(keine Angaben)

3–5: Vermittlung praktischen Wissens an Kontaktlinsenspezialisten ist zeitaufwändig	
Kontext	Unternehmen allgemein
Problem	Vermittlung praktischen Wissens für die Arbeit als Kontaktlinsenspezialist (z. B. Entscheidungen wie ein Kunde weiter behandelt wird; insbesondere bei Problemfällen) an neue Mitarbeiter ist sehr zeitaufwändig – lange Zeitspanne bis Mitarbeiter selbstständig arbeiten können und Aufgaben bleiben liegen, weil Mitarbeiter keine Lösung dafür haben
Einflussfaktoren	Personen sind zu wenig im Umgang mit Wissen geschult (z. B. wie eignet man sich schnell Wissen an)
Lösung	▪ neue Mitarbeiter bekommen praktischen Betreuer an die Seite gestellt, der die Endkontrolle übernimmt (direkt beim Kunden oder auch nur an den Daten): anfangs erfolgt diese häufig und auf Wunsch des Mitarbeiters, später nur bei Urlaubsvertretung und zur Kontrolle ▪ regelmäßiges (direktes oder telefonisches) Abhalten eines Diagnostikum (Besprechung zwischen Optikern zu Behandlungsfällen und Diskussion von Lösungen)
Lösungsvorschläge	Ausweiten des Diagnostikums: hier kann die Leistungsfähigkeit nach Aussage des Interviewpartners noch gesteigert werden; eventuell auch bessere Dokumentation von besprochenen Fällen (Mailverkehr speichern)
Begründung	(keine Angaben)
Resultat	(keine Angaben)
Verwandte Probleme	(keine Angaben)

Interview 3–3

Abteilung	Personalmanagement (Geschäftsleitung)
Führungsverantwortung	ja
Zugehörigkeit	32 Jahre
Berufserfahrung	32 Jahre
Verständnis für Wissen	
Beispiele	Umgang mit Kunden, organisatorische Abläufe, Augenoptik, Produktdaten der Kontaktlinsen, Vorgänge mit Kunden, Kundendaten, Sozialpädagogik, kaufmännisches Wissen
Merkmale	nötiges Fachwissen bekommen und rationell anwenden, ist praktisches Wissen, stellt Know-how dar, ist Fachwissen
Umgang mit Wissen	dokumentiert (in Handbuch), ist angelernt worden, direktes Gespräch, aufbereitetes Fachwissen an Kunden weitergeben, Schulung von Mitarbeitern

3–6: Weitergabe von Informationen leidet durch Missverständnisse	
Kontext	Unternehmen allgemein
Problem	Missverständnisse zwischen Personen führen dazu, dass Informationen missinterpretiert, nicht oder falsch weitergegeben werden, Fachwissen fehlt und Fehler in der alltäglichen Arbeit gemacht werden – behindert Auftreten und Handeln von Visus als kompetentes Unternehmen
Einfluss-faktoren	▪ Geschlecht (Frauen tauschen sich eher aus, Männer wollen ihr Fachwissen eher behalten) ▪ es wird sich nicht weitergebildet bzw. nicht gefragt ▪ Kunden übertragen eigene Probleme auf die Anpasser ▪ bei der Behandlung bzw. Umgang mit Kontaktlinsen (diffiziles Produkt) müssen viele Informationen korrekt verarbeitet bzw. weitergegeben werden
Lösung	▪ Prüfung, ob Ausgleich mit den Mitarbeitern oder Polarisieren das Problem lösen; viele Probleme werden über den Ausgleich miteinander und Gespräche gelöst, dabei wird auch für einen Ausgleich des Stands an Wissen Sorge getragen ▪ Qualitätsmanagement ▪ Notizen über problematische Kunden ▪ Interviewpartner steht bei Problemen als Ansprechpartner für Mitarbeiter zur Verfügung bzw. spricht bei Kenntnis von Problemen selbst aktiv Mitarbeiter an
Lösungs-vorschläge	(keine Angaben)
Begründung	der Ausgleich mit den Mitarbeitern wird angestrebt – Reaktionen auf Polarisieren (wie z. B. Krankfeiern) sollen vermieden werden
Resultat	(keine Angaben)
Verwandte Probleme	(keine Angaben)

Interview 3–4

Abteilung	Anpassung & Betriebsleitung (Stuttgart)
Führungsverantwortung	ja
Zugehörigkeit	1 Jahr, 3 Monate
Berufserfahrung	23 Jahre
Verständnis für Wissen	
Beispiele	Augenoptik und Ophthalmologie, Organisationswissen, Bestellinformationen, Produktdaten der Kontaktlinsen, (Lösungen für) Kundenfälle, Anforderungen von Kunden
Merkmale	Wissen ist Basis des Lebens, Wissen hat Halbwertszeit
Umgang mit Wissen	persönliches Gespräch, aufbereitetes Fachwissen an Kunden weitergeben, elektronisch dokumentiert, Austausch mit Betriebsinhaber, direkter elektronischer Austausch

3–7: Wissen ist für schnellen Zugriff nicht verfügbar

Kontext	Anpassung von Kontaktlinsen
Problem	Wissen (d. h. Fachwissen aus Zeitschriften) ist für schnellen Zugriff nicht verfügbar – Suche danach ist aufwändig bzw. könnte eine schnelle Suche die Lösung von Problemen der Kunden mit ihren Kontaktlinsen verbessern
Einflussfaktoren	▪ Notwendigkeit, mit aktuellem Wissen zu arbeiten ▪ sowohl Fachwissen (viele Neuerungen) als auch die Produkte selbst (z. B. viele verschiedene Varianten von Kontaktlinsen) sind sehr umfangreich ▪ Zugriff auf Zeitschriften ist schwierig, da diese für mehrere Personen gedacht sind und im Unternehmen kursieren
Lösung	Screening (Kopieren der wichtigsten interessanten Artikeln und Sammlung in einem Ordner); das Screening erfolgt unabhängig von einem konkreten Fall, dient also dem Überblick – erst bei konkreter Fragestellung aus einem Fall heraus beginnt die Suche nach entsprechenden Artikeln
Lösungsvorschläge	ein eigens damit betrauter Mitarbeiter stellt elektronische (von allen Arbeitsplätzen aus erreichbare) Übersicht mit Artikeln aus Fachzeitschriften zusammen, um sofort bei einer Frage nachsehen zu können
Begründung	Screening durch den Interviewpartner selbst ist in (notwendigem) größerem Umfang nicht zu leisten
Resultat	(keine Angaben)
Verwandte Probleme	(keine Angaben)

A.7 Ergebnisse Fall Neimcke

Interview 4–1

Abteilung	Geschäftsleitung (operatives Geschäft)
Führungsverantwortung	ja
Zugehörigkeit	4 Jahre
Berufserfahrung	2 Jahre
Verständnis für Wissen	
Beispiele	Zufriedenheit der Mitarbeiter, Probleme bei organisatorischen Abläufen, Liefertouren, Tätigkeit der Mitarbeiter, Historie mit Kunden, Zuständigkeiten der Mitarbeiter, Verbesserungsvorschläge und Kritik, Ausbildungspläne, Produkte, Wissen über Kunden, Informationen über Markt
Merkmale	auftretende Probleme
Umgang mit Wissen	persönliche Gespräche, Besprechungsrunden, aktiv danach fragen, Vermittlung an Auszubildende als Nachwuchs, unstrukturiert, freiwillige Informationsveranstaltungen

4–1: Wissen für die Bearbeitung von fremden Problemen fehlt	
Kontext	Geschäftsleitung
Problem	Wissen für die Bearbeitung von Problemen außerhalb des eigenen Verantwortungsbereiches fehlt – Einarbeitung in notwendiges Wissen (z. B. in organisatorische Abläufe, Kundenhistorie) notwendig, um die richtige Entscheidung treffen zu können (das Problem besteht allgemein, wird vom Interviewpartner hier aber am Beispiel von nicht miteinander auskommenden Mitarbeitern formuliert, deren Streit er zu schlichten hat)
Einfluss-faktoren	▪ eigentlich zuständige Personen weisen Verantwortung von sich ▪ Persönlichkeit von Mitarbeitern und Animositäten zwischen Mitarbeitern ▪ Zuständigkeiten am Standort sind nicht für jede einzelne Stelle klar ▪ noch geringe eigene Kenntnis der Prozesse im Unternehmen durch die relativ kurze Zugehörigkeit
Lösung	▪ Trennen von Personen, die nicht miteinander umgehen können, durch Versetzung in verschiedene Abteilungen an verschiedenen Standorten und auch Entlassung von Personen ▪ Einsatz eines Mediators für Beratung und für Mitarbeitergespräche
Lösungs-vorschläge	Mitarbeiter sollten Probleme selbst untereinander klären
Begründung	(keine Angaben)
Resultat	▪ entlassener Mitarbeiter wurde mangels Ersatz wieder eingestellt – Animositäten bleiben damit bestehen ▪ Einsatz des Mediators hat nicht funktioniert
Verwandte Probleme	(keine Angaben)

4–2: Organisatorische Probleme werden nicht rechtzeitig weitergegeben	
Kontext	Unternehmen allgemein, insbesondere Niederlassung Mühldorf
Problem	Probleme im organisatorischen Ablauf werden nicht rechtzeitig weitergegeben – die Probleme werden erst dann offensichtlich, wenn sie nicht mehr zu vermeiden sind (und sich bereits auf Kunden auswirken) als Beispiele für dieses Problem werden verschiedene Dinge genannt: ▪ unklare Verantwortlichkeiten der Mitarbeiter ▪ Mitarbeiter kümmern sich nicht um Kunden ▪ Probleme von Mitarbeitern untereinander
Einfluss-faktoren	▪ Zeit ▪ Interviewpartner ist durch andere Tätigkeiten nicht so stark in die einzelnen Prozesse eingebunden ▪ Zuständigkeiten am Standort sind nicht für jede einzelne Stelle klar (am Standort Traunstein ist dies dagegen geregelt) ▪ Standort ist zugleich Sitz der Geschäftsleitung – Annahme, dass man sich nicht um Dinge kümmern muss, solange es die Geschäftsleitung nicht stört
Lösung	▪ Aufforderung an den Verantwortlichen (d. h. den Niederlassungsleiter), sich der Sache anzunehmen, oder der Interviewpartner übernimmt es selbst ▪ Rundgang durch im Haus und Führen von Gespräche bzw. Telefonate, um auf dem Laufenden zu sein ▪ Vorschlagswesen in Form eines Briefkastens für Verbesserungsvorschläge (hier können Kritik, Probleme und Verbesserungen anonym oder nicht anonym gemeldet werden)
Lösungs-vorschläge	(keine Angaben)
Begründung	Rundgänge und Gespräche mit den Mitarbeitern sind wichtig, da aktives Einholen von Wissen notwendig ist und es sich am Standort Traunstein als sinnvoll erwiesen hat – die Mitarbeiter merkten, dass man Interesse für sie hat bzw. sie kontrolliert
Resultat	das Vorschlagswesen funktioniert gut und erbringt immer wieder Meldungen, trotzdem werden darüber nicht alle auftretenden Probleme gemeldet
Verwandte Probleme	(keine Angaben)

4–3: Zu geringes Ausmaß des Wissensaustauschs in Bezug auf Produkte	
Kontext	Produkteinführung
Problem	Zu geringes Ausmaß des Wissensaustauschs in Bezug auf Produkte – das bedeutet: (1) Wissen wird nicht direkt vom Produktmanagement weitergegeben, so dass nicht umfassend informiert wird und (2) Informationen von Markt werden nicht systematisch erfasst, gehen also verloren oder sind unvollständig
Einflussfaktoren	Zeit der Mitarbeiter im Produktmanagement
Lösung	▪ Informationsveranstaltungen zu Produkten (verpflichtend für Außendienst, freiwillig für Innendienst): sofern es die Zeit zulässt, werden diese durch Mitarbeiter des Produktmanagements abgehalten, sonst durch den Außendienstmitarbeiter vor Ort, der vom Produktmanagement eingewiesen wird ▪ E-Mail-Verteiler mit Informationen vom Produktmanagement ▪ Bereitstellung einschlägiger Zeitschriften
Lösungsvorschläge	(keine Angaben)
Begründung	(keine Angaben)
Resultat	Bereitstellung einschlägiger Zeitschriften reicht nicht aus
Verwandte Probleme	(keine Angaben)

Interview 4–2

Abteilung	Disposition
Führungsverantwortung	nein
Zugehörigkeit	37 Jahre
Berufserfahrung	25 Jahre
Verständnis für Wissen	
Beispiele	Artikel, Lieferanten, Verkaufsaktionen, Bestellinformationen, Sondervereinbarungen
Merkmale	elektronisch, papiergebunden
Umgang mit Wissen	persönliche Gespräche

4–4: Information über Verkaufsaktionen werden nicht rechtzeitig bereitgestellt	
Kontext	Einkauf
Problem	Information über Verkaufsaktionen werden dem Einkauf nicht (immer) rechtzeitig bereitgestellt – Bestellungen sind somit nicht zu bestmöglichen Bedingungen möglich
Einflussfaktoren	▪ Lieferantenverhandlungen werden zentral durch Marketing geführt ▪ Information über Verkaufsaktionen ist wichtig für den Einkauf, da diese z. T. auf Sondervereinbarungen mit dem Lieferanten beruhen
Lösung	(keine Angaben)
Lösungsvorschläge	(keine Angaben)
Begründung	(keine Angaben)
Resultat	Problem hat länger bestanden, wird jetzt als gelöst wahrgenommen
Verwandte Probleme	(keine Angaben)

Interview 4–3

Abteilung	Lager + Kommissionierung
Führungsverantwortung	nein
Zugehörigkeit	10 Jahre
Berufserfahrung	22 Jahre
Verständnis für Wissen	
Beispiele	Lagerplätze und Bestände, Umgang mit Software, Liefertouren
Merkmale	was man für Tätigkeit wissen muss
Umgang mit Wissen	Erwerben durch Eigeninitiative, persönliche Gespräche

(berichtet keine Probleme im Umgang mit Wissen)

Interview 4–4

Abteilung	Verkauf Innendienst
Führungsverantwortung	nein
Zugehörigkeit	9 Jahre
Berufserfahrung	21 Jahre
Verständnis für Wissen	
Beispiele	Erfahrung im Verkauf, kaufmännisches Wissen, Umgang mit Software, organisatorische Abläufe, Ansprechpartner, Produkte, Lieferanten, Wissen über Kunden, Historie mit Kunden, Angebote, Ausbildungspläne, Informationen über Markt, Etiquette, Unternehmen Neimcke, Veranstaltungen
Merkmale	ist Macht, Berücksichtigen von Informationen, ist Weiterdenken,
Umgang mit Wissen	Erwerben durch Eigeninitiative, Schulungen, persönliche Gespräche, Vermittlung an Auszubildende als Nachwuchs, aktiv danach fragen, Dokumentieren von Vorgängen

4–5: Fehlende Eigeninitiative von Mitarbeitern beim Erwerben von Wissens über Produkte	
Kontext	Verkauf Innendienst
Problem	Fehlende Eigeninitiative von Mitarbeitern beim Erwerben von Wissens über Produkte – bei Eigeninitiative spart man sich Zeit mit Erklärungen und bekommt eine bessere Mannschaft zusammen
Einflussfaktoren	▪ Zeit ▪ Engagement der Mitarbeiter
Lösung	▪ Schulungen für Innendienst und Außendienst ▪ Informationsaustausch im Büro untereinander
Lösungsvorschläge	(keine Angaben)
Begründung	die Freiwilligkeit der Veranstaltungen wird betont – sonst müsste die Zeit für die Veranstaltungen als Überstunden bezahlt werden und außerdem sollten Mitarbeiter selbst den Antrieb haben, sich fit für den Job zu machen
Resultat	▪ da Schulungen freiwillig sind, gehen nur engagierte Mitarbeiter hin ▪ Informationsaustausch im Büro reicht aus, manchmal aber erst nachdem Fehler aufgetreten sind
Verwandte Probleme	(keine Angaben)

Interview 4–5

Abteilung	Kundendienstleistung (Werkstatteinrichtung)
Führungsverantwortung	nein
Zugehörigkeit	9 Jahre
Berufserfahrung	5 Jahre
Verständnis für Wissen	
Beispiele	Geräte (ihre Eigenschaften und Fehler), Einschätzung von Arbeitsaufwänden, Lösungen für Kundenprobleme, wissen wo etwas zu finden ist, Auftragshistorie (mit Wartungen, Reparaturen), Anfragen und Angebote, Ansprechpartner, Sondervereinbarungen
Merkmale	Fehlerquellen (worauf zu achten ist)
Umgang mit Wissen	Umsetzung in Planungen und Lösungen, Dokumentation von Vorgängen (Scans), persönliche Gespräche

(berichtet keine Probleme im Umgang mit Wissen)

Interview 4–6

Abteilung	Disposition (Werkstatteinrichtung)
Führungsverantwortung	nein
Zugehörigkeit	18 Jahre
Berufserfahrung	18 Jahre
Verständnis für Wissen	
Beispiele	Bezugsquellen für Produkte, Termine, Abwicklung von Transporten, Bestellinformationen, Artikel, Lieferanten, Sondervereinbarungen, Ausschreibungen
Merkmale	Wissen ist Macht, Abwicklung der Disposition zu optimalen Konditionen
Umgang mit Wissen	dokumentiert, Dokumentation von Vorgängen (Scans), Besprechungsrunde

4–6: Keine zeitnahes Weitergeben bzw. Hinterlegen von Wissen bei Kundenaufträgen	
Kontext	Werkstatteinrichtung
Problem	Keine zeitnahes Weitergeben bzw. Hinterlegen von Wissen bei Kundenaufträgen in der Werkstatteinrichtung, z. B. Änderungen von Vertragsbedingungen oder technischen Details (auch zwischen den Abteilungen) – dies führt zu unnötige Aktivitäten, Aufwand für das Zusammentragen bzw. Prüfen des entsprechend notwendigen Wissen und damit auch zur Verzögerung von Aufträgen
Einfluss-faktoren	Außendienstmitarbeiter sind nicht immer im Büro erreichbar
Lösung	▪ Kundenhistorie (Angebote, Auftragsbestätigungen etc.) ist komplett elektronisch gespeichert (Dokumente werden gescannt) ▪ Eintragungen von Wissen erfolgen direkt durch Außendienstmitarbeiter oder indirekt durch die ihnen zugewiesenen Ansprechpartner im Innendienst (Ersteres wird bevorzugt)
Lösungs-vorschläge	Vereinbarungen mit dem Kunden oder Änderungen (z. B. Zahlungsbedingungen oder technische Details für die Montage) sollten zeitnah eingetragen werden (dafür steht bereits ein Feld für einen Zusatztext für jedes elektronisch abgelegte Dokument bereit)
Begründung	(keine Angaben)
Resultat	(keine Angaben)
Verwandte Probleme	(keine Angaben)

4–7: Auffinden von Wissen durch unzureichende Verschlagwortung behindert	
Kontext	Werkstatteinrichtung
Problem	Wissen über (umfangreiche) Kundenaufträge wird nicht mit entsprechenden Schlagworten hinterlegt – die Suche nach Wissen ist zeitaufwändig
Einflussfaktoren	Umfang des Kundenauftrags (kleine Aufträge können noch schnell durchsucht werden; bei großen mit mehreren Dokumenten eines Typs wird dies schwierig)
Lösung	▪ Kundenhistorie (Angebote, Auftragsbestätigungen etc.) ist komplett elektronisch gespeichert (Dokumente werden gescannt) ▪ für jedes elektronisch abgelegte Dokument steht ein Feld für die Angabe eines Kurzbegriffs bzw. (gerade bei großen Aufträgen) des Inhalts des Dokuments bereit; für die Angabe des Typs eines Dokuments stehen grobe Kategorien bereit
Lösungsvorschläge	(keine Angaben)
Begründung	die ausführliche Dokumentation ist notwendig, um das eigene Handeln zu dokumentieren, da damit auch geklärt werden kann, wer im Falle eines Schadens zahlt
Resultat	das Feld wird vom Umfang her als ausreichend wahrgenommen, es muss eben nur genutzt werden
Verwandte Probleme	(keine Angaben)

Literaturverzeichnis

Aidemark, J. (2008). 'Knowledge Management Paradoxes'. In: Harorimana, D. & Watkins, D. (Hrsg.), *Proceedings of the 9th European Conference on Knowledge Management, Southampton Solent University, Southampton, UK, 4-5 September 2008*, S. 1–10, Reading. Academic Publishing.

Al-Laham, A. (2003). *Organisationales Wissensmanagement. Eine strategische Perspektive.* Verlag Franz Vahlen, München.

Alavi, M. & Leidner, D. (2001). 'Review: Knowledge Management and Knowledge Management Systems: Conceptual Foundations and Research Issues'. *MIS Quarterly* **25**(1):107–136.

Alexander, C., et al. (1977). *A Pattern Language. Towns - Buildungs - Construction.* Oxford University Press, New York.

Alvesson, M. & Kärreman, D. (2001). 'Odd Couple: Making Sense of the Curious Concept of Knowledge Management'. *Journal of Management Studies* **38**(7):995–1018.

Andriessen, D., et al. (2009). 'Pictures of Knowledge Management, Developing a Method for Analysing Knowledge Metaphors in Visuals'. *Electronic Journal of Knowledge Management* **7**(4):405–415.

Andriessen, D. & Van Den Boom, M. (2009). 'In Search of Alternative Metaphors for Knowledge; Inspiration from Symbolism'. *Electronic Journal of Knowledge Management* **7**(4):397–404.

Armistead, C. & Meakins, M. (2002). 'A Framework for Practising Knowledge Management'. *Long Range Planning* **35**(1):49–71.

Assudani, R. (2005). 'Catching the chameleon: understanding the elusive term "knowledge"'. *Journal of Knowledge Management* **9**(2):31–44.

Backhaus, K., et al. (2008). *Multivariate Analysemethoden. Eine anwendungsorientierte Einführung.* Springer Verlag, Berlin, Heidelberg, 12. Aufl.

Barney, J. (1991). 'Firm Resources and Sustained Competitive Advantage'. *Journal of Management* **17**(1):99–120.

Barney, J., et al. (2001). 'The resource-based view of the firm: Ten years after 1991'. *Journal of Management* **27**(6):625–641.

Barton, A. & Lazarsfeld, P. (1984). 'Einige Funktionen von qualitativer Analyse in der Sozialforschung'. In: Hopf, C. & Weingarten, E. (Hrsg.), *Qualitative Sozialforschung*, S. 41–89. Klett-Cotta, Stuttgart, 2. Aufl.

Bea, F., et al. (2004). *Allgemeine Betriebswirtschaftslehre, Band 1: Grundfragen.* Lucius & Lucius, Stuttgart, 9. Aufl.

Bea, F. & Göbel, E. (2002). *Organisation.* Lucius & Lucius, Stuttgart, 2. Aufl.

Beckmann, M. & Adrion, H.-P. (2004). *Wissen zukunftsorientiert managen (WIZUM). Wissensmanagement für kleine und mittlere Unternehmen.* Handwerkskammer für Schwaben, Augsburg.

Beijerse, R. (2000). 'Knowledge management in small and medium-sized companies: knowledge management for entrepreneurs'. *Journal of Knowledge Management* **4**(2):162–179.

Bell, D. (1976). *Die nachindustrielle Gesellschaft.* Campus Verlag, Frankfurt/Main, 2. Aufl.

Berger, P. & Luckmann, T. (1984). *The Social Construction of Reality. A Treatise in the Sociology of Knowledge.* Penguin Books, Harmondsworth, Middlesex.

Bierly, P. & Chakrabarti, A. (1996). 'Generic knowledge strategies in the U.S. pharmaceutical industry'. *Strategic Management Journal* **17**(Winter Special Issue):123–135.

Blackler, F. (1995). 'Knowledge, Knowledge Work and Organizations: An Overview and Interpretation'. *Organization Studies* **16**(6):1021–1046.

Blasius, J. (1987). 'Korrespondenzanalyse – Ein multivariates Verfahren zur Analyse qualitativer Daten'. *Historical Social Research* **12**(42/43):172–189.

Blasius, J. (2001). *Korrespondenzanalyse.* Oldenbourg Verlag, München, Wien.

Bobrow, D. & Whalen, J. (2002). 'Community Knowledge Sharing in Practise: The Eureka Story'. *Reflections* **4**(2):47–59.

Bogner, A. & Menz, W. (2005). 'Das theoriegenerierende Experteninterview. Erkenntnisinteresse, Wissensformen, Interaktion'. In: Bogner, A., Littig, B., & Menz, W. (Hrsg.), *Das Experteninterview. Theorie, Methode, Anwendung,* S. 33–70. VS Verlag für Sozialwissenschaften, Wiesbaden, 2. Aufl.

Böhm, A. (2007). 'Theoretisches Codieren: Textanalyse in der Grounded Theory'. In: Flick, U., von Kardorff, E., & Steinke, I. (Hrsg.), *Qualitative Forschung. Ein Handbuch,* S. 475–485. Rowohlt Taschenbuch Verlag, Reinbek, 5. Aufl.

Bortz, J. & Döring, N. (2006). *Forschungsmethoden und Evaluation für Human- und Sozialwissenschaftler.* Springer Verlag, Heidelberg, 4. Aufl.

Breidbach, O. (2008). *Neue Wissensordnungen. Wie aus Informationen und Nachrichten kulturelles Wissen entsteht.* Suhrkamp Verlag, Frankfurt/Main.

Bullinger, H.-J. & Prieto, J. (1998). 'Wissensmanagement: Paradigma des intelligenten Wachstums - Ergebnisse einer Unternehmensstudie in Deutschland'. In: Pawlowsky, P. (Hrsg.), *Wissensmanagement. Erfahrung und Perspektiven,* S. 87–118. Gabler Verlag, Wiesbaden.

Bullinger, H.-J., et al. (1997). *Wissensmanagement heute. Daten, Fakten, Trends.* Fraunhofer-Institut für Arbeitswirtschaft und Organisation (IAO), Stuttgart.

Bullinger, H.-J., et al. (1998). 'Wissensmanagement – Modelle und Strategien für die Praxis'. In: Bürgel, H. (Hrsg.), *Wissensmanagement: Schritte zum intelligenten Unternehmen.* Springer Verlag, Berlin u.a.

Campbell, D. (1955). 'The Informant in Quantitative Research'. *American Journal of Sociology* **60**(4):339–342.

Chell, E. (2004). 'Critical Incident Technique'. In: Cassell, C. & Symon, G. (Hrsg.), *Essential Guide to Qualitative Methods in Organizational Research,* S. 45–60. Sage Publications, London u.a.

Chen, S., et al. (2006). 'Toward understanding inter-organizational knowledge transfer needs in SMEs: insight from a UK investigation'. *Journal of Knowledge Management* **10**(3):6–23.

Chetty, S. (1996). 'The Case Study Method for Research in Small- and Medium-sized Firms'. *International Small Business Journal* **15**(1):73–85.

Choi, B. & Jong, A. (2010). 'Assessing the impact of knowledge management strategies announcements on the market value of firms'. *Information & Management* **47**(1):42–52.

Choi, B. & Lee, H. (2003). 'An empirical investigation of KM styles and their effect on corporate performance'. *Information & Management* **40**(5):403–417.

Chua, A. (2009). 'The dark side of successful knowledge management initiatives'. *Journal of Knowledge Management* **13**(4):32–40.

Chua, A. & Lam, W. (2005). 'Why KM projects fail: a multi-case analysis'. *Journal of Knowledge Management* **9**(3):6–17.

Corso, M., et al. (2003). 'Technological and Organizational Tools for Knowledge Management: In Search of Configurations'. *Small Business Economics* **21**(4):397–408.

Cruywagen, M., et al. (2008). 'One Size Does Not Fit All – Towards a Typology of Knowledge-Centric Organisations'. *Electronic Journal of Knowledge Management* **6**(2):101–110.

Davenport, T., et al. (1998). 'Successful Knowledge Management Projects'. *Sloan Management Review* **39**(2):43–57.

Davenport, T., et al. (1996). 'Improving Knowledge Work Processes'. *Sloan Management Review* **37**(4):53–65.

Davenport, T. & Prusak, L. (1998). *Working Knowledge. How Organizations Manage What They Know*. Harvard Business School Press, Boston, Massachusetts.

Dawson, R. & Balafas, P. (2008). 'What Problem Are We Trying to Solve? – A Case Study of a Failed Knowledge Management Initiative'. In: Harorimana, D. & Watkins, D. (Hrsg.), *Proceedings of the 9th European Conference on Knowledge Management, Southampton Solent University, Southampton, UK, 4-5 September 2008*, S. 139–146, Reading. Academic Publishing.

de Jong, T. & Ferguson-Hessler, M. (1996). 'Types and Qualities of Knowledge'. *Educational Psychologist* **31**(2):105–113.

Desouza, K. & Awazu, Y. (2006). 'Knowledge management at SMEs: five peculiarities'. *Journal of Knowledge Management* **10**(1):32–43.

Deutsche Bank & Fraunhofer-IAO (1999). *Wettbewerbsfaktor Wissen. Leitfaden zum Wissensmanagement.* Deutsche Bank (Selbstverlag), Frankfurt/Main.

Devane, S. & Wilson, J. (2008). 'Business Benefits of Non-Managed Knowledge'. In: Harorimana, D. & Watkins, D. (Hrsg.), *Proceedings of the 9th European Conference on Knowledge Management, Southampton Solent University, Southampton, UK, 4-5 September 2008*, S. 147–153, Reading. Academic Publishing.

Dick, M. & Wehner, T. (2002). 'Wissensmanagement zur Einführung: Bedeutung, Definition, Konzepte'. In: Lüthy, W., Voit, E., & Wehner, T. (Hrsg.), *Wissensmanagement-Praxis. Einführung, Handlungsfelder und Fallbeispiele*, S. 7–27. vdf Hochschulverlag, Zürich.

Disterer, G. (2000). 'Individuelle und soziale Barrieren beim Aufbau von Wissenssammlungen'. *Wirtschaftsinformatik* **42**(6):539–546.

Dittmar, N. (2004). *Transkription. Ein Leitfaden mit Aufgaben für Studenten, Forscher und Laien.* VS Verlag für Sozialwissenschaften, Wiesbaden, 2. Aufl.

Drucker, P. (1993). *Post-capitalist Society.* Butterworth-Heinemann, Oxford.

Duncan, R. & Weiss, A. (1979). 'Organizational Learning: Implications for Organizational Design'. *Research in Organizational Behavior* **1**:75–123.

Dyer, W. & Wilkins, A. (1991). 'Better Stories, Not Better Constructs, to Generate Better Theory: A Rejoinder to Eisenhardt'. *The Academy of Management Review* **16**(3):613–619.

Earl, M. (2001). 'Knowledge Management Strategies: Toward a Taxonomy'. *Journal of Management Information Systems* **18**(1):215–233.

Eberl, P. (2001). 'Die Generierung des organisationalen Wissens aus konstruktivistischer Perspektive'. In: Schreyögg, G. (Hrsg.), *Wissen in Unternehmen. Konzepte, Maßnahmen, Methoden*, S. 41–66. Erich Schmidt Verlag, Berlin.

Edvardsson, I. (2006). 'Knowledge management in SMEs: the case of Icelandic firms'. *Knowledge Management Research & Practice* **4**(4):275–282.

Edvardsson, I. (2009). 'Is knowledge management losing ground? Developments among Icelandic SMEs'. *Knowledge Management Research & Practice* **7**(1):91–99.

Edvinsson, L. (2006). 'Aspects on the city as a knowledge tool'. *Journal of Knowledge Management* **10**(5):6–13.

Ehlich, K. & Switalla, B. (1976). 'Transkriptionssysteme – Eine exemplarische Übersicht'. *Studium Linguistik* **2**:78–105.

Eisenhardt, K. (1989). 'Building Theories from Case Study Research'. *The Academy of Management Review* **14**(4):532–550.

Eisenhardt, K. (1991). 'Better stories and better constructs: The case for rigor and comparative logic'. *The Academy of Management Review* **16**(3):620–627.

Elbracht-Hülseweg, B. (1985). *Problemlösungsverhalten und Problemlösungsmethoden bei schlecht-strukturierten Problemen.* Studienverlag Dr. N. Brockmeyer, Bochum.

Eppler, M. (2003). 'Making Knowledge Visible through Knowledge Maps: Concepts, Elements, Cases'. In: Holsapple, C. (Hrsg.), *Handbook on Knowledge Management 1. Knowledge Matters*, S. 189–205. Springer Verlag, Berlin, Heidelberg.

Ergazakis, E., et al. (2009). 'Rethinking the development of successful knowledge cities: an advanced framework'. *Journal of Knowledge Management* **13**(5):214–227.

Ergazakis, K., et al. (2004). 'Towards knowledge cities: conceptual analysis and success stories'. *Journal of Knowledge Management* **8**(5):5–15.

Ergazakis, K., et al. (2006). 'A unified methodological approach for the development of knowledge cities'. *Journal of Knowledge Management* **10**(5):65–78.

Etzioni, A. (1975). *Die aktive Gesellschaft. Eine Theorie gesellschaftlicher und politischer Prozesse.* Westdeutscher Verlag, Opladen.

Europäische Kommission (2003). 'Empfehlung der Kommission betreffend die Definition der Kleinstunternehmen sowie der kleinen und mittleren Unternehmen'. (2003/361/EG).

Flanagan, J. (1954). 'The critical incident technique'. *Psychological Bulletin* **51**(4):327–358.

Flick, U. (2007a). 'Design und Prozess qualitativer Forschung'. In: Flick, U., von Kardorff, E., & Steinke, I. (Hrsg.), *Qualitative Forschung. Ein Handbuch*, S. 252–265. Rowohlt Taschenbuch Verlag, Reinbek, 5. Aufl.

Flick, U. (2007b). 'Triangulation in der qualitativen Forschung'. In: Flick, U., von Kardorff, E., & Steinke, I. (Hrsg.), *Qualitative Forschung. Ein Handbuch*, S. 309–318. Rowohlt Taschenbuch Verlag, Reinbek, 5. Aufl.

Flick, U., et al. (2007a). 'Was ist qualitative Forschung? Einleitung und Überblick'. In: Flick, U., von Kardorff, E., & Steinke, I. (Hrsg.), *Qualitative Forschung. Ein Handbuch*, S. 13–29. Rowohlt Taschenbuch Verlag, Reinbek, 5. Aufl.

Flick, U., et al. (Hrsg.) (2007b). *Qualitative Forschung. Ein Handbuch*. Rowohlt Taschenbuch Verlag, Reinbek, 5. Aufl.

Florida, R. (2005). 'The World is Spiky. Globalization has changed the economic playing field, but hasn't leveled it'. *The Atlantic Monthly* **296**(3):48–51.

Franken, A. & Braganza, A. (2006). 'Organisational forms and knowledge management: one size fits all?'. *International Journal of Knowledge Management Studies* **1**(1/2):18–37.

Fullick, P. (2006). 'Synchronous web-based communication using text as a means of enhancing discussion among school students'. *Campus-Wide Information Systems* **23**(3):159–170.

Gamma, E., et al. (1995). *Design Patterns. Elements of Reusable Object-Oriented Software*. Addison-Wesley, Amsterdam.

Geiger, D. & Koch, J. (2008). 'Von der individuellen Routine zur organisationalen Praktik – Ein neues Paradigma für die Organisationsforschung?'. *Schmalenbachs Zeitschrift für betriebswirtschaftliche Forschung (zfbf)* **60**(11):693–712.

Glaser, B. & Strauss, A. (1967). *The Discovery of Grounded Theory: Strategies for Qualitative Research*. Aldine Publishing Company, Chicago.

Gläser, J. & Laudel, G. (2006). *Experteninterviews und qualitative Inhaltsanalyse*. Verlag für Sozialwissenschaften, Wiesbaden, 2. Aufl.

González Ovalle, M. d. R., et al. (2004). 'A compilation of resources on knowledge cities and knowledge-based development'. *Journal of Knowledge Management* **8**(5):107–127.

Grant, R. (1991). 'The Resource-Based Theory of Competitive Advantage: Implications for Strategy Formulation'. *California Management Review* **33**(3):114–135.

Grant, R. (1996). 'Toward a knowledge-based theory of the firm'. *Strategic Management Journal* **17**(Winter Special Issue):109–122.

Greiner, M., et al. (2007). 'A strategy for knowledge management'. *Journal of Knowledge Management* **11**(6):3–15.

Grover, V. & Davenport, T. (2001). 'General Perspectives on Knowledge Management: Fostering a Research Agenda'. *Journal of Management Information Systems* **18**(1):5–21.

Gu, Y. (2004). 'Global knowledge management research: A bibliometric analysis'. *Scientometrics* **61**(2):171–190.

Güldenberg, S. & Eschenbach, R. (1996). 'Organisatorisches Wissen und Lernen – erste Ergebnisse einer qualitativ-empirischen Erhebung'. *Zeitschrift Führung + Organisation (zfo)* **65**(1):4–9.

Güldenberg, S. & Helting, H. (2004). 'Wissensmanagement falsch verstanden? Eine Fortsetzung des Dialoges zur Neuorientierung des Wissensmanagements'. *Die Betriebswirtschaft* **64**(5):523–537.

Guo, Z. & Sheffield, J. (2006). 'A Paradigmatic and Methodological Examination of KM Research: 2000 to 2004'. In: *HICSS '06: Proceedings of the 39th Annual Hawaii International Conference on System Sciences*, S. 153.1, Washington, DC. IEEE Computer Society.

Hall, R. (1992). 'The Strategic Analysis of Intangible Resources'. *Strategic Management Journal* **13**(2):135–144.

Hamer, E. (1997). 'Volkswirtschaftliche Bedeutung von Klein- und Mittelbetrieben'. In: Pfohl, H.-C. (Hrsg.), *Betriebswirtschaftslehre der Mittel- und Kleinbetriebe*, S. 27–49. Erich Schmidt Verlag, Berlin, 3. Aufl.

Hamzah, N. & Ismail, M. (2009). 'Linking business strategy and knowledge management practices: case studies of Malaysian firms'. *International Journal of Knowledge Management Studies* **3**(1/2):22–39.

Handzic, M. (2003). 'An Integrated Framework of Knowledge Management'. *Journal of Knowledge Management* **2**(3):245–252.

Hansen, M., et al. (1999). 'What's Your Strategy for Managing Knowledge?'. *Harvard Business Review* **77**(2):106–116.

Heck, A. (2002). *Die Praxis des Knowledge Managements. Grundlagen – Vorgehen – Tools.* Vieweg Verlag, Braunschweig, Wiesbaden.

Heinrich, L., et al. (2004). *Wirtschaftsinformatik-Lexikon.* Oldenbourg Verlag, München, 7. Aufl.

Heinrich, L., et al. (2007). *Wirtschaftsinformatik. Einführung und Grundlegung.* Oldenbourg Verlag, München, 3. Aufl.

Heisig, P. (1999). 'Wissensmanagement in Deutschland und Europa – Stand und Entwicklungen. Ergebnisse der Befragung der TOP 1000 deutschen und TOP 200 europäischen Unternehmen'. In: Schmidt, R. (Hrsg.), *21. Online-Tagung der DGI. Aufbruch ins Wissensmanagement, Frankfurt am Main, 18. bis 20. Mai, 1999, Proceedings*, S. 53–66, Frankfurt/Main. DGI.

Heisig, P. (2009). 'Harmonisation of knowledge management – comparing 160 KM frameworks around the globe'. *Journal of Knowledge Management* **13**(4):4–31.

Helm, R., et al. (2007). 'Systematisierung der Erfolgsfaktoren von Wissensmanagement auf Basis der bisherigen empirischen Forschung'. *Zeitschrift für Betriebswirtschaft* **77**(2):211–241.

Hettlage, R. & Steinlin, M. (2006). 'The Critical Incident Technique in Knowledge Management-Related Contexts'. Forschungsbericht, IngeniousPeoplesKnowledge, Zürich.

Hill, J. & McGowan, P. (1999). 'Small business and enterprise development: questions about research methodology'. *International Journal of Entrepreneurial Behaviour & Research* **5**(1):5–18.

Hilse, H. (2000). *Kognitive Wende in Management und Beratung. Wissensmanagement aus sozialwissenschaftlicher Sicht.* Deutscher Universitätsverlag, Wiesbaden.

Hitzler, R. & Eberle, T. (2007). 'Phänomenologische Lebensweltanalyse'. In: Flick, U., von Kardorff, E., & Steinke, I. (Hrsg.), *Qualitative Forschung. Ein Handbuch*, S. 109–118. Rowohlt Taschenbuch Verlag, Reinbek, 5. Aufl.

Hlupic, V., et al. (2002). 'Towards an Integrated Approach to Knowledge Management: 'Hard', 'Soft' and 'Abstract' Issues'. *Knowledge and Process Management* **9**(2):90–102.

Hofer, C. & Schendel, D. (1978). *Strategy Formulation: Analytical Concepts.* West Publishing, St. Paul u.a.

Hofmann, J. (1985). *Analyse des Anwendungsbereichs von Problemlösungsmethoden.* Peter Lang, Frankfurt/Main.

Holsapple, C. (2003). 'Knowledge and Its Attributes'. In: Holsapple, C. (Hrsg.), *Handbook on Knowledge Management 1. Knowledge Matters*, S. 165–188. Springer Verlag, Berlin, Heidelberg.

Holsapple, C. & Joshi, K. (1999). 'Description and Analysis of Existing Knowledge Management Frameworks'. In: *HICSS '99: Proceedings of the Thirty-Second Annual Hawaii International Conference on System Sciences*, Band 1, S. 1072, Washington, DC. IEEE Computer Society.

Holsapple, C. & Joshi, K. (2002). 'Knowledge manipulation activities: results of a Delphi study'. *Information & Management* **39**(6):477–490.

Holsapple, C. & Joshi, K. (2003). 'A Knowledge Management Ontology'. In: Holsapple, C. (Hrsg.), *Handbook on Knowledge Management 1. Knowledge Matters*, S. 89–124. Springer Verlag, Berlin u.a.

Howaldt, J., et al. (2004). *Neuorientierung des Wissensmanagements. Paradoxien und Dysfunktionalitäten im Umgang mit der Ressource Wissen.* Deutscher Universitätsverlag, Wiesbaden.

Huber, G. (1991). 'Organizational Learning: The Contributing Processes and the Literatures'. *Organization Science* **2**(1):88–115.

Huberman, A. & Miles, M. (1994). 'Data Management and Analysis Methods'. In: Denzin, N. & Lincoln, Y. (Hrsg.), *Handbook of Qualitative Research*, S. 428–444. Sage Publications, Thousand Oaks u.a.

Hunt, O., et al. (2000). 'The communication experiences of education managers: identifying strengths, weaknesses and critical incidents'. *The International Journal of Educational Management* **14**(3):120.

Hurrle, B. & Kieser, A. (2005). 'Sind Key Informants verlässliche Datenlieferanten?'. *Die Betriebswirtschaft* **65**(6):584–602.

Ilgen, A. (2001). *Wissensmanagement im Großanlagenbau. Ganzheitlicher Ansatz und empirische Prüfung.* Deutscher Universitätsverlag, Wiesbaden.

Jakubik, M. (2007). 'Exploring the knowledge landscape: four emerging views of knowledge'. *Journal of Knowledge Management* **11**(4):6–19.

Jarrar, Y. (2002). 'Knowledge management: learning for organisational experience'. *Managerial Auditing Journal* **17**(6):322–328.

Jensen, J. & Rodgers, R. (2001). 'Cumulating the Intellectual Gold of Case Study Research'. *Public Administrative Review* **61**(2):235–246.

Kankanhalli, A., et al. (2003). 'The Role of IT in Successful Knowledge Management Initiatives'. *Communications of the ACM* **46**(9):69–73.

Kasten, J. (2009). 'Knowledge Strategy and Its Role in the Organization: An Exploratory Study'. *International Journal of Knowledge Management* **5**(3):38–53.

Kelle, U. & Erzberger, C. (2007). 'Qualitative und quantitative Methoden: kein Gegensatz'. In: Flick, U., von Kardorff, E., & Steinke, I. (Hrsg.), *Qualitative Forschung. Ein Handbuch*, S. 299–309. Rowohlt Taschenbuch Verlag, Reinbek, 5. Aufl.

Kelloway, E. & Barling, J. (2000). 'Knowledge work as organizational behavior'. *International Journal of Management Reviews* **2**(3):287–304.

Kemmis, S. & McTaggart, R. (2005). 'Participatory Action Research. Communicative Action and the Public Sphere'. In: Denzin, N. & Lincoln, Y. (Hrsg.), *The Sage Handbook of Qualitative Research*, S. 559–603. Sage Publications, Thousands Oaks u.a., 3. Aufl.

Keogh, W. (1999). 'Understanding Processes and Adding Value within Innovative Small Firms'. *Knowledge and Process Management* **6**(2):114–125.

Kieser, A. (2006). 'Der Situative Ansatz'. In: Kieser, A. & Ebers, M. (Hrsg.), *Organisationstheorien*, S. 215–245. Verlag W. Kohlhammer, Stuttgart, 6. Aufl.

King, W., et al. (2002). 'The Most Important Issues in Knowledge Management'. *Communications of the ACM* **45**(9):93–97.

Klein, H. & Myers, M. (1999). 'A Set of Principles for Conducting and Evaluating Interpretive Field Studies in Information Systems'. *MIS Quarterly* **23**(1):67–94.

Kleinman, L. (2008). 'Obtaining (Academic) Research Access from Organizations'. http://www.ischool.utexas.edu/~kleinman/access.html. Abruf am 29.01.2010.

Klimkeit, D. (2008). 'Herausforderung Mitarbeiterfluktuation und Wissenstransfer jung-alt in einer Professional Service Firm'. In: Bentele, M., Gronau, N., Hochreiter, R., Schütt, P., & Weber, M. (Hrsg.), *Erhöhen Sie Ihren BQ! Konferenzband zur KnowTech 2008*, S. 53–59, Frankfurt/Main.

Knaese, B. (2004). *Das Management von Know-how-Risiken. Eine Analyse von Wissensverlusten im Investment Banking einer Großbank.* Deutscher Universitätsverlag, Wiesbaden.

Kowal, S. & O'Connell, D. (2007). 'Zur Transkription von Gesprächen'. In: Flick, U., von Kardorff, E., & Steinke, I. (Hrsg.), *Qualitative Forschung. Ein Handbuch*, S. 437–447. Rowohlt Taschenbuch Verlag, Reinbek, 5. Aufl.

KPMG (2000). *Knowledge Management Research Report 2000.* KPMG Consulting, London.

Krippendorff, K. (1995). 'On the Reliability of Unitizing Continuous Data'. *Sociological Methodology* **25**:47–76.

Krippendorff, K. (2004). *Content Analysis, An Introduction to Its Methodology.* Sage Publications, Thousand Oaks u.a., 2. Aufl.

Krippendorff, K. (2007). 'Computing Krippendorff's Alpha Reliability'. Forschungsbericht 43, Annenberg School for Communication, University of Pennsylvania.

Kübler, H.-D. (2005). *Mythos Wissensgesellschaft. Gesellschaftlicher Wandel zwischen Information, Medien und Wissen. Eine Einführung.* VS Verlag für Sozialwissenschaften, Wiesbaden.

Kuhn, T. (2003). *Die Struktur wissenschaftlicher Revolutionen.* Suhrkamp Verlag, Frankfurt/Main.

Kusterer, K. (1978). *Know-How on the Job: The Important Working Knowledge of „Unskilled" Workers.* Westview Press, Boulder.

Lai, H. & Chu, T.-h. (2000). 'Knowledge Management: A Review of Theoretical Frameworks and Industrial Cases'. In: *HICSS '00: Proceedings of the 33rd Hawaii International Conference on System Sciences*, Band 3, S. 3022, Washington, DC. IEEE Computer Society.

Lamieri, L. & North, K. (2001). 'Wissensmanagement in Klein- und Mittelbetrieben'. *wissensmanagement* **3**(6):18–22.

Lamnek, S. (1993a). *Qualitative Sozialforschung*, Band 2 Methoden und Techniken. Psychologie Verlags Union, Weinheim, 2. Aufl.

Lamnek, S. (1993b). *Qualitative Sozialforschung*, Band 1 Methodologie. Psychologie Verlags Union, Weinheim, 2. Aufl.

Larkin, J. (1983). 'The Role of Problem Representation in Physics'. In: Gentner, D. & Stevens, A. (Hrsg.), *Mental Models*, S. 75–97. Lawrence Erlbaum Associates, Hillsdale.

Laszlo, K. & Laszlo, A. (2002). 'Evolving knowledge for development: the role of knowledge management in a changing world'. *Journal of Knowledge Management* **6**(4):400–412.

Lehner, F. (2000). *Organisational Memory. Konzepte und Systeme für das organisatorische Lernen und das Wissensmanagement.* Carl Hanser Verlag, München, Wien.

Lehner, F. (2009a). 'Forschungsstrategien im Wissensmanagement'. Forschungsbericht W-31-09, Lehrstuhl für Wirtschaftsinformatik II, Universität Passau.

Lehner, F. (2009b). *Wissensmanagement. Grundlagen, Methoden und technische Unterstützung.* Carl Hanser Verlag, München, Wien, 3. Aufl.

Lehner, F., et al. (2009). 'KnowMetrix – Erfahrungen mit der Erfolgsbewertung im Wissensmanagement in einem mittelständischen Unternehmen'. In: Hinkelmann, K. & Wache, H. (Hrsg.), *WM2009: 5th Conference on Professional Knowledge Management. March 25 – 27, 2009, Solothurn, Switzerland*, Lecture Notes in Informatics (LNI), P-145, S. 470–479. Gesellschaft für Informatik, Bonn.

Lehner, F., et al. (2008). 'Erfolgsmessung im Wissensmanagement – Reflexion bestehender Ansätze und Konzeption eines neuen Instruments auf Basis kritischer Erfolgsfaktoren'. In: Hegering, H.-G., Lehmann, A., Ohlbach, H., & Scheideler, C. (Hrsg.), *INFORMATIK 2008. Beherrschbare Systeme dank Informatik*, Band 1, Lecture Notes in Informatics (LNI), P-133, S. 386–393. Gesellschaft für Informatik, Bonn.

Lehner, F. & Wildner, S. (2009). 'Wissensmanagement Konfigurationen – Methodik für die Schaffung von Kategorien von KMU als Voraussetzung für zielgerichtete Wissensmanagement-Initiativen'. In: Meyer, J.-A. (Hrsg.), *Management-Instrumente in kleinen und mittleren Unternehmen – Jahrbuch der KMU-Forschung und -Praxis 2009*, S. 209–224. Eul Verlag, Lohmar.

Leonard, D. (2008). 'The impact of learning goals on emotional, social, and cognitive intelligence competency development'. *Journal of Management Development* **27**(1):109–128.

Leonard-Barton, D. (1990). 'A Dual Methodology for Case Studies: Synergistic Use of a Longitudinal Single Site with Replicated Multiple Sites'. *Organization Science* **1**(3):248–266.

Lettieri, E., et al. (2004). 'Knowledge management in non-profit organizations'. *Journal of Knowledge Management* **8**(6):16–30.

Lewin, K. (1946). 'Action Research and Minority Problems'. *Journal of Social Issues* **2**(4):34–46.

Liebowitz, J., et al. (2000). 'The Knowledge Audit'. *Knowledge and Process Management* **7**(1):3–10.

Liessmann, K. (2006). *Theorie der Unbildung. Die Irrtümer der Wissensgesellschaft.* Paul Zsolnay Verlag, Wien.

Lin, C. & Tseng, S.-M. (2005). 'The implementation gaps for the knowledge management system'. *Industrial Management + Data Systems* **105**(2):208–222.

Lin, C., et al. (2005). 'Case study on knowledge-management gaps'. *Journal of Knowledge Management* **9**(3):36–50.

Linde, F. (2005). 'Barrieren und Erfolgsfaktoren des Wissensmanagements - Ergebnisse einer Onlinebefragung'. *HMD* **246**:20–28.

Lindsay, J. & O'Connell, D. (1995). 'How Do Transcribers Deal with Audio Recordings of Spoken Discourse?'. *Journal of Psycholinguistic Research* **24**(2):101–115.

Lloria, M. (2008). 'A review of the main approaches to knowledge management'. *Knowledge Management Research & Practice* **6**(1):77–89.

Lombard, M., et al. (2002). 'Content Analysis in Mass Communication. Assessment and Reporting of Intercoder Reliability'. *Human Communication Research* **28**(4):587–604.

Lombard, M., et al. (2008). 'Practical Resources for Assessing and Reporting Intercoder Reliability in Content Analysis Research Projects'. http://astro.temple.edu/~lombard/reliability/. Abruf am 29.01.2010.

Luhmann, N. (1987). *Soziale Systeme. Grundriß einer allgemeinen Theorie.* Suhrkamp Verlag, Frankfurt/Main.

Luhmann, N. (1992). *Die Wissenschaft der Gesellschaft.* Suhrkamp Verlag, Frankfurt/Main.

Machlup, F. (1962). *The Production and Distribution of Knowledge in the United States.* Princeton University Press, Princeton.

Magnier-Watanabe, R. & Senoo, D. (2008). 'Organizational characteristics as prescriptive factors of knowledge management initiatives'. *Journal of Knowledge Management* **12**(1):21–36.

Maier, R. (2004). *Knowledge Management Systems. Information and Communication Technologies for Knowledge Management.* Springer Verlag, Berlin, Heidelberg, 2. Aufl.

Malik, F. (2002). 'Wissensmanagement oder Management von Wissensarbeitern?'. *profile. Internationale Zeitschrift für Veränderung, Lernen, Dialog* (4):109–112.

Massa, S. & Testa, S. (2009). 'How do Miles and Snow's strategic types differ in their knowledge assets? Evidence from Italian SMEs'. *Knowledge Management Research & Practice* **7**(4):377–386.

Matt, E. (2007). 'Darstellung qualitativer Forschung'. In: Flick, U., von Kardorff, E., & Steinke, I. (Hrsg.), *Qualitative Forschung. Ein Handbuch*, S. 578–587. Rowohlt Taschenbuch Verlag, Reinbek, 5. Aufl.

May, D. & Taylor, P. (2003). 'Knowledge Management With Patterns'. *Communications of the ACM* **46**(7):94–99.

Mayring, P. (2007a). 'Qualitative Inhaltsanalyse'. In: Flick, U., von Kardorff, E., & Steinke, I. (Hrsg.), *Qualitative Forschung. Ein Handbuch*, S. 468–475. Rowohlt Taschenbuch Verlag, Reinbek, 5. Aufl.

Mayring, P. (2007b). *Qualitative Inhaltsanalyse. Grundlagen und Techniken.* Deutscher Studienverlag, Weinheim, 9. Aufl.

McAdam, R. & McCreedy, S. (1999a). 'A critical review of knowledge management models'. *The Learning Organization* **6**(3):91.

McAdam, R. & McCreedy, S. (1999b). 'The Process of Knowledge Management within Organizations: a Critical Assessment of both Theory and Practice'. *Knowledge and Process Management* **6**(2):101–113.

McAdam, R. & Reid, R. (2001). 'SME and large organisation perceptions of knowledge management: comparisons and contrasts'. *Journal of Knowledge Management* **5**(3):231–241.

McElroy, M. (2000). 'Integrating complexity theory, knowledge management and organizational learning'. *Journal of Knowledge Management* **4**(3):195–203.

McGregor, D. (1960). *The Human Side of Enterprise.* McGraw-Hill Book Company, New York u.a.

Meinefeld, W. (2007). 'Hypothesen und Vorwissen in der qualitativen Sozialforschung'. In: Flick, U., von Kardorff, E., & Steinke, I. (Hrsg.), *Qualitative Forschung. Ein Handbuch*, S. 265–275. Rowohlt Taschenbuch Verlag, Reinbek, 5. Aufl.

Meinsen, S. (2003). *Konstruktivistisches Wissensmanagement. Wie Wissensarbeiter ihre Arbeit organisieren.* Beltz Verlag, Weinheim u.a.

Merkens, H. (2007). 'Auswahlverfahren, Sampling, Fallkonstruktion'. In: Flick, U., von Kardorff, E., & Steinke, I. (Hrsg.), *Qualitative Forschung. Ein Handbuch*, S. 286–299. Rowohlt Taschenbuch Verlag, Reinbek, 5. Aufl.

Miles, M. (1979). 'Qualitative Data as an Attractive Nuisance: The Problem of Analysis'. *Administrative Science Quarterly* **24**(4):590–601.

Miles, M. (1982). 'A Mini-Cross-Site Analysis. Commentary on These Studies'. *American Behavioral Scientist* **26**(1):121–132.

Miles, R., et al. (1978). 'Organizational Strategy, Structure, and Process'. *Academy of Management Review* **3**(3):546–562.

Mintzberg, H. & Waters, J. (1985). 'Of Strategies, Deliberate and Emergent'. *Strategic Management Journal* **6**(3):257–272.

Mühlfeld, C., et al. (1981). 'Auswertungsprobleme offener Interviews'. *Soziale Welt* **32**(3):325–352.

Muhr, T. (1991). 'ATLAS/ti – A Prototype for the Support of Text Interpretation'. *Qualitative Sociology* **14**(4):349–371.

Nederhof, A. (1985). 'Methods of coping with social desirability bias: a review'. *European Journal of Social Psychology* **15**(3):263–280.

Nenadić, O. & Greenacre, M. (2007). 'Correspondence Analysis in R, with Two- and Three-dimensional Graphics: The ca Package'. *Journal of Statistical Software* **20**(3).

Nevis, E., et al. (1995). 'Understanding Organizations as Learning Systems'. *Sloan Management Review* **36**(2):73–85.

Nicolai, A. & Kieser, A. (2002). 'Trotz eklatanter Erfolglosigkeit: Die Erfolgsfaktorenforschung weiter auf Erfolgskurs'. *Die Betriebswirtschaft* **62**(6):579–596.

Nissen, V. (2008). 'Einsatz IT-gestützter Systeme im Wissensmanagement von Beratungsunternehmen unterschiedlicher Größe'. In: Hegering, H.-G., Lehmann, A., Ohlbach, H., & Scheideler, C. (Hrsg.), *INFORMATIK 2008. Beherrschbare Systeme dank Informatik*, Band 1 of *Lecture Notes in Informatics (LNI), P-133*, S. 372–377. Gesellschaft für Informatik.

Nonaka, I. (1992). 'Wie japanische Konzerne Wissen erzeugen'. *Harvard Business Manager* **14**(2):95–103.

Nonaka, I. (1994). 'A Dynamic Theory of Organizational Knowledge Creation'. *Organization Science* **5**(1):14–37.

Nonaka, I. & Takeuchi, H. (1997). *Die Organisation des Wissens. Wie japanische Unternehmen eine brachliegende Ressource nutzbar machen.* Campus Verlag, Frankfurt/Main.

North, K. (2005). *Wissensorientierte Unternehmensführung. Wertschöpfung durch Wissen.* Gabler Verlag, Wiesbaden, 4. Aufl.

Nunes, M., et al. (2006). 'Knowledge management issues in knowledge-intensive SMEs'. *Journal of Documentation* **62**(1):101–119.

Oevermann, U., et al. (1979). 'Die Methodologie einer „objektiven Hermeneutik" und ihre allgemeine forschungslogische Bedeutung in den Sozialwissenschaften'. In: Soeffner, H.-G. (Hrsg.), *Interpretative Verfahren in den Sozial- und Textwissenschaften*, S. 352–434. J.B. Metzlersche Verlagsbuchhandlung, Stuttgart.

O'Regan, N. & Ghobadian, A. (2004). 'Testing the homogeneity of SMEs. The impact of size on managerial and organisational processes'. *European Business Review* **16**(1):64–79.

Ortner, J. (2002). 'Barrieren des Wissensmanagements'. In: Bornemann, M. & Sammer, M. (Hrsg.), *Anwendungsorientiertes Wissensmanagement*, S. 73–113. Deutscher Universitätsverlag, Wiesbaden.

Pawlowsky, P., et al. (2006). 'Wissen als Wettbewerbsvorteil in kleinen und mittelständischen Unternehmen'. Forschungsbericht FOKUS prints 09/06, Lehrstuhl Personal und Führung, Technische Universität Chemnitz.

Pawlowsky, P. & Reinhardt, R. (2002). 'Instrumente Organisationalen Lernens: Die Verknüpfung zwischen Theorie und Praxis'. In: Pawlowsky, P. & Reinhardt, R. (Hrsg.), *Wissensmanagement für die Praxis, Methoden und Instrumente zur erfolgreichen Umsetzung*, S. 1–35. Hermann Luchterhand Verlag, Neuwied.

Penrose, E. (1972). *The Theory of the Growth of the Firm.* Basil Blackwell, Oxford, 5. Aufl.

Perez-Soltero, A., et al. (2006). 'Knowledge Audit Methodology with Emphasis on Core Processes'. In: *European and Mediterranean Conference on Information Systems (EMCIS) 2006, July 6-7 2006, Costa Blanca, Alicante, Spain.*

Perren, L. & Ram, M. (2004). 'Case-study Method in Small Business and Entrepreneurial Research'. *International Small Business Journal* **22**(1):83–101.

Pettigrew, A. (1990). 'Longitudinal Field Research on Change: Theory and Practice'. *Organization Science* **1**(3):267–292.

Pfohl, H.-C. (1997). 'Abgrenzung der Klein- und Mittelbetriebe von Großbetrieben'. In: Pfohl, H.-C. (Hrsg.), *Betriebswirtschaftslehre der Mittel- und Kleinbetriebe*, S. 1–25. Erich Schmidt Verlag, Berlin, 3. Aufl.

Pichler, J., et al. (Hrsg.) (1996). *Management in KMU. Die Führung von Klein- und Mittelunternehmen.* Verlag Paul Haupt, Bern u.a.

Pineda, J.-L. & Zapata, L. (2007). 'From Universities to Corporations: Determining Factors in the Diffusion and Adoption of Knowledge'. In: Martin, B. & Remenyi, D. (Hrsg.), *Proceedings of the 8th European Conference on Knowledge Management, Consorci Escola Industrial de Barcelona, Spain, 6-7 September 2007*, Band 2, S. 788–793, Reading. Academic Conferences.

Polanyi, M. (1966). *The Tacit Dimension.* Doubleday Anchor, New York.

Popper, K. (1989). *Logik der Forschung.* J.C.B. Mohr, Tübingen, 9. Aufl.

Prahalad, C. & Hamel, G. (1990). 'The Core Competence of the Corporation'. *Harvard Business Review* **68**(3):79–91.

Probst, G. & Knaese, B. (1998). *Risikofaktor Wissen. Wie Banken sich vor Wissensverlusten schützen.* Gabler Verlag, Wiesbaden.

Probst, G. & Raub, S. (1995). 'Action Research: Ein Konzept angewandter Managementforschung'. *Die Unternehmung* **49**(1):3–19.

Probst, G. & Raub, S. (1998). 'Kompetenzorientiertes Wissensmanagement'. *Zeitschrift Führung + Organisation (zfo)* **67**(3):132–138.

Probst, G., et al. (2003). *Wissen managen. Wie Unternehmen ihre wertvollste Ressource optimal nutzen.* Gabler Verlag, Wiesbaden, 4. Aufl.

Quintas, P., et al. (1997). 'Knowledge Management: a Strategic Agenda'. *Long Range Planning* **30**(3):385–391.

Ragsdell, G. (2009). 'Participatory action research: a winning strategy for KM'. *Journal of Knowledge Management* **13**(6):564–576.

Randall, D. & Fernandes, M. (1991). 'The Social Desirability Response Bias in Ethics Research'. *Journal of Business Ethics* **10**(11):805–817.

Rehäuser, J. & Krcmar, H. (1996). 'Wissensmanagement im Unternehmen'. In: Schreyögg, G. & Conrad, P. (Hrsg.), *Wissensmanagement. Managementforschung 6*, S. 1–40. de Gruyter, Berlin.

Reich, R. (1991). *The Work of Nations. Preparing Ourselves for 21st-Century Capitalism.* Alfred A. Knopf, New York.

Reichertz, J. (2007). 'Objektive Hermeneutik und hermeneutische Wissenssoziologie'. In: Flick, U., von Kardorff, E., & Steinke, I. (Hrsg.), *Qualitative Forschung. Ein Handbuch*, S. 514–524. Rowohlt Taschenbuch Verlag, Reinbek, 5. Aufl.

Reihlen, M. (2003). 'Wege zur Neuorientierung des Wissensmanagements – eine kritisch-konstruktive Würdigung des Beitrags von Schreyögg und Geiger'. *Die Betriebswirtschaft* **63**(5):571–581.

Reinmann-Rothmeier, G. (2001). 'Wissensmanagement in der Forschung. Gedanken zu einem integrativen Forschungs-Szenario'. Forschungsbericht Nr. 132, Institut für Pädagogische Psychologie und Empirische Pädagogik, Ludwigs-Maximilians-Universität München.

Reinmann-Rothmeier, G. & Mandl, H. (1997). 'Wissensmanagement: Phänomene – Analyse – Forschung – Bildung'. Forschungsbericht 83, Lehrstuhl für Empirische Pädagogik und Pädagogische Psychologie, Ludwig-Maximilians-Universität München, München.

Reinmann-Rothmeier, G. & Mandl, H. (2000). *Individuelles Wissensmanagement. Strategien für den persönlichen Umgang mit Information und Wissen am Arbeitsplatz.* Verlag Hans Gruber, Bern.

Reinmann-Rothmeier, G., et al. (2001). *Wissensmanagement lernen.* Beltz Verlag, Weinheim und Basel.

Remus, U. (2002). *Prozessorientiertes Wissensmanagement. Konzepte und Modellierung.* Dissertation, Universität Regensburg.

Riedl, R. & Roithmayr, F. (2007). 'Zur Verbreitung der Fallstudie in der Wirtschaftsinformatik'. In: Lehner, F. & Zelewski, S. (Hrsg.), *Wissenschaftstheoretische Fundierung und wissenschaftliche Orientierung der Wirtschaftsinformatik*, S. 35–60. GITO-Verlag, Berlin.

Riege, A. (2005). 'Three-dozen knowledge-sharing barriers managers must consider'. *Journal of Knowledge Management* **9**(3):18–35.

Riege, A. (2007). 'Actions to overcome knowledge transfer barriers in MNCs'. *Journal of Knowledge Management* **11**(1):48–67.

Riss, U., et al. (2008). 'Task Journals as Means to Describe Temporal Task Aspects for Reuse in Task Patterns'. In: Harorimana, D. & Watkins, D. (Hrsg.), *Proceedings of the 9th European Conference on Knowledge Management, Southampton Solent University, Southampton, UK, 4-5 September 2008*, S. 721–729, Reading. Academic Publishing.

Roehl, H. (2000). *Instrumente der Wissensorganisation, Perspektiven für eine differenzierende Interventionspraxis.* Deutscher Universitätsverlag, Wiesbaden.

Roethlisberger, F. & Dickson, W. (1975). *Management and the Worker.* Harvard University Press, Cambridge u.a., 16. Aufl.

Romhardt, K. (1998). *Die Organisation aus der Wissensperspektive. Möglichkeiten und Grenzen der Intervention.* Gabler Verlag, Wiesbaden.

Rubenstein-Montano, B., et al. (2001). 'A systems thinking framework for knowledge management'. *Decision Support Systems* **31**(1):5–16.

Ruggles, R. (1998). 'The State of the Notion: Knowledge Management in Practice'. *California Management Review* **40**(3):80–89.

Russ, M. & Jones, J. (2006). 'Knowledge-based strategies and information system technologies: preliminary findings'. *International Journal of Knowledge and Learning* **2**(1/2):154–179.

Russ, M., et al. (2006). 'Toward a taxonomy of knowledge-based strategies: early findings'. *International Journal of Knowledge and Learning* **2**(1/2):1–40.

Salojärvi, S., et al. (2005). 'Knowledge management and growth in Finnish SMEs'. *Journal of Knowledge Management* **9**(2):103–122.

Scarso, E. & Bolisani, E. (2010). 'Knowledge-Based Strategies for Knowledge Intensive Business Services: a Multiple Case-study of Computer Service Companies'. *Electronic Journal of Knowledge Management* **8**(1):151–160.

Schein, E. (1983). 'The Role of the Founder in Creating Organizational Culture'. *Organizational Dynamics* **12**(1):13–28.

Schmidt, C. (2007). 'Analyse von Leitfadeninterviews'. In: Flick, U., von Kardorff, E., & Steinke, I. (Hrsg.), *Qualitative Forschung. Ein Handbuch*, S. 447–456. Rowohlt Taschenbuch Verlag, Reinbek, 5. Aufl.

Schneider, U. (2001). *Die 7 Todsünden im Wissensmanagement. Kardinaltugenden für die Wissensökonomie.* Frankfurter Allgemeine Zeitung, Frankfurt/Main.

Schneider, U. (2007). 'Wider die Beliebigkeit?'. *Die Betriebswirtschaft* **67**(1):113–121.

Schreyögg, G. (1998). 'Organisatorisches Lernen und neues Wissen: Einige Kommentare und einige Fragen zum Wissensmanagement aus wissenschaftstheoretischer Sicht'. In: Gerum, E. (Hrsg.), *Innovation in der Betriebswirtschaftslehre*, S. 185–202. Gabler Verlag, Wiesbaden.

Schreyögg, G. & Geiger, D. (2003). 'Wenn alles Wissen ist, ist Wissen am Ende nichts?!'. *Die Betriebswirtschaft* **63**(1):7–22.

Schreyögg, G. & Geiger, D. (2004). 'Kann man implizites in explizites Wissen konvertieren? Die Wissensspirale auf dem Prüfstand'. In: Frank, U. (Hrsg.), *Wissenschaftstheorie in Ökonomie und Wirtschaftsinformatik*, S. 269–288. Deutscher Universitätsverlag, Wiesbaden.

Schreyögg, G. & Geiger, D. (2007). 'Zur Notwendigkeit von Prüfverfahren im Wissensmanagement'. *Die Betriebswirtschaft* **67**(5):603–608.

Schreyögg, G. & Noss, C. (1995). 'Organisatorischer Wandel: Von der Organisationsentwicklung zur lernenden Organisation'. *Die Betriebswirtschaft* **55**(2):169–185.

Schultze, U. (2003). 'On Knowledge Work'. In: Holsapple, C. (Hrsg.), *Handbook on Knowledge Management 1. Knowledge Matters*, S. 43–58. Springer Verlag, Berlin u.a.

Schultze, U. & Leidner, D. (2002). 'Studying Knowledge Management in Information Systems Research: Discourses and Theoretical Assumptions'. *MIS Quarterly* **26**(3):213–242.

Schüppel, J. (1996). *Wissensmanagement. Organisatorisches Lernen im Spannungsfeld von Wissens- und Lernbarrieren.* Dissertation, Universität St. Gallen.

Schütz, A. & Luckmann, T. (2003). *Strukturen der Lebenswelt.* UVK Verlagsgesellschaft, Konstanz.

Seidler, J. (1974). 'On Using Informants: A Technique for Collecting Quantitative Data and Controlling Measurement Error in Organization Analysis'. *American Sociological Review* **39**(6):816–831.

Senge, P. (2006). *The fifth discipline: the art and practice of the learning organization.* Doubleday Currency, New York, 2. Aufl.

Serenko, A., et al. (2007). 'Organizational size and knowledge flow: a proposed theoretical link'. *Journal of Intellectual Capital* **8**(4):610–627.

Shepherd, C. & Rentz, J. (1990). 'A Method for Investigating the Cognitive Processes and Knowledge Structures of Expert Salespeople'. *The Journal of Personal Selling & Sales Management* **10**(4):55–70.

Simon, H. (1991). 'Bounded Rationality and Organizational Learning'. *Organization Science* **2**(1):125–134.

Singh, S. (2008). 'Role of leadership in knowledge management: a study'. *Journal of Knowledge Management* **12**(4):3–15.

Sparrow, J. (2005). 'Classification of different knowledge management development approaches of SMEs'. *Knowledge Management Research & Practice* **3**(3):136–145.

Spender, J.-C. (1994). 'Organizational Knowledge, Collective Practice and Penrose Rents'. *International Business Review* **3**(4):353–367.

Spender, J.-C. (1996). 'Making knowledge the basis of a dynamic theory of the firm'. *Strategic Management Journal* **17**(Winter Special Issue):45–62.

Staehle, W. (1999). *Management. Eine verhaltenswissenschaftliche Perspektive.* Verlag Franz Vahlen, München.

Stake, R. (2005). 'Qualitative Case Studies'. In: Denzin, N. & Lincoln, Y. (Hrsg.), *The Sage Handbook of Qualitative Research*, S. 443–466. Sage Publications, Thousand Oaks u.a., 3. Aufl.

Starbuck, W. (1992). 'Learning by Knowledge-intensive Firms'. *Journal of Management Studies* **29**(6):713–740.

Steinke, I. (2007). 'Gütekriterien qualitativer Forschung'. In: Flick, U., von Kardorff, E., & Steinke, I. (Hrsg.), *Qualitative Forschung. Ein Handbuch*, S. 319–331. Rowohlt Taschenbuch Verlag, Reinbek, 5. Aufl.

Stewart, T. (1997). *Intellectual Capital. The Wealth of Organizations*. Nicholas Brealey Publishing, London.

Strauss, A. & Corbin, J. (1994). 'Grounded Theory Methodology. An Overview'. In: Denzin, N. & Lincoln, Y. (Hrsg.), *Handbook of Qualitative Research*, S. 273–285. Sage Publications, Thousand Oaks u.a.

Sun, P.-T. & Scott, J. (2005). 'An investigation of barriers to knowledge transfer'. *Journal of Knowledge Management* **9**(2):75–90.

Sveiby, K. (1997). *The New Organizational Wealth. Managing and Measuring Knowledge-Based Assets*. Berrett-Koehler Publishers, San Francisco.

Sveiby, K. & Lloyd, T. (1990). *Das Management des Know-how*. Campus Verlag, Frankfurt/Main.

Swan, J., et al. (2000). 'Limits of IT-driven Knowledge Management Initiatives for Interactive Innovation Processes: Towards a Community-based Approach'. In: *HICSS '00: Proceedings of the 33rd Hawaii International Conference on System Sciences*, Band 1, S. 1013, Washington, DC. IEEE Computer Society.

Taylor, F. (1917). *Die Grundsätze wissenschaftlicher Betriebsführung*. Oldenbourg Verlag, München, Berlin. Deutsche autorisierte Ausgabe von Rudolf Roesler.

Teece, D., et al. (1997). 'Dynamic Capabilities and Strategic Management'. *Strategic Management Journal* **18**(7):509–533.

Thierstein, A. (2009). 'Wirtschaftskrise stärkt die Wissensökonomie'. http://www.heise.de/tp/r4/artikel/31/31648/1.html. Abruf am 03.03.2010.

Thomae, M. (1999). 'Die Managementlehre auf dem Irrweg der Aktionsforschung'. *Die Unternehmung* **53**(4):287–293.

Timonen, H. & Jalonen, M. (2008). 'A Critical Review of Knowledge Management Literature: Introducing a Practice-based Approach on Knowledge Sharing'. In: Harorimana, D. & Watkins, D. (Hrsg.), *Proceedings of the 9th European Conference on Knowledge Management, Southampton Solent University, Southampton, UK, 4-5 September 2008*, S. 869–876, Reading. Academic Publishing.

Timonen, H. & Paloheimo, K.-S. (2008). 'The Emergence and Diffusion of the Concept of Knowledge Work'. *Electronic Journal of Knowledge Management* **6**(2):177–190.

Tippins, M. (2003). 'Implementing knowledge management in academia: teaching the teachers'. *The International Journal of Educational Management* **17**(6/7):339–345.

Tsoukas, H. (1994). 'Refining Common Sense: Types of Knowledge in Management Studies'. *Journal of Management Studies* **31**(6):761–780.

Tsoukas, H. (1996). 'The Firm as a Distributed Knowledge System: A Constructionist Approach'. *Strategic Management Journal* **17**(Winter Special Issue):11–25.

Tsui, E. (2003). 'Tracking the Role and Evolution of Commercial Knowledge Management Software'. In: Holsapple, C. (Hrsg.), *Handbook on Knowledge Management 2. Knowledge Directions*, S. 5–27. Springer Verlag, Berlin, Heidelberg.

Vogel, E. (1999). 'Wissensmanagement bei den Helvetia Patria Versicherungen – Ein Vorgehen zur Bewertung des Ist-Stands und zur Entwicklung eines Grobkonzepts'. In: Schmidt, R. (Hrsg.), *21. Online-Tagung der DGI. Aufbruch ins Wissensmanagement, Frankfurt am Main, 18. bis 20. Mai, 1999, Proceedings*, S. 117–128, Frankfurt/Main. DGI.

von Felbert, D. (1998). 'Wissensmanagement in der unternehmerischen Praxis'. In: Pawlowsky, P. (Hrsg.), *Wissensmanagement. Erfahrung und Perspektiven*, S. 119–141. Gabler Verlag, Wiesbaden.

von Krogh, G. (1998). 'Care in Knowledge Creation'. *California Management Review* **40**(3):133–153.

von Krogh, G. & Venzin, M. (1995). 'Anhaltende Wettbewerbsvorteile durch Wissensmanagement'. *Die Unternehmung* **49**(6):417–436.

Wahren, H.-K. (1996). *Das lernende Unternehmen. Theorie und Praxis des organisationalen Lernens.* de Gruyter, Berlin.

Walker, B. (2009). 'The Forrester Wave^{TM}: B2C eCommerce Platforms, Q1 2009'. http://www.hybris.de/. Abruf am 29.04.2010.

Wegner, D. (1986). 'Transactive Memory: A Contemporary Analysis of the Group Mind'. In: Mullen, B. & Goethals, G. (Hrsg.), *Theories of Group Behavior*, S. 185–208. Springer Verlag, New York.

Wernerfelt, B. (1984). 'A Resource-Based View of the Firm'. *Strategic Management Journal* **5**(2):171–180.

Wiedenbeck, M. & Züll, C. (2001). 'Klassifikation mit Clusteranalyse: Grundlegende Techniken hierarchischer und K-means-Verfahren'. *ZUMA How-to-Reihe* (Nr. 10).

Wiig, K. (2002). 'Knowledge management in public administration'. *Journal of Knowledge Management* **6**(3):224–239.

Wiig, K. (2004). *People-Focused Knowledge Management. How Effective Decision Making Leads to Corporate Success.* Elsevier Butterworth-Heinemann, Oxford u.a.

Wildner, S. (2007). 'Problemorientiertes Wissensmanagement. Entwurf eines Ansatzes für Wissensmanagement in kleinen und mittelständischen Unternehmen'. Forschungsbericht W-23-07, Lehrstuhl für Wirtschaftsinformatik II, Universität Passau.

Wildner, S. (2008). 'Problem-Oriented Knowledge Management – Towards a Pattern-based Implementation Approach for KM in SME'. In: Harorimana, D. & Watkins, D. (Hrsg.), *Proceedings of the 9th European Conference on Knowledge Management, Southampton Solent University, Southampton, UK, 4-5 September 2008*, S. 967–975, Reading. Academic Publishing.

Wildner, S., et al. (2007). 'Holistic Approaches and Standardisation as Measures for Broader Adoption of KM in Practice'. In: Martin, B. & Remenyi, D. (Hrsg.), *Proceedings of the 8th European Conference on Knowledge Management, Consorci Escola Industrial de Barcelona, Spain, 6-7 September 2007*, Band 2, S. 1107–1113, Reading. Academic Conferences.

Wildner, S. & Scholz, M. (2006). 'Managing Knowledge Methodically'. In: Lehner, F., Nösekabel, H., & Kleinschmidt, P. (Hrsg.), *Tagungsband Multikonferenz Wirtschaftsinformatik 2006*, Band 2, S. 403–415, Berlin. Gito-Verlag.

Willfort, R. & Tuppinger, J. (2006). 'Wissensmanagement als Impuls zur Regionalentwicklung'. *wissensmanagement* **8**(2):28–30.

Williams, R. (2008). 'The epistemology of knowledge and the knowledge process cycle: beyond the "objectivist" vs "interpretivist"'. *Journal of Knowledge Management* **12**(4):72–85.

Willke, H. (1996). 'Dimensionen des Wissensmanagements – Zum Zusammenhang von gesellschaftlicher und organisationaler Wissensbasierung'. In: Schreyögg, G. & Conrad, P. (Hrsg.), *Wissensmanagement. Managementforschung 6*, S. 263–304. de Gruyter, Berlin.

Willke, H. (1998). 'Organisierte Wissensarbeit'. *Zeitschrift für Soziologie* **27**(3):161–177.

Wilson, T. (2002). 'The nonsense of 'knowledge management''. *Information Research* **8**(1):Paper Nr. 144.

Wing Yan Man, T. (2006). 'Exploring the behavioural patterns of entrepreneurial learning. A competency approach'. *Education + Training* **48**(5):309–321.

Wong, K. & Aspinwall, E. (2004). 'Characterizing knowledge management in the small business environment'. *Journal of Knowledge Management* **4**(3):44–61.

Wong, K. & Aspinwall, E. (2005). 'An empirical study of the important factors for knowledge-management adoption in the SME sector'. *Journal of Knowledge Management* **9**(3):64–82.

Wright, K. (2005). 'Personal Knowledge Management: supporting individual knowledge worker performance'. *Knowledge Management Research & Practice* **3**(3):156–165.

Wrona, T. (2006). 'Fortschritts- und Gütekriterien im Rahmen qualitativer Sozialforschung'. In: Zelewski, S. & Akca, N. (Hrsg.), *Fortschritt in den Wirtschaftswissenschaften. Wissenschaftstheoretische Grundlagen und exemplarische Anwendungen*, S. 189–216. Deutscher Universitätsverlag, Wiesbaden.

Yin, R. (1981). 'The Case Study Crisis: Some Answers'. *Administrative Science Quarterly* **26**(1):58–65.

Yin, R. (2003). *Case Study Research. Design and Methods.* Sage Publications, Thousand Oaks u.a., 3. Aufl.

Zack, M. (1999a). 'Developing a Knowledge Strategy'. *California Management Review* **41**(3):125–145.

Zack, M. (1999b). 'Managing Codified Knowledge'. *Sloan Management Review* **40**(4):45–58.

Zander, U. & Kogut, B. (1995). 'Knowledge and the Speed of the Transfer and Imitation of Organizational Capabilities: An Empirical Test'. *Organization Science* **6**(1):76–92.

WIRTSCHAFTSINFORMATIK

Herausgegeben von Prof. Dr. Dietrich Seibt, Köln, Prof. Dr. Hans-Georg Kemper, Stuttgart, Prof. Dr. Georg Herzwurm, Stuttgart, Prof. Dr. Dirk Stelzer, Ilmenau, und Prof. Dr. Detlef Schoder, Köln

Band 50
Rolf G. Poluha
Anwendung des SCOR-Modells zur Analyse der Supply Chain – Explorative empirische Untersuchung von Unternehmen aus Europa, Nordamerika und Asien
5., überarbeitete Auflage
Lohmar – Köln 2010 • 564 S. • € 76,- (D) • ISBN 978-3-89936-968-7

Band 68
Michael Röthlin
Management of Data Quality in Enterprise Resource Planning Systems
Lohmar – Köln 2010 • 332 S. • € 63,- (D) • ISBN 978-3-89936-963-2

Band 69
Ludwig Fuchs
Methodology for Hybrid Role Development
Lohmar – Köln 2010 • 272 S. • € 58,- (D) • ISBN 978-3-89936-978-6

Band 70
Andreas Helferich
Software Mass Customization
Lohmar – Köln 2010 • 380 S. • € 65,- (D) • ISBN 978-3-8441-0006-8

Band 71
Tyge-F. Kummer
Akzeptanz von Ambient Intelligence in Krankenhäusern – Ein Ländervergleich zwischen Deutschland und Australien am Beispiel der Medikationsunterstützung
Lohmar – Köln 2010 • 320 S. • € 62,- (D) • ISBN 978-3-8441-0008-2

Band 72
Stephan Wildner
Problemorientiertes Wissensmanagement – Eine Neukonzeption des Wissensmanagements aus konstruktivistischer Sicht
Lohmar – Köln 2011 • 384 S. • € 65,- (D) • ISBN 978-3-8441-0043-3

JOSEF EUL VERLAG